추천의 글

‘왜’라는 질문에 답을 주는 힌트북

이 책은 아이들의 ‘왜’라는 질문에 ‘원래’ 또는 ‘그냥’이라는 말로 답하지 않고 수학적 개념을 ‘위치와 질서’에 따라 차분하게 설명합니다. 교과서 문제를 활용하여 친숙하게 다가온 점, 개념 따라쓰기로 개념을 머릿속에 각인시킨 점도 이 책의 강점입니다. 힌트북을 통해 ‘왜’라는 질문에 수학적 개념으로 답변할 수 있는 실력 있는 학생들이 되기를 기대합니다.

정성윤 선생님(서울우이초등학교)

문제의 실마리를 주는 힌트

문제를 풀다 막히면 답지부터 찾아본 경험, 누구나 있을 거예요. 그런데 이 책엔 힌트북이 있어 답지를 보지 않고 문제의 실마리를 찾을 수 있습니다. 또 본문에서 개념을 따라 쓰는 코너가 있어서 학생들이 개념을 얼마나 잘 알고 있는지를 점검할 수 있다는 점도 매우 유익합니다.

박명선 선생님(덕은초등학교)

새 교육과정에서 중요시하는 과정 중심 평가에 맞는 학습서

새로 개정된 수학과 교육과정은 학습 결과 평가뿐만 아니라 과정 중심 평가도 중요시하여 종합적인 학습 평가를 지향하고 있습니다. 과정 중심 평가에서의 핵심은 학생들의 요구에 맞추어 피드백이 즉각적으로 이루져야 한다는 것입니다. 그런 점에서 이 책은 단계별로 효과적인 수학 학습이 되도록 학생 본인의 사고에 맞게 학습을 조절할 수 있습니다. 목표에 도달했다고 하더라도 어떤 과정으로 도달했는지, 혹은 어떤 이유로 도달하지 못했는지에 대한 학습 방향을 알려주는 나침반 같은 역할을 할 수 있기를 기대합니다.

최현아 선생님(서울가락초등학교)

과제집착력을 길러주는 효과적인 구성!

학급에서 수학 수업을 할 때 최대한 답을 나중에 알려주면서 힌트를 주거나 문제를 이해할 수 있도록 풀어 설명해 줍니다. 과제집착력, 즉 문제를 끝까지 풀어내고자 하는 태도가 결국에는 수학 실력 향상에 도움이 된다고 생각하기 때문입니다. 힌트북은 아이들이 혼자 공부할 때에도 과제집착력을 기를 수 있는 효과적인 구성을 가진 교재라고 생각합니다. 힌트북은 수학을 잘 하고 싶어하는 아이들에게 기본기를 꼼꼼히 다져주는 좋은 친구이자 선생님이 되어 줄 것입니다.

류윤정 선생님(중앙대학교 사범대학 부속초등학교)

수학에 자신 있는 친구들에게도 추천해요.

힌트북에서는 귀여운 캐릭터들이 설명해 주는 힌트를 통해 아이들이 개념과 원리를 지루하지 않고 흥미있게 집중하여 이해할 수 있습니다. 수학을 많이 버거워하는 아이들도 캐릭터들이 차근차근 설명하는 힌트를 따라가며 자신감을 키우게 될 것입니다. 풀이가 힘들고 귀찮아 힌트를 먼저 펼쳐보게 되는 아이들도 힌트 속에 녹아 있는 개념과 풀이 과정을 통해 자연스레 개념을 복습하게 되고 차근차근 풀이 과정을 밟아가는 연습을 할 수 있을 것입니다. 아울러 수학에 자신 있어 하는 친구들에게도 추천합니다. 어렵지 않게 푼 문제들도 ‘힌트’ 속 설명을 통해 수학 실력을 더욱 탄탄히 다질 수 있을 테니까요.

강상미 선생님(서울송례초등학교)

추천의 글

생각하는 힘과 인내심을 길러줘요.

수학은 암기과목이 아닙니다. 한 문제를 풀어내는 과정은 마치 미로 속에서 출구를 찾아내는 과정과 비슷합니다. 많은 문들을 인내심을 갖고 하나하나 열어가며 출구를 찾아냈을 때 비로소 빛을 보는 기쁨을 누릴 수 있는 것과 같습니다. 모르겠다고 처음부터 답을 봐 버리면 생각하는 힘을 얻을 수 없고, 수학 문제를 해결하는 데 반드시 필요한 인내심도 기를 수 없습니다. 이 책은 문제를 해결하기 위해 통과해야 하는 많은 문들을 하나하나 열어갈 수 있도록 적절하게 힌트를 주고 있습니다. 이 책을 통해 필요한 만큼의 힌트를 참고하여 스스로 문제를 풀어내는 기쁨을 누리며 진정한 수학 실력을 높일 수 있기를 바랍니다.

채현정 선생님(서울대명초등학교)

스스로 깨닫게 하는 유능한 수학 코치!

문제 옆에 바로 붙어 있는 일반 참고서의 힌트는 아이들이 스스로 사고할 기회를 빼앗는 나쁜 친구죠. 그렇다고 힌트가 없으면 포기하기 쉽고, 또 답과 해설을 보며 공부하다 보면 끝내 혼자서는 문제를 풀어내지 못합니다. 이러한 문제의 완벽한 해결사가 힌트북입니다! 게다가 힌트북은 문제마다 중요한 개념을 친구처럼 세밀하게 알려주어서 문제의 핵심을 스스로 깨닫게 하는 가장 유능한 수학 코치입니다!

유은화 선생님(분당 공부방 원장)

혼자서도 척척, 혼공 내비게이션!

흔히 수학에는 왕도가 없다고 하지요. 그만큼 쉽고 빠른 지름길이 없다는 말인데요, 힌트북이 좋은 길잡이가 될 수 있을 것 같네요. 막히면 힌트를 보고 제대로 된 맞춤길을 안내받아 문제를 척척 풀어나갈 수 있으니까요.

안소정 선생님('수학의 역사' 저자)

학습 결손을 막아주는 '찐' 혼공 학습서

왜 진작에 이런 학습서가 나오지 않았을까요? 힌트북이 선생님이 되어 스스로 풀어내도록 도와주니 수학 실력뿐 아니라 자신감까지 올려주네요! 특히 요즘처럼 비대면 수업으로 인한 학습 결손이나 학력 격차까지 막아줄 수 있는 찐 혼공 학습서입니다.

배기근 선생님(대치 파인만학원 영재원 대표강사)

수학을 가장 쉽고 빠르게 공부할 수 있는 교재

구구절절 설명하는 책들은 넘쳐나지만 한눈에 보여주는 책은 이 책이 유일한 것 같습니다. 개념과 방법이 한눈에 이해되다 보니 힌트북이야말로 수학을 가장 쉽고 빠르게 공부할 수 있는 교재가 아닐까 하는 생각이 듭니다. 학생들이 쉽고 재밌게 공부하기에 안성맞춤입니다!

김준 선생님(일산 에이스학원 원장)

언제나 필요했던 게 바로 이런 책이었어요.

학원이나 선생님 도움 없이 혼자 책을 보며 공부하길 좋아했던 내가 언제나 필요했던 게 바로 이런 책이었습니다. 개념을 쉽게 설명하는 책은 많지만, 개념을 어떻게 받아들이고 어떻게 적용하는지 알려주는 책은 많지 않죠. 힌트북은 선생님이 옆에서 가르쳐 주듯 하나하나 알려주는 든든한 교재입니다.

이승은(서울대 대학원 보건학과)

문제 읽는 방법을 배워 '진짜 실력'을 길러요.

문제를 풀다 어렵다고 해설을 바로 보면 실력이 잘 늘지 않기에 과외 수업을 할 때도 힌트를 종종 주곤 합니다. 문제 접근법을 다시 생각해보게 하는 거죠. 힌트북은 '문제를 읽는 방법'을 학생 스스로 배울 수 있게 합니다. '진짜 실력'을 기르기에 참 좋은 교재입니다.

전가원(서울대 수의예과 21학번)

개념을 문제에 적용할 수 있는 힘을 길러줘요.

수학 문제를 풀 때 가장 중요한 능력은 문제를 분석하고 올바르게 개념을 적용하는 능력입니다. 힌트북은 시중 초등 참고서에 없던 '힌트북'을 통해 처음 공부하는 학생이라도 개념을 문제에 스스로 '적용할 수 있는 힘'을 길러주고 있습니다.

현승환(서울대 자유전공학부 21학번)

매일의 목표를 이루어주는 힌트북

'성공도 습관'이라는 말이 있듯이, 하루의 작은 성공이 반복되어 습관이 될 때 결국 목표를 이루게 됩니다. 이 교재는 하루에 4쪽씩 학습량을 정해 두었는데, 힌트북이 매일의 목표를 포기하지 않고 끝까지 이룰 수 있도록 도와줍니다.

김하경(서울대 체육교육과 21학번)

수학을 고등까지 꾸준히 잘하도록 도와줘요.

수학을 고등학교 때까지 꾸준히 잘하기 위해서 가장 중요한 것은 개념을 완전히 이해하고 문제에 적절하게 적용하는 능력입니다. 책속 힌트북을 통해 학생들이 그 능력을 자연스럽게 기를 수 있고, 자신감까지 얻을 수 있을 것 같습니다.

김지우(서울대 인문계열 21학번)

힌트가 생각의 방향을 잡아줘요.

개념 이해에서 시작한 공부는 문제 해결까지 이어져야 합니다. 힌트북은 이 과정을 끝까지 하도록 유도한다는 점에서 매력적입니다. 문제 속 개념을 찾아내는 것부터, 문제 해결을 위한 생각의 방향을 잡는 것까지 스스로 할 수 있도록 돕기 때문입니다.

김연우(서울대 조경지역시스템공학부 21학번)

스스로 답까지 도착하도록 도와줘요.

귀여운 그림과 예쁜 색감을 사용하여 학생들이 좀 더 관심을 가지고 집중할 수 있을 것 같아요. 답과 풀이만 있는 다른 교재와는 달리 힌트북은 '힌트'라는 스캐폴딩을 설정하여 스스로 생각하고 고민하여 답까지 도착할 수 있도록 도와줍니다. 전체 구성이 개념 → 확인 → 쉬운 문제 → 어려운 문제순으로 단계별로 이루어져 있어 스스로 공부하기에 정말 좋습니다.

송지혁(서울대 아동학과 21학번)

힌트로 수학의 원리를 체화할 수 있어요.

진정한 이해는 혼자 공부할 때 비로소 이루어진다고 생각합니다. 이 책의 강점은 힌트를 통해 모르는 문제가 있을 때 문제의 방식을 혼자 이해하고 몸에 익힐 수 있다는 것입니다. 이 책으로 공부하면 힌트를 통해 풀이 과정을 이해하면서 수학의 원리를 체화할 수 있습니다.

조현준(서울대 생명과학부 21학번)

문제와 풀이 사이에 힌트가 있다면?

막힐 땐

힌트북

막힐 때 힌트 보며 혼자서도 척척

초등 혼공 기본서

슬기로운 공부

이 책의 구성과 특징

기본 개념 학습

개념학습 > 확인문제 > 교과서문제 > 개념 따라쓰기

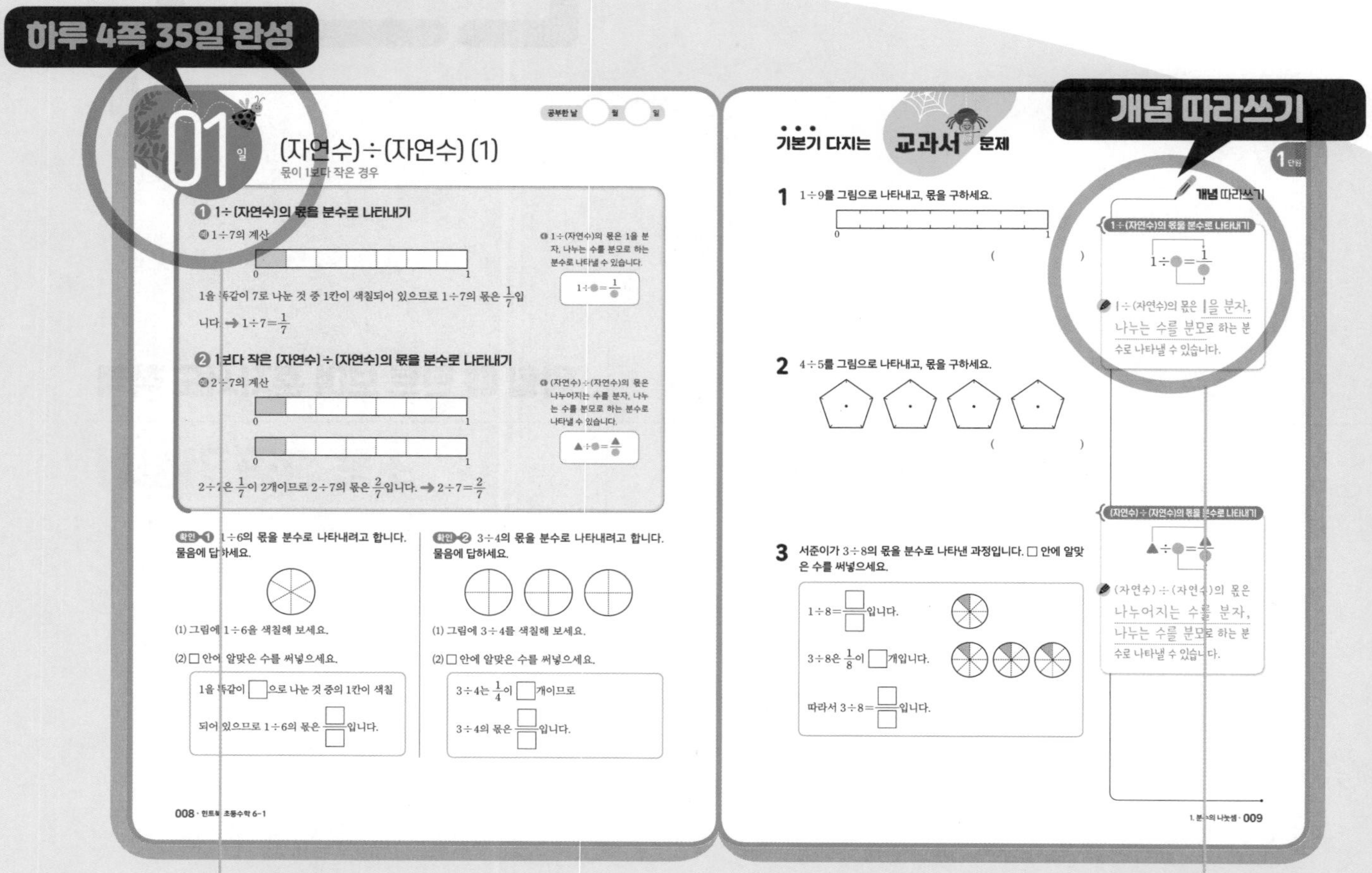

하루 4쪽 35일 완성

하루 4쪽 공부로 단기간에 수학의 기본기를 탄탄하게 완성할 수 있습니다.

개념 따라쓰기

눈으로 확인한 개념을 직접 손으로 따라쓰며 머릿속에 새길 수 있습니다.

10문제면
충분해!

스스로 풀어내는 도전 10 문제

기본문제 > 응용문제 > 독해력문제 > 표현력문제

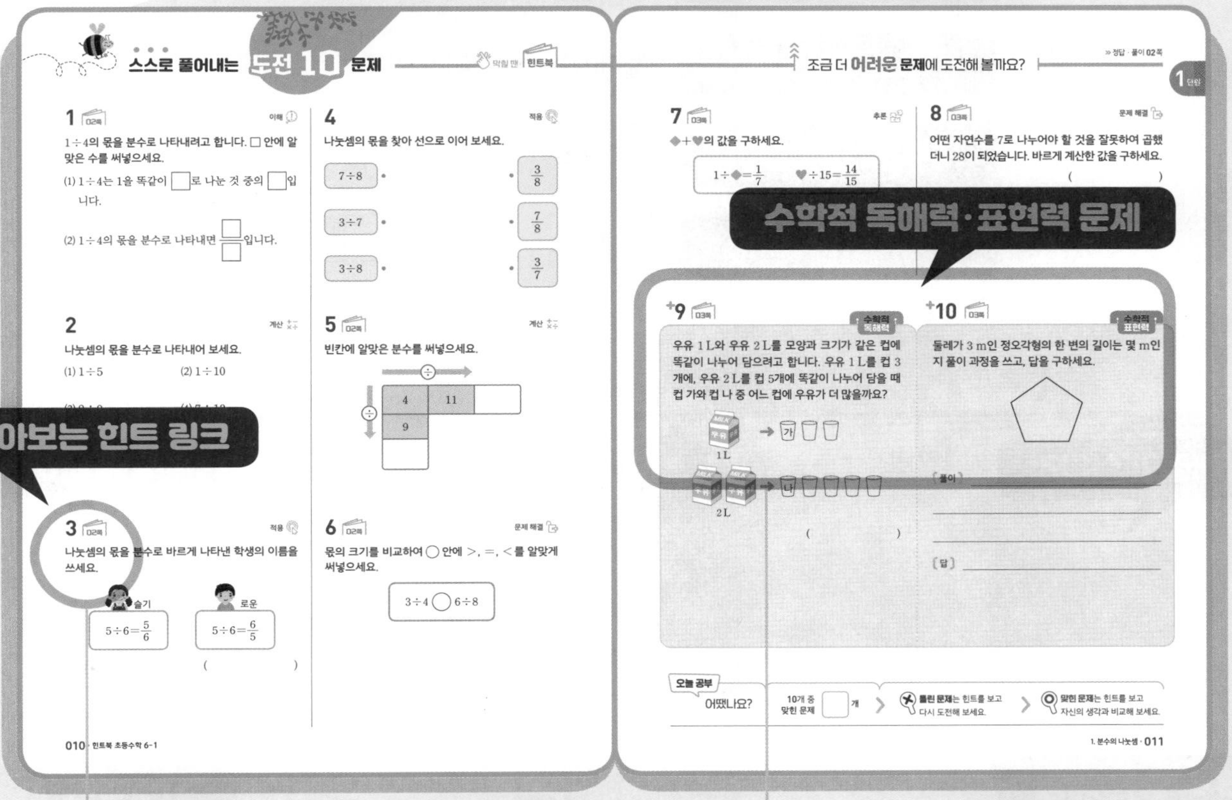

막힐 때 찾아보는 힌트 링크

문제 풀다 막힐 때 힌트를 바로 찾아 확인할 수 있습니다.

수학적 독해력·표현력 문제

문제의 의미를 파악하고, 풀이 과정을 수학적으로 표현하는 연습을 합니다.

이 책의 구성과 특징

막힐 때 찾아보는 힌트

힌트는?

문제해결의 실마리	생각의 첫 단추, 문제 접근법
문제 속 숨은 개념	출제 포인트, 출제 의도
수학적 아이디어	수학적 발상, 수학적 사고
상위권의 풀이법	문제 풀이 스킬, 다양한 풀이 비법

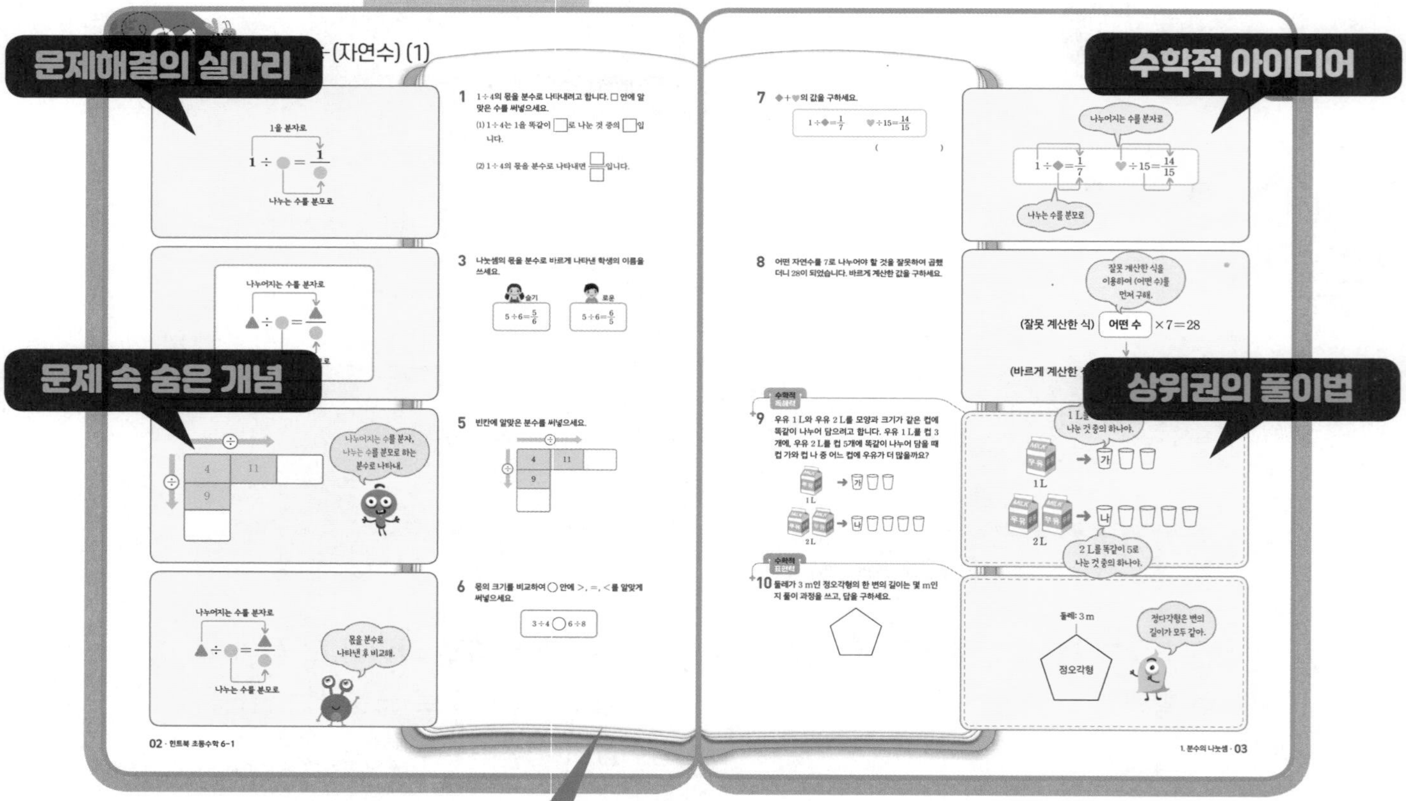

문제를 보며 힌트를 확인할 수 있습니다.

이 책의 200% 활용법

혼공할 때

홈스쿨할 때

선행할 때

수학이 어려울 때

힌트북으로 공부하면

개념이
쉽고 명확해집니다.

문제를 보면
개념이 떠오릅니다.

어려웠던 수학이
만만해집니다.

이 책의 차례

1 단원 분수의 나눗셈

2 단원 각기둥과 각뿔

3 단원 소수의 나눗셈

4단원 비와 비율

5단원 여러 가지 그래프

6단원 직육면체의 부피와 겉넓이

01 일 (자연수)÷(자연수) (1)

몫이 1보다 작은 경우

❶ 1÷(자연수)의 몫을 분수로 나타내기

예 1÷7의 계산

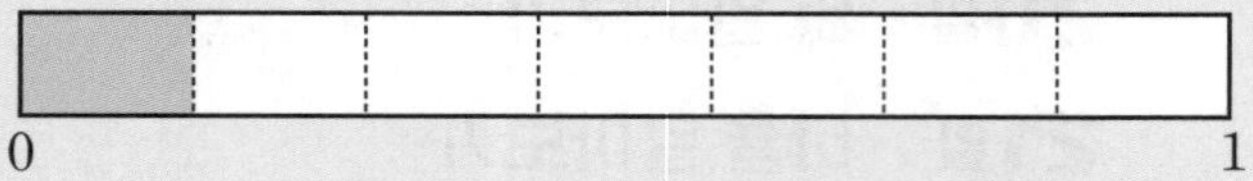

1을 똑같이 7로 나눈 것 중 1칸이 색칠되어 있으므로 1÷7의 몫은 $\frac{1}{7}$입니다. ➜ $1\div7=\frac{1}{7}$

◐ 1÷(자연수)의 몫은 1을 분자, 나누는 수를 분모로 하는 분수로 나타낼 수 있습니다.

$1\div● = \frac{1}{●}$

❷ 1보다 작은 (자연수)÷(자연수)의 몫을 분수로 나타내기

예 2÷7의 계산

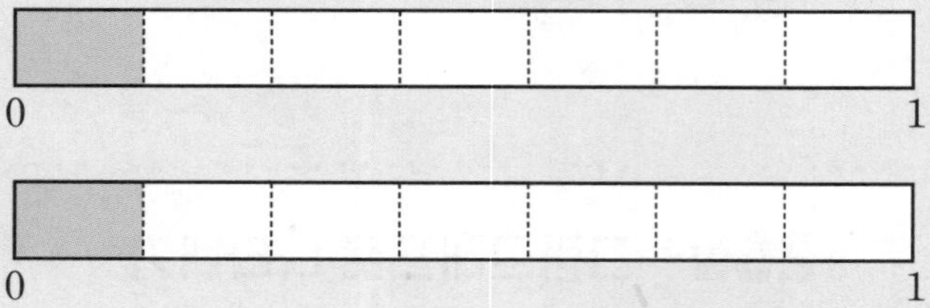

$2\div7$은 $\frac{1}{7}$이 2개이므로 $2\div7$의 몫은 $\frac{2}{7}$입니다. ➜ $2\div7=\frac{2}{7}$

◐ (자연수)÷(자연수)의 몫은 나누어지는 수를 분자, 나누는 수를 분모로 하는 분수로 나타낼 수 있습니다.

$▲\div● = \frac{▲}{●}$

확인 1 1÷6의 몫을 분수로 나타내려고 합니다. 물음에 답하세요.

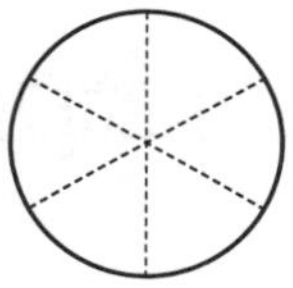

(1) 그림에 1÷6을 색칠해 보세요.

(2) □ 안에 알맞은 수를 써넣으세요.

1을 똑같이 □으로 나눈 것 중의 1칸이 색칠되어 있으므로 1÷6의 몫은 $\frac{□}{□}$입니다.

확인 2 3÷4의 몫을 분수로 나타내려고 합니다. 물음에 답하세요.

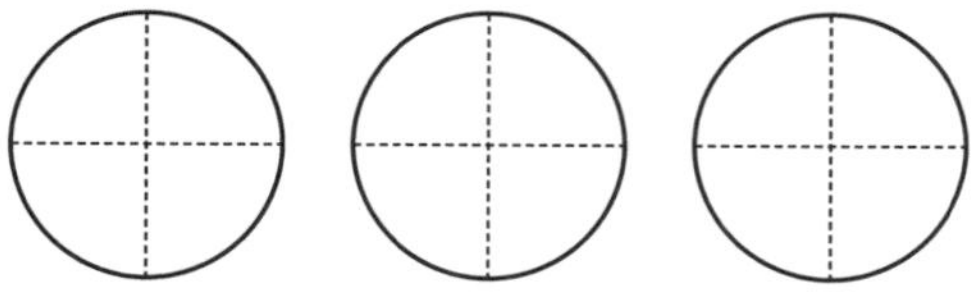

(1) 그림에 3÷4를 색칠해 보세요.

(2) □ 안에 알맞은 수를 써넣으세요.

$3\div4$는 $\frac{1}{4}$이 □개이므로

$3\div4$의 몫은 $\frac{□}{□}$입니다.

기본기 다지는 교과서 문제

1 $1 \div 9$를 그림으로 나타내고, 몫을 구하세요.

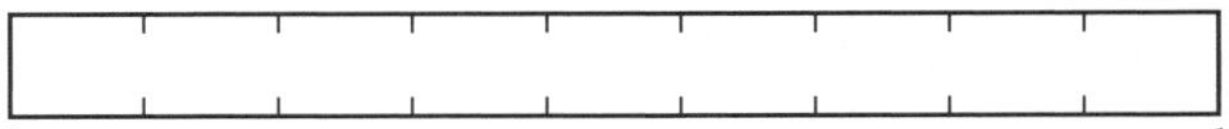

( )

2 $4 \div 5$를 그림으로 나타내고, 몫을 구하세요.

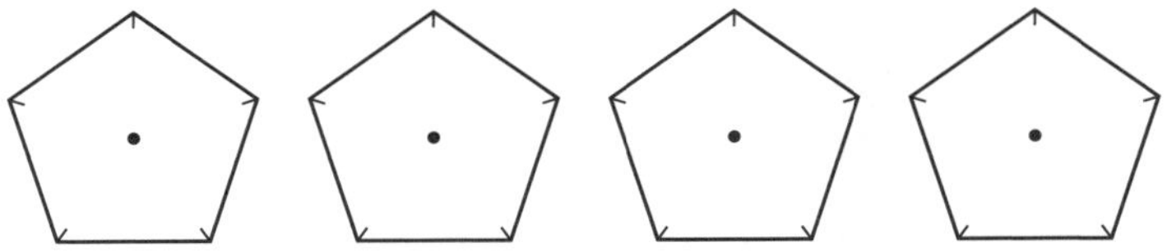

( )

3 서준이가 $3 \div 8$의 몫을 분수로 나타낸 과정입니다. □ 안에 알맞은 수를 써넣으세요.

$1 \div 8 = \frac{\square}{\square}$입니다.

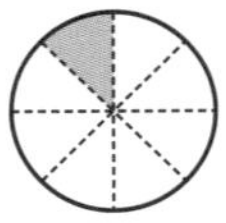

$3 \div 8$은 $\frac{1}{8}$이 □개입니다.

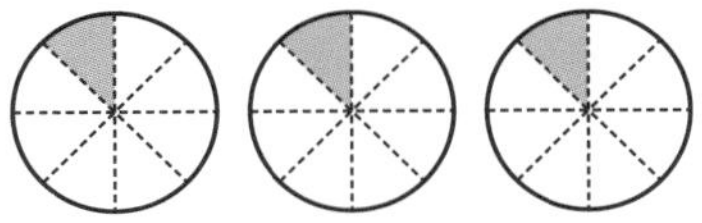

따라서 $3 \div 8 = \frac{\square}{\square}$입니다.

개념 따라쓰기

1÷(자연수)의 몫을 분수로 나타내기

$1 \div ● = \frac{1}{●}$

1÷(자연수)의 몫은 1을 분자, 나누는 수를 분모로 하는 분수로 나타낼 수 있습니다.

(자연수)÷(자연수)의 몫을 분수로 나타내기

$▲ \div ● = \frac{▲}{●}$

(자연수)÷(자연수)의 몫은 나누어지는 수를 분자, 나누는 수를 분모로 하는 분수로 나타낼 수 있습니다.

스스로 풀어내는 도전 10 문제

1
02쪽
이해

$1 \div 4$의 몫을 분수로 나타내려고 합니다. □ 안에 알맞은 수를 써넣으세요.

(1) $1 \div 4$는 1을 똑같이 □로 나눈 것 중의 □입니다.

(2) $1 \div 4$의 몫을 분수로 나타내면 $\frac{\square}{\square}$입니다.

2
계산

나눗셈의 몫을 분수로 나타내어 보세요.

(1) $1 \div 5$　　(2) $1 \div 10$

(3) $8 \div 9$　　(4) $7 \div 13$

3
02쪽
적용

나눗셈의 몫을 분수로 바르게 나타낸 학생의 이름을 쓰세요.

슬기: $5 \div 6 = \frac{5}{6}$

로운: $5 \div 6 = \frac{6}{5}$

(　　　　　　)

4
적용

나눗셈의 몫을 찾아 선으로 이어 보세요.

$7 \div 8$ •	• $\frac{3}{8}$
$3 \div 7$ •	• $\frac{7}{8}$
$3 \div 8$ •	• $\frac{3}{7}$

5
02쪽
계산

빈칸에 알맞은 분수를 써넣으세요.

(→ ÷, ↓ ÷)

4	11	
9		

6
02쪽
문제 해결

몫의 크기를 비교하여 ○ 안에 >, =, <를 알맞게 써넣으세요.

$3 \div 4$ ○ $6 \div 8$

7 03쪽 추론

◆+♥의 값을 구하세요.

$1 \div ◆ = \frac{1}{7}$ $\quad$ $♥ \div 15 = \frac{14}{15}$

(　　　　　　　　)

8 03쪽 문제 해결

어떤 자연수를 7로 나누어야 할 것을 잘못하여 곱했더니 28이 되었습니다. 바르게 계산한 값을 구하세요.

(　　　　　　　　)

+9 03쪽 수학적 독해력

우유 1 L와 우유 2 L를 모양과 크기가 같은 컵에 똑같이 나누어 담으려고 합니다. 우유 1 L를 컵 3개에, 우유 2 L를 컵 5개에 똑같이 나누어 담을 때 컵 가와 컵 나 중 어느 컵에 우유가 더 많을까요?

(　　　　　　　　)

+10 03쪽 수학적 표현력

둘레가 3 m인 정오각형의 한 변의 길이는 몇 m인지 풀이 과정을 쓰고, 답을 구하세요.

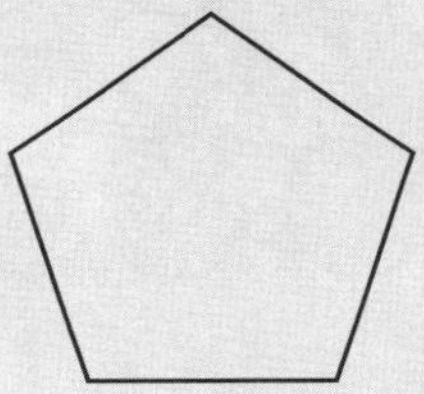

풀이 ______________________

____

____

답 ______________________

오늘 공부 어땠나요? 10개 중 맞힌 문제 [　] 개 > 틀린 문제는 힌트를 보고 다시 도전해 보세요. > 맞힌 문제는 힌트를 보고 자신의 생각과 비교해 보세요.

공부한 날 월 일

02일 (자연수)÷(자연수) (2)

몫이 1보다 큰 경우

❶ 1보다 큰 (자연수)÷(자연수)의 몫을 분수로 나타내기

예 $7\div2$의 계산

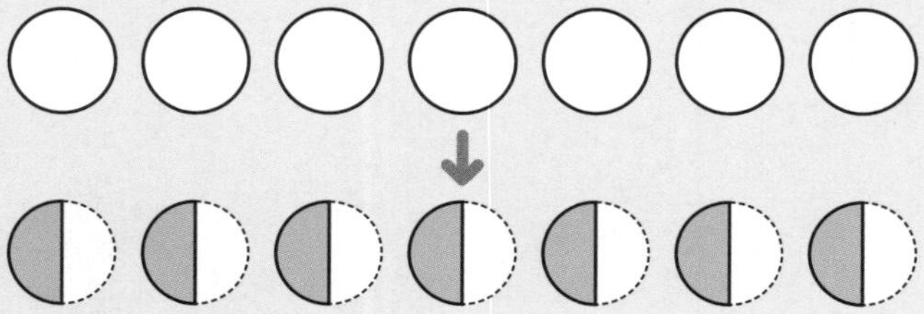

7개를 각각 2로 나누면 $\frac{1}{2}$이 7개입니다. $\frac{1}{2}$이 7개이면 $\frac{7}{2}$이므로 $7\div2$의 몫은 $\frac{7}{2}$입니다. ➜ $7\div2=\frac{7}{2}\left(=3\frac{1}{2}\right)$

◐ $1\div$(자연수)의 몫을 먼저 구하고, 나누어지는 자연수의 개수만큼 생각하면 (자연수)÷(자연수)의 몫을 분수로 구할 수 있습니다.

예 $7\div2=\frac{7}{2}$

→ $\frac{1}{2}$이 7개

개념+ (자연수)÷(자연수)의 몫을 다른 방법으로 구하기

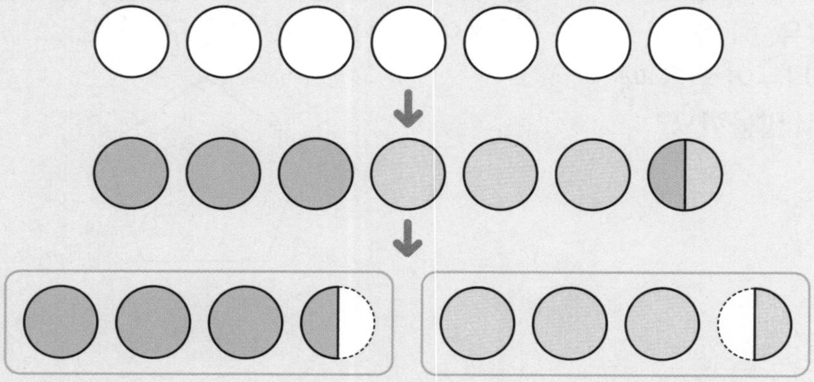

7개를 똑같이 2묶음으로 나누면 한 묶음에 $3\frac{1}{2}$개이므로 $7\div2$의 몫은 $3\frac{1}{2}$입니다. ➜ $7\div2=3\frac{1}{2}\left(=\frac{7}{2}\right)$

◐ 자연수의 몫만큼 나누고, 나머지를 다시 나누면 (자연수)÷(자연수)의 몫을 분수로 구할 수 있습니다.

$7\div2=3\cdots1$ — 나머지를 2로 나누면 $\frac{1}{2}$

자연수 몫

$7\div2=3\frac{1}{2}$

◐ (자연수)÷(자연수)에서 나누어지는 수가 나누는 수보다 크면 몫이 1보다 큽니다.

예 $7\div2$에서 $7>2$이므로

$7\div2=\frac{7}{2}>1$

확인 1 $5\div2$의 몫을 분수로 나타내려고 합니다. 물음에 답하세요.

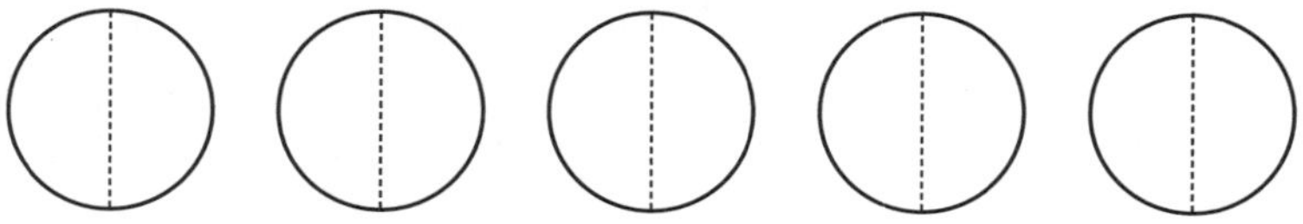

(1) 그림에 $5\div2$를 색칠해 보세요.

(2) □ 안에 알맞은 수를 써넣으세요.

$5\div2$는 $\frac{1}{2}$이 □개이므로 $5\div2$의 몫은 $\frac{□}{□}$=□$\frac{□}{□}$입니다.

기본기 다지는 교과서 문제

1 지혜가 $6\div5$의 몫을 분수로 나타낸 과정입니다. □ 안에 알맞은 수를 써넣으세요.

$1\div5=\dfrac{\square}{\square}$입니다.

$6\div5$는 $\dfrac{1}{5}$이 $\square$개입니다.

따라서 $6\div5=\dfrac{\square}{\square}$입니다.

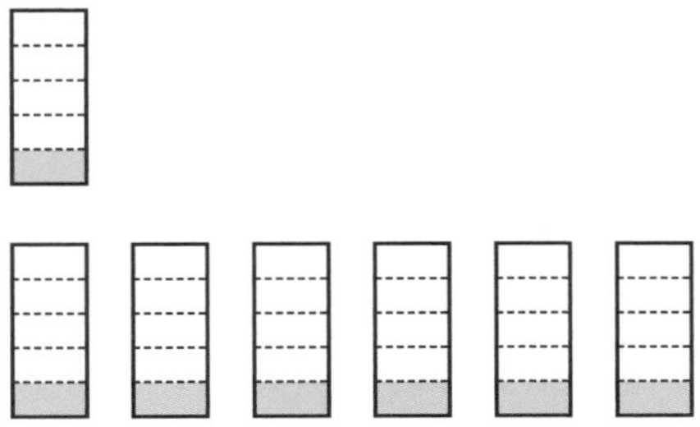

2 분수를 기약분수로 나타내려고 합니다. □ 안에 알맞은 수를 써넣으세요.

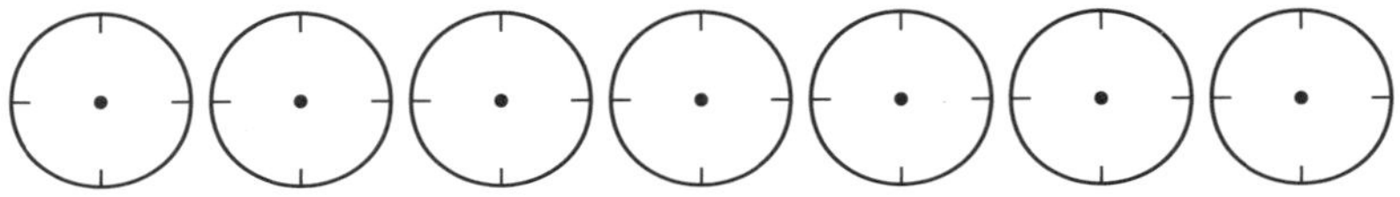

$$7\div4=\dfrac{\square}{\square}=\square\dfrac{\square}{\square}$$

3 그림을 보고 $3\div2$의 몫을 구하세요.

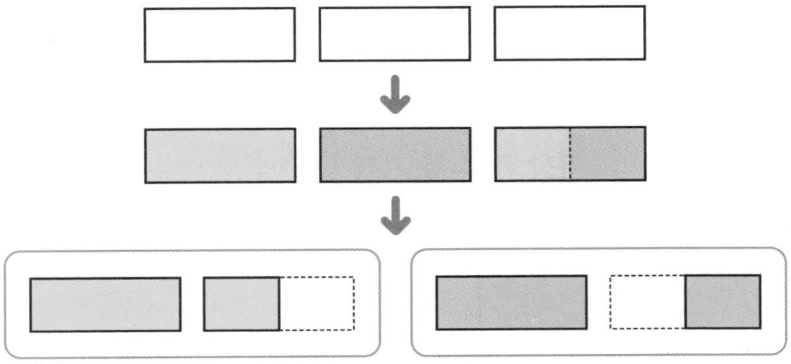

$$3\div2=\square\dfrac{\square}{\square}=\dfrac{\square}{\square}$$

개념 따라쓰기

1÷(자연수)의 몫을 이용하여 나타내기

$$7\div3=\dfrac{7}{3}$$

$\dfrac{1}{3}$이 7개

|÷(자연수)의 몫을 먼저 구하고 나누어지는 자연수의 개수만큼 생각하면 (자연수)÷(자연수)의 몫을 분수로 구할 수 있습니다.

자연수 몫과 나머지를 이용하여 나타내기

$7\div3=2\cdots1$

자연수 몫

나머지를 3으로 나누면 $\dfrac{1}{3}$

$7\div3=2\dfrac{1}{3}$

(자연수)의 몫만큼 나누고 나머지를 다시 나누면 (자연수)÷(자연수)의 몫을 분수로 구할 수 있습니다.

1

계산

나눗셈의 몫을 분수로 나타내어 보세요.

(1) $8 \div 3$　　(2) $13 \div 6$

(3) $34 \div 5$　　(4) $46 \div 7$

2

이해

$11 \div 4$의 몫을 분수로 나타내려고 합니다. □ 안에 알맞은 수를 써넣으세요.

$11 \div 4 = 2 \cdots \square$, 나머지 $\square$을 4로 나누면 $\dfrac{\square}{4}$

→ $11 \div 4 = 2\dfrac{\square}{4} = \dfrac{\square}{4}$

3

04쪽

적용

나눗셈의 몫이 1보다 큰 것에 ○표, 작은 것에 ×표 하세요.

$4 \div 5$	$5 \div 4$
(　　　)	(　　　)

4

04쪽

적용

빈칸에 알맞은 분수를 써넣으세요.

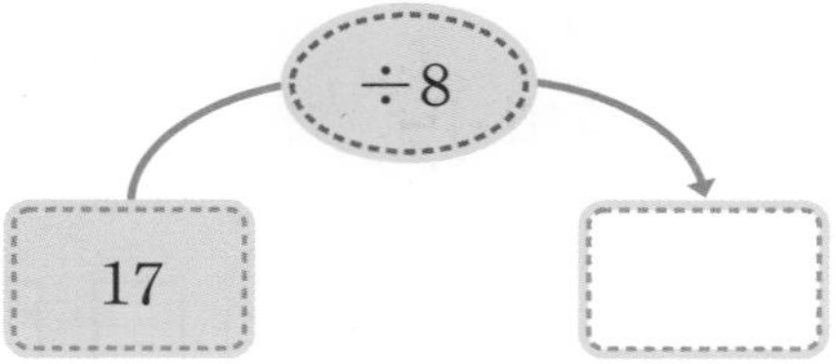

5

04쪽

계산

다음 정사각형의 한 변의 길이는 몇 cm인지 분수로 나타내어 보세요.

둘레: 13 cm

(　　　　　)

6

04쪽

창의 융합

가장 큰 수를 가장 작은 수로 나눈 몫을 분수로 나타내어 보세요.

29　　9　　6　　17

(　　　　　)

조금 더 어려운 문제에 도전해 볼까요?

7 05쪽 적용

나눗셈의 몫이 1보다 큰 것을 모두 찾아 기호를 쓰세요.

㉠ $9 \div 2$	㉡ $5 \div 22$
㉢ $13 \div 18$	㉣ $27 \div 5$

(   )

8 05쪽 문제 해결

한 병에 $\frac{8}{5}$ L씩 들어 있는 주스가 5병 있습니다. 이 주스를 일주일 동안 똑같이 나누어 마신다면 하루에 몇 L씩 마실 수 있을까요?

(   )

+9 05쪽 수학적 독해력

주말농장에 간 수현이네 가족과 영민이네 가족은 텃밭을 가꾸기로 했습니다. 고구마를 심기로 한 텃밭이 더 넓은 쪽은 어느 가족일까요?

수현: 우리 가족의 텃밭은 13 m^2야. 감자, 오이, 상추, 고구마를 똑같은 넓이로 심기로 했어.

영민: 우리 가족의 텃밭은 10 m^2야. 옥수수, 고구마, 고추를 똑같은 넓이로 심기로 했어.

(   )

+10 05쪽 수학적 표현력

쌀 14 kg을 9봉지에 똑같이 나누어 담으려고 합니다. 한 봉지에 담을 수 있는 쌀을 분수로 나타내면 몇 kg인지 풀이 과정을 쓰고, 답을 구하세요.

[풀이] ________________________________

____

____

[답] ________________________________

오늘 공부 어땠나요? 10개 중 맞힌 문제 [ ]개 > 틀린 문제는 힌트를 보고 다시 도전해 보세요. > 맞힌 문제는 힌트를 보고 자신의 생각과 비교해 보세요.

03일 (분수)÷(자연수) (1)

❶ 분자가 자연수의 배수인 (분수)÷(자연수) 알아보기

예 $\frac{8}{9}\div2$의 계산

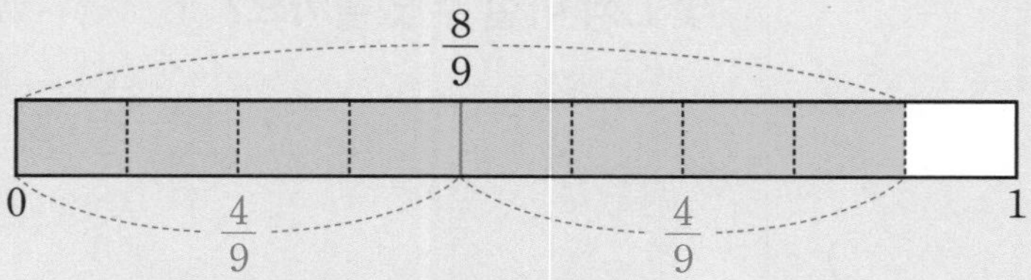

$\frac{8}{9}$를 똑같이 2로 나누면 $\frac{4}{9}$입니다. ➜ $\frac{8}{9}\div2=\frac{8\div2}{9}=\frac{4}{9}$

◐ $\frac{8}{9}\div2$의 계산

$\frac{8}{9}$은 $\frac{1}{9}$이 8개이므로 $\frac{8}{9}\div2$는 $\frac{1}{9}$이 $(8\div2)$개입니다.

◐ (분수)÷(자연수)에서 분자가 자연수의 배수일 때에는 분자를 자연수로 나눕니다.

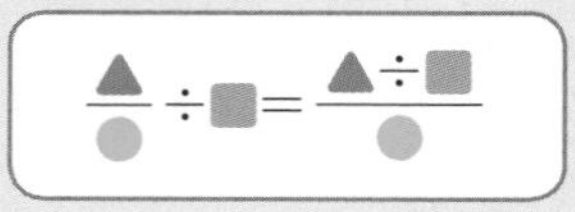

❷ 분자가 자연수의 배수가 아닌 (분수)÷(자연수) 알아보기

예 $\frac{3}{5}\div2$의 계산

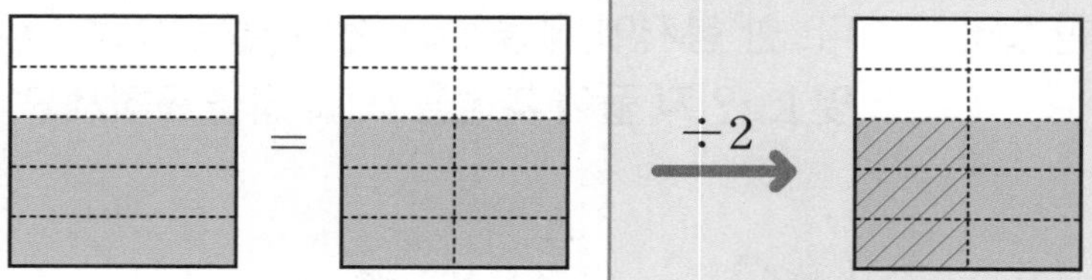

$\frac{3}{5}=\frac{3\times2}{5\times2}=\frac{6}{10}$ $\quad$ $\frac{3}{5}\div2=\frac{6}{10}\div2$

분자 3을 자연수 2의 배수가 되는 수로 바꿉니다.

➜ $\frac{3}{5}\div2=\frac{6}{10}\div2=\frac{6\div2}{10}=\frac{3}{10}$

◐ (분수)÷(자연수)에서 분자가 자연수의 배수가 아닐 때에는 크기가 같은 분수 중 분자가 자연수의 배수인 분수로 바꾸어 계산합니다.

확인 1 $\frac{6}{7}\div3$을 계산하려고 합니다. 물음에 답하세요.

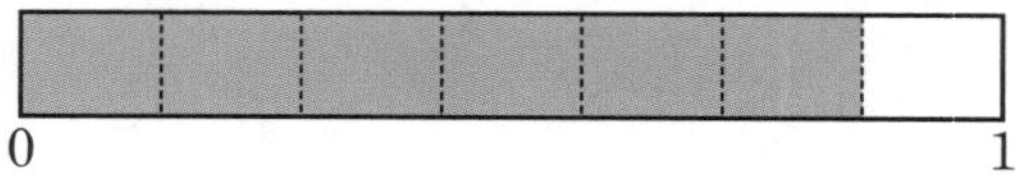

(1) 색칠한 부분을 똑같이 3으로 나누어 보세요.

(2) □ 안에 알맞은 수를 써넣으세요.

$\frac{6}{7}\div3=\frac{6\div\square}{\square}=\frac{\square}{\square}$

확인 2 그림을 보고 □ 안에 알맞은 수를 써넣으세요.

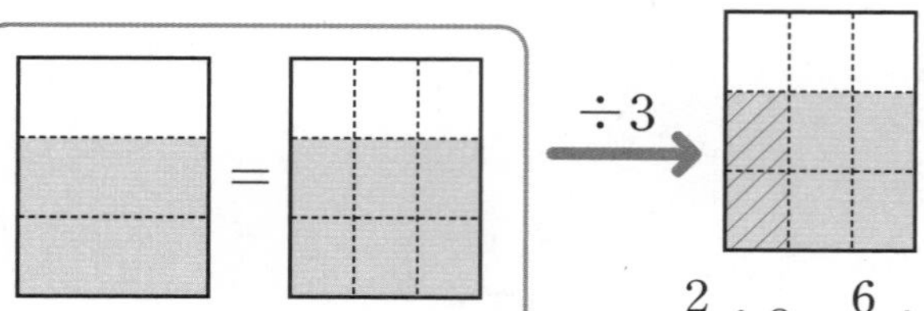

$\frac{2}{3}=\frac{2\times3}{3\times3}=\frac{6}{9}$ $\quad$ $\frac{2}{3}\div3=\frac{6}{9}\div3$

$\frac{2}{3}\div3=\frac{\square}{9}\div3=\frac{\square\div3}{9}=\frac{\square}{\square}$

» 정답 · 풀이 04쪽

기본기 다지는 교과서 문제

1 〈보기〉와 같이 나눗셈의 몫을 수직선을 이용하여 구하세요.

〈보기〉

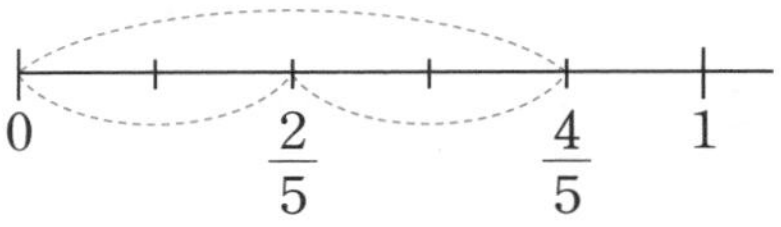

$\frac{4}{5} \div 2 = \frac{2}{5}$

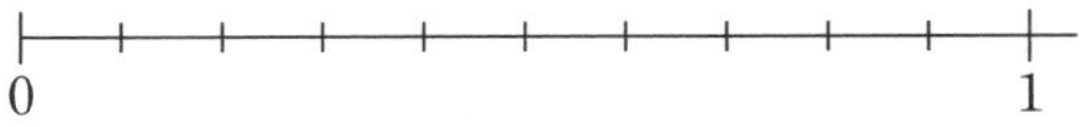

$\frac{9}{10} \div 3 = \frac{\square}{\square}$

2 $\frac{5}{6} \div 2$를 그림으로 나타내고, 몫을 구하세요.

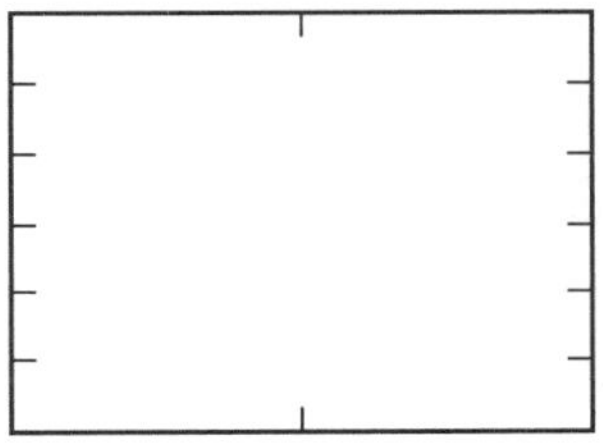

(　　　　　　　)

3 □ 안에 알맞은 수를 쓰세요.

(1) $\frac{15}{16} \div 5 = \frac{\square \div 5}{16} = \frac{\square}{16}$

(2) $\frac{3}{8} \div 4 = \frac{\square}{32} \div 4 = \frac{\square \div 4}{32} = \frac{\square}{32}$

개념 따라쓰기

(분수)÷(자연수)의 계산 ①

배수(○)

$\frac{4}{5} \div 2 = \frac{4 \div 2}{5} = \frac{2}{5}$

분자가 자연수의 배수일 때에는 분자를 자연수로 나눕니다.

(분수)÷(자연수)의 계산 ②

배수(×)　배수(○)

$\frac{4}{5} \div 3 = \frac{12}{15} \div 3$

$= \frac{12 \div 3}{15} = \frac{4}{15}$

분자가 자연수의 배수가 아닐 때에는 크기가 같은 분수 중에서 분자가 자연수의 배수인 분수로 바꾸어 계산합니다.

1

계산

〈보기〉와 같이 계산해 보세요.

〈보기〉
$$\frac{6}{11}\div 3=\frac{6\div 3}{11}=\frac{2}{11}$$

$\frac{4}{7}\div 2=$ ______________

2

계산

계산해 보세요.

(1) $\frac{4}{5}\div 2$

(2) $\frac{12}{13}\div 4$

(3) $\frac{5}{8}\div 9$

(4) $\frac{7}{9}\div 3$

3

06쪽

적용

빈칸에 알맞은 분수를 써넣으세요.

$\frac{9}{17}$ → $\div 3$ → ( )

4

06쪽

의사 소통

다음은 민호가 $\frac{7}{10}\div 5$를 계산한 것입니다. 잘못 계산한 곳을 찾아 바르게 계산해 보세요.

민호: $\frac{7}{10}\div 5=\frac{7}{10\div 5}=\frac{7}{2}$이니까 답은 $3\frac{1}{2}$이야.

↓

$\frac{7}{10}\div 5$

5

06쪽

적용

나눗셈의 몫이 가장 작은 것부터 차례로 기호를 쓰세요.

㉠ $\frac{2}{3}\div 6$ ㉡ $\frac{5}{6}\div 3$ ㉢ $\frac{5}{9}\div 4$

☐ — ☐ — ☐

6

06쪽

문제 해결

두 나눗셈의 몫의 차를 구하세요.

$\frac{3}{4}\div 5$ $\frac{4}{5}\div 2$

( )

» 정답 · 풀이 05쪽

조금 더 어려운 문제에 도전해 볼까요?

7 07쪽 추론

□ 안에 들어갈 수 있는 자연수를 모두 쓰세요.

$$\frac{3}{7} \div 2 > \frac{\square}{28}$$

(　　　　　　　　)

8 07쪽 문제 해결

수 카드 3, 5를 한 번씩 모두 사용하여 계산 결과가 더 큰 나눗셈식을 만들었을 때의 몫을 구하세요.

$$\frac{\square}{12} \div \square$$

(　　　　　　　　)

+9 07쪽 수학적 독해력

설탕 1 kg 중에서 $\frac{3}{19}$ kg을 과자를 만드는 데 사용하였습니다. 남은 설탕을 8봉지에 똑같이 나누어 담았다면 한 봉지에 담은 설탕은 몇 kg일까요?

(　　　　　　　　)

+10 07쪽 수학적 표현력

넓이가 $\frac{7}{8}$ m^2인 정육각형 모양을 다음과 같이 6등분하였습니다. 색칠한 부분의 넓이는 몇 m^2인지 풀이 과정을 쓰고, 답을 구하세요.

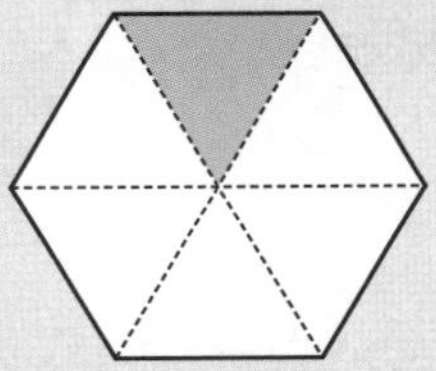

[풀이] ______________________

____

____

[답] ______________________

오늘 공부 어땠나요? 10개 중 맞힌 문제 □ 개 › 틀린 문제는 힌트를 보고 다시 도전해 보세요. › 맞힌 문제는 힌트를 보고 자신의 생각과 비교해 보세요.

공부한 날 　월 　일

04일 (분수)÷(자연수) (2)

1 (분수)÷(자연수)를 분수의 곱셈으로 나타내어 계산하기

예 $\frac{3}{4}\div5$의 계산

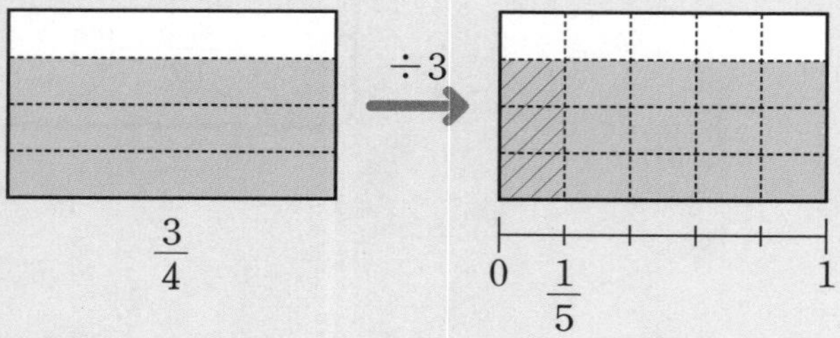

$\frac{3}{4}\div5$의 몫은 $\frac{3}{4}$을 5등분한 것 중의 하나입니다.

이것은 $\frac{3}{4}$의 $\frac{1}{5}$이므로 $\frac{3}{4}\times\frac{1}{5}$입니다.

➜ $\frac{3}{4}\div5=\frac{3}{4}\times\frac{1}{5}=\frac{3}{20}$

◐ $\div5$와 $\times\frac{1}{5}$은 똑같이 5등분한 것 중의 하나라는 뜻입니다. 따라서 (분수)÷(자연수)를 계산할 때 ÷(자연수)를 $\times\frac{1}{(\text{자연수})}$로 바꾸어 계산할 수 있습니다.

$\frac{▲}{●}\div■=\frac{▲}{●}\times\frac{1}{■}$

개념+ (가분수)÷(자연수)를 분수의 곱셈으로 나타내어 계산하기

(가분수)÷(자연수)는 (분수)÷(자연수)와 같은 방법으로 계산합니다.

예 $\frac{4}{3}\div5$의 계산

$\frac{4}{3}\div5=\frac{4}{3}\times\frac{1}{5}=\frac{4}{15}$

확인 1 $\frac{2}{5}\div3$의 몫을 구하려고 합니다. 물음에 답하세요.

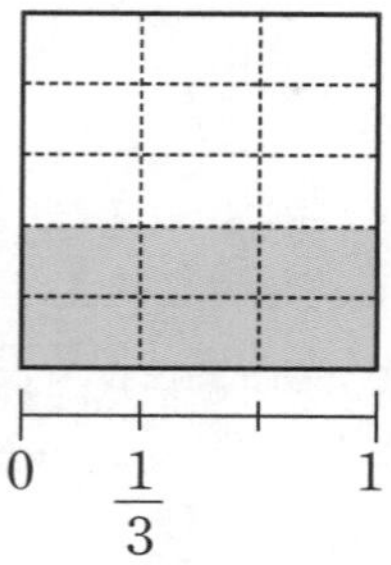

(1) $\frac{2}{5}$만큼 색칠한 부분을 3등분한 것 중의 하나만큼 빗금 쳐 보세요.

(2) □ 안에 알맞은 수를 써넣으세요.

$\frac{2}{5}\div3=\frac{2}{5}\times\frac{1}{\square}=\frac{\square}{\square}$

기본기 다지는 교과서 문제

» 정답 · 풀이 06쪽

1 $\frac{5}{6}\div4$의 몫을 구하려고 합니다. □ 안에 알맞은 수를 써넣으세요.

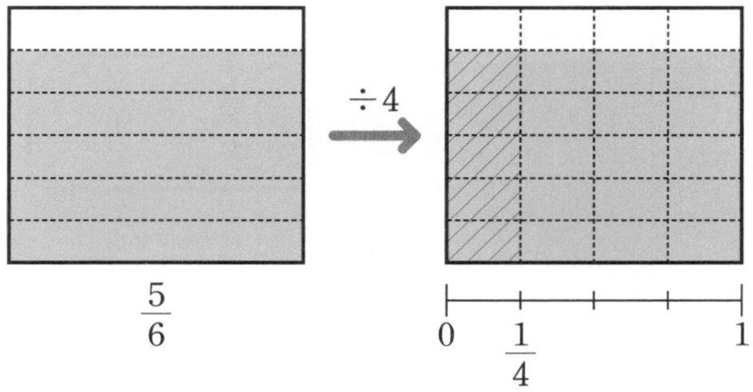

$\frac{5}{6}\div4$의 몫은 $\frac{5}{6}$를 4등분한 것 중의 하나입니다.

이것은 $\frac{5}{6}$의 $\frac{1}{\square}$이므로 $\frac{5}{6}\times\frac{1}{\square}$입니다.

따라서 $\frac{5}{6}\div4=\frac{5}{6}\times\frac{1}{\square}=\frac{\square}{\square}$입니다.

2 $\frac{3}{2}\div5$의 몫을 구하려고 합니다. □ 안에 알맞은 수를 써넣으세요.

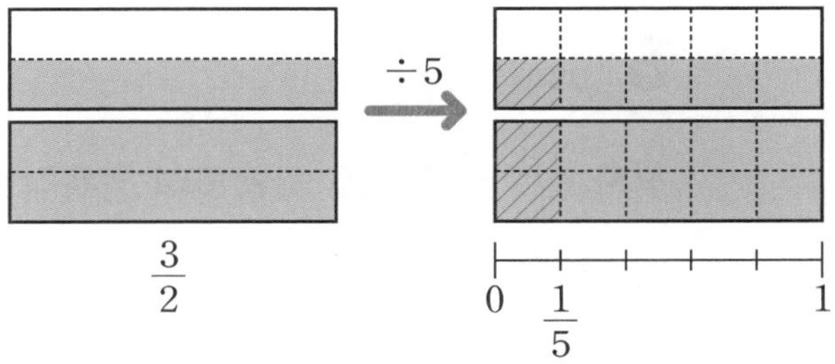

$$\frac{3}{2}\div5=\frac{3}{2}\times\frac{1}{\square}=\frac{\square}{\square}$$

개념 따라쓰기

(분수)÷(자연수)를 분수의 곱셈으로 나타내기

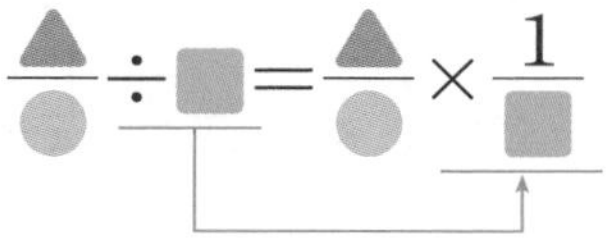

(분수)÷(자연수)는 ÷(자연수)를 $\times\frac{1}{(자연수)}$로 바꾸어 계산할 수 있습니다.

(가분수)÷(자연수)를 분수의 곱셈으로 나타내기

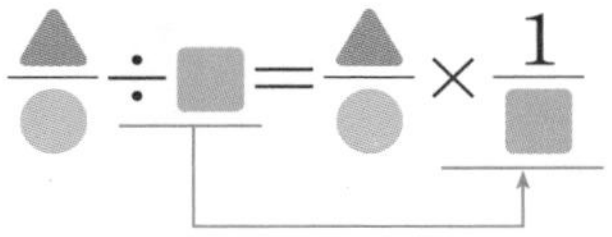

(가분수)÷(자연수)는 (분수)÷(자연수)와 같은 방법으로 계산합니다.

1
이해

□ 안에 알맞은 수를 써넣으세요.

(1) $\frac{2}{5} \div 3 = \frac{2}{5} \times \frac{\square}{\square} = \frac{\square}{\square}$

(2) $\frac{3}{7} \div 2 = \frac{3}{7} \times \frac{\square}{\square} = \frac{\square}{\square}$

2
08쪽

계산

계산해 보세요.

(1) $\frac{7}{8} \div 5$

(2) $\frac{3}{5} \div 9$

(3) $\frac{15}{7} \div 4$

(4) $\frac{9}{4} \div 6$

3
08쪽

계산

바르게 계산한 것을 찾아 기호를 쓰세요.

㉠ $\frac{4}{7} \div 8 = \frac{4}{7} \times 8 = \frac{32}{7}$

㉡ $\frac{5}{9} \div 3 = \frac{9}{5} \times \frac{1}{3} = \frac{3}{5}$

㉢ $\frac{8}{3} \div 7 = \frac{8}{3} \times \frac{1}{7} = \frac{8}{21}$

(　　　　　　　)

4
08쪽

적용

작은 수를 큰 수로 나눈 몫을 분수로 나타내어 보세요.

$\frac{33}{8}$　　9

(　　　　　　　)

5
문제 해결

나눗셈의 몫이 큰 것부터 차례로 ◯ 안에 번호를 써넣으세요.

$\frac{2}{3} \div 5$　◯

$\frac{8}{15} \div 3$　◯

$\frac{5}{3} \div 3$　◯

6
08쪽

창의 융합

철사 $\frac{16}{7}$ m를 모두 사용하여 정육각형 모양을 만들었습니다. 정육각형의 한 변의 길이는 몇 m일까요?

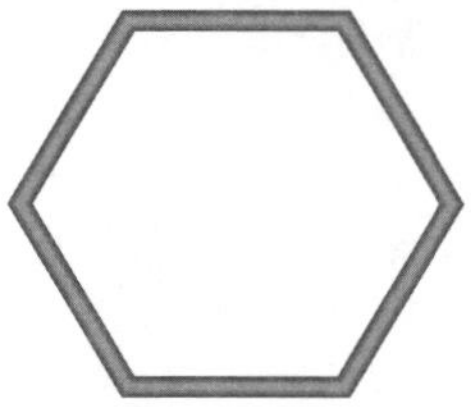

(　　　　　　　)

» 정답 · 풀이 06쪽

조금 더 어려운 문제에 도전해 볼까요?

7 09쪽 추론

□ 안에 알맞은 분수를 구하세요.

$$\square \times 11 = \frac{13}{5}$$

(　　　　　　　　)

8 09쪽 문제 해결

넓이가 $\frac{24}{5}$ m²인 평행사변형이 있습니다. 이 평행사변형의 밑변의 길이가 5 m일 때 높이는 몇 m일까요?

(　　　　　　　　)

+9 09쪽 수학적 독해력

수 카드 3장을 모두 사용하여 계산 결과가 가장 작은 나눗셈식을 만들었을 때의 몫을 구해 보세요.

2　5　7

$$\frac{\square}{\square} \div \square$$

(　　　　　　　　)

+10 09쪽 수학적 표현력

주스 $\frac{11}{6}$ L를 병 3개에 똑같이 나누어 담았습니다. 한 병에 담은 주스는 몇 L인지 풀이 과정을 쓰고, 답을 구하세요.

[풀이] ______________________________

____

____

[답] ______________________________

오늘 공부 어땠나요? 10개 중 맞힌 문제 □ 개 > 틀린 문제는 힌트를 보고 다시 도전해 보세요. > 맞힌 문제는 힌트를 보고 자신의 생각과 비교해 보세요.

05일 (대분수)÷(자연수)

① (대분수)÷(자연수) 계산하기

(대분수)÷(자연수)는 대분수를 가분수로 바꾸어 계산합니다.

방법 1 분수의 분자를 자연수로 나누어 계산하기

예 $2\frac{1}{4}\div3=\frac{9}{4}\div3=\frac{9\div3}{4}=\frac{3}{4}$

대분수를 가분수로

방법 2 분수의 곱셈으로 나타내어 계산하기

예 $2\frac{1}{4}\div4=\frac{9}{4}\div4=\frac{9}{4}\times\frac{1}{4}=\frac{9}{16}$

대분수를 가분수로

◐ 대분수를 가분수로 바꾸었을 때 분자가 자연수의 배수인 경우 분자를 자연수로 나누어 계산하는 것이 더 편리합니다.

◐ 대분수를 가분수로 바꾸었을 때 분자가 자연수의 배수가 아닌 경우 나눗셈을 곱셈으로 나타내어 계산하는 것이 더 편리합니다.

개념+ 나눗셈을 계산한 후 검산하기

나눗셈의 몫에 나누는 수를 곱하면 나누어지는 수가 되어야 합니다.

예 $1\frac{3}{5}\div4=\frac{2}{5}$

[검산] $\frac{2}{5}\times4=\frac{8}{5}=1\frac{3}{5}$

확인 1 대분수를 가분수로 바꾸고 분자를 자연수로 나누어 $1\frac{4}{5}\div3$을 계산하려고 합니다. □ 안에 알맞은 수를 써넣으세요.

$$1\frac{4}{5}\div3=\frac{\square}{5}\div3=\frac{\square\div3}{5}=\frac{\square}{5}$$

확인 2 대분수를 가분수로 바꾸고 분수의 곱셈으로 나타내어 $1\frac{3}{4}\div6$을 계산하려고 합니다. □ 안에 알맞은 수를 써넣으세요.

$$1\frac{3}{4}\div6=\frac{\square}{4}\div6=\frac{\square}{4}\times\frac{1}{\square}=\frac{\square}{24}$$

기본기 다지는 교과서 문제

1 그림을 보고 □ 안에 알맞은 수를 써넣으세요.

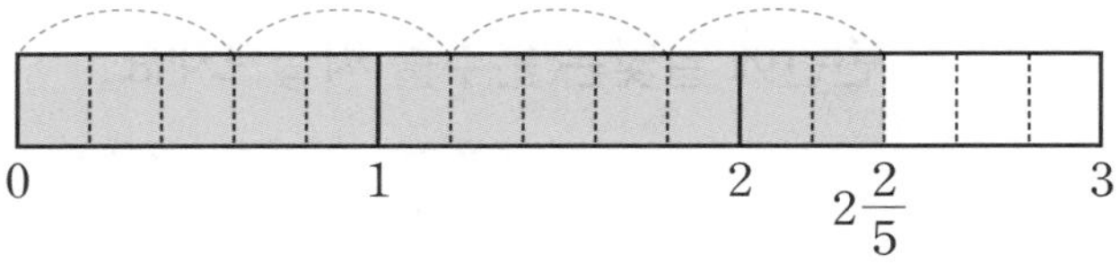

$$2\frac{2}{5}\div 4=\frac{\square}{5}\div 4=\frac{\square\div 4}{5}=\frac{\square}{\square}$$

2 $3\frac{1}{2}\div 9$를 두 가지 방법으로 계산하려고 합니다. □ 안에 알맞은 수를 써넣으세요.

방법 1 $3\frac{1}{2}\div 9=\frac{\square}{2}\div 9=\frac{\square}{18}\div 9=\frac{\square\div 9}{18}=\frac{\square}{\square}$

방법 2 $3\frac{1}{2}\div 9=\frac{\square}{2}\div 9=\frac{\square}{2}\times\frac{1}{\square}=\frac{\square}{\square}$

3 □ 안에 알맞은 수를 써넣으세요.

(1) $2\frac{1}{7}\div 5=\frac{\square}{7}\div 5=\frac{\square\div 5}{7}=\frac{\square}{7}$

(2) $3\frac{2}{3}\div 8=\frac{\square}{3}\div 8=\frac{\square}{3}\times\frac{1}{\square}=\frac{\square}{\square}$

개념 따라쓰기

(대분수)÷(자연수)의 계산

$$1\frac{1}{5}\div 2=\frac{6}{5}\div 2$$

대분수를 가분수로

(대분수)÷(자연수)는 대분수를 가분수로 바꾸어 계산합니다.

분수의 분자를 자연수로 나누어 계산하기

배수(○)

$$1\frac{1}{5}\div 2=\frac{6}{5}\div 2=\frac{6\div 2}{5}$$

분자가 자연수의 배수인 경우 분자를 자연수로 나누어 계산하는 것이 더 편리합니다.

분수의 곱셈으로 나타내어 계산하기

배수(×)

$$1\frac{1}{5}\div 7=\frac{6}{5}\div 7=\frac{6}{5}\times\frac{1}{7}$$

분자가 자연수의 배수가 아닌 경우 나눗셈을 곱셈으로 나타내어 계산하는 것이 더 편리합니다.

1 10쪽 이해

〈보기〉와 같이 계산해 보세요.

〈보기〉

$2\frac{1}{9} \div 3 = \frac{19}{9} \div 3 = \frac{19}{9} \times \frac{1}{3} = \frac{19}{27}$

$1\frac{5}{8} \div 6 =$ ______________________

2 계산

계산해 보세요.

(1) $4\frac{1}{5} \div 7$

(2) $2\frac{3}{7} \div 3$

3 10쪽 의사 소통

잘못 계산한 곳을 찾아 바르게 계산해 보세요.

$1\frac{6}{7} \div 2 = 1\frac{6 \div 2}{7} = 1\frac{3}{7}$

↓

[ ]

4 문제 해결

빈칸에 알맞은 분수를 써넣으세요.

$3\frac{3}{8}$ → $\div 2$ → [ ] → $\div 3$ → [ ]

5 10쪽 적용

계산 결과가 더 큰 사람의 이름을 쓰세요.

종욱: $4\frac{2}{5} \div 3$

윤하: $5\frac{3}{4} \div 5$

( )

6 10쪽 이해

$6\frac{2}{3} \div 4$를 계산하고 검산한 것입니다. □ 안에 공통으로 들어갈 알맞은 대분수를 써넣으세요

$6\frac{2}{3} \div 4 =$ □

〔검산〕 □ $\times 4 = 6\frac{2}{3}$

7 11쪽 문제 해결

그림과 같이 넓이가 $7\frac{1}{5}$ cm^2인 직사각형을 4등분 하였습니다. 색칠한 부분의 넓이는 몇 cm^2일까요?

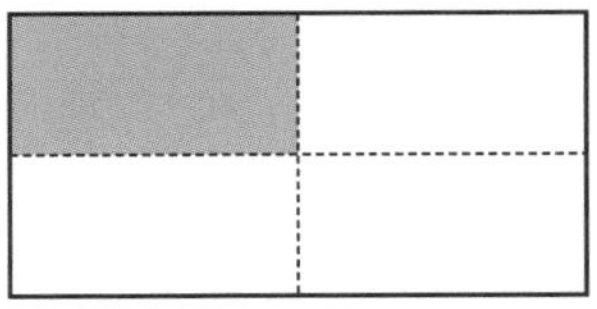

(　　　　　　　　)

8 11쪽 추론

★에 들어갈 알맞은 분수를 구하세요.

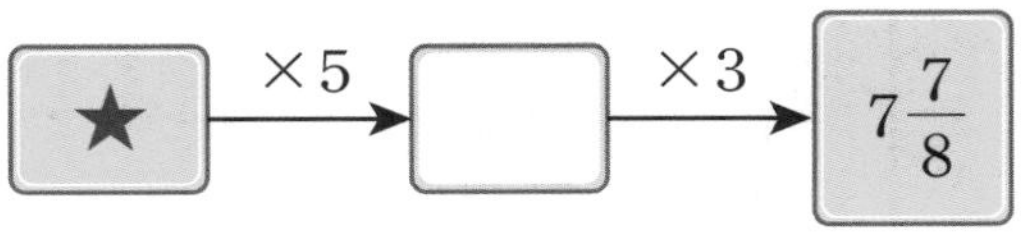

(　　　　　　　　)

+9 11쪽 수학적 독해력

무게가 똑같은 고구마 8개가 놓여 있는 쟁반의 전체 무게가 $2\frac{2}{9}$ kg입니다. 빈 쟁반이 $\frac{4}{9}$ kg이라면 고구마 한 개는 몇 kg일까요?

(　　　　　　　　)

+10 11쪽 수학적 표현력

넓이가 $9\frac{3}{5}$ m^2인 직사각형이 있습니다. 가로가 4 m일 때 세로는 몇 m인지 풀이 과정을 쓰고, 답을 구하세요.

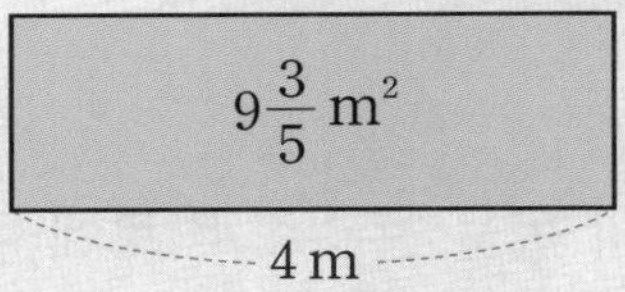

[풀이] ______________________

____

____

[답] ______________________

오늘 공부 어땠나요? 10개 중 맞힌 문제 □ 개 › **틀린 문제**는 힌트를 보고 다시 도전해 보세요. › **맞힌 문제**는 힌트를 보고 자신의 생각과 비교해 보세요.

01 $2\div9$의 몫을 분수로 나타내려고 합니다. □ 안에 알맞은 수를 써넣으세요.

> $1\div9=\frac{\square}{\square}$입니다.
>
> $2\div9$는 $\frac{1}{9}$이 □개입니다.
>
> 따라서 $2\div9=\frac{\square}{\square}$입니다.

02 나눗셈의 몫을 분수로 바르게 나타낸 학생의 이름을 쓰세요.

> 지혜: $6\div11=\frac{6}{11}$
>
> 슬기: $9\div7=\frac{7}{9}$
>
> 영민: $23\div18=\frac{18}{23}$

(　　　　　　)

03 나눗셈의 몫이 1보다 큰 것은 어느 것일까요? ………… (　　　)

① $7\div8$　　② $4\div27$
③ $24\div25$　　④ $8\div15$
⑤ $11\div9$

04 빈칸에 알맞은 기약분수를 써넣으세요.

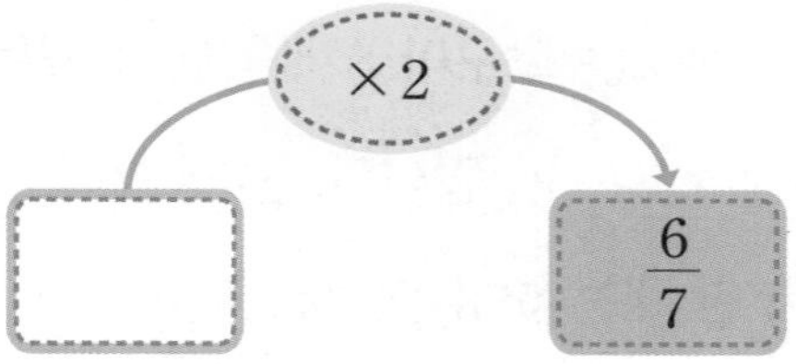

05 잘못 계산한 곳을 찾아 바르게 계산해 보세요.

> $\frac{7}{15}\div2=\frac{7}{15}\times2=\frac{14}{15}$

➜ ______________________

06 가장 작은 수를 가장 큰 수로 나눈 몫을 분수로 나타내어 보세요.

$4 \quad \frac{11}{12} \quad \frac{23}{24} \quad 2$

(　　　　　　　　)

07 정팔각형을 8등분해서 3칸을 색칠했습니다. 정팔각형의 넓이가 $\frac{56}{11}$ cm^2일 때 색칠한 부분의 넓이는 몇 cm^2일까요?

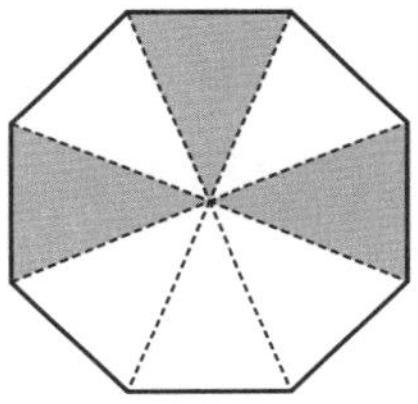

(　　　　　　　　)

08 □ 안에 들어갈 수 있는 자연수는 모두 몇 개일까요?

$\frac{\square}{27} < 3\frac{5}{9} \div 12$

(　　　　　　　　)

09 수 카드 3, 5, 9를 한 번씩 모두 사용하여 다음과 같은 나눗셈식을 만들려고 합니다. 계산 결과가 가장 클 때의 몫을 구하세요.

$\square\frac{\square}{\square} \div 6$

(　　　　　　　　)

서술형

10 페인트 5통으로 벽면 $6\frac{3}{8}$ m^2을 칠했습니다. 페인트 한 통으로 칠한 벽면의 넓이는 몇 m^2인지 풀이 과정을 쓰고, 답을 구하세요.

[풀이] ______________________________

____

____

[답] ______________________________

06일 각기둥 알아보기 (1)

공부한 날 월 일

❶ 각기둥 알아보기

• 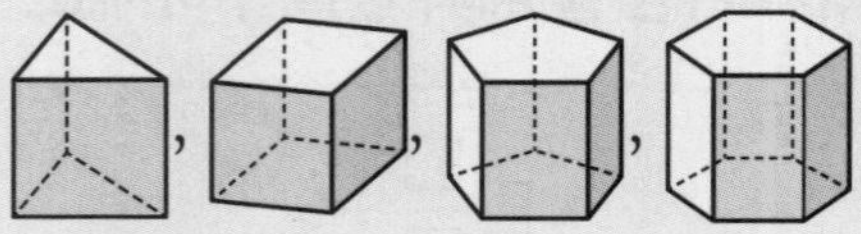 등과 같은 입체도형을 **각기둥**이라고 합니다.

• 각기둥은 모든 면이 다각형이고, 서로 평행한 두 면이 합동인 입체도형입니다.
(서로 평행한 두 면: 위와 아래에 있는 면)

◐ **각기둥의 겨냥도 그리기**
겨냥도를 그릴 때에는 보이는 모서리는 실선으로, 보이지 않는 모서리는 점선으로 그립니다.

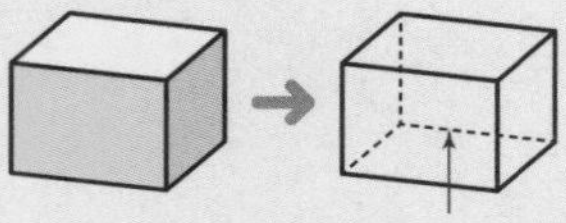

❷ 각기둥의 밑면과 옆면

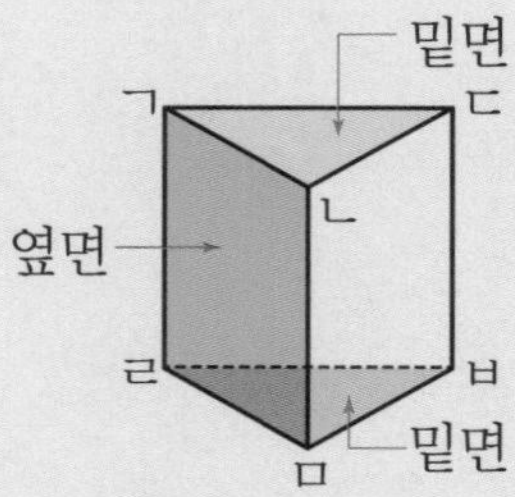

• **밑면**: 각기둥에서 면 ㄱㄴㄷ, 면 ㄹㅁㅂ과 같이 서로 평행하고 합동인 두 면

• **옆면**: 각기둥에서 면 ㄱㄹㅁㄴ, 면 ㄴㅁㅂㄷ, 면 ㄷㅂㄹㄱ과 같이 두 밑면과 만나는 면

◐ 각기둥의 밑면은 2개이고, 옆면의 수는 한 밑면의 변의 수와 같습니다.

개념+ 각기둥의 밑면과 옆면의 특징

① 각기둥에서 두 밑면은 옆면과 수직으로 만납니다.

② 각기둥의 옆면은 모두 직사각형입니다.

확인 1 입체도형을 보고 □ 안에 알맞게 써넣으세요.

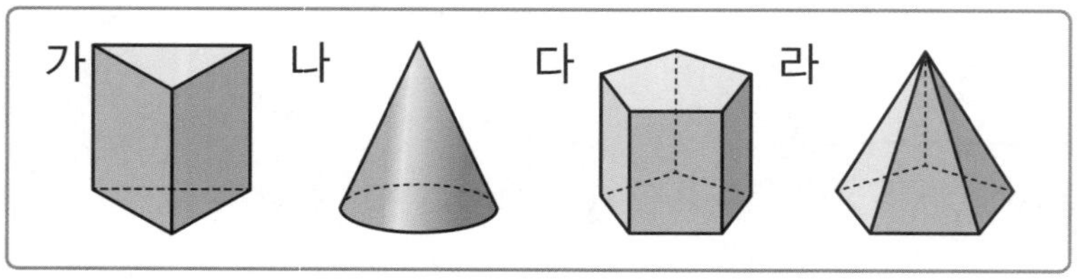

(1) 서로 평행하고 합동인 두 면이 있는 입체도형은 □, □입니다.

(2) (1)에서 찾은 입체도형을 □이라고 합니다.

기본기 다지는 교과서 문제

» 정답 · 풀이 10쪽

1 도형을 보고 물음에 답하세요.

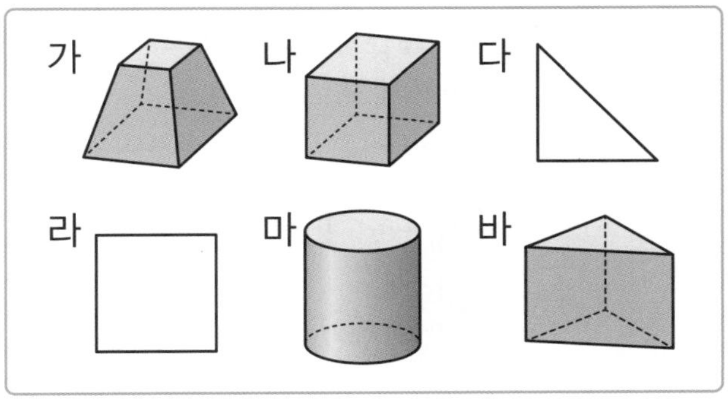

(1) 평면도형과 입체도형으로 분류해 보세요.

평면도형	입체도형

(2) (1)에서 찾은 입체도형 중에서 각기둥을 모두 찾아 기호를 쓰세요.

( )

2 각기둥을 보고 물음에 답하세요.

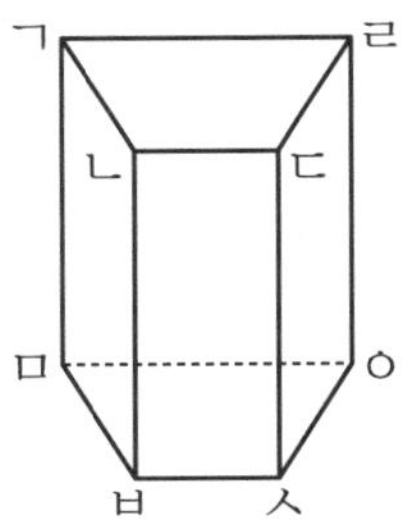

(1) 두 밑면을 찾아 색칠해 보세요.

(2) 색칠한 두 밑면과 서로 수직인 면은 몇 개입니까?

( )

3 각기둥의 겨냥도를 완성해 보세요.

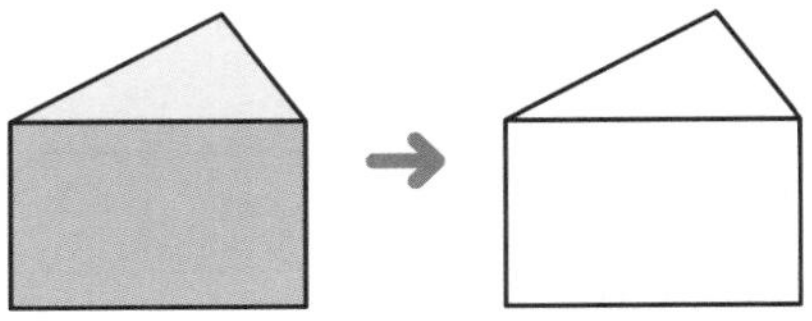

개념 따라쓰기

2 단원

각기둥 알아보기

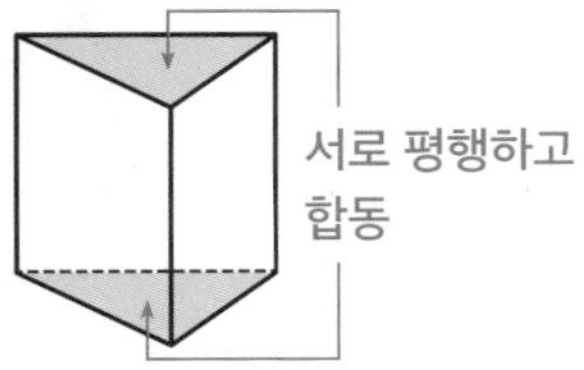

각기둥은 모든 면이 다각형이고, 서로 평행한 두 면이 합동인 입체도형입니다.

각기둥의 밑면과 옆면

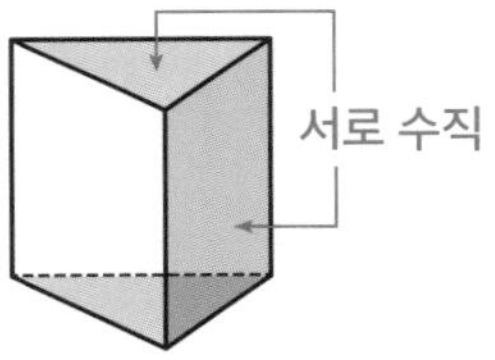

각기둥에서 두 밑면은 서로 평행하고, 두 밑면은 옆면과 수직으로 만납니다.

스스로 풀어내는 도전 10 문제

막힐 땐 힌트북

1

이해

각기둥을 찾아 ○표 하세요.

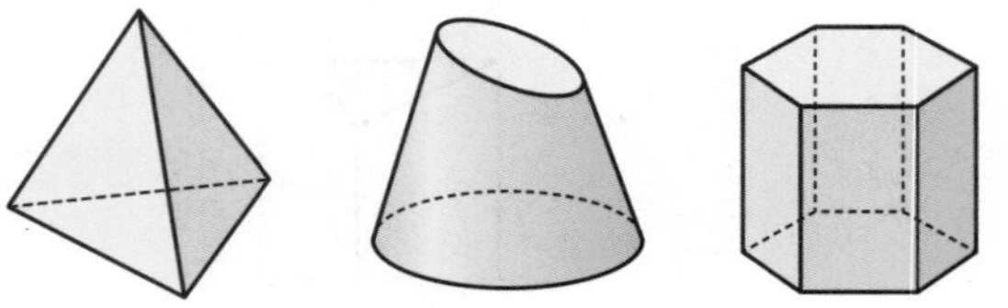

( ) ( ) ( )

2 12쪽

이해

각기둥에서 두 밑면을 찾아 색칠해 보세요.

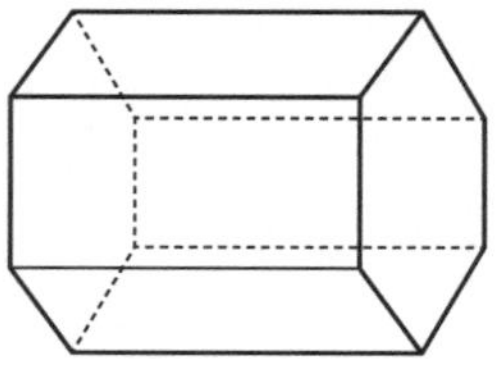

3 12쪽

이해

각기둥의 겨냥도를 완성해 보세요.

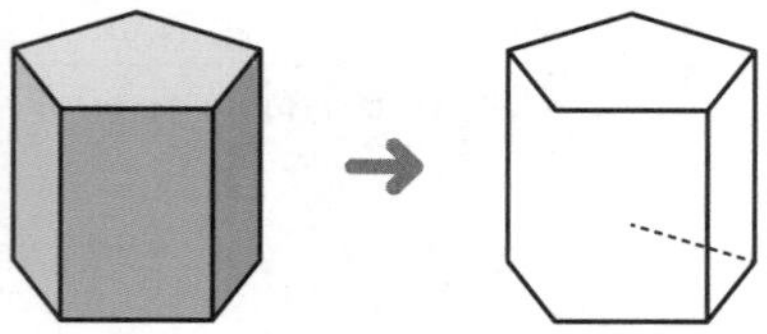

4

적용

각기둥의 옆면을 그려 보고 각기둥의 옆면은 어떤 도형인지 쓰세요.

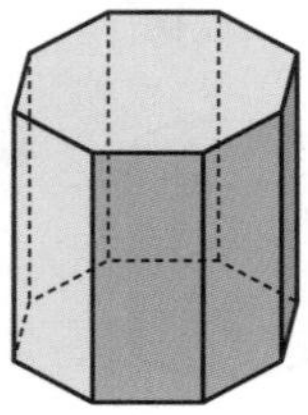

( )

5 12쪽

적용

각기둥의 옆면은 몇 개일까요?

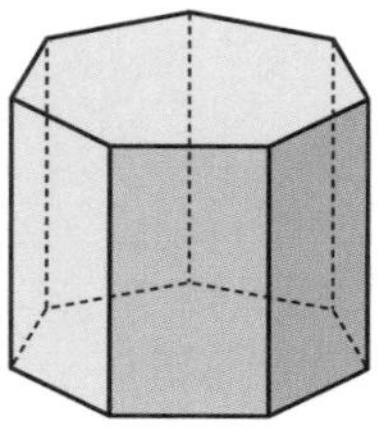

( )

6 12쪽

이해

각기둥을 보고 밑면과 옆면을 모두 찾아 쓰세요.

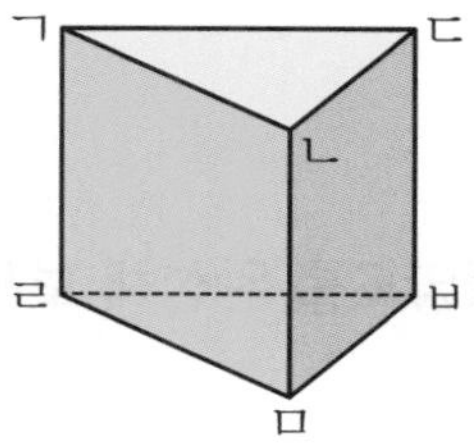

밑면	
옆면	

» 정답 · 풀이 10쪽

조금 더 어려운 문제에 도전해 볼까요?

7 13쪽 적용

각기둥에서 색칠한 면이 밑면일 때 옆면이 아닌 것은 어느 것일까요? ·································· (　　　)

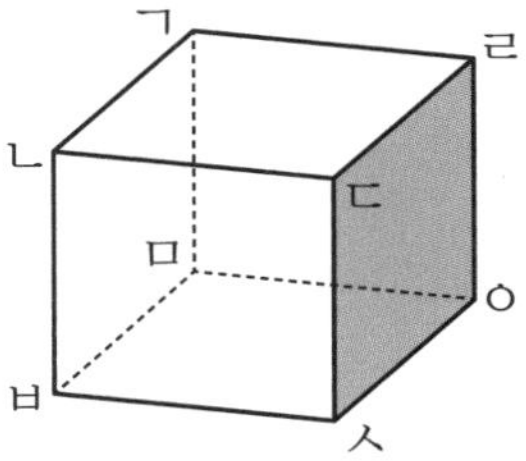

① 면 ㄱㄴㄷㄹ　② 면 ㄴㅂㅅㄷ
③ 면 ㄱㄴㅂㅁ　④ 면 ㄱㅁㅇㄹ
⑤ 면 ㅁㅂㅅㅇ

8 13쪽 의사 소통

민호가 설명하는 것을 찾아 기호를 쓰세요.

(　　　　　　)

+9 13쪽 수학적 독해력

각기둥의 밑면과 옆면에 대한 설명으로 잘못된 것을 찾아 기호를 쓰세요.

㉠ 두 밑면은 서로 평행합니다.
㉡ 옆면의 모양은 모두 직사각형입니다.
㉢ 각기둥에 따라 밑면의 수가 다릅니다.

(　　　　　　)

+10 13쪽 수학적 표현력

다음 도형이 각기둥이 아닌 이유를 설명하세요.

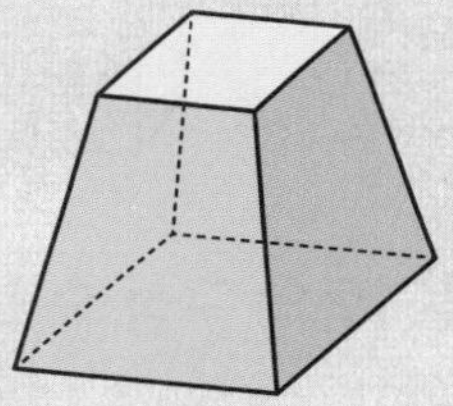

[이유] ______________________________

____

____

오늘 공부 어땠나요? 10개 중 맞힌 문제 [　] 개 > 틀린 문제는 힌트를 보고 다시 도전해 보세요. > 맞힌 문제는 힌트를 보고 자신의 생각과 비교해 보세요.

공부한 날 　월 　일

07일 각기둥 알아보기 (2)

① 각기둥의 이름

각기둥은 밑면의 모양에 따라 **삼각기둥, 사각기둥, 오각기둥**……이라고 합니다.

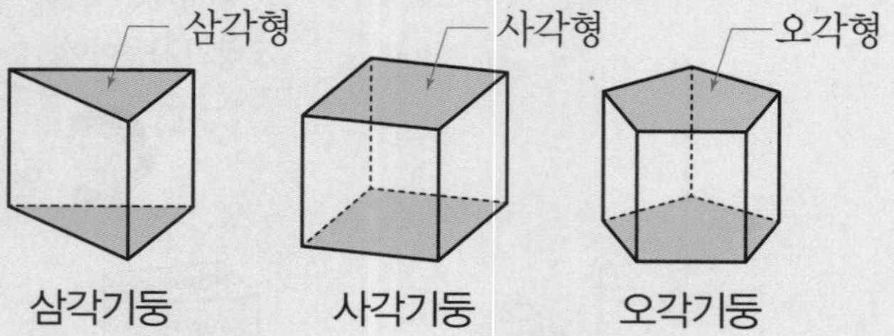

◐ **각기둥의 이름**

밑면의 모양	각기둥의 이름
삼각형	삼각기둥
사각형	사각기둥
오각형	오각기둥
■각형	■각기둥

② 각기둥의 구성 요소

- **모서리:** 면과 면이 만나는 선분
- **꼭짓점:** 모서리와 모서리가 만나는 점
- **높이:** 두 밑면 사이의 거리

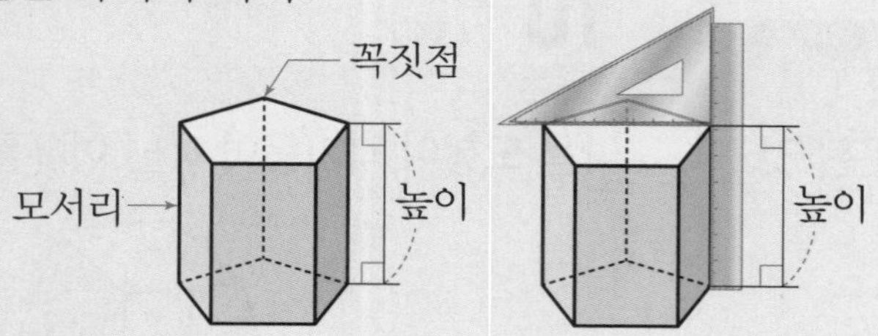

◐ 각기둥의 높이는 옆면끼리 만나서 생긴 모서리의 길이와 같습니다.

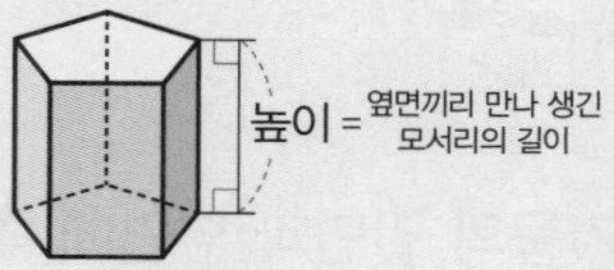

개념+ 각기둥의 구성 요소의 수

꼭짓점의 수	(한 밑면의 변의 수) $\times 2$
면의 수	(한 밑면의 변의 수) $+2$
모서리의 수	(한 밑면의 변의 수) $\times 3$

확인 1 각기둥을 보고 □ 안에 알맞은 말을 써넣으세요.

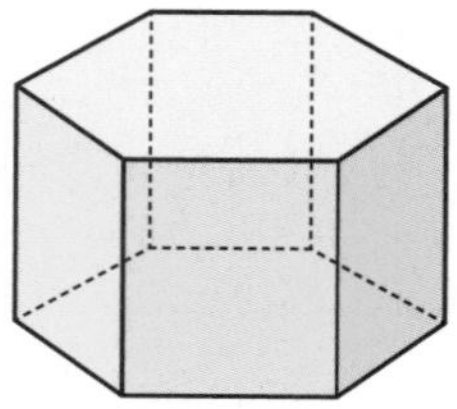

(1) 밑면의 모양은 □ 입니다.

(2) 각기둥의 이름은 □ 입니다.

확인 2 각기둥을 보고 □ 안에 알맞은 말을 써넣으세요.

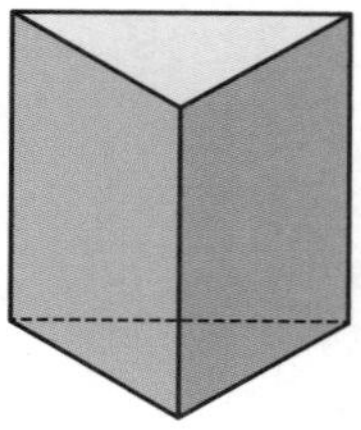

➜ 각기둥에서 면과 면이 만나는 선분을 □ 라 하고, 모서리와 모서리가 만나는 점을 □ 이라고 합니다.

기본기 다지는 교과서 문제

» 정답 · 풀이 11쪽

1 각기둥을 보고 표를 완성해 보세요.

각기둥	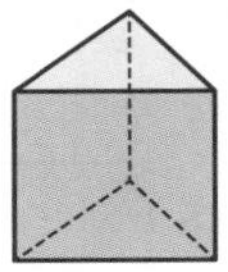	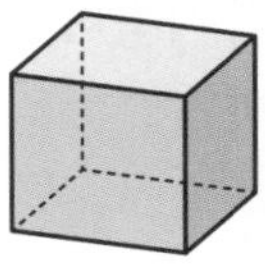	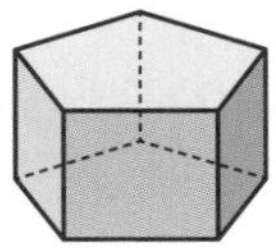
밑면의 모양			
각기둥의 이름			

2 〈보기〉에서 알맞은 말을 골라 □ 안에 써넣으세요.

〈보기〉
모서리　　꼭짓점　　높이　　밑면　　옆면

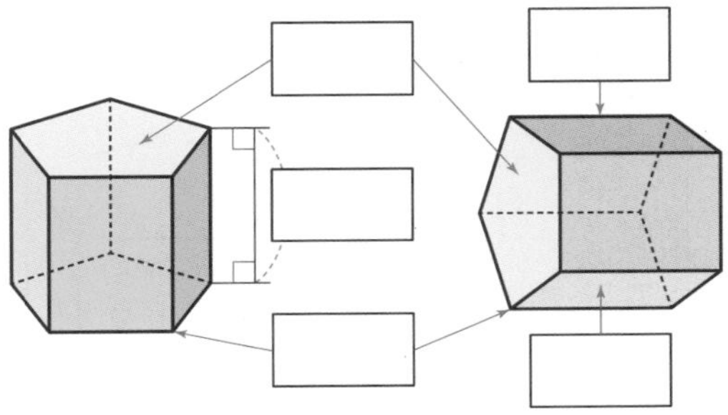

3 각기둥을 보고, □ 안에 알맞은 수를 써넣으세요.

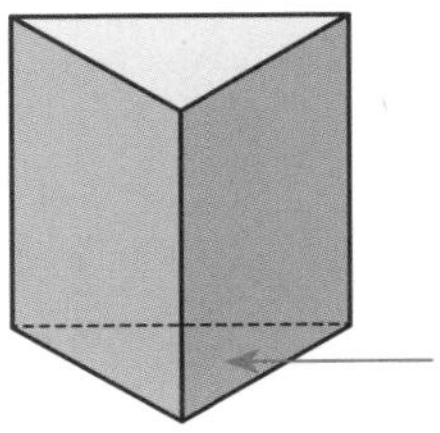

(각기둥의 한 밑면의 변의 수)=□개

(1) (꼭짓점의 수)=(한 밑면의 변의 수)×2=□×2=□(개)

(2) (면의 수)=(한 밑면의 변의 수)+2=□+2=□(개)

(3) (모서리의 수)=(한 밑면의 변의 수)×3=□×3=□(개)

개념 따라쓰기

각기둥의 이름

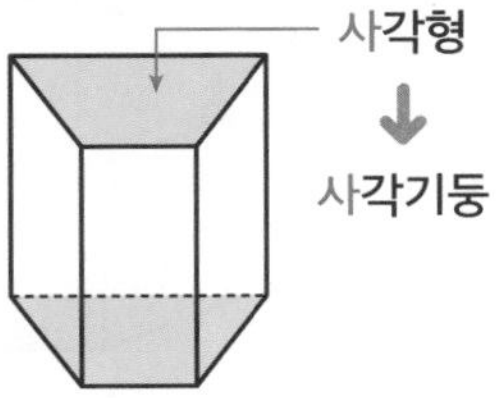

밑면의 모양으로 각기둥의 이름을 알 수 있습니다.

각기둥의 꼭짓점, 면, 모서리의 수

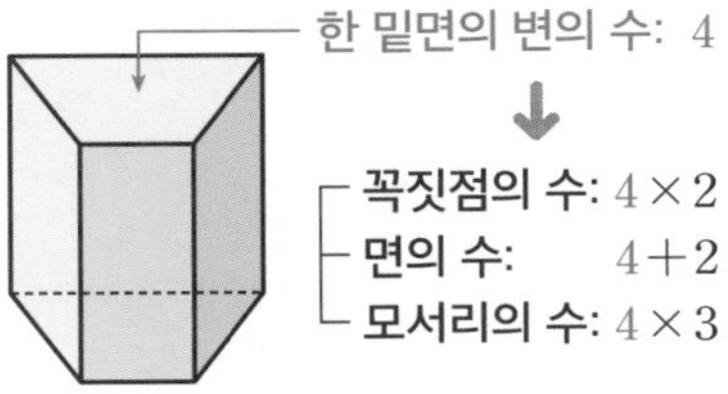

각기둥의 한 밑면의 변의 수로 꼭짓점, 면, 모서리의 수를 알 수 있습니다.

스스로 풀어내는 도전 10 문제

막힐 때 힌트북

1

이해

각기둥의 이름을 쓰세요.

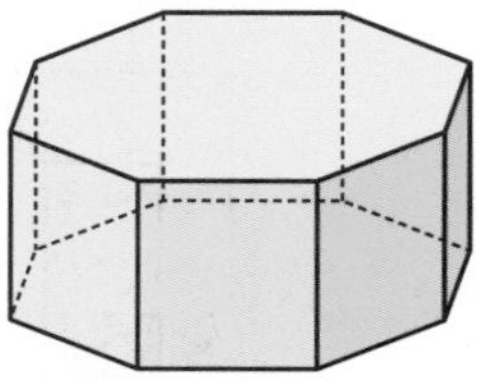

( )

2

14쪽

이해

밑면의 모양이 다음과 같은 각기둥의 이름을 쓰세요.

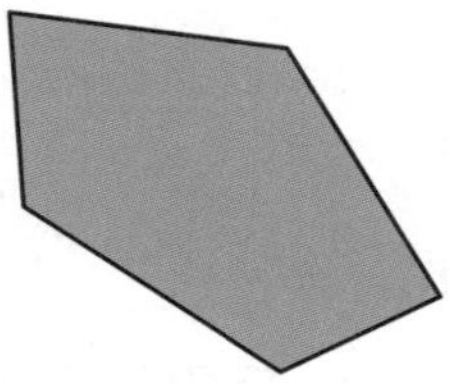

( )

3

이해

〈보기〉에서 알맞은 말을 골라 □ 안에 써넣으세요.

〈보기〉
밑면　옆면　모서리　꼭짓점　높이

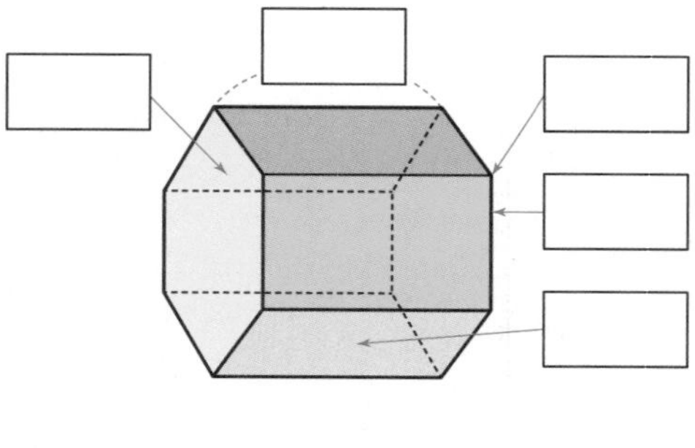

4

14쪽

적용

각기둥에서 높이와 길이가 같은 모서리는 몇 개입니까?

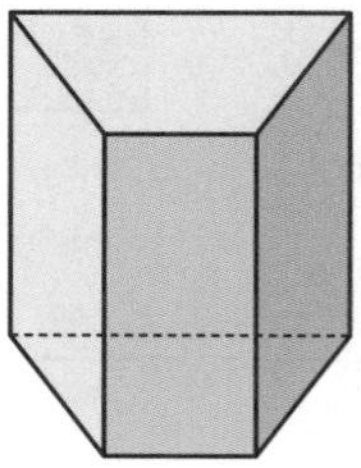

( )

5

14쪽

적용

오각기둥의 겨냥도에서 모서리는 파란색으로, 꼭짓점은 빨간색으로 표시하고 각각 몇 개인지 쓰세요.

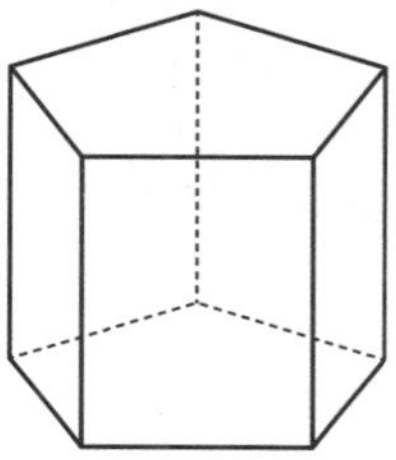

모서리 ( )
꼭짓점 ( )

6

14쪽

이해

빈칸에 알맞게 써넣으세요.

도형	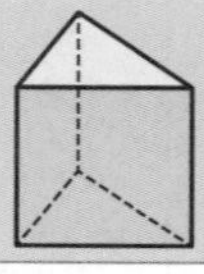	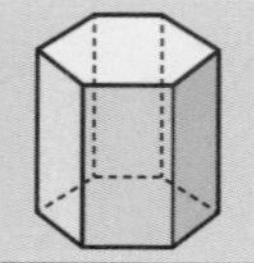
한 밑면의 변의 수(개)		
꼭짓점의 수(개)		
면의 수(개)		
모서리의 수(개)		

7 15쪽 의사 소통

수현이가 설명하는 입체도형의 이름을 쓰세요.

수현

( )

8 15쪽 문제 해결

밑면의 모양이 다음과 같은 각기둥의 꼭짓점의 수와 모서리 수의 합은 몇 개일까요?

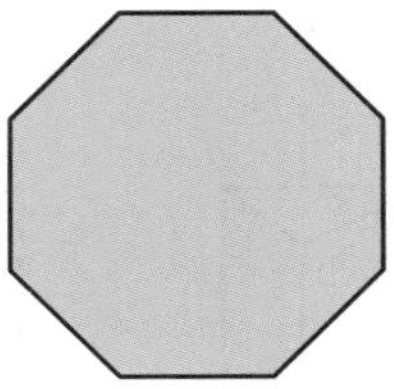

( )

+9 15쪽 수학적 독해력

각기둥에 대한 설명으로 틀린 것을 모두 찾아 기호를 쓰세요.

㉠ 육각기둥의 면의 수는 삼각기둥의 면의 수의 2배입니다.
㉡ 옆면이 6개인 각기둥은 육각기둥입니다.
㉢ 칠각기둥의 꼭짓점은 14개입니다.
㉣ 각기둥의 모서리의 수와 꼭짓점의 수는 같습니다.

( )

+10 15쪽 수학적 표현력

다음 각기둥은 모든 모서리의 길이가 같습니다. 이 각기둥의 모든 모서리의 길이의 합은 몇 cm인지 풀이 과정을 쓰고, 답을 구하세요.

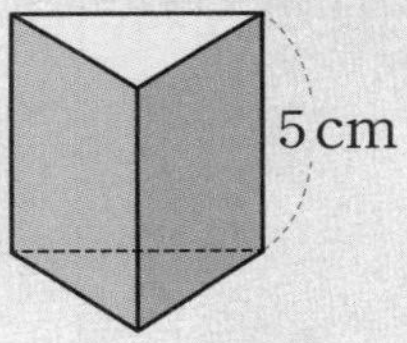

풀이

답

오늘 공부 어땠나요? 10개 중 맞힌 문제 □ 개 › 틀린 문제는 힌트를 보고 다시 도전해 보세요. › 맞힌 문제는 힌트를 보고 자신의 생각과 비교해 보세요.

공부한 날 월 일

08일 각기둥의 전개도 알아보기

① 각기둥의 전개도

각기둥의 모서리를 잘라서 평면 위에 펼쳐 놓은 그림을 각기둥의 **전개도**라고 합니다.

각기둥의 전개도에서 밑면의 모양을 살펴보면 각기둥의 이름을 알 수 있습니다.

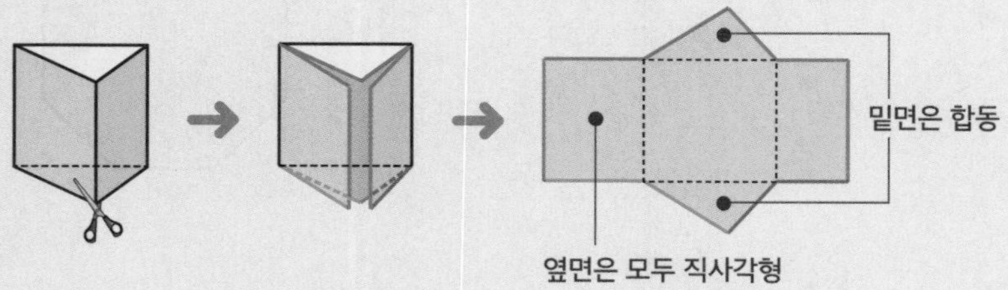

② 각기둥의 전개도의 특징

① 두 밑면은 서로 합동인 다각형이고, 접었을 때 서로 평행합니다.
② 옆면의 모양은 모두 직사각형입니다.
③ 전개도를 접었을 때 맞닿는 선분의 길이는 같습니다.

확인 1 각기둥의 모서리를 잘라서 평면 위에 펼쳐 놓았더니 다음과 같이 되었습니다. 알맞은 것에 ○표 하세요.

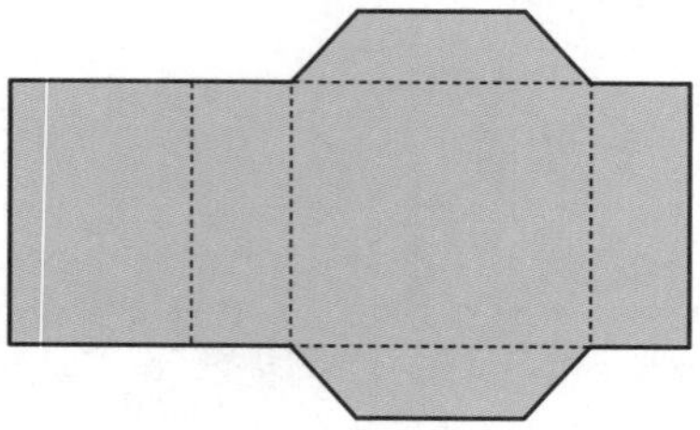

(1) 전개도에서 밑면의 모양은 (사각형 , 오각형)입니다.

(2) 전개도에서 옆면의 모양은 모두 (정삼각형 , 직사각형)입니다.

(3) 전개도를 접으면 (사각기둥 , 오각기둥)이 됩니다.

» 정답 · 풀이 12쪽

1 각기둥의 전개도를 보고 물음에 답하세요.

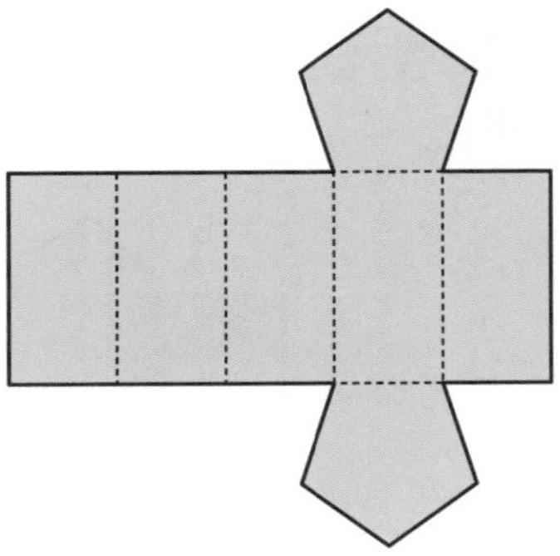

(1) 밑면은 어떤 도형입니까? ( )

(2) 옆면은 어떤 도형입니까? ( )

(3) 전개도를 접으면 어떤 도형이 됩니까? ( )

2 전개도를 보고 물음에 답하세요.

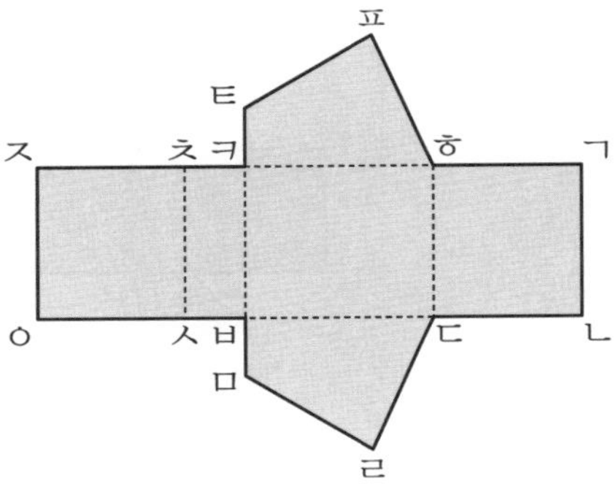

(1) 전개도를 접었을 때 맞닿는 선분을 각각 찾아 □ 안에 알맞게 써넣으세요.

선분 ㄱㄴ과 선분 □

선분 ㅁㅂ과 선분 □

선분 ㅈㅊ과 선분 □

(2) 전개도를 접었을 때 면 ㄷㄹㅁㅂ와 평행한 면을 찾아 쓰세요.

( )

개념 따라쓰기

2 단원

각기둥의 전개도의 특징 ①

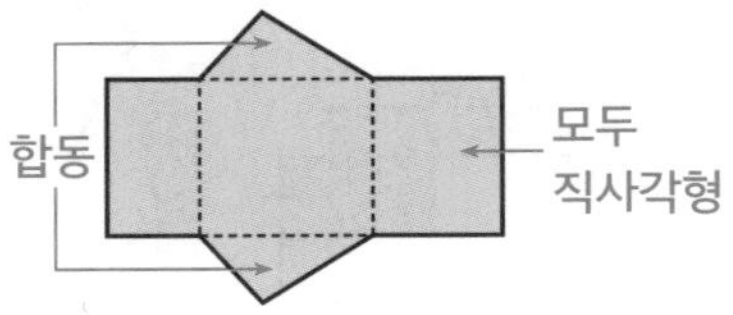

각기둥의 전개도에서 두 밑면은 서로 합동이고, 옆면은 모두 직사각형입니다.

각기둥의 전개도의 특징 ②

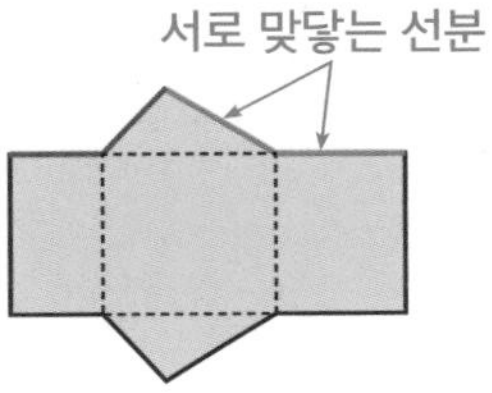

각기둥의 전개도를 접었을 때 서로 맞닿는 선분의 길이는 같습니다.

1

이해

삼각기둥의 전개도에 ○표 하세요.

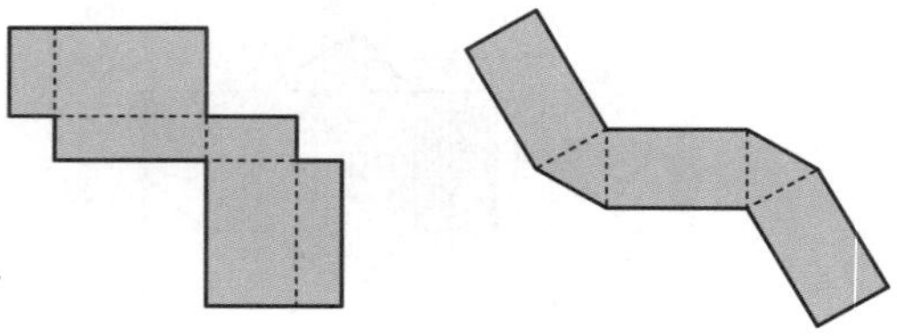

(　　　　) (　　　　)

2

이해

전개도를 접었을 때 만들어지는 입체도형의 이름을 쓰세요.

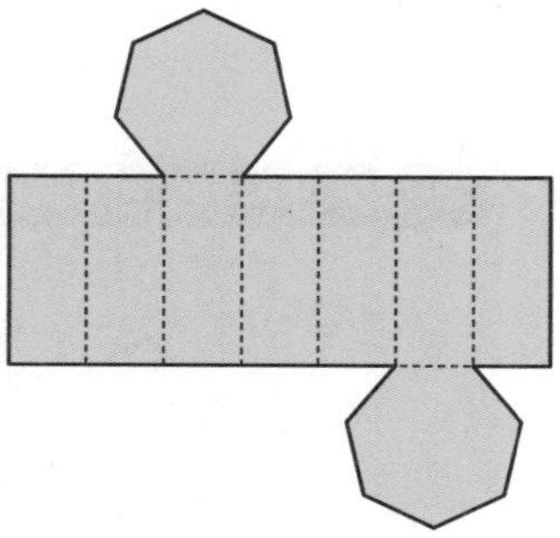

(　　　　　　)

3

16쪽

적용

각기둥의 전개도가 아닌 것의 기호를 쓰세요.

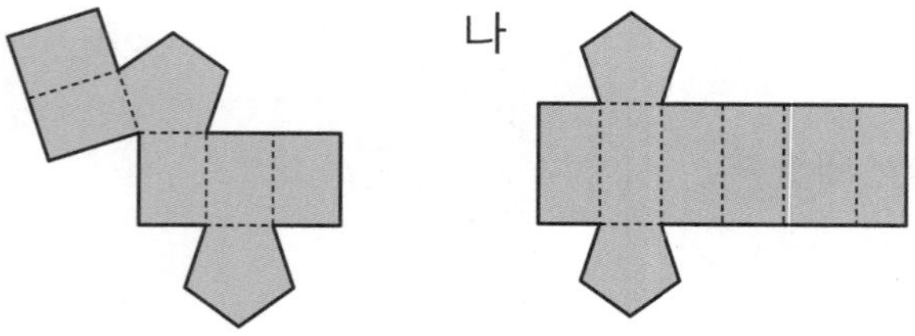

(　　　　　　)

4

16쪽

적용

전개도를 접었을 때 점 ㄱ과 만나는 점을 모두 찾아 쓰세요.

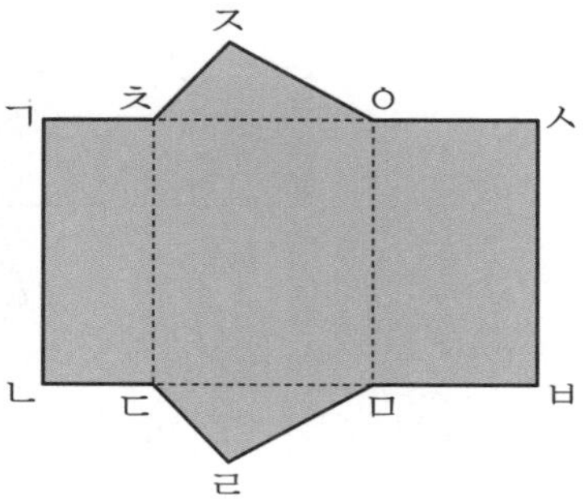

(　　　　　　)

5

16쪽

적용

전개도를 접었을 때 면 ㄷㄹㅁㅂ과 평행한 면을 찾아 쓰세요.

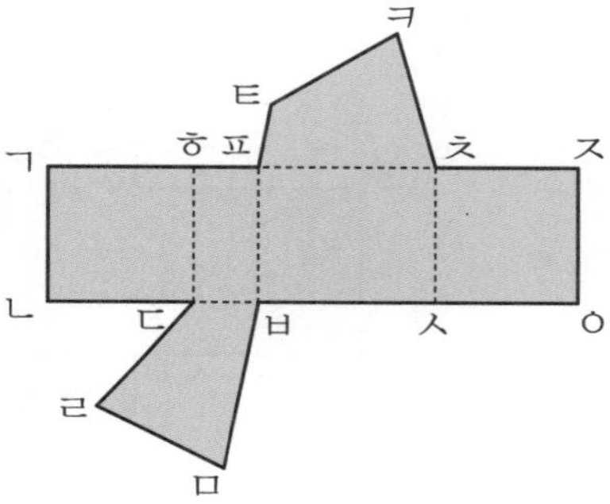

(　　　　　　)

6

16쪽

적용

전개도를 접어서 각기둥을 만들었습니다. □ 안에 알맞은 수를 써넣으세요.

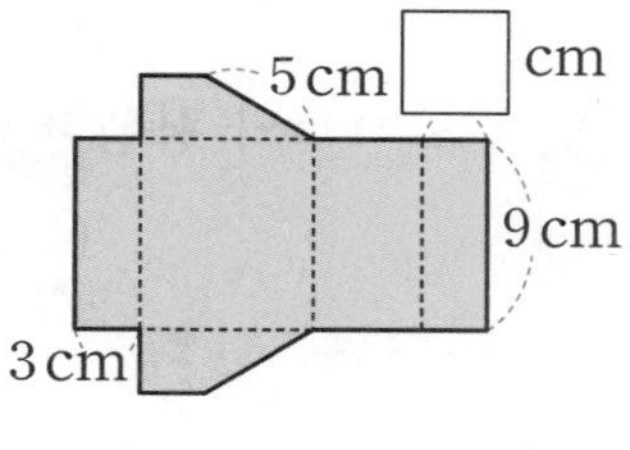

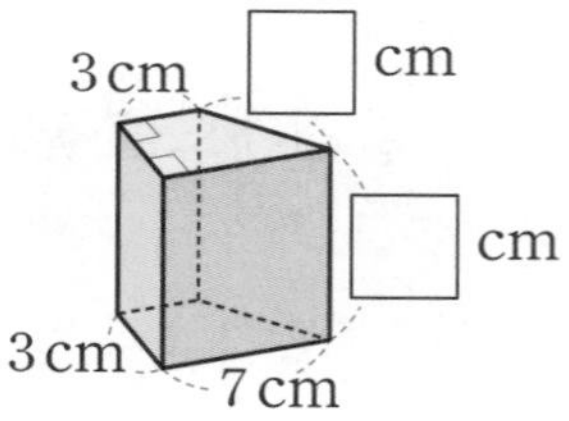

7 17쪽 문제 해결

전개도를 접었을 때 면 ㉮와 수직으로 만나는 면은 모두 몇 개입니까?

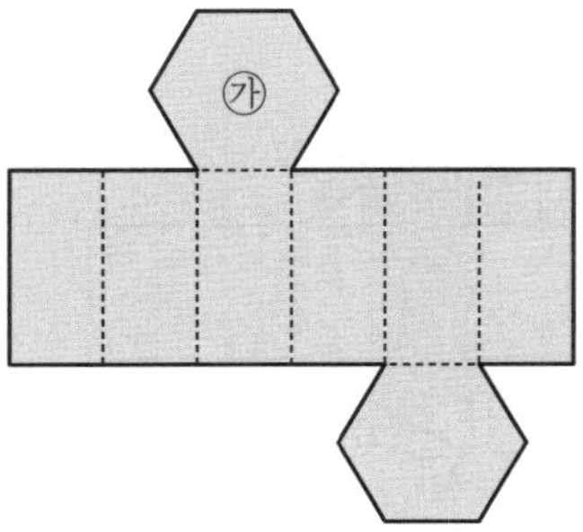

(   )

8 17쪽 창의 융합

옆면이 모두 합동인 각기둥의 전개도입니다. 한 밑면의 둘레는 몇 cm인지 구하세요.

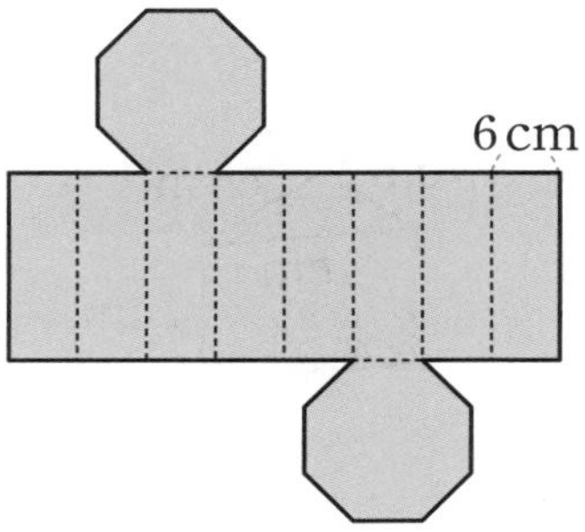

(   )

+9 17쪽 수학적 독해력

〈보기〉는 아래 전개도를 접었을 때 만들어지는 각기둥을 설명한 것입니다. 밑면의 한 변의 길이가 몇 cm인지 구하세요.

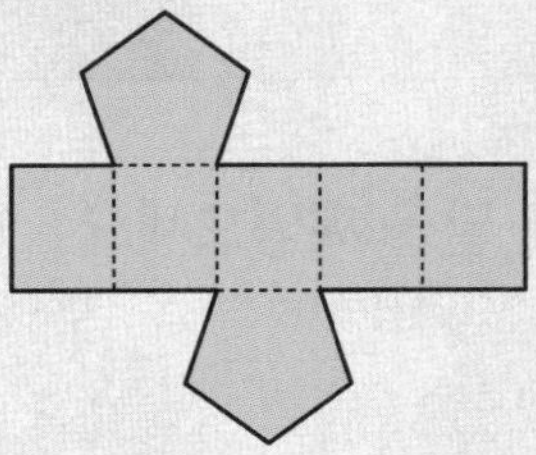

〈보기〉
- 각기둥의 옆면은 모두 합동입니다.
- 각기둥의 높이는 7 cm입니다.
- 각기둥의 모든 모서리의 길이의 합은 85 cm입니다.

(   )

+10 17쪽 수학적 표현력

전개도를 접었을 때 만들어지는 각기둥의 모서리는 몇 개인지 풀이 과정을 쓰고, 답을 구하세요.

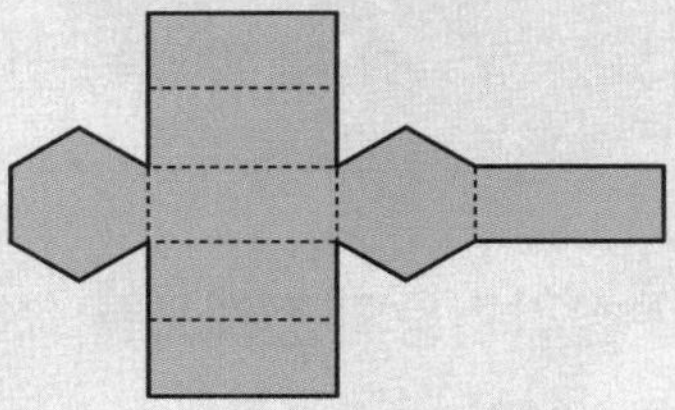

〔풀이〕

〔답〕

오늘 공부 어땠나요?

10개 중 맞힌 문제 □ 개 > 틀린 문제는 힌트를 보고 다시 도전해 보세요. > 맞힌 문제는 힌트를 보고 자신의 생각과 비교해 보세요.

09일 각기둥의 전개도 그리기

❶ 각기둥의 전개도 그리기

각기둥의 전개도는 어느 모서리를 자르는가에 따라 여러 가지 모양으로 그릴 수 있습니다.

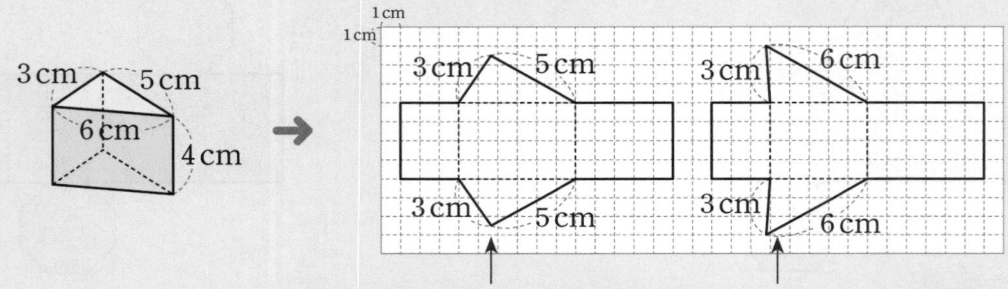

밑면의 3 cm, 5 cm인 모서리와 높이를 자른 모양입니다.

밑면의 3 cm, 6 cm인 모서리와 높이를 자른 모양입니다.

개념+ 각기둥의 전개도를 그릴 때 주의할 점

① 잘린 모서리는 실선으로, 잘리지 않은 모서리는 점선으로 그립니다.
② 두 밑면이 서로 합동이 되게 그립니다.
③ 옆면은 한 밑면의 변의 수만큼 직사각형으로 그립니다.
④ 전개도를 접었을 때 맞닿는 선분의 길이를 같게 그립니다.

확인 1 삼각기둥의 전개도를 그리려고 합니다. □ 안에 알맞은 수나 말을 써넣으세요.

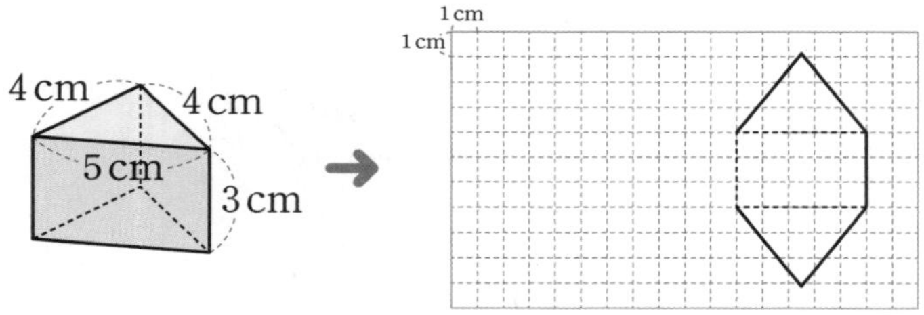

(1) 잘린 모서리는 □으로, 잘리지 않은 모서리는 □으로 그립니다.

(2) 밑면은 합동이 되게 삼각형 모양으로 □개 그립니다.

(3) 옆면은 직사각형 모양으로 □개 그립니다.

(4) 삼각기둥의 전개도를 완성해 보세요.

기본기 다지는 교과서 문제

1 사각기둥의 전개도를 그리려고 합니다. 물음에 답하세요.

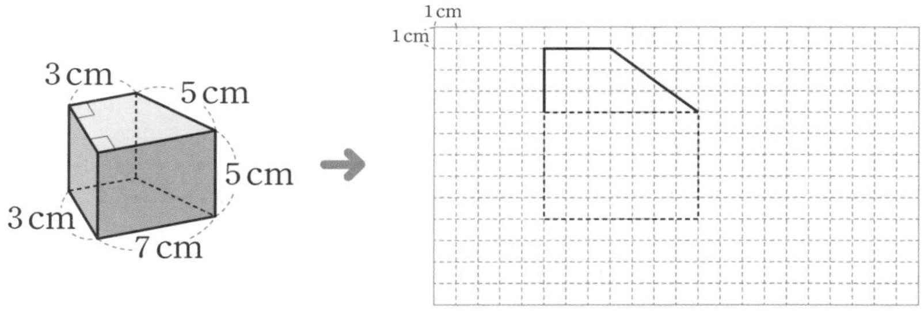

(1) 밑면과 옆면을 각각 몇 개가 되게 그려야 하나요?

밑면 (　　　　　　　)

옆면 (　　　　　　　)

(2) 사각기둥의 전개도를 완성해 보세요.

2 삼각기둥의 전개도를 두 가지 그려 보세요.

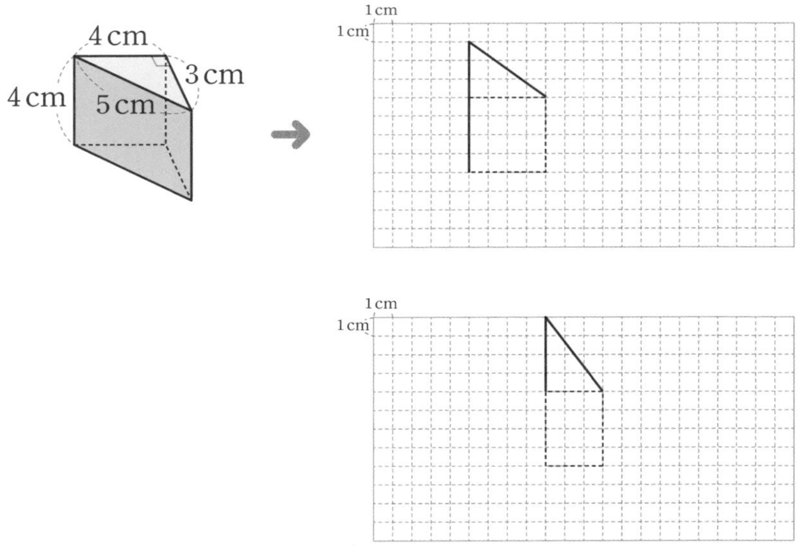

개념 따라쓰기

각기둥의 전개도 그리기 ①

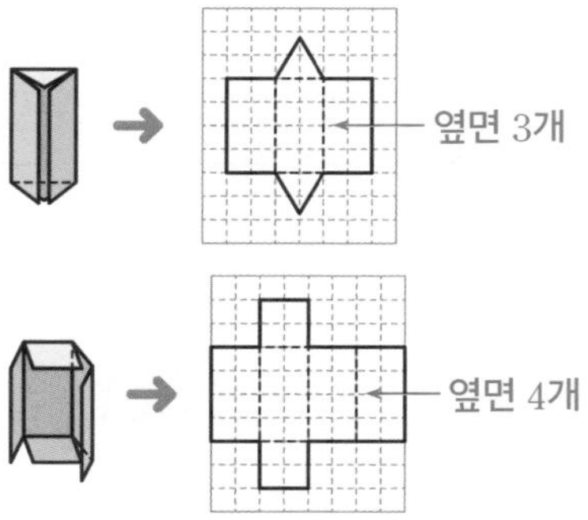

밑면이 ■각형이면 옆면은 직사각형을 ■개 그립니다.

각기둥의 전개도 그리기 ②

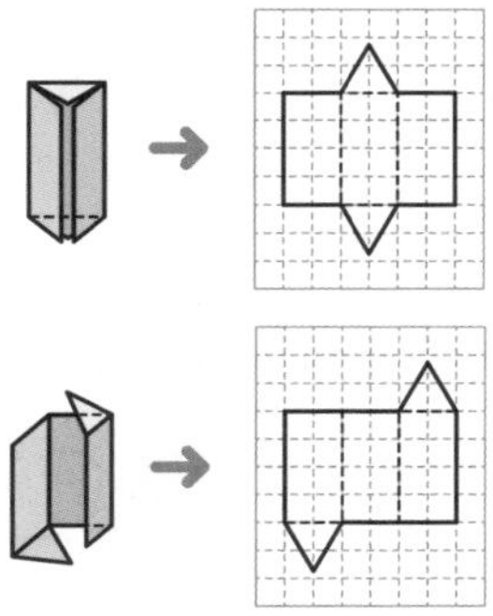

각기둥의 전개도는 각기둥의 어느 모서리를 자르는가에 따라 여러 가지 모양이 나올 수 있습니다.

1 18쪽 이해

각기둥의 전개도를 잘못 그린 것을 찾아 ○표 하세요.

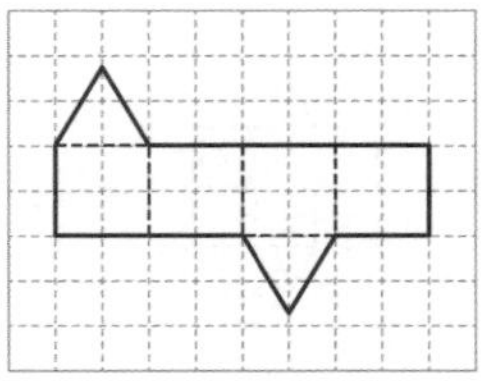
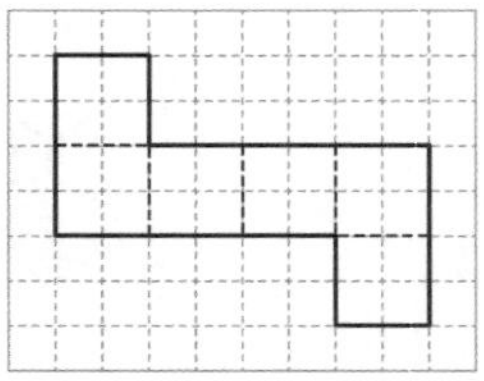

(　　　　)　　(　　　　)

2 이해

오른쪽 각기둥을 보고 전개도를 바르게 그린 것에 ○표 하세요.

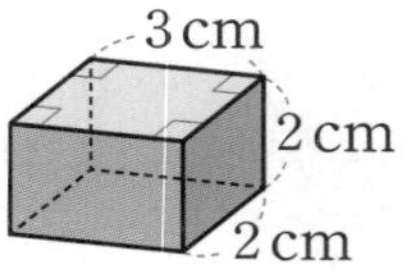

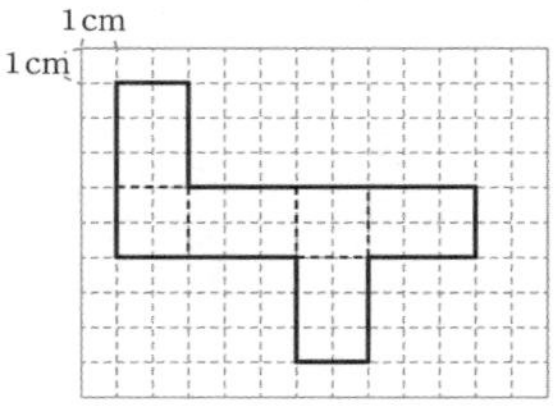

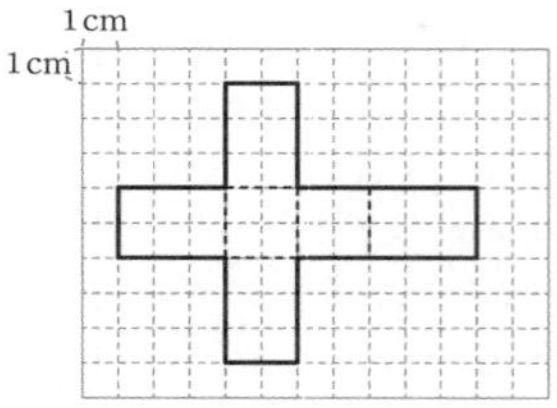

(　　　　)　　(　　　　)

3 이해

사각기둥의 전개도를 완성해 보세요.

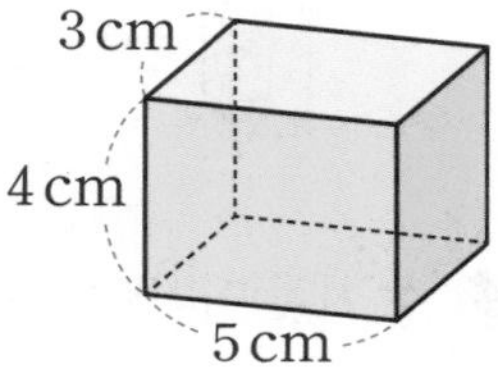

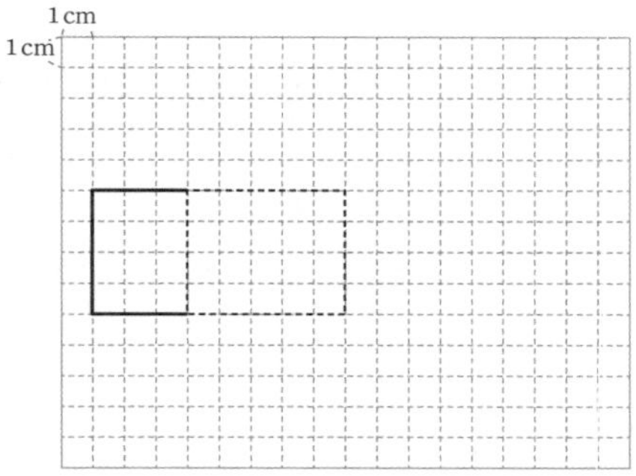

4 18쪽 적용

육각기둥의 겨냥도를 보고 육각기둥의 전개도를 완성해 보세요.

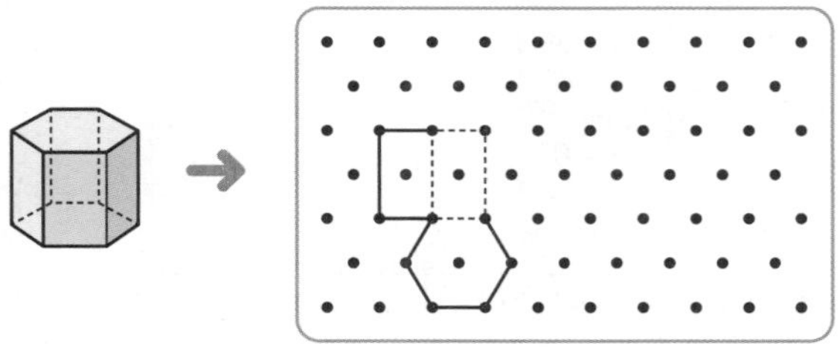

[5~6] 다음 사각기둥의 전개도를 그리려고 합니다. 물음에 답하세요.

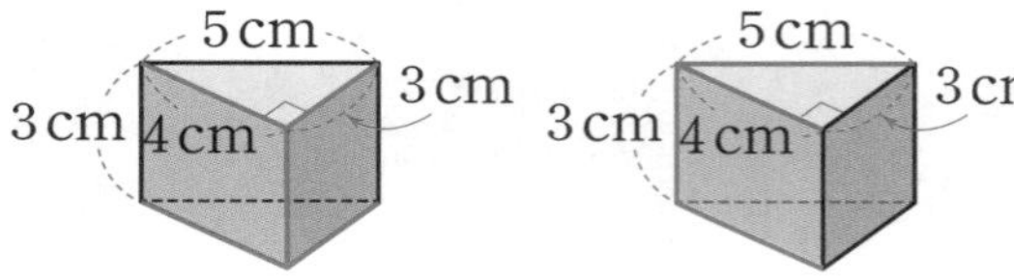

5 18쪽 적용

빨간색 선을 따라 잘랐을 때의 전개도를 그려 보세요.

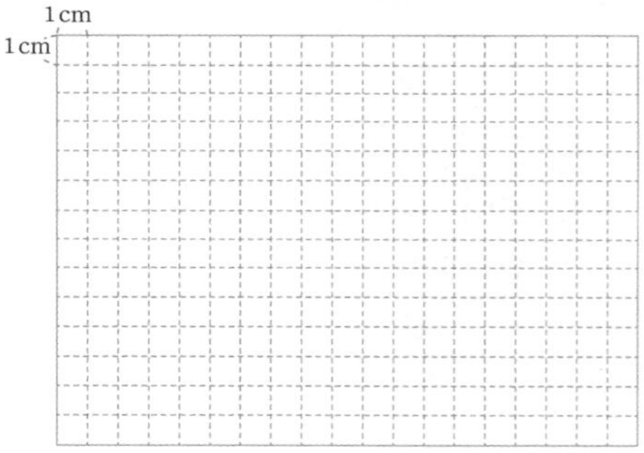

6 18쪽 적용

파란색 선을 따라 잘랐을 때의 전개도를 그려 보세요.

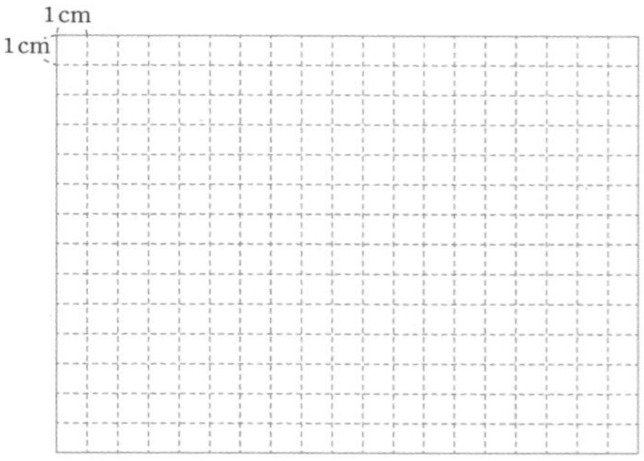

7 19쪽 추론

한 밑면이 오른쪽 그림과 같고, 높이가 3 cm인 사각기둥의 전개도를 그려 보세요.

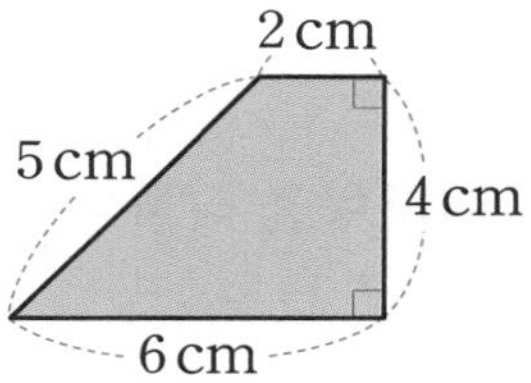

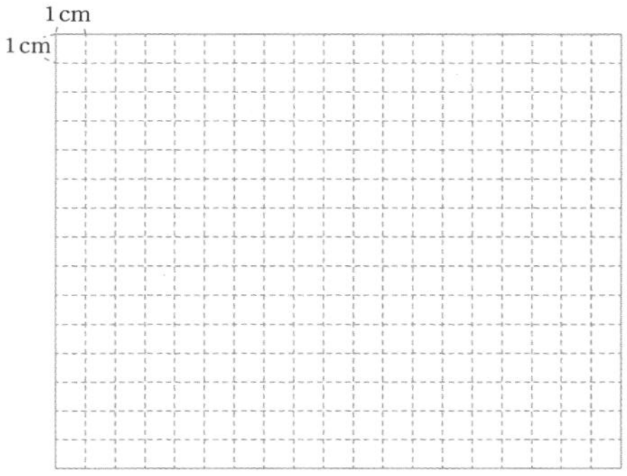

8 19쪽 문제 해결

어떤 각기둥의 옆면만 그린 전개도의 일부분입니다. 전개도를 완성하세요.

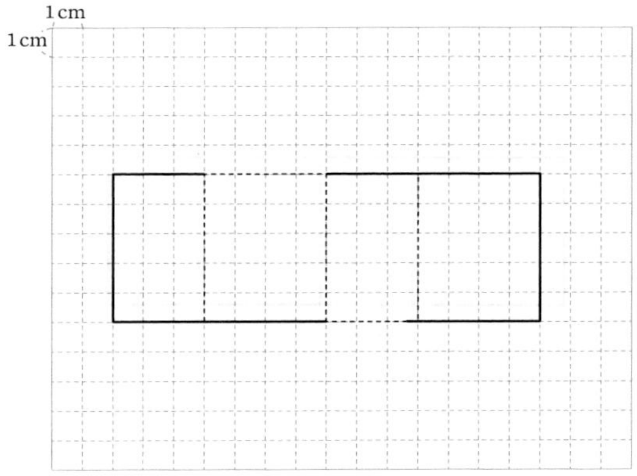

+9 19쪽 수학적 독해력

밑면의 모양이 삼각형인 각기둥의 전개도의 일부분입니다. 전개도를 접었을 때 만들어지는 각기둥의 모든 모서리의 길이의 합은 몇 cm일까요?

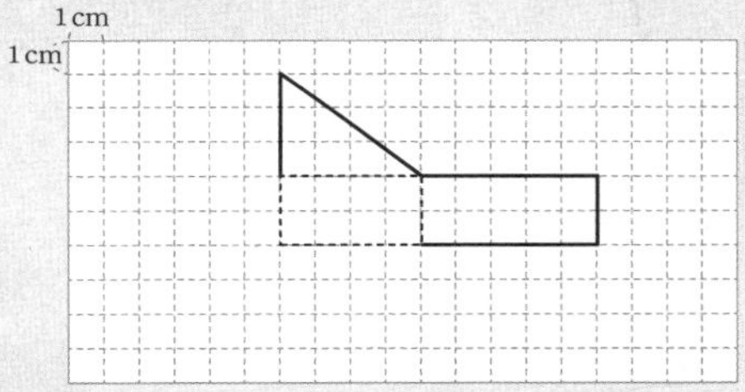

(　　　　　　　　)

+10 19쪽 수학적 표현력

각기둥의 전개도를 잘못 그린 이유를 설명하고, 바르게 그려 보세요.

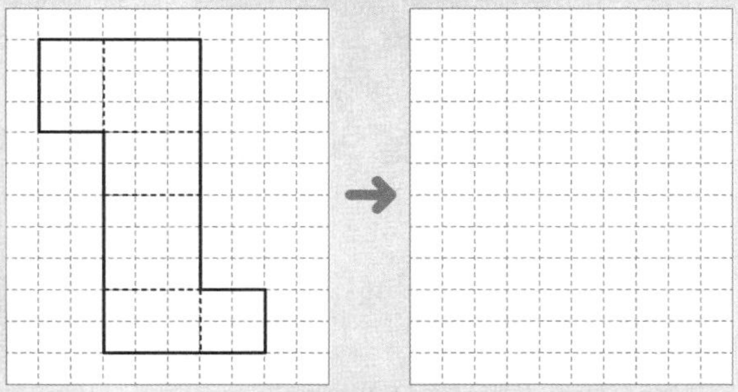

[이유] ______________________________

____

____

오늘 공부 어땠나요?

10개 중 맞힌 문제 □ 개

틀린 문제는 힌트를 보고 다시 도전해 보세요.

맞힌 문제는 힌트를 보고 자신의 생각과 비교해 보세요.

10일 각뿔 알아보기 (1)

❶ 각뿔 알아보기

- 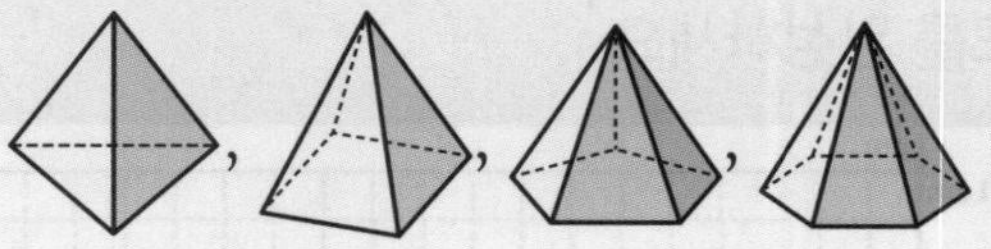 등과 같은 입체도형을 **각뿔**이라고 합니다.
- 각뿔은 밑에 놓인 면이 다각형이고, 옆으로 둘러싼 면이 모두 삼각형인 입체도형입니다.

❷ 각뿔의 밑면과 옆면

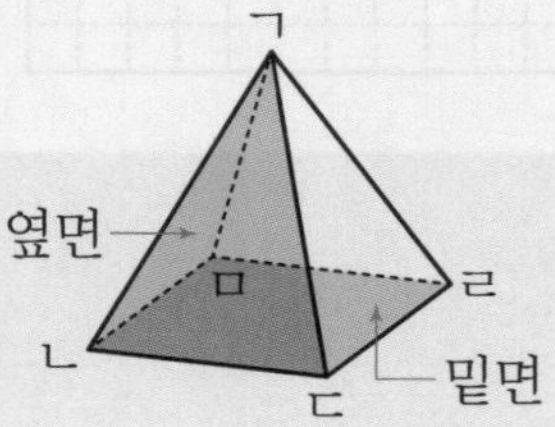

- **밑면**: 각뿔에서 면 ㄴㄷㄹㅁ과 같은 면
- **옆면**: 각뿔에서 면 ㄱㄴㄷ, 면 ㄱㄷㄹ, 면 ㄱㄹㅁ, 면 ㄱㅁㄴ과 같이 밑면과 만나는 면

◐ 각뿔의 밑면은 1개이고, 옆면의 수는 한 밑면의 변의 수와 같습니다.

개념 ⊕ 각뿔의 밑면과 옆면의 특징

① 각뿔의 밑면은 항상 1개입니다.
② 각뿔의 옆면은 모두 삼각형입니다.

확인 1 입체도형을 보고 □ 안에 알맞게 써넣으세요.

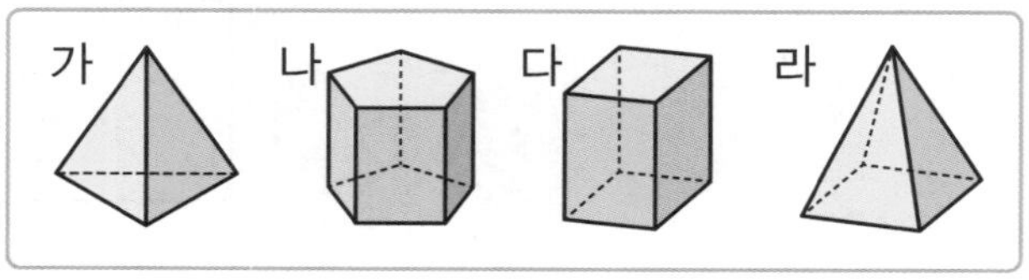

(1) 밑면이 2개인 것은 □, □입니다.

(2) 밑면이 1개인 것은 □, □입니다.

(3) 밑면이 다각형이고 옆으로 둘러싸인 면이 모두 삼각형인 입체도형은 □, □입니다.

(4) (3)에서 찾은 입체도형을 □이라고 합니다.

기본기 다지는 교과서 문제

» 정답 · 풀이 15쪽

1 입체도형을 보고 물음에 답하세요.

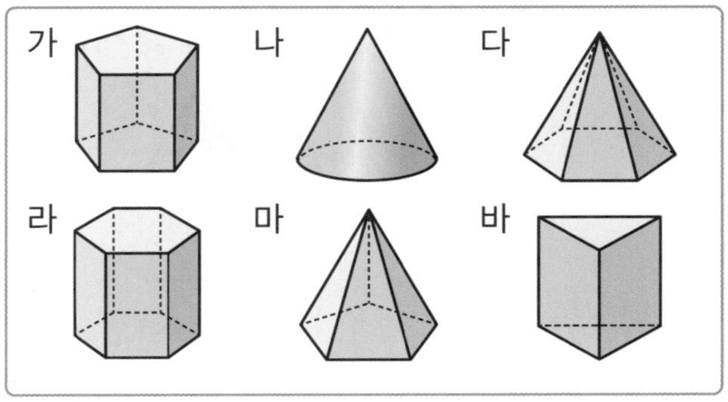

(1) 밑면이 다각형인 도형을 모두 찾아 기호를 쓰세요.

(　　　　　　　　)

(2) (1)에서 찾은 도형 중에서 각뿔을 모두 찾아 기호를 쓰세요.

(　　　　　　　　)

2 각뿔의 밑면을 찾아 색칠해 보세요.

(1)

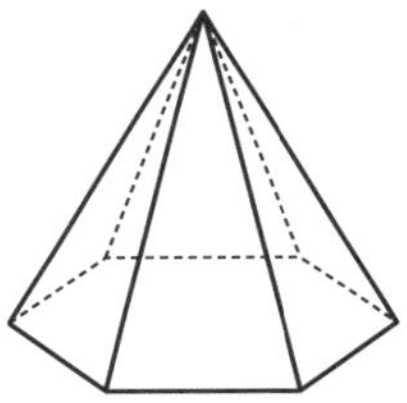

(2)

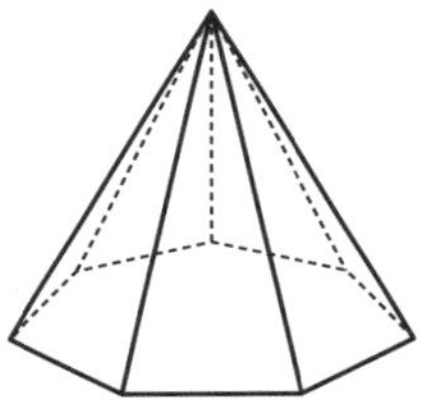

3 각뿔을 보고 물음에 답하세요.

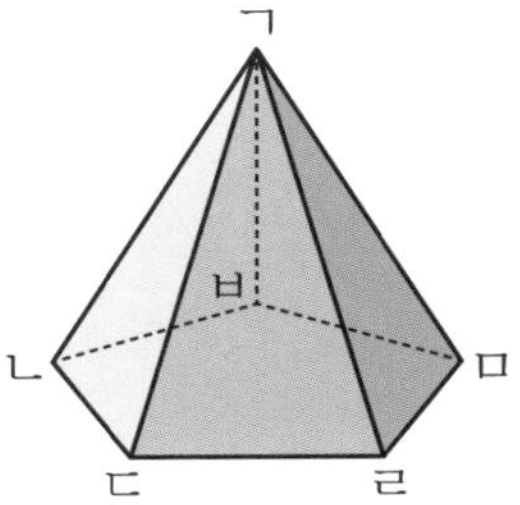

(1) 밑면을 찾아 쓰세요.

(　　　　　　　　)

(2) 밑면과 만나는 면은 몇 개입니까?

(　　　　　　　　)

개념 따라쓰기

각뿔 알아보기

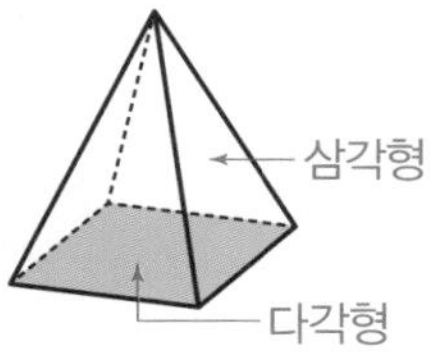

각뿔은 밑에 놓인 면이 다각형이고 옆으로 둘러싼 면이 모두 삼각형인 입체도형입니다.

각뿔의 밑면과 옆면의 특징

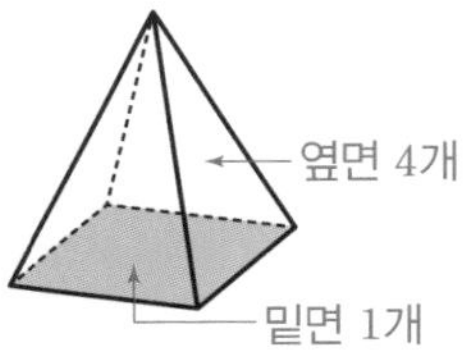

각뿔의 밑면은 항상 1개이고, 옆면의 수는 밑면의 변의 수와 같습니다.

1

이해

각뿔을 찾아 ○표 하세요.

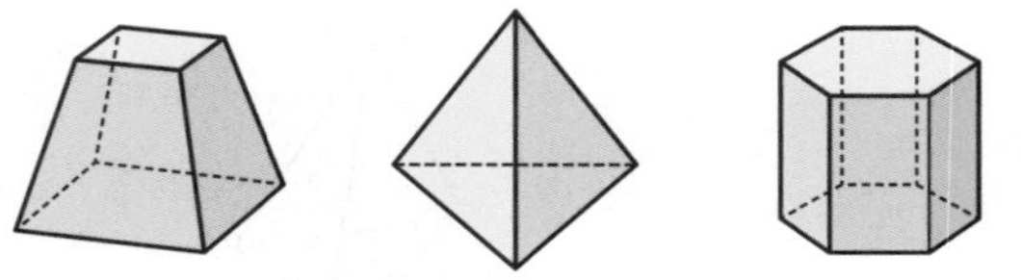

(   ) (   ) (   )

4 20쪽

적용

각뿔의 밑면과 옆면은 각각 몇 개입니까?

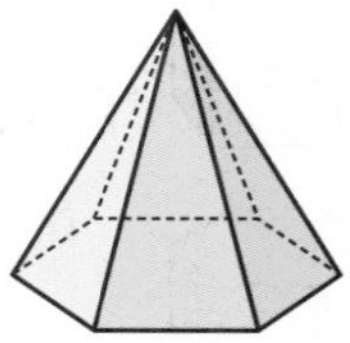

밑면 (   )
옆면 (   )

2 20쪽

이해

각뿔에서 밑면을 찾아 색칠해 보세요.

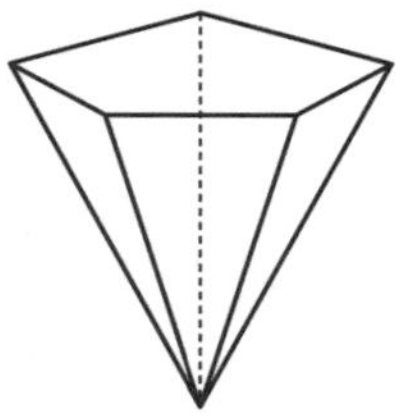

5 20쪽

문제 해결

각뿔의 옆면의 모양을 찾아 선으로 이어 보세요.

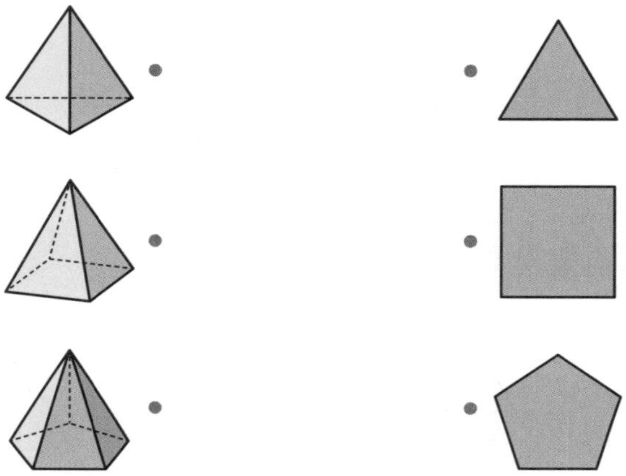

3

적용

각뿔의 옆면을 그려 보고 각뿔의 옆면은 어떤 도형인지 쓰세요.

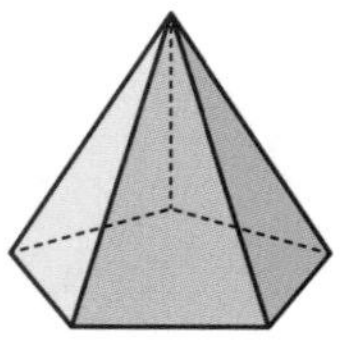

(   )

6 20쪽

적용

각뿔을 보고 밑면과 옆면을 모두 찾아 쓰세요.

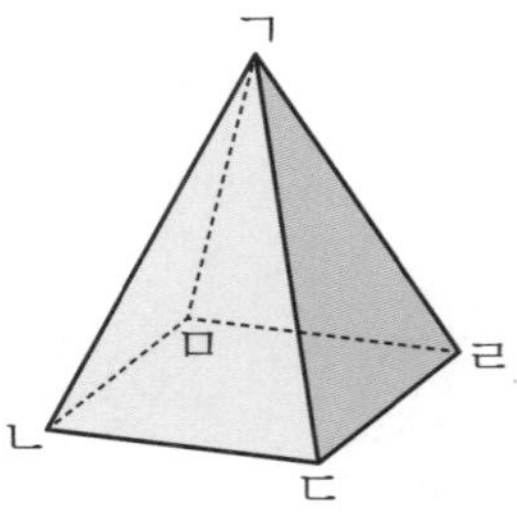

밑면	
옆면	

7 21쪽 문제 해결

입체도형을 보고 표를 완성해 보세요.

도형	가	나
밑면의 모양		
옆면의 모양	직사각형	
밑면의 수(개)	2	
옆면의 수(개)		

8 21쪽 의사 소통

종욱이가 설명한 입체도형의 옆면은 몇 개일까요?

(　　　　　　　)

+9 21쪽 수학적 독해력

각뿔의 밑면과 옆면에 대한 설명으로 잘못된 것을 모두 찾아 기호를 쓰세요.

㉠ 밑면의 모양이 다각형입니다.
㉡ 각뿔에 따라 옆면의 수가 다릅니다.
㉢ 옆면은 밑면과 항상 수직으로 만납니다.
㉣ 옆면의 모양은 모두 직사각형입니다.

(　　　　　　　)

+10 21쪽 수학적 표현력

다음 도형이 각뿔이 아닌 이유를 설명하세요.

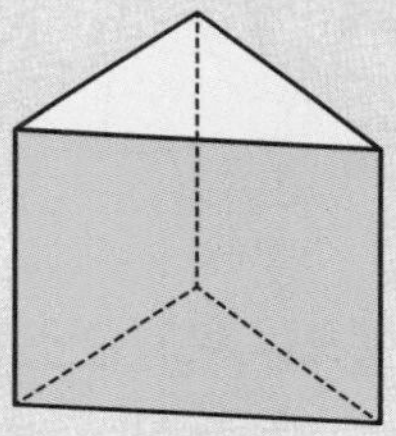

이유 ______________________

____

____

오늘 공부 어땠나요? 10개 중 맞힌 문제 [　] 개 > 틀린 문제는 힌트를 보고 다시 도전해 보세요. > 맞힌 문제는 힌트를 보고 자신의 생각과 비교해 보세요.

공부한 날 월 일

각뿔 알아보기 (2)

❶ 각뿔의 이름

각뿔은 밑면의 모양에 따라 **삼각뿔, 사각뿔, 오각뿔** ……이라고 합니다.

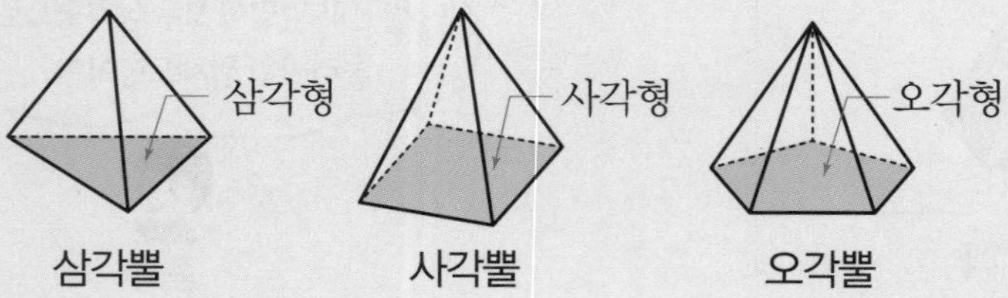

◐ 각뿔의 이름

밑면의 모양	각뿔의 이름
삼각형	삼각뿔
사각형	사각뿔
오각형	오각뿔
▲각형	▲각뿔

❷ 각뿔의 구성 요소 알아보기

- **모서리**: 면과 면이 만나는 선분
- **꼭짓점**: 모서리와 모서리가 만나는 점
- **각뿔의 꼭짓점**: 꼭짓점 중에서 옆면이 모두 만나는 점
- **높이**: 각뿔의 꼭짓점에서 밑면에 수직인 선분의 길이

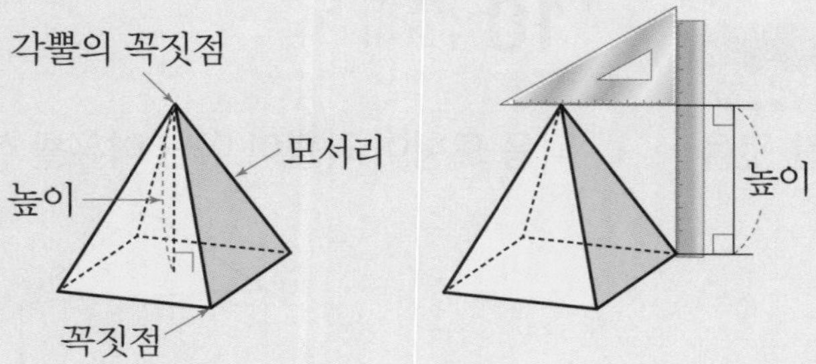

◐ 각뿔의 높이를 잴 때 자와 삼각자의 직각을 이용하면 정확하고 쉽게 잴 수 있습니다.

개념+ 각뿔의 구성 요소의 수

꼭짓점의 수	(밑면의 변의 수)$+1$
면의 수	(밑면의 변의 수)$+1$
모서리의 수	(밑면의 변의 수)$\times 2$

확인 1 각뿔을 보고 □ 안에 알맞은 말을 써넣으세요.

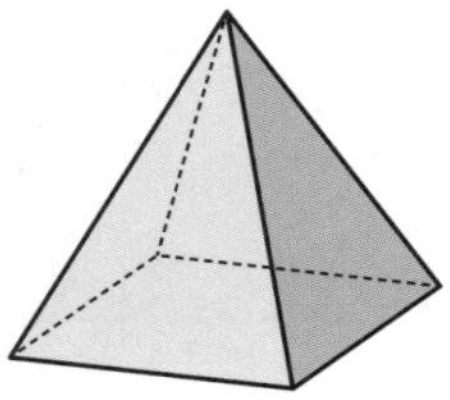

(1) 밑면의 모양은 □ 입니다.

(2) 각뿔의 이름은 □ 입니다.

확인 2 각뿔을 보고 □ 안에 알맞은 말을 써넣으세요.

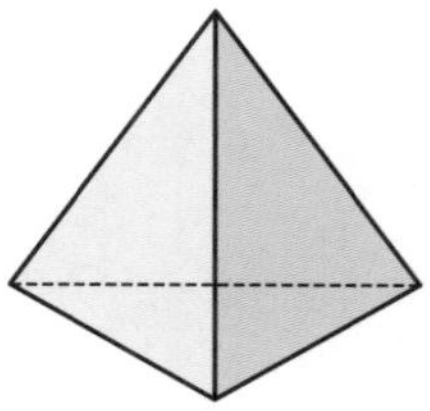

➜ 모서리와 모서리가 만나는 점을 □ 이라 하고, 이 중에서도 옆면이 모두 만나는 점을 □ 이라고 합니다.

» 정답 · 풀이 16 쪽

기본기 다지는 교과서 문제

1 각뿔을 보고 표를 완성해 보세요.

각뿔	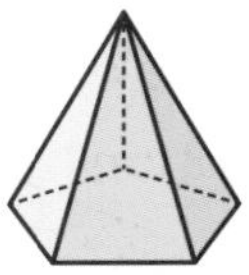	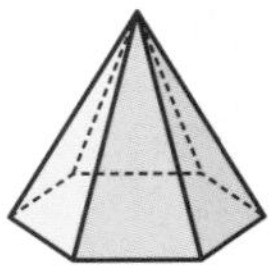	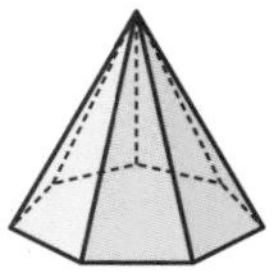
밑면의 모양			
각뿔의 이름			

2 〈보기〉에서 알맞은 말을 골라 □ 안에 써넣으세요.

〈보기〉
밑면　　옆면　　모서리　　꼭짓점　　높이　　각뿔의 꼭짓점

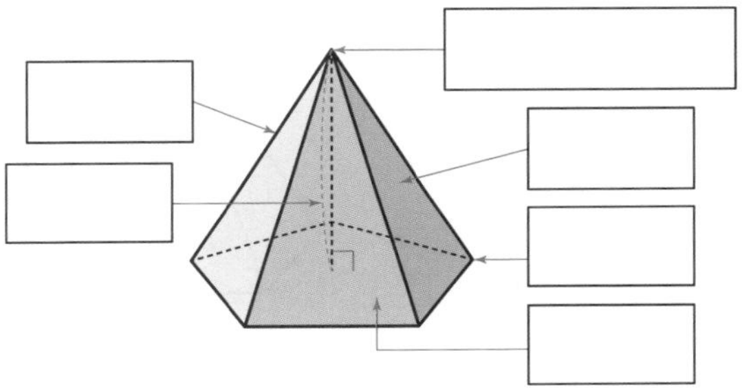

3 각뿔을 보고, □ 안에 알맞은 수를 써넣으세요.

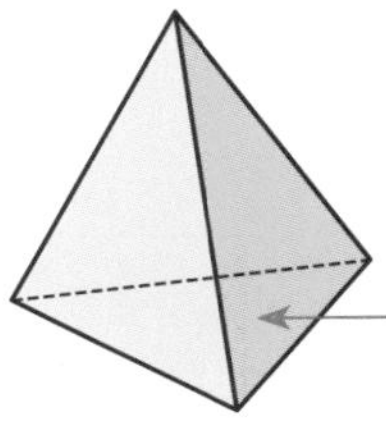

(각뿔의 밑면의 변의 수)=□개

(1) (꼭짓점의 수)=(밑면의 변의 수)+1=□+1=□(개)

(2) (면의 수)=(밑면의 변의 수)+1=□+1=□(개)

(3) (모서리의 수)=(밑면의 변의 수)×2=□×2=□(개)

개념 따라쓰기

2 단원

각뿔의 이름

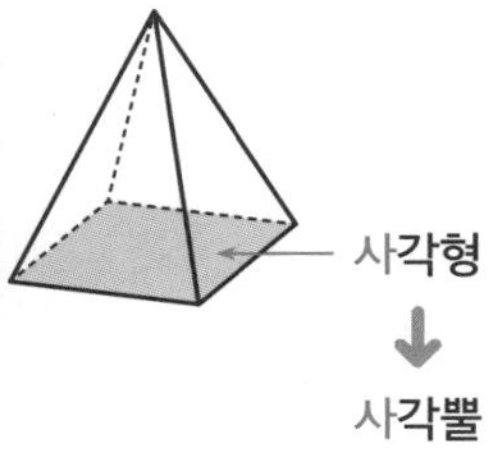

밑면의 모양으로 각뿔의 이름을 알 수 있습니다.

각뿔의 꼭짓점, 면, 모서리의 수

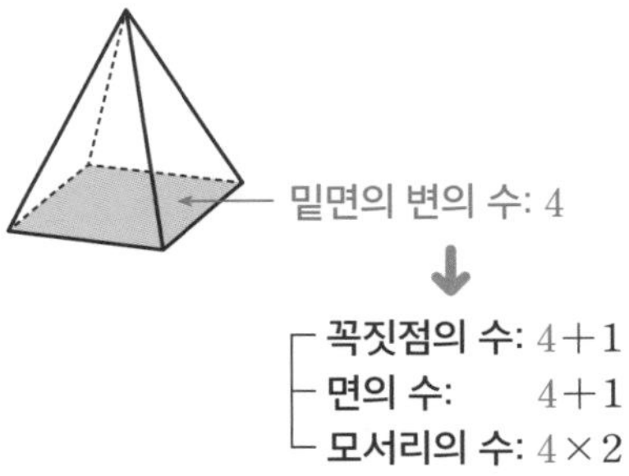

각뿔의 밑면의 변의 수로 꼭짓점, 면, 모서리의 수를 알 수 있습니다.

1 이해

각뿔의 이름을 쓰세요.

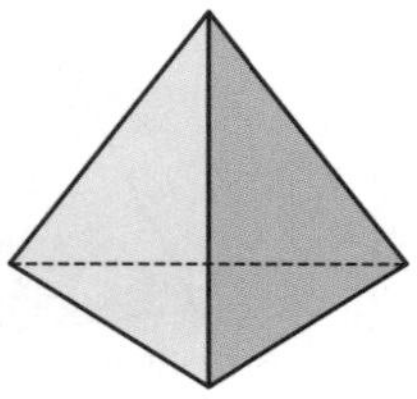

(　　　　　　　　　)

4 22쪽 적용

각뿔의 높이는 몇 cm인지 쓰세요.

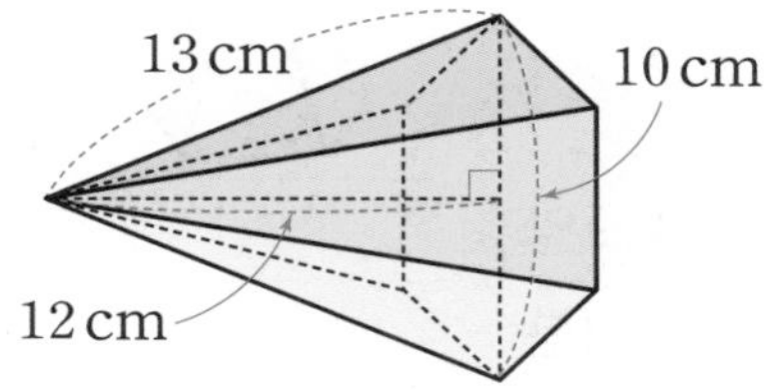

(　　　　　　　　　)

2 22쪽 적용

밑면의 모양이 다음과 같은 각뿔의 이름을 쓰세요.

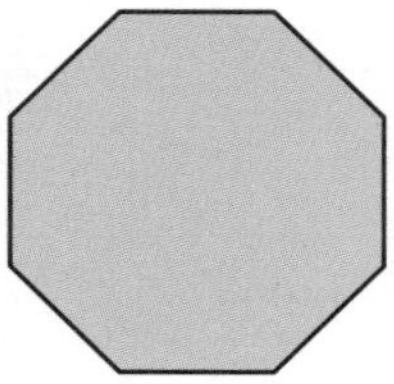

(　　　　　　　　　)

5 22쪽 적용

오각뿔의 겨냥도에서 모서리는 파란색으로, 꼭짓점은 빨간색으로 표시하고, 각각 몇 개인지 쓰세요.

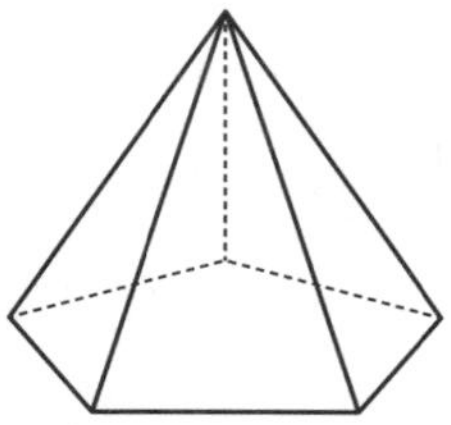

모서리 (　　　　　　　　　)
꼭짓점 (　　　　　　　　　)

3 적용

각뿔의 높이를 바르게 잰 것을 찾아 기호를 쓰세요.

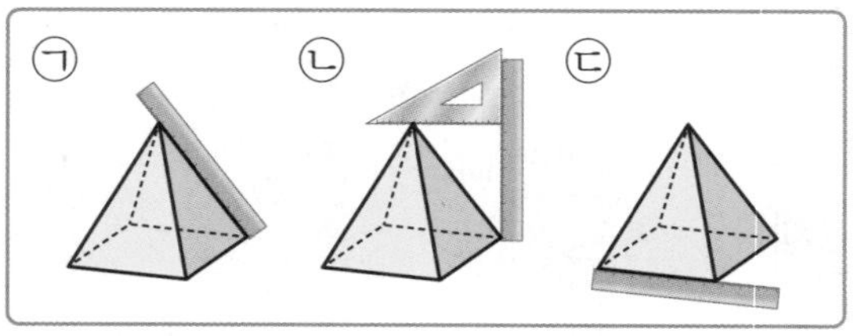

(　　　　　　　　　)

6 22쪽 적용

빈칸에 알맞게 써넣으세요.

도형	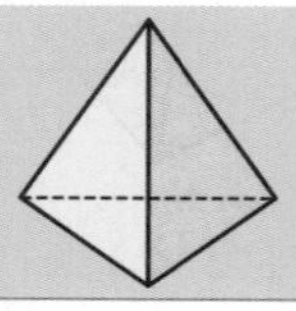	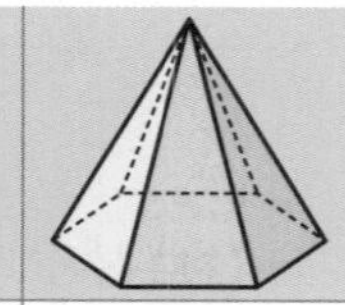
밑면의 변의 수(개)		
꼭짓점의 수(개)		
면의 수(개)		
모서리의 수(개)		

조금 더 어려운 문제에 도전해 볼까요?

7 23쪽 의사 소통

윤하가 설명하는 입체도형의 이름을 쓰세요.

(   )

8 23쪽 문제 해결

각뿔의 밑면이 정오각형이고 옆면이 모두 이등변삼각형일 때 모든 모서리의 길이의 합은 몇 cm일까요?

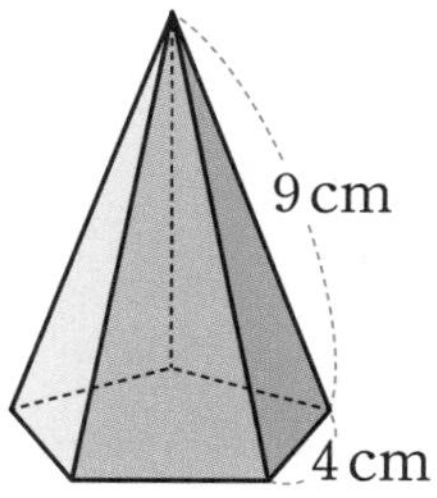

(   )

+9 23쪽 수학적 독해력

각뿔의 특징을 잘못 설명한 것을 찾아 기호를 쓰세요.

㉠ 꼭짓점의 수와 면의 수가 같습니다.
㉡ 높이는 옆면끼리 만나서 생긴 모서리의 길이와 같습니다.
㉢ 꼭짓점 중에서 옆면이 모두 만나는 점은 1개입니다.

(   )

+10 23쪽 수학적 표현력

각뿔의 밑면이 팔각형일 때 모서리의 수와 꼭짓점의 수의 합은 몇 개인지 풀이 과정을 쓰고, 답을 구하세요.

[풀이] ____________________

____

____

[답] ____________________

오늘 공부 어땠나요? 10개 중 맞힌 문제 [   ]개 › **틀린 문제**는 힌트를 보고 다시 도전해 보세요. › **맞힌 문제**는 힌트를 보고 자신의 생각과 비교해 보세요.

01 각기둥을 모두 찾아 기호를 쓰세요.

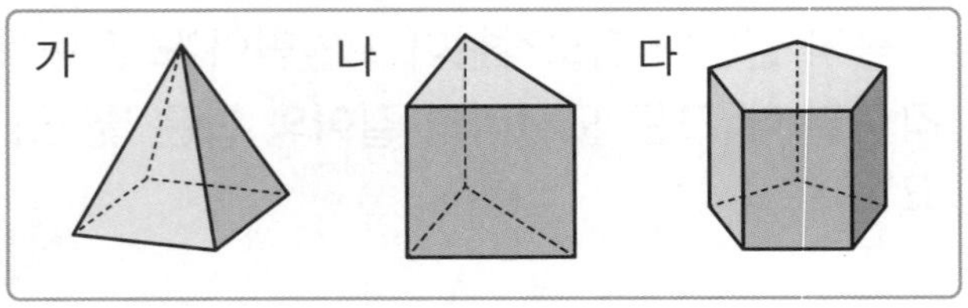

(   )

02 각기둥의 밑면과 옆면은 각각 몇 개일까요?

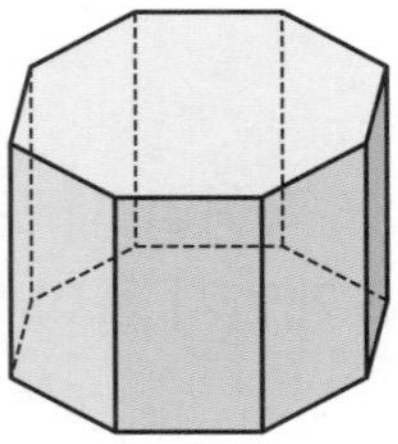

밑면 (   )
옆면 (   )

03 밑면의 모양이 다음과 같은 각기둥의 이름을 쓰세요.

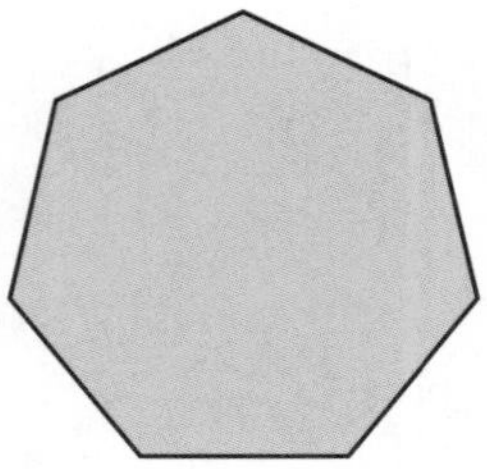

(   )

04 다음 각기둥의 밑면은 정육각형입니다. 이 각기둥의 모든 모서리의 길이의 합은 몇 cm일까요?

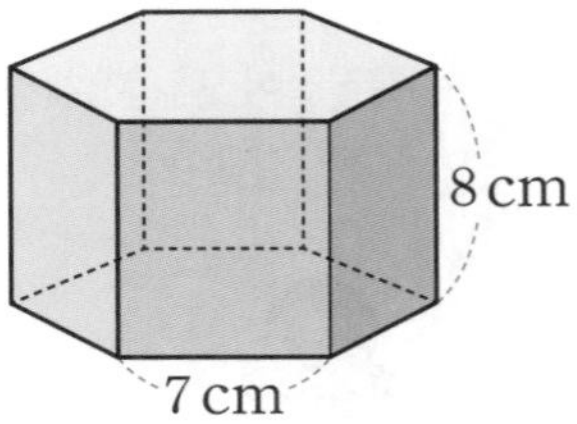

(   )

05 전개도를 접었을 때 만들어지는 입체도형의 이름을 쓰세요.

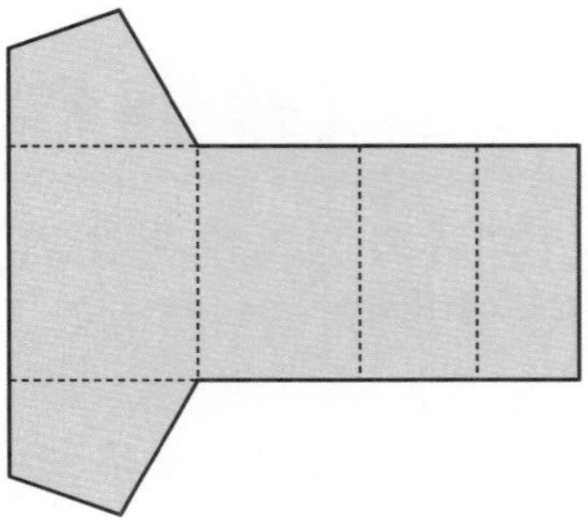

(   )

06 어떤 각기둥의 옆면만 그린 전개도의 일부분입니다. 이 각기둥의 밑면의 모양은 어떤 도형일까요?

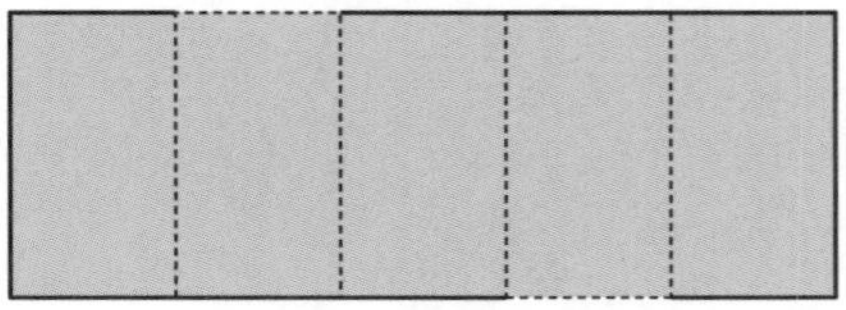

(   )

07 오른쪽 각기둥의 전개도를 그려 보세요.

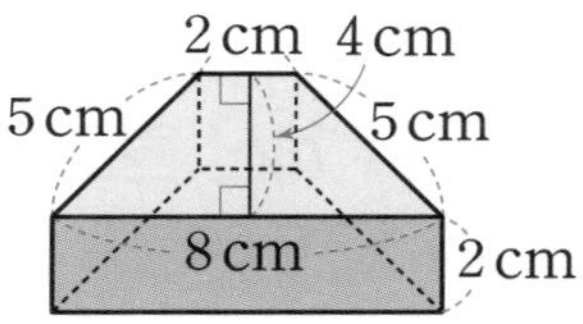

08 빈칸에 알맞게 써넣으세요.

도형	오각뿔	구각뿔
밑면의 모양		
꼭짓점의 수(개)		
면의 수(개)		
모서리의 수(개)		

09 각기둥과 각뿔에 대해 잘못 설명한 것을 찾아 기호를 쓰고, 잘못된 내용을 바르게 고쳐 보세요.

> ㉠ 각기둥과 각뿔의 옆면은 모두 직사각형입니다.
> ㉡ 각기둥의 밑면은 2개, 각뿔의 밑면은 1개입니다.
> ㉢ 각기둥과 각뿔은 밑면의 모양이 다각형입니다.

[기호] ______________________

[바르게 고치기] ______________________

____

서술형

10 밑면의 모양이 다음과 같은 각뿔의 모서리는 몇 개인지 풀이 과정을 쓰고, 답을 구하세요.

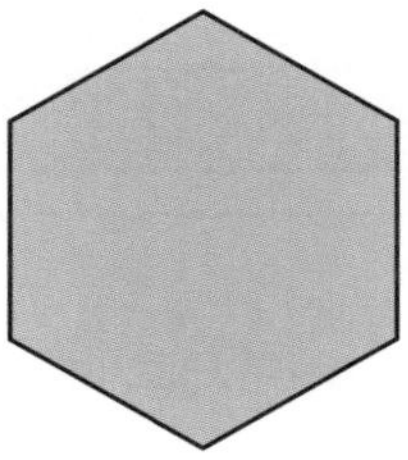

[풀이] ______________________

____

____

[답] ______________________

12일 (소수)÷(자연수) (1)

① 자연수의 나눗셈을 이용하여 (소수)÷(자연수)의 계산 원리 알아보기

$396 \div 3 = 132$

$\frac{1}{10}$배 → $39.6 \div 3 = 13.2$ ← $\frac{1}{10}$배

$\frac{1}{100}$배 → $3.96 \div 3 = 1.32$ ← $\frac{1}{100}$배

- 나누는 수가 같을 때 나누어지는 수가 $\frac{1}{10}$배가 되면 몫도 $\frac{1}{10}$배가 되므로 몫의 소수점이 왼쪽으로 한 칸 이동합니다.
- 나누는 수가 같을 때 나누어지는 수가 $\frac{1}{100}$배가 되면 몫도 $\frac{1}{100}$배가 되므로 몫의 소수점이 왼쪽으로 두 칸 이동합니다.

◐ 나누는 수가 같을 때 나누어지는 수가 $\frac{1}{■}$배가 되면 몫도 $\frac{1}{■}$배가 됩니다.

◐ **몫의 소수점의 위치**
나누는 수가 같을 때 나누어지는 수의 소수점이 왼쪽으로 ▲칸 이동하면 몫의 소수점도 왼쪽으로 ▲칸 이동합니다.

개념+ 단위를 변환하여 계산하는 방법으로 계산 원리 이해하기

예 39.6÷3의 계산

끈 39.6 cm를 3명에게 똑같이 나누어 주려고 합니다.

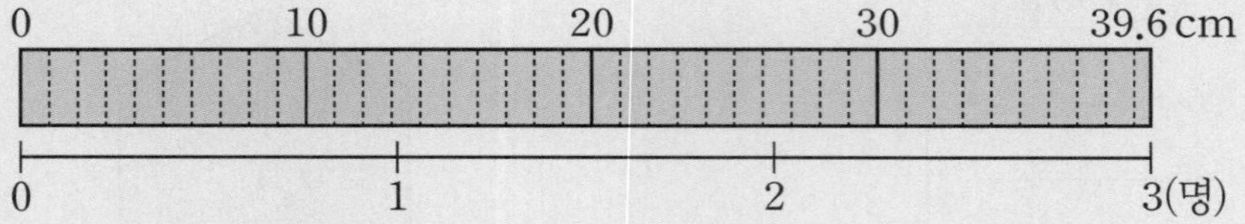

1 cm=10 mm이므로 39.6 cm=396 mm입니다.

396÷3=132, 한 명에게 줄 수 있는 끈은 132 mm이므로 13.2 cm입니다.

396÷3=132 → 39.6÷3=13.2

확인 1 624÷2=312를 이용하여 나눗셈을 하려고 합니다. □ 안에 알맞은 수를 써넣으세요.

(1) $624 \div 2 = 312$

$\frac{1}{10}$배 → $62.4 \div 2 =$ □ ← $\frac{1}{10}$배

(2) $624 \div 2 = 312$

$\frac{1}{100}$배 → $6.24 \div 2 =$ □ ← $\frac{1}{100}$배

» 정답 · 풀이 18쪽

1 □ 안에 알맞은 수를 써넣으세요.

$\frac{1}{10}$배, $\frac{1}{100}$배

284 ÷ 2 = 142

28.4 ÷ 2 = □

2.84 ÷ 2 = □

□ 배, □ 배

2 다음을 읽고 □ 안에 알맞은 수를 써넣으세요.

(1) 끈 48.8 cm를 4명에게 똑같이 나누어 주려고 합니다.
1 cm=10 mm이므로 48.8 cm=488 mm입니다.

488÷4=□

한 명에게 줄 수 있는 끈은 □ mm이므로

□ cm입니다.

488÷4=□ ➜ 48.8÷4=□

(2) 철사 9.36 m를 3명에게 똑같이 나누어 주려고 합니다.
1 m=100 cm이므로 9.36 m=936 cm입니다.

936÷3=□

한 명에게 줄 수 있는 철사는 □ cm이므로

□ m입니다.

936÷3=□ ➜ 9.36÷3=□

개념 따라쓰기

(소수)÷(자연수)

369 ÷ 3 = 123

□ ÷ 3 = □

$\frac{1}{■}$배, $\frac{1}{■}$배

나누는 수가 같을 때 나누어지는 수가 $\frac{1}{■}$배가 되면 몫도 $\frac{1}{■}$배가 됩니다.

몫의 소수점의 위치

369÷3=123

36.9÷3=12.3

3.69÷3=1.23

나누는 수가 같을 때 나누어지는 수의 소수점이 왼쪽으로 ▲칸 이동하면 몫의 소수점도 왼쪽으로 ▲칸 이동합니다.

1 이해

$428 \div 2 = 214$를 이용하여 나눗셈을 하려고 합니다. □ 안에 알맞은 수를 써넣으세요.

(1) $428 \div 2 = 214$

$\frac{1}{10}$배 ↓ ↓ $\frac{1}{10}$배

$42.8 \div 2 =$ □

(2) $428 \div 2 = 214$

$\frac{1}{100}$배 ↓ ↓ $\frac{1}{100}$배

$4.28 \div 2 =$ □

4 24쪽 문제 해결

$966 \div 3 = 322$를 이용하여 $96.6 \div 3$을 계산하려고 합니다. 잘못 계산한 사람의 이름을 쓰세요.

서연

$966 \div 3 = 322$

$\frac{1}{10}$배 ↓ ↓ $\frac{1}{10}$배

$96.6 \div 3 = 3.22$

민호

$966 \div 3 = 322$

$\frac{1}{10}$배 ↓ ↓ $\frac{1}{10}$배

$96.6 \div 3 = 32.2$

(　　　　　　)

2 24쪽 이해

자연수의 나눗셈을 이용하여 알맞은 위치에 소수점을 찍어 보세요.

$909 \div 9 = 101$

$90.9 \div 9 = 1$□0□1

$9.09 \div 9 = 1$□0□1

5 24쪽 문제 해결

자연수의 나눗셈을 이용하여 □ 안에 알맞은 수를 써넣으세요.

$408 \div 4 = 102$

$40.8 \div 4 =$ □

$4.08 \div 4 =$ □

3 적용

관계있는 것끼리 선을 이어 보세요.

$844 \div 4$ •	• 2.11
$84.4 \div 4$ •	• 211
$8.44 \div 4$ •	• 21.1

6 24쪽 추론

자연수의 나눗셈을 이용하여 □ 안에 알맞은 수를 써넣으세요.

$684 \div 2 = 342$

□ $\div 2 = 34.2$

□ $\div 2 = 3.42$

7 25쪽 추론

□ 안에 알맞은 수를 써넣으세요.

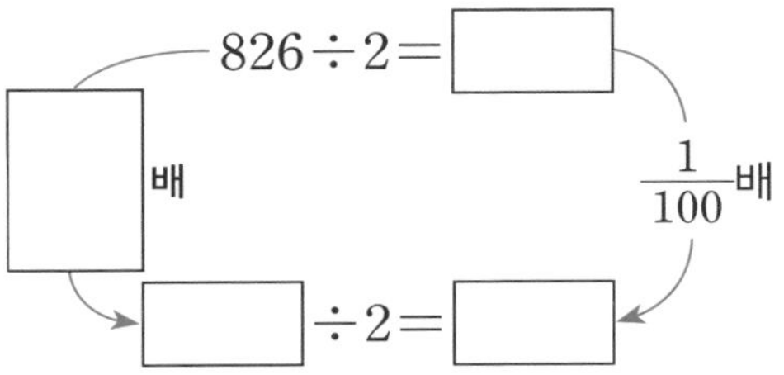

8 25쪽 문제 해결

정삼각형의 한 변의 길이는 몇 cm일까요?

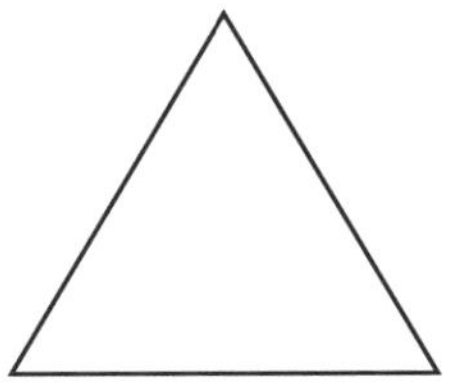

둘레: 63.6 cm

(　　　　　　　　)

+9 25쪽 수학적 독해력

지우는 상자 4개를 묶으려고 리본 492 cm를 4개로 똑같이 나누었습니다. 은서도 지우와 같은 방법으로 리본 4.92 m를 사용하여 상자 4개를 묶으려고 합니다. 은서가 상자 한 개를 묶는 데 필요한 리본은 몇 m일까요?

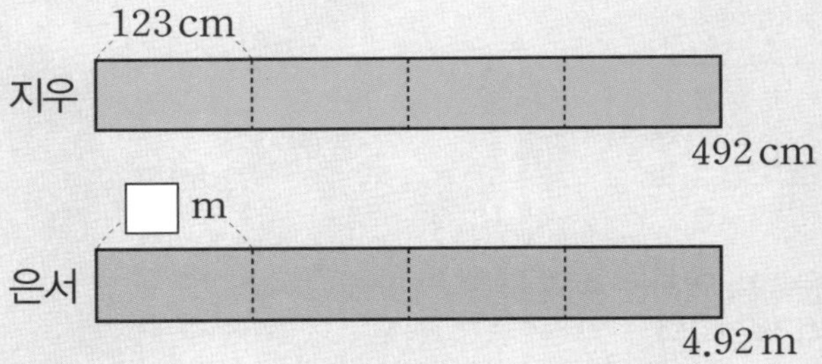

(　　　　　　　　)

+10 25쪽 수학적 표현력

색 테이프 5.05 m를 5명에게 똑같이 나누어 주려고 합니다. 한 명에게 줄 수 있는 색 테이프는 몇 m인지 풀이 과정을 쓰고, 답을 구하세요.

[풀이] ______________________

____

____

[답] ______________________

오늘 공부 어땠나요? 10개 중 맞힌 문제 □ 개 > 틀린 문제는 힌트를 보고 다시 도전해 보세요. > 맞힌 문제는 힌트를 보고 자신의 생각과 비교해 보세요.

공부한 날 월 일

13일 (소수)÷(자연수) (2)

① (소수)÷(자연수)의 여러 가지 계산 방법

예 19.62÷3의 계산

방법 1 분수의 나눗셈으로 바꾸어 계산하기

$$19.62\div3=\frac{1962}{100}\div3=\frac{1962\div3}{100}=\frac{654}{100}=6.54$$

방법 2 자연수의 나눗셈을 이용하여 계산하기

$1962\div3=654$ → ($\frac{1}{100}$배) → $19.62\div3=6.54$

(1962 → 19.62: $\frac{1}{100}$배, 654 → 6.54: $\frac{1}{100}$배)

방법 3 세로로 계산하기

```
      6 5 4              6.5 4
  3)1 9 6 2    ➜     3)1 9.6 2
    1 8                1 8
      1 6                1 6
      1 5                1 5
        1 2                1 2
        1 2                1 2
          0                  0
```

• 나누어지는 수의 소수점을 올려 찍습니다.

» ① 자연수의 나눗셈과 같은 방법으로 계산합니다.

» ② 몫의 소수점은 나누어지는 수의 소수점을 올려 찍습니다.

◐ **소수를 분수로 나타내기**

■.▲ → $\frac{■▲}{10}$

■.▲● → $\frac{■▲●}{100}$

◐ **몫의 소수점의 위치**

1962÷3=654에서 나누어지는 수의 소수점이 왼쪽으로 2칸 이동하여 19.62가 되면 몫의 소수점도 왼쪽으로 2칸 이동한 6.54가 됩니다.

→ 19.62÷3=6.54

확인 1 소수의 나눗셈을 분수의 나눗셈으로 바꾸어 계산하려고 합니다. □ 안에 알맞은 수를 써넣으세요.

$$9.28\div4=\frac{928}{100}\div4=\frac{928\div4}{100}$$

$$=\frac{\square}{100}=\square$$

확인 2 56.98÷7을 계산한 식입니다. 알맞은 위치에 소수점을 찍어 보세요.

```
     8□1□4
  7)5 6.9 8
    5 6
        9
        7
        2 8
        2 8
          0
```

기본기 다지는 교과서 문제

1 〈보기〉와 같은 방법으로 계산하려고 합니다. □ 안에 알맞은 수를 써넣으세요.

〈보기〉

$33.6 \div 6 = \frac{336}{10} \div 6 = \frac{336 \div 6}{10} = \frac{56}{10} = 5.6$

$45.5 \div 5 = \frac{\square}{10} \div 5 = \frac{\square \div 5}{10} = \frac{\square}{10} = \square$

2 자연수의 나눗셈을 이용하여 $29.16 \div 4$를 계산하려고 합니다. □ 안에 알맞은 수를 써넣으세요.

$\frac{1}{100}$배

$2916 \div 4 = \square$ → $29.16 \div 4 = \square$

$\frac{1}{100}$배

3 □ 안에 알맞은 수를 써넣으세요.

(1) $6 \overline{)\,14.58}$, 몫: □.□□

□
2 5
□
1 8
□
0

(2) $8 \overline{)\,96.8}$, 몫: □□.□

□
1 6
□
8
□
0

개념 따라쓰기

(소수)÷(자연수)의 계산 방법 ①

$16.17 \div 7 = \frac{1617}{100} \div 7$

소수를 분수로

분수의 나눗셈으로 바꾸어 계산할 수 있습니다.

(소수)÷(자연수)의 계산 방법 ②

$1617 \div 7 = 231$

$\frac{1}{100}$배 $\frac{1}{100}$배

$16.17 \div 7 = 2.31$

자연수의 나눗셈을 이용하여 계산할 수 있습니다.

(소수)÷(자연수)의 계산 방법 ③

$7 \overline{)\,16.17}$, 몫: 2.31

세로로 계산하고 몫의 소수점은 나누어지는 수의 소수점을 올려 찍습니다.

1 26쪽 계산

〈보기〉와 같은 방법으로 계산해 보세요.

〈보기〉

$85.2 \div 3 = \frac{852}{10} \div 3 = \frac{852 \div 3}{10} = \frac{284}{10} = 28.4$

$72.5 \div 5 =$ ____________________

2 26쪽 계산

자연수의 나눗셈을 이용하여 소수의 나눗셈을 계산해 보세요.

(1) $2148 \div 6 = \square$ ➜ $21.48 \div 6 = \square$

(2) $944 \div 4 = \square$ ➜ $94.4 \div 4 = \square$

3 26쪽 계산

계산해 보세요.

(1) $3 \overline{)\,13.05}$

(2) $6 \overline{)\,14.4}$

4 적용

빈칸에 알맞은 수를 써넣으세요.

30.12 →(÷4)→ □ →(÷3)→ □

5 적용

가장 큰 수를 8로 나눈 몫을 구하세요.

28.32	41.04	37.36	32.88

(　　　　　　)

6 26쪽 적용

$4698 \div 9 = 522$를 이용하여 □ 안에 알맞은 수를 구하세요.

$\square \div 9 = 5.22$

(　　　　　　)

조금 더 **어려운 문제**에 도전해 볼까요?

7 27쪽 추론

36.61÷7을 계산하려고 합니다. □ 안에 알맞은 수를 써넣으세요.

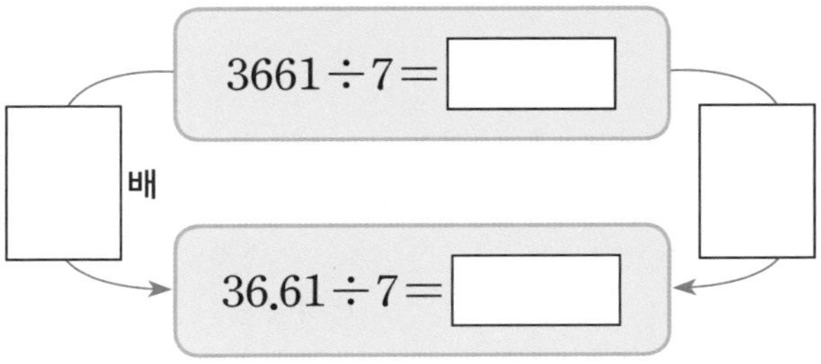

8 27쪽 문제 해결

넓이가 11.55 cm^2인 정오각형을 5칸으로 똑같이 나누었습니다. 색칠한 부분의 넓이는 몇 cm^2일까요?

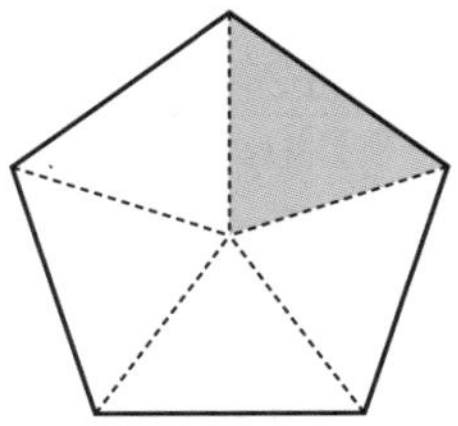

(　　　　　　　)

+9 27쪽 수학적 독해력

서연이는 밑변의 길이가 2 cm이고 높이가 3 cm인 삼각형을 그렸고, 민호는 밑변의 길이가 2 cm이고 높이가 5.76 cm인 삼각형을 그렸습니다. 민호가 그린 삼각형의 넓이는 서연이가 그린 삼각형의 넓이의 몇 배일까요?

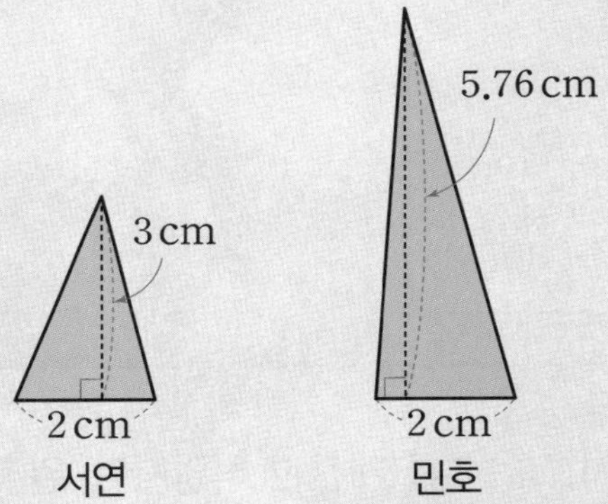

(　　　　　　　)

+10 27쪽 수학적 표현력

계산이 잘못된 곳을 찾아 바르게 계산하고, 그 이유를 쓰세요.

```
      6 8.3
  4 ) 2 7.3 2
      2 4
      -----
        3 3
        3 2
      -----
          1 2
          1 2
      -----
            0
```

→

```
  4 ) 2 7.3 2
```

[이유] ______________________

____

____

오늘 공부 어땠나요? 10개 중 맞힌 문제 □ 개 > 틀린 문제는 힌트를 보고 다시 도전해 보세요. > 맞힌 문제는 힌트를 보고 자신의 생각과 비교해 보세요.

14일 (소수)÷(자연수) (3)

① 몫이 1보다 작은 소수인 (소수)÷(자연수)

예 $5.12 \div 8$의 계산

방법 1 분수의 나눗셈으로 바꾸어 계산하기

$$5.12 \div 8 = \frac{512}{100} \div 8 = \frac{512 \div 8}{100} = \frac{64}{100} = 0.64$$

방법 2 자연수의 나눗셈을 이용하여 계산하기

$\frac{1}{100}$배

$512 \div 8 = 64$ → $5.12 \div 8 = 0.64$

$\frac{1}{100}$배

방법 3 세로로 계산하기

$$\begin{array}{r} .\,6\,4 \\ 8\,\overline{)\,5.1\,2} \\ 4\,8 \\ \hline 3\,2 \\ 3\,2 \\ \hline 0 \end{array} \quad \rightarrow \quad \begin{array}{r} 0.6\,4 \\ 8\,\overline{)\,5.1\,2} \\ 4\,8 \\ \hline 3\,2 \\ 3\,2 \\ \hline 0 \end{array}$$

일의 자리에 0을 씁니다.

» ① 세로로 계산하고, 몫의 소수점은 나누어지는 수의 소수점을 올려 찍습니다.

» ② 몫의 자연수 부분이 비어 있을 경우에는 일의 자리에 0을 씁니다.

◐ (나누어지는 수)<(나누는 수)이면 몫이 1보다 작습니다.

◐ **몫의 소수점의 위치**

$512 \div 8 = 64$에서 나누어지는 수의 소수점이 왼쪽으로 2칸 이동하여 5.12가 되면 몫의 소수점도 왼쪽으로 2칸 이동한 0.64가 됩니다.

→ $5.12 \div 8 = 0.64$

◐ ■▲의 $\frac{1}{100}$은 0.■▲입니다.

확인 1 소수의 나눗셈을 분수의 나눗셈으로 바꾸어 계산하려고 합니다. □ 안에 알맞은 수를 써넣으세요.

$$6.03 \div 9 = \frac{603}{100} \div 9 = \frac{603 \div 9}{100}$$

$$= \frac{\square}{100} = \square$$

확인 2 $4.75 \div 5$를 계산한 식입니다. 알맞은 위치에 소수점을 찍어 보세요.

$$\begin{array}{r} 0\,\square\,9\,\square\,5 \\ 5\,\overline{)\,4\,.\,7\,\,\,5} \\ 4\,\,\,5 \\ \hline 2\,\,\,5 \\ 2\,\,\,5 \\ \hline 0 \end{array}$$

기본기 다지는 교과서 문제

» 정답 · 풀이 20쪽

1 〈보기〉와 같은 방법으로 계산하려고 합니다. □ 안에 알맞은 수를 써넣으세요.

〈보기〉

$1.72 \div 4 = \frac{172}{100} \div 4 = \frac{172 \div 4}{100} = \frac{43}{100} = 0.43$

$2.38 \div 7 = \frac{\square}{100} \div 7 = \frac{\square \div 7}{100} = \frac{\square}{100} = \square$

2 자연수의 나눗셈을 이용하여 $2.25 \div 3$을 계산하려고 합니다. □ 안에 알맞은 수를 써넣으세요.

$225 \div 3 = \square$ —($\frac{1}{100}$배)→ $2.25 \div 3 = \square$

3 □ 안에 알맞은 수를 써넣으세요.

(1)

```
     □.□ □
 7 ) 5 . 8  8
     □□
     -------
       2  8
       □□
     -------
          0
```

(2)

```
     □.□ □
 6 ) 0 . 9  6
        □
     -------
        3  6
        □□
     -------
           0
```

개념 따라쓰기

몫이 1보다 작은 소수인 (소수)÷(자연수)

```
     0.3 8
 6 ) 2.2 8
```

몫의 자연수 부분이 비어 있을 경우에는 일의 자리에 0을 씁니다.

3 단원

1

계산

㉠, ㉡, ㉢에 각각 알맞은 수를 구하세요.

$$3.56 \div 4 = \frac{㉠}{100} \div 4 = \frac{㉠ \div 4}{100} = \frac{㉡}{100} = ㉢$$

㉠ (　　　　　　　)
㉡ (　　　　　　　)
㉢ (　　　　　　　)

4

28쪽

문제 해결

계산이 잘못된 곳을 찾아 바르게 계산해 보세요.

```
      5 4
6 ) 3.2 4
    3 0
    ---
      2 4
      2 4
      ---
        0
```

→

```
6 ) 3.2 4
```

2

28쪽

적용

$837 \div 9 = 93$을 이용하여 □ 안에 알맞은 수를 구하세요.

$8.37 \div 9 = \square$

(　　　　　　　)

5

28쪽

적용

나눗셈의 몫이 1보다 작은 것을 모두 찾아 기호를 쓰세요.

㉠ $3.42 \div 9$	㉡ $10.98 \div 6$
㉢ $9.35 \div 5$	㉣ $4.96 \div 8$

(　　　　　　　)

3

28쪽

계산

계산해 보세요.

(1) $8 \overline{)4.3\ 2}$

(2) $3 \overline{)0.4\ 8}$

6

적용

나눗셈의 몫이 다른 사람은 누구일까요?

지혜: $5.04 \div 6$

영민: $5.95 \div 7$

서연: $6.72 \div 8$

(　　　　　　　)

조금 더 **어려운 문제**에 도전해 볼까요?

7 29쪽 추론

1부터 9까지의 수 중에서 □ 안에 들어갈 수 있는 수를 구하세요.

$5.52 \div 8 < 0.\square 4$

(　　　　　　　　)

8 29쪽 창의 융합

수 카드 [6], [8], [9], [4] 중 3장을 골라 가장 작은 소수 두 자리 수를 만들고, 이 수를 남은 수 카드의 수로 나누었을 때의 몫은 얼마인지 구하세요.

(　　　　　　　　)

+9 29쪽 수학적 독해력

페인트 4.56 L를 사용하여 가로가 3 m, 세로가 2 m인 직사각형 모양의 벽을 칠했습니다. 1 m^2의 벽을 칠하는 데 사용한 페인트는 몇 L일까요?

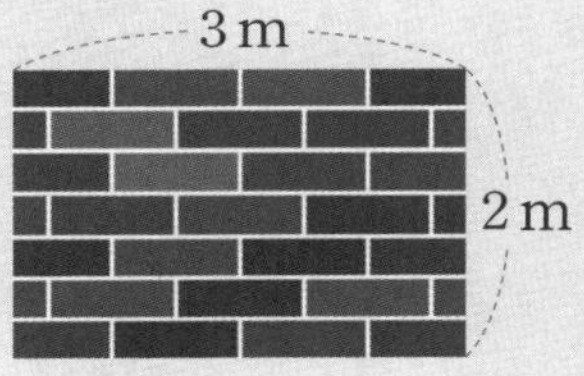

(　　　　　　　　)

+10 29쪽 수학적 표현력

양초가 5분 동안 1.85 cm 탔습니다. 이 양초가 일정한 빠르기로 탔다면 1분 동안 몇 cm 탄 것인지 풀이 과정을 쓰고, 답을 구하세요.

풀이 ______________________________

____

____

답 ______________________________

오늘 공부 어땠나요? 10개 중 맞힌 문제 □ 개 > **틀린 문제**는 힌트를 보고 다시 도전해 보세요. > **맞힌 문제**는 힌트를 보고 자신의 생각과 비교해 보세요.

15일 (소수)÷(자연수) (4)

❶ 소수점 아래 0을 내려 계산해야 하는 (소수)÷(자연수)

예 2.5÷2의 계산

방법 1 분수의 나눗셈으로 바꾸어 계산하기

$$2.5\div2=\frac{25}{10}\div2=\frac{250}{100}\div2=\frac{250\div2}{100}=\frac{125}{100}=1.25$$

방법 2 자연수의 나눗셈을 이용하여 계산하기

$\frac{1}{100}$배

$250\div2=125$ → $2.5\div2=1.25$

$\frac{1}{100}$배

방법 3 세로로 계산하기

$$\begin{array}{r} 1.2 \\ 2\,\overline{)\,2.5} \\ \underline{2} \\ 5 \\ \underline{4} \\ 1 \end{array} \quad\rightarrow\quad \begin{array}{r} 1.25 \\ 2\,\overline{)\,2.50} \\ \underline{2} \\ 5 \\ \underline{4} \\ 10 \\ \underline{10} \\ 0 \end{array}$$

0이 있다고 생각하고 0을 내려 계산합니다.

» ① 세로로 계산하고, 몫의 소수점은 나누어지는 수의 소수점을 올려 찍습니다.

» ② 소수점 아래에서 나누어떨어지지 않은 경우에는 0을 내려 계산합니다.

◐ 소수를 분모가 10인 분수로 바꾸어 계산했을 때 나누어떨어지지 않으면 분모가 100인 분수로 바꾸어 계산합니다.

예 $2.5\div2=\frac{25\div2}{10}$ (✕)

↓

$2.5\div2=\frac{250\div2}{100}$

◐ 소수의 오른쪽 끝자리에 0을 여러 개 붙여도 같은 수입니다.

예 $5.8=5.80=5.800$

확인 1 소수의 나눗셈을 분수의 나눗셈으로 바꾸어 계산하려고 합니다. □ 안에 알맞은 수를 써넣으세요.

$$4.3\div2=\frac{43}{10}\div2=\frac{\square}{100}\div2=\frac{\square\div2}{100}$$

$$=\frac{\square}{100}=\square$$

확인 2 17.4÷4를 계산한 식입니다. 알맞은 위치에 소수점을 찍어 보세요.

$$\begin{array}{r} 4\square3\square5 \\ 4\,\overline{)\,17.4\;0} \\ \underline{16} \\ 14 \\ \underline{12} \\ 20 \\ \underline{20} \\ 0 \end{array}$$

기본기 다지는 교과서 문제

» 정답 · 풀이 21쪽

1 〈보기〉와 같은 방법으로 계산하려고 합니다. □ 안에 알맞은 수를 써넣으세요.

〈보기〉

$$5.8 \div 4 = \frac{58}{10} \div 4 = \frac{580}{100} \div 4 = \frac{580 \div 4}{100} = \frac{145}{100} = 1.45$$

$$7.3 \div 5 = \frac{\square}{10} \div 5 = \frac{\square}{100} \div 5 = \frac{\square \div 5}{100}$$

$$= \frac{\square}{100} = \square$$

2 자연수의 나눗셈을 이용하여 소수의 나눗셈을 계산하려고 합니다. □ 안에 알맞은 수를 써넣으세요.

(1) $930 \div 6 = 155$ ➜ $9.3 \div 6 = \square$

(2) $680 \div 5 = 136$ ➜ $6.8 \div 5 = \square$

3 □ 안에 알맞은 수를 써넣으세요.

(1)

```
      □.□ □
  5 ) 8 . 6
      □
      ─────
      3   6
      □
      ─────
          1 0
          □
      ─────
            0
```

(2)

```
        □.□ □
  6 ) 1   3 . 5
      □
      ─────
          1 5
          □
      ─────
            3 0
            □
      ─────
              0
```

개념 따라쓰기

(소수)÷(자연수)를 분수의 나눗셈으로 계산하는 방법

$2.5 \div 2$

↓

$\frac{25}{10} \div 2 = \frac{25 \div 2}{10}$ (✕)

↓

$\frac{250}{100} \div 2 = \frac{250 \div 2}{100}$

소수를 분모가 10인 분수로 바꾸었을 때 나누어떨어지지 않으면 분모를 100, 1000……으로 바꾸어 계산합니다.

소수점 아래 0을 내려 계산해야 하는 (소수)÷(자연수)

```
       1 . 4
  4 ) 5 . 8   0   ← 0을 내려 계산
      4
      ─────
      1   8
      1   6
      ─────
          2   0   ← 나누어떨어지지 않음
```

(소수)÷(자연수)의 계산이 나누어떨어지지 않는 경우에는 0을 내려 계산합니다.

3 단원

막힐 때 힌트북

1 30쪽 이해

$870 \div 2 = 435$입니다. $8.7 \div 2$의 몫을 찾아 ○표 하세요.

43.5	4.35	0.435

2 30쪽 계산

계산해 보세요.

(1) $5 \overline{)\,8.4}$

(2) $8 \overline{)\,6.8}$

3 적용

나눗셈의 몫이 1.85인 것을 찾아 ○표 하세요.

$7.8 \div 4$	$3.7 \div 2$
(　　　)	(　　　)

4 30쪽 적용

빈칸에 알맞은 수를 써넣으세요.

÷ →

9.4	4	
6.3	5	

5 문제 해결

계산 결과를 비교하여 ○ 안에 >, =, <를 알맞게 써넣으세요.

$10.8 \div 8$ ○ $8.2 \div 5$

6 30쪽 적용

세로로 나누어떨어질 때까지 계산할 때 소수점 아래 0을 내려 계산하지 않는 것을 찾아 기호를 쓰세요.

㉠ $8.8 \div 5$　　㉡ $4.3 \div 2$
㉢ $7.2 \div 6$　　㉣ $7.4 \div 4$

(　　　　　)

조금 더 **어려운 문제**에 도전해 볼까요?

7 31쪽 추론

★에 알맞은 수를 구하세요.

$★ \times 8 = 9.2$

(　　　　　　　)

8 31쪽 문제 해결

민지네 가게의 토마토 한 개와 정우네 가게의 토마토 한 개 중 어느 것이 더 무거울까요? (단, 민지네 가게의 토마토의 무게는 모두 같고 정우네 가게의 토마토의 무게는 모두 같습니다.)

(　　　　　　　)

+9 31쪽 수학적 독해력

가로의 길이가 38.1 m인 도로에 처음부터 끝까지 같은 간격으로 나무 7그루를 심으려고 합니다. 나무 사이의 간격을 몇 m로 해야 할까요? (단, 나무의 두께는 생각하지 않습니다.)

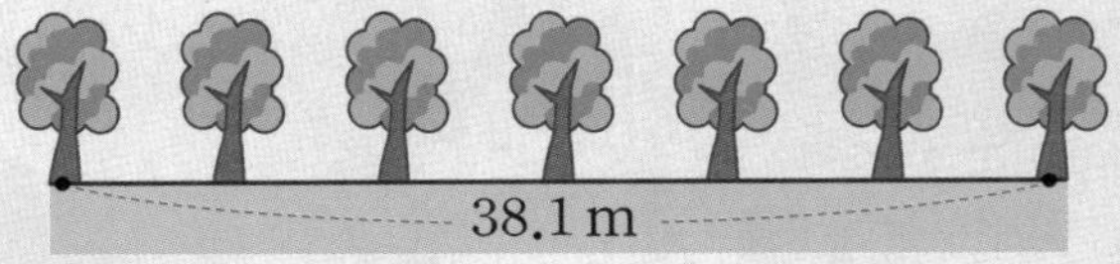

(　　　　　　　)

+10 31쪽 수학적 표현력

고장이 나서 5일에 9.2분씩 늦게 가는 시계가 있습니다. 이 시계는 하루에 몇 분씩 늦게 가는지 풀이 과정을 쓰고, 답을 구하세요.

[풀이] ____________________

____

____

[답] ____________________

오늘 공부 어땠나요? 10개 중 맞힌 문제 [　] 개 > 틀린 문제는 힌트를 보고 다시 도전해 보세요. > 맞힌 문제는 힌트를 보고 자신의 생각과 비교해 보세요.

공부한 날 월 일

16일 (소수)÷(자연수) (5)

① 몫의 소수 첫째 자리에 0이 있는 (소수)÷(자연수)

예 6.12÷6의 계산

방법 1 분수의 나눗셈으로 바꾸어 계산하기

$$6.12\div6=\frac{612}{100}\div6=\frac{612\div6}{100}=\frac{102}{100}=1.02$$

방법 2 자연수의 나눗셈을 이용하여 계산하기

$\frac{1}{100}$배

$612\div6=102$ → $6.12\div6=1.02$

$\frac{1}{100}$배

방법 3 세로로 계산하기

$$\begin{array}{r} 1. \\ 6\,\overline{)\,6.12} \\ 6 \\ \hline \end{array} \rightarrow \begin{array}{r} 1.02 \\ 6\,\overline{)\,6.12} \\ 6 \\ \hline 12 \\ 12 \\ \hline 0 \end{array}$$

- 1을 6으로 나눌 수 없으므로 몫에 0을 씁니다.
- 수를 하나 더 내려 계산합니다.

» ① 세로로 계산하고, 몫의 소수점은 나누어지는 수의 소수점을 올려 찍습니다.

» ② 수를 하나 내려도 나누어야 할 수가 나누는 수보다 작을 경우에는 몫에 0을 쓰고 수를 하나 더 내려 계산합니다.

◐ 6.12÷6의 몫을 구할 때 소수 첫째 자리의 0을 빠뜨리지 않도록 주의합니다.

$$\begin{array}{r} 1.2 \\ 6\,\overline{)\,6.12} \\ 6 \\ \hline 12 \\ 12 \\ \hline 0 \end{array} \;(\times) \qquad \begin{array}{r} 1.02 \\ 6\,\overline{)\,6.12} \\ 6 \\ \hline 12 \\ 12 \\ \hline 0 \end{array} \;(\bigcirc)$$

확인 1 소수의 나눗셈을 분수의 나눗셈으로 바꾸어 계산하려고 합니다. □ 안에 알맞은 수를 써넣으세요.

$$4.2\div4=\frac{42}{10}\div4=\frac{\square}{100}\div4=\frac{\square\div4}{100}$$
$$=\frac{\square}{100}=\square$$

확인 2 6.18÷3을 세로로 계산하는 과정입니다. □ 안에 알맞은 수를 써넣으세요.

$$\begin{array}{r} 2.\square6 \\ 3\,\overline{)\,6.18} \\ 6 \\ \hline 18 \\ 18 \\ \hline 0 \end{array}$$

기본기 다지는 교과서 문제

1 〈보기〉와 같은 방법으로 계산하려고 합니다. □ 안에 알맞은 수를 써넣으세요.

〈보기〉

$$4.32 \div 4 = \frac{432}{100} \div 4 = \frac{432 \div 4}{100} = \frac{108}{100} = 1.08$$

$$5.1 \div 5 = \frac{51}{10} \div 5 = \frac{\square}{100} \div 5 = \frac{\square \div 5}{100}$$

$$= \frac{\square}{100} = \square$$

2 자연수의 나눗셈을 이용하여 소수의 나눗셈을 계산하려고 합니다. □ 안에 알맞은 수를 써넣으세요.

(1) $654 \div 6 = 109$ ➔ $6.54 \div 6 = \square$

(2) $820 \div 4 = 205$ ➔ $8.2 \div 4 = \square$

3 □ 안에 알맞은 수를 써넣으세요.

(1)

```
     □.□□
2) 4 . 1
   □
   ─────
     1 0
     □
   ─────
       0
```

(2)

```
       □.□□
4) 1  2 . 2
   □
   ─────────
       2  0
       □
   ─────────
          0
```

개념 따라쓰기

몫의 소수 첫째 자리에 0이 있는 (소수)÷(자연수)

3을 4로 나눌 수 없으므로 몫에 0을 씀

```
     1 . 0  8
4) 4 . 3  2
   4
   ────────
       3  2
```

수를 하나 더 내려 계산

수를 하나 내려도 나누어야 할 수가 나누는 수보다 작은 경우에는 몫에 0을 쓰고 수를 하나 더 내려 계산합니다.

1

계산

〈보기〉와 같은 방법으로 계산해 보세요.

〈보기〉

$$4.28 \div 4 = \frac{428}{100} \div 4 = \frac{428 \div 4}{100} = \frac{107}{100} = 1.07$$

$6.21 \div 3 =$ ____________________

2

계산

계산해 보세요.

(1) $5\overline{)20.15}$

(2) $7\overline{)7.42}$

3

32쪽

적용

빈칸에 알맞은 수를 써넣으세요.

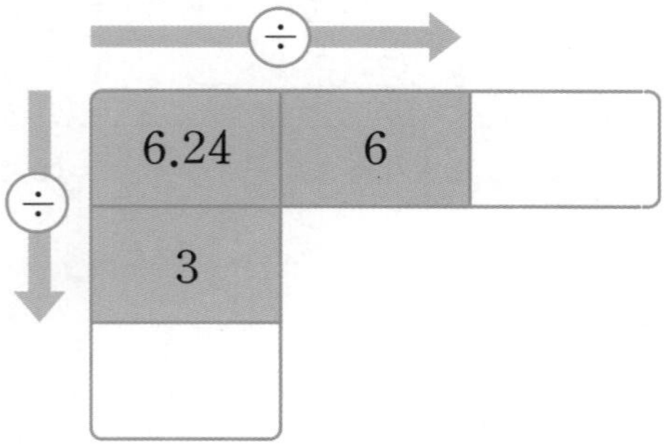

4

32쪽

문제 해결

계산이 잘못된 곳을 찾아 바르게 계산해 보세요.

```
      1.3
9 ) 9.2 7
    9
    -----
      2 7
      2 7
    -----
        0
```

→

```
9 ) 9.2 7
```

5

32쪽

적용

나눗셈의 몫의 소수 첫째 자리 숫자가 0인 것을 찾아 기호를 쓰세요.

㉠ $10.65 \div 5$
㉡ $32.56 \div 4$
㉢ $28.56 \div 7$

(　　　　　　　　)

6

32쪽

적용

가장 큰 수를 가장 작은 수로 나눈 몫을 구하세요.

16　　56.48　　8　　40.32

(　　　　　　　　)

» 정답 · 풀이 22쪽

7 33쪽 추론

1부터 9까지의 자연수 중에서 ★에 알맞은 수를 구하세요.

```
      2.0 □
3 ) 6.★ 8
    6
    ─────
      □ 8
      □ 8
    ─────
        0
```

(   )

8 33쪽 추론

어떤 수를 2로 나누어야 할 것을 잘못하여 곱했더니 48.2가 되었습니다. 바르게 계산한 값을 구하세요.

(   )

+9 33쪽 수학적 독해력

모든 모서리의 길이가 같은 사각뿔이 있습니다. 모든 모서리의 길이의 합이 8.72 m일 때 한 모서리의 길이는 몇 m일까요?

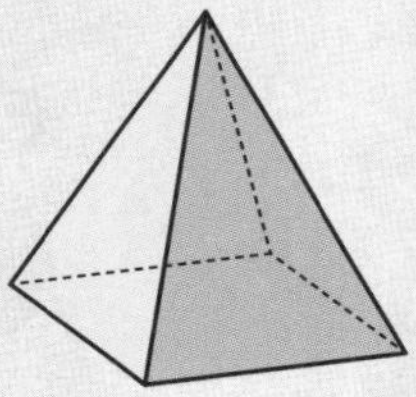

(   )

+10 33쪽 수학적 표현력

넓이가 9.24 cm^2인 직사각형 모양의 종이가 있습니다. 이 종이의 가로가 3 cm일 때 세로는 몇 cm인지 풀이 과정을 쓰고, 답을 구하세요.

〔풀이〕

〔답〕

오늘 공부 어땠나요?

10개 중 맞힌 문제 □ 개

틀린 문제는 힌트를 보고 다시 도전해 보세요.

맞힌 문제는 힌트를 보고 자신의 생각과 비교해 보세요.

공부한 날 월 일

17일 (자연수)÷(자연수)의 몫을 소수로 나타내기

① (자연수)÷(자연수)의 몫을 소수로 나타내기

예 5÷4의 계산

방법 1 몫을 분수로 나타낸 다음 소수로 나타내기

$$5\div4=\frac{5}{4}=\frac{5\times25}{4\times25}=\frac{125}{100}=1.25$$

방법 2 자연수의 나눗셈을 이용하여 계산하기

$500\div4=125$ → ($\frac{1}{100}$배) → $5\div4=1.25$

(500의 $\frac{1}{100}$배는 5, 125의 $\frac{1}{100}$배는 1.25)

방법 3 세로로 계산하기

● 자연수 바로 뒤에서 소수점을 올려 찍습니다.

```
    1.                1 . 2 5
4 ) 5.    →      4 ) 5 . 0 0   ● 0이 있다고 생각
    4                4               하고 나머지가 0
    1                1   0           이 될 때까지 0을
                         8           내려 계산합니다.
                         2 0
                         2 0
                           0
```

» ① 세로로 계산하고, 몫의 소수점은 자연수 바로 뒤에서 올려 찍습니다.

» ② 나누어떨어질 때까지 0을 내려 계산합니다.

◐ **두 자연수 ●÷▲의 계산**

●÷▲$=\frac{●}{▲}$에서 분모 ▲를 10, 100, 1000으로 바꾼 후 소수로 나타냅니다.

예 $3\div2=\frac{3}{2}=\frac{15}{10}=1.5$

확인 1 소수의 나눗셈을 분수의 나눗셈으로 바꾸어 계산하려고 합니다. □ 안에 알맞은 수를 써넣으세요.

$$5\div2=\frac{5}{2}=\frac{5\times\square}{2\times5}=\frac{\square}{10}=\square$$

확인 2 30÷8을 계산한 식입니다. 알맞은 위치에 소수점을 찍어 보세요.

```
      3□7□5
8 ) 3 0 . 0 0
    2 4
      6 0
      5 6
        4 0
        4 0
          0
```

기본기 다지는 교과서 문제

» 정답 · 풀이 23쪽

1 〈보기〉와 같은 방법으로 계산하려고 합니다. □ 안에 알맞은 수를 써넣으세요.

〈보기〉

$$3 \div 2 = \frac{3}{2} = \frac{15}{10} = 1.5$$

$$7 \div 5 = \frac{\square}{5} = \frac{\square}{10} = \square$$

2 자연수의 나눗셈을 이용하여 □ 안에 알맞은 수를 써넣으세요.

(1) $90 \div 2 = 45$ → $9 \div 2 = \square$

(2) $1600 \div 25 = 64$ → $16 \div 25 = \square$

3 □ 안에 알맞은 수를 써넣으세요.

(1)

```
      □.□
  6)1 5.0
   □
   ────
     3 0
     □
   ────
       0
```

(2)

```
      □.□□
  4)1 9.0 0
   □
   ──────
     3 0
     □
   ──────
       2 0
       □
   ──────
         0
```

개념 따라쓰기

3단원

(자연수)÷(자연수)의 몫을 소수로 나타내기

```
        3.2 5
  4)1 3.0 0
    1 2
    ───
      1 0
        8
    ───
        2 0
        2 0
    ───
          0
```

나머지가 0이 될 때까지 0을 내려 계산

몫의 소수점은 자연수 바로 뒤에서 올려서 찍고 나누어떨어질 때까지 0을 내려 계산합니다.

1 34쪽 계산

〈보기〉와 같은 방법으로 계산해 보세요.

〈보기〉

$7 \div 2 = \frac{7}{2} = \frac{35}{10} = 3.5$

$9 \div 4 =$ ______________

2 34쪽 계산

계산해 보세요.

(1) $5 \overline{)\ 9\ 6}$

(2) $12 \overline{)\ 3\ 3}$

3 적용

빈칸에 알맞은 수를 써넣으세요.

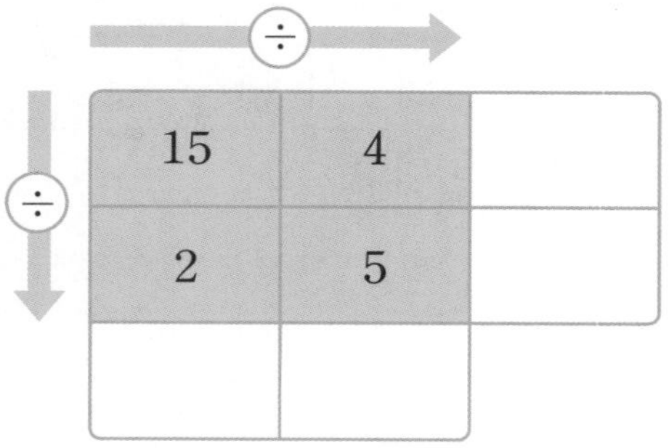

4 문제 해결

나눗셈의 몫이 더 큰 사람의 이름을 쓰세요.

슬기: $39 \div 15$

로운: $54 \div 24$

(　　　　　　)

5 34쪽 적용

두 나눗셈의 몫의 차는 얼마일까요?

$25 \div 4$　　$4 \div 25$

(　　　　　　)

6 34쪽 적용

㉠에 알맞은 소수를 구하세요.

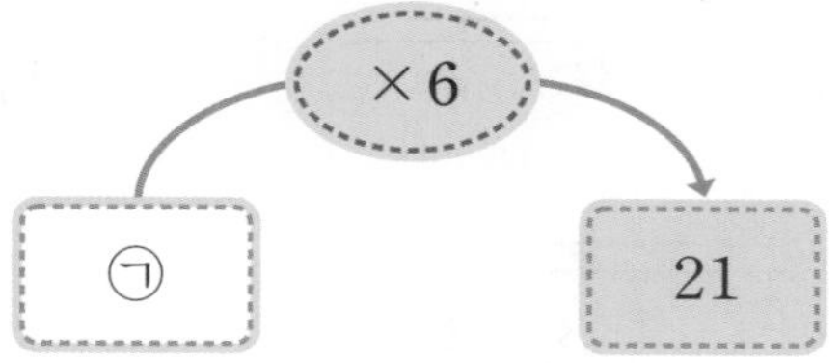

(　　　　　　)

조금 더 어려운 문제에 도전해 볼까요?

7 35쪽 문제 해결

0부터 9까지의 수 중에서 ★에 알맞은 수를 모두 구하세요.

9÷2 < 4.★ < 19÷4

(　　　　　　　　)

8 35쪽 추론

수 카드 6, 7, 8, 9 중 2장을 사용하여 몫이 가장 큰 나눗셈을 만들고 계산해 보세요.

□÷□=□

+9 35쪽 수학적 독해력

무게가 같은 고구마가 한 봉지에 4개씩 들어 있습니다. 5봉지의 무게가 7 kg일 때 고구마 한 개의 무게는 몇 kg일까요? (단, 봉지의 무게는 생각하지 않습니다.)

(　　　　　　　　)

+10 35쪽 수학적 표현력

둘레가 17 m인 정사각형 모양의 잔디밭이 있습니다. 이 잔디밭의 한 변의 길이는 몇 m인지 풀이 과정을 쓰고, 답을 구하세요.

풀이 ______________________

답 ______________________

오늘 공부 어땠나요? 10개 중 맞힌 문제 □ 개 > 틀린 문제는 힌트를 보고 다시 도전해 보세요. > 맞힌 문제는 힌트를 보고 자신의 생각과 비교해 보세요.

공부한 날 월 일

18일 몫의 소수점 위치 확인하기

① 몫을 어림하여 몫의 소수점 위치 확인하기

나누어지는 수를 간단한 자연수로 반올림하여 몫을 어림하면 어림한 결과와 계산한 결과의 크기를 비교하여 소수점 위치가 맞는지 확인할 수 있습니다.

(반올림 → 올림, 버림 등의 방법을 사용할 수도 있습니다.)

예 19.4÷6의 몫 4.9의 소수점 위치가 맞는지 확인하기
19.4÷6을 20÷4로 어림하면 약 5이므로 몫 4.9의 소수점 위치는 올바릅니다.

◐ (나누어지는 수)<(나누는 수)이면 몫이 1보다 작습니다.
예 4.5÷5
→ 4.5는 5보다 작으므로 몫이 1보다 작습니다.

개념+ 어림셈하여 몫의 소수점의 위치를 찾아 소수점 찍기

15.8÷5=3□1□6

① 나누어지는 수를 자연수로 반올림합니다.

어림 16÷5 → 약 3

② 약 3이므로 몫의 소수점 위치는 3과 1 사이입니다.

① 15.8을 반올림하여 일의 자리까지 나타내면 16입니다.
② 15.8÷5를 16÷5로 어림하면 약 3이므로 몫의 소수점 위치는 3과 1 사이입니다.

확인 1 〈보기〉와 같이 소수를 반올림하여 일의 자리까지 나타내어 어림한 식으로 표현해 보세요.

〈보기〉
24.9÷5 → 25÷5

(1) 11.7÷3 → □÷3

(2) 42.6÷5 → □÷5

확인 2 어림셈을 이용하여 몫의 소수점 위치를 찾아 표시해 보세요.

(1) 65.2÷4
어림 65÷4 → 약 16
몫 1□6□3

(2) 20.34÷9
어림 20÷9 → 약 2
몫 2□2□6

기본기 다지는 교과서 문제

» 정답 · 풀이 24쪽

1 29.7÷3의 몫의 소수점 위치를 찾기 위해 반올림하여 일의 자리까지 나타내어 어림한 식을 알맞게 쓴 것에 ○표 하세요.

3÷3	30÷3
(　　　)	(　　　)

2 어림셈을 이용하여 올바른 식에 ○표 하세요.

28.4÷4를 어림하여 계산하면 28÷4=7입니다.

28.4÷4=7.1	28.4÷4=0.71
(　　　)	(　　　)

3 어림셈하여 몫의 소수점 위치를 찾아 표시해 보세요.

(1) 85.2÷4

어림 □÷□ → 약 □

몫 2□1□3

(2) 31.9÷5

어림 □÷□ → 약 □

몫 6□3□8

개념 따라쓰기

몫의 소수점 위치 찾기

15.8÷5 = 3□1□6

어림 16÷5 → 약 3

어림한 결과와 계산한 결과의 크기를 비교하여 소수점 위치가 맞는지 확인합니다.

3 단원

1 36쪽 이해

〈보기〉와 같이 소수를 반올림하여 일의 자리까지 나타내어 어림한 식으로 표현해 보세요.

〈보기〉

$5.88 \div 3 \rightarrow 6 \div 3$

(1) $8.73 \div 3 \rightarrow$ (　　　　　　)

(2) $72.4 \div 4 \rightarrow$ (　　　　　　)

2 적용

$10.35 \div 5$를 $10 \div 5$로 어림할 수 있습니다. 알맞은 식을 찾아 기호를 쓰세요.

㉠ $10.35 \div 5 = 197$
㉡ $10.35 \div 5 = 19.7$
㉢ $10.35 \div 5 = 1.97$

(　　　　　　)

3 36쪽 적용

어림셈하여 몫의 소수점 위치를 찾아 표시해 보세요.

$87.2 \div 8$

어림 □ ÷ □ → 약 □

몫 1□0□9

4 의사 소통

어림셈을 이용하여 올바른 식에 ○표 하세요.

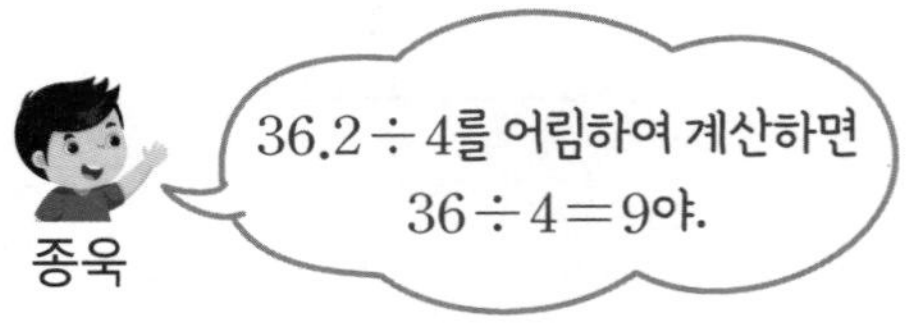

$36.2 \div 4 = 90.5$ (　　　)

$36.2 \div 4 = 9.05$ (　　　)

5 36쪽 적용

어림셈하여 몫의 소수점 위치가 올바른 식을 가지고 있는 학생의 이름을 쓰세요.

$73.02 \div 6 = 12.17$

$73.02 \div 6 = 1.217$

(　　　　　　)

6 36쪽 적용

어림셈하였을 때 몫의 소수점 위치가 올바른 식을 찾아 기호를 쓰세요.

㉠ $30.73 \div 7 = 439$　㉡ $30.73 \div 7 = 43.9$
㉢ $30.73 \div 7 = 4.39$　㉣ $30.73 \div 7 = 0.439$

(　　　　　　)

7 (37쪽)

문제 해결

몫을 어림하여 몫이 1보다 큰 나눗셈을 모두 찾아 기호를 쓰세요.

㉠ $5.15 \div 5$	㉡ $2.88 \div 3$
㉢ $4.95 \div 5$	㉣ $11.13 \div 3$

( )

8 (37쪽)

의사 소통

다음 나눗셈에서 나누어지는 수를 반올림하여 일의 자리까지 나타내어 어림셈한 몫과 실제 계산한 몫의 차는 얼마인지 구하세요.

$45.36 \div 9$

( )

+9 (37쪽)

수학적 독해력

나눗셈을 보고 바르게 말한 사람은 누구일까요?

$14.4 \div 16$ $19.2 \div 16$ $17.6 \div 16$

윤하: 몫이 가장 큰 나눗셈은 $17.6 \div 16$이야.

민호: 몫이 1보다 작은 나눗셈은 $14.4 \div 16$뿐이야.

수현: 어림으로는 나눗셈의 몫이 1보다 큰지 작은지 알 수 없어.

( )

+10 (37쪽)

수학적 표현력

어림셈하여 알맞은 위치에 소수점을 찍고, 그 이유를 설명해 보세요.

$27.8 \div 4 = 6□9□5$

[이유] ______________________

____

____

오늘 공부 어땠나요?

10개 중 맞힌 문제 [ ] 개 > **틀린 문제**는 힌트를 보고 다시 도전해 보세요. > **맞힌 문제**는 힌트를 보고 자신의 생각과 비교해 보세요.

01 다음을 읽고 □ 안에 알맞은 수를 써넣으세요.

> 리본 4.08 m를 4명에게 똑같이 나누어 주려고 합니다.
> 1 m=100 cm이므로
> 4.08 m=□cm입니다.
> 408÷4=□, 한 명에게 줄 수 있는 리본은 □cm이므로 □m입니다.

02 소수의 나눗셈을 분수의 나눗셈으로 바꾸어 계산해 보세요.

43.68÷7=______________

03 계산해 보세요.

(1) 35.75÷5 (2) 2.72÷8

(3) $6\overline{)39.3}$ (4) $7\overline{)7.56}$

04 나눗셈의 몫이 큰 것부터 차례로 기호를 쓰세요.

> ㉠ 18.6÷4 ㉡ 36.4÷8
> ㉢ 9.5÷2 ㉣ 22.6÷5

□-□-□-□

05 계산이 잘못된 곳을 찾아 바르게 계산해 보세요.

$$\begin{array}{r} 3.8 \\ 8\overline{)24.64} \\ 24 \\ \hline 64 \\ 64 \\ \hline 0 \end{array} \rightarrow \quad 8\overline{)24.64}$$

06 1부터 9까지의 수 중에서 □ 안에 들어갈 수 있는 자연수를 모두 구하세요.

$45.27 \div 9 > \square.1$

( )

07 어떤 수에 8을 곱했더니 54가 되었습니다. 어떤 수를 구하세요.

( )

08 어림셈하여 몫의 소수점 위치를 찾아 표시해 보세요.

$84.16 \div 16 = 5\square 2\square 6$

09 몫을 어림하여 몫이 1보다 작은 나눗셈은 모두 몇 개인지 구하세요.

$6.48 \div 12$	$15.18 \div 12$	$35.4 \div 12$
$49.5 \div 25$	$23.2 \div 25$	$12 \div 25$

( )

3 단원

서술형

10 넓이가 $28.2\ m^2$인 직사각형을 4칸으로 똑같이 나누었습니다. 색칠된 부분의 넓이는 몇 m^2인지 두 가지 방법으로 구하세요.

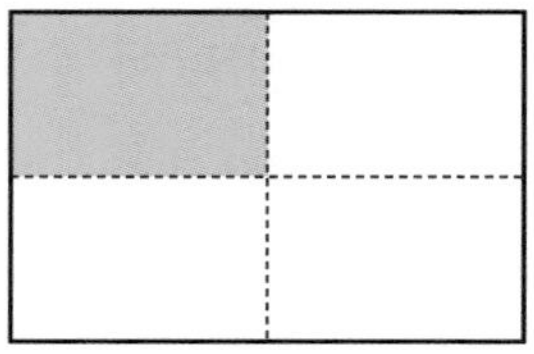

[방법 1]

[답] ____________

[방법 2]

[답] ____________

19일 두 수 비교하기

❶ 두 수를 뺄셈과 나눗셈으로 비교하기

예

- 뺄셈으로 비교하기
  6－3＝3이므로 딸기가 바나나보다 3개 더 많습니다.
- 나눗셈으로 비교하기
  6÷3＝2이므로 딸기 수는 바나나 수의 2배입니다.

❷ 변하는 두 수 비교하기

예 한 접시에 딸기 3개와 바나나 1개를 담을 때 딸기 수와 바나나 수 비교하기

접시 수(개)	1	2	3	4
딸기 수(개)	3	6	9	12
바나나 수(개)	1	2	3	4

◐ 뺄셈으로 비교한 경우 접시 수에 따라 두 수의 관계가 변하지만 나눗셈으로 비교한 경우 접시 수에 따라 두 수의 관계가 변하지 않습니다.

- 뺄셈으로 비교하기
  딸기는 바나나보다 각각 2개, 4개, 6개, 8개 더 많습니다.
  ➜ 딸기 수와 바나나 수의 관계가 변합니다.
- 나눗셈으로 비교하기
  딸기 수는 항상 바나나 수의 3배입니다.
  ➜ 딸기 수와 바나나 수의 관계가 변하지 않습니다.

확인 1 도넛 9개, 우유 3개로 한 상자를 만들었습니다. 물음에 답하세요.

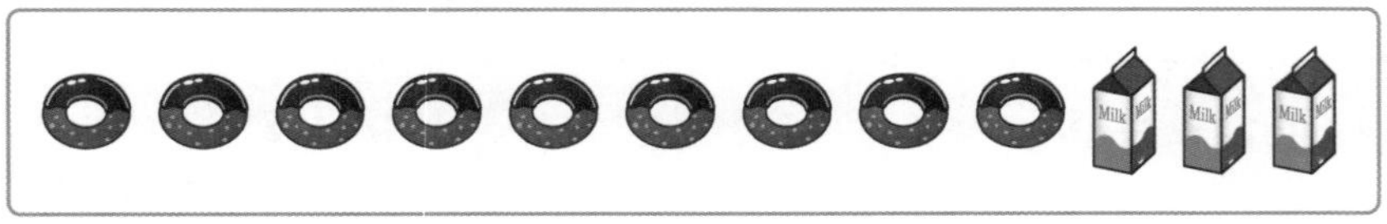

(1) 도넛 수와 우유 수를 뺄셈으로 비교하세요.

9－3＝□이므로 도넛이 우유보다 □개 더 많습니다.

(2) 도넛 수와 우유 수를 나눗셈으로 비교하세요.

9÷3＝□이므로 도넛 수는 우유 수의 □배입니다.

기본기 다지는 교과서 문제

» 정답 · 풀이 26쪽

[1~3] 한 모둠에 사과를 10개씩 나누어 주었습니다. 한 모둠이 5명씩일 때 빈칸에 알맞은 수를 써넣고, 알맞은 말에 ○표 하세요.

1 모둠 수에 따른 모둠원 수와 사과 수를 구해 표를 완성하세요.

모둠 수	1	2	3	4	5
모둠원 수(명)	5	10	15	20	25
사과 수(개)	10	20			

2 모둠 수에 따른 모둠원 수와 사과 수를 뺄셈으로 비교하세요.

모둠 수에 따라 사과 수는 모둠원 수보다 각각 5, 10, □, □, □ 더 많습니다.

→ 모둠원 수와 사과 수의 관계가 (변합니다 , 변하지 않습니다).

3 모둠 수에 따른 모둠원 수와 사과 수를 나눗셈으로 비교하세요.

사과 수는 항상 모둠원 수의 □배입니다.

→ 모둠원 수와 사과 수의 관계가 (변합니다 , 변하지 않습니다).

개념 따라쓰기

두 수 비교하기

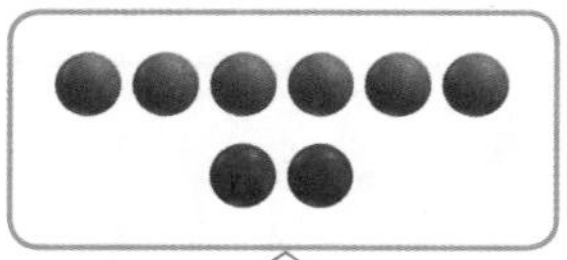

뺄셈으로 비교	나눗셈으로 비교
$6-2=4$	$6\div2=3$
●가 ●보다 4개 더 많음	●는 ●의 3배

두 수를 비교할 때에는 뺄셈이나 나눗셈으로 비교할 수 있습니다.

변하는 두 수 비교하기

자전거 수(대)	1	2	3	
바퀴 수(개)	2	4	6	
(바퀴 수) −(자전거 수)	1	2	3	→ 변함
(바퀴 수) ÷(자전거 수)	2	2	2	→ 변하지 않음

뺄셈으로 비교한 경우 두 수의 관계가 변하지만 나눗셈으로 비교한 경우 두 수의 관계가 변하지 않습니다.

4단원

1 38쪽
이해

숟가락 수와 포크 수를 비교하려고 합니다. 물음에 답하세요.

(1) 숟가락은 포크보다 몇 개 더 많을까요?

(   )

(2) 숟가락 수는 포크 수의 몇 배일까요?

(   )

[2~3] 한 상자에 사탕이 4개씩, 과자가 1개씩 들어 있습니다. 물음에 답하세요.

2
이해

상자 수에 따른 사탕 수와 과자 수를 구해 표를 완성하세요.

상자 수	1	2	3	4	5
사탕 수(개)	4	8	12		
과자 수(개)	1	2			

3
이해

상자에 들어 있는 사탕 수와 과자 수를 비교하려고 합니다. □ 안에 알맞은 수를 써넣으세요.

(1) 사탕은 과자보다 3개, 6개, □개, □개, □개 더 많습니다.

(2) 사탕 수는 과자 수의 □배입니다.

4 38쪽
이해

당근 수와 오이 수를 잘못 비교한 사람의 이름을 쓰세요.

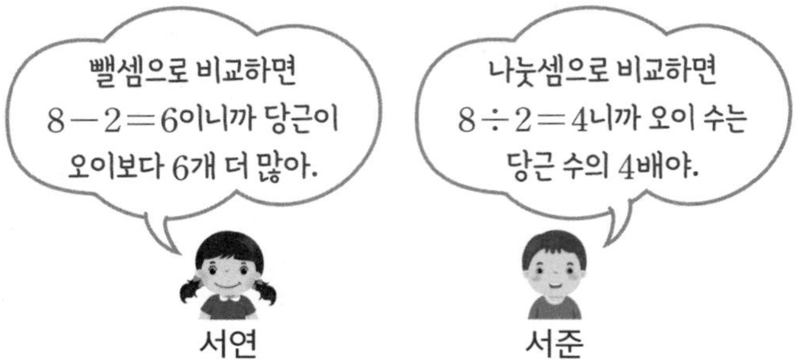

(   )

5 38쪽
문제 해결

가위 4개, 풀 9개가 있습니다. □ 안에 알맞은 수를 써넣으세요.

- 가위는 풀보다 □개 더 적습니다.
- 풀은 가위보다 □개 더 많습니다.

6 38쪽
문제 해결

로운이네 반의 여학생은 14명이고 남학생은 7명입니다. 여학생 수와 남학생 수를 바르게 비교한 사람의 이름을 쓰세요.

로운: 남학생이 여학생보다 7명 더 많아.
민호: 여학생이 남학생보다 7명 더 적어.
지혜: 여학생 수가 남학생 수의 2배야.

(   )

» 정답 · 풀이 26쪽

7 39쪽 문제 해결

모눈종이에 직사각형을 그렸습니다. 직사각형의 가로는 세로의 몇 배일까요?

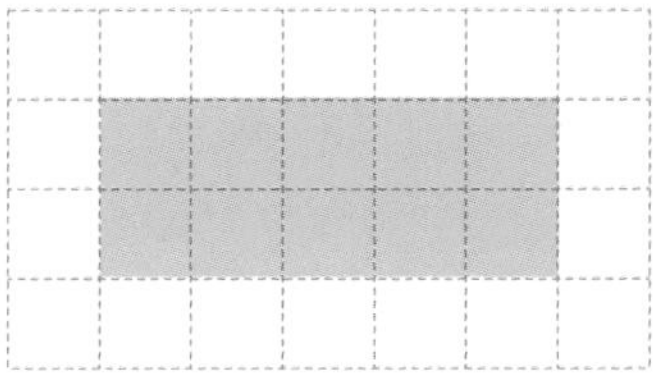

(   )

8 39쪽 창의 융합

나무의 높이는 300 cm이고, 어느 시각 나무의 그림자 길이를 재어 보니 150 cm입니다. 나무의 높이와 그림자의 길이만큼 색칠하고, □ 안에 알맞은 수를 써넣으세요.

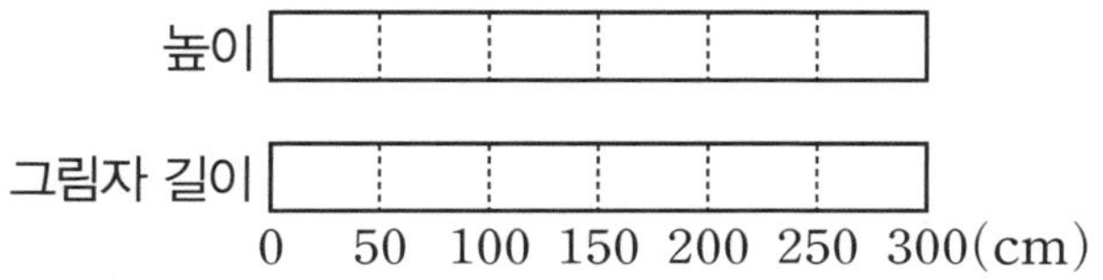

- 나무의 높이는 그림자 길이의 □배입니다.
- 나무의 그림자 길이는 높이의 □배입니다.

+9 39쪽 수학적 독해력

필통 1개에 연필이 6자루씩, 지우개가 2개씩 들어 있습니다. 표를 완성하고 필통에 들어 있는 지우개가 14개일 때, 필통에 들어 있는 연필은 모두 몇 자루인지 구하세요.

필통 수(개)	1	2	3	4
연필 수(자루)	6	12	18	24
지우개 수(개)	2	4		

(   )

+10 39쪽 수학적 표현력

민호와 지혜가 두 수를 비교한 방법을 쓰세요.

	올해	1년 후	2년 후	3년 후
내 나이(살)	13	14	15	16
형 나이(살)	17	18	19	20

민호: 형은 나보다 항상 4살이 많아.

접시 수(개)	1	2	3	4
만두 수(개)	7	14	21	28

지혜: 만두 수는 접시 수의 7배야.

[민호] ____________________

[지혜] ____________________

오늘 공부 어땠나요? 10개 중 맞힌 문제 □개 › **틀린 문제**는 힌트를 보고 다시 도전해 보세요. › **맞힌 문제**는 힌트를 보고 자신의 생각과 비교해 보세요.

공부한 날 (월) (일)

20일 비 알아보기

❶ 비 알아보기

두 수를 나눗셈으로 비교하기 위해 기호 :을 사용하여 나타낸 것을 **비**라고 합니다. 두 수 4와 3을 비교할 때 **4 : 3**이라 쓰고 **4 대 3**이라고 읽습니다. ─● 4 : 3은 "4와 3의 비", "4의 3에 대한 비", "3에 대한 4의 비"라고도 읽습니다.

비를 여러 가지 방법으로 읽기

■ : ▲ → ■ 대 ▲ / ■와 ▲의 비 / ■의 ▲에 대한 비 / ▲에 대한 ■의 비

예 야구공 수와 농구공 수의 비 쓰고 읽기

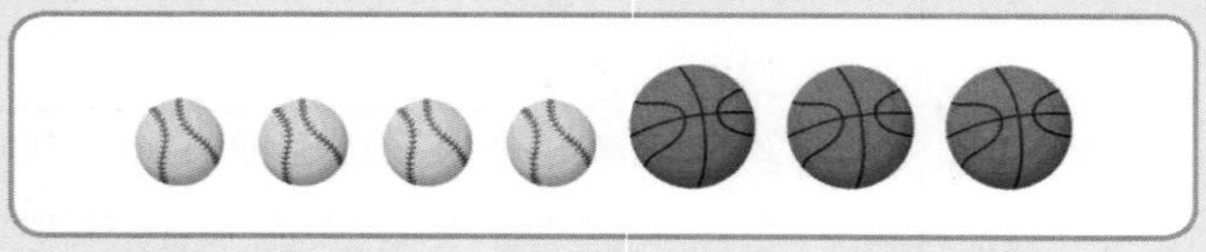

[쓰기] 4 : 3 (기준: 3)

[읽기] → 4 대 3 / 4와 3의 비 / 4의 3에 대한 비 / 3에 대한 4의 비

[주의] '▲에 대한'으로 읽을 때 ▲가 기준이므로 ▲를 기호 :의 오른쪽에 씁니다.
▲에 대한 ■의 비 → ■ : ▲

개념+ 기준이 되는 것이 기호 :의 오른쪽에 옵니다.

야구공 수와 농구공 수의 비 → 4 : 3 (기준: 농구공 수)

농구공 수와 야구공 수의 비 → 3 : 4 (기준: 야구공 수)

확인 1 □ 안에 알맞게 써넣으세요.

- 두 수를 나눗셈으로 비교하기 위해 기호 □을 사용하여 나타낸 것을 비라고 합니다.
- 두 수 8과 2를 비교할 때 □라 쓰고 □ 대 □라고 읽습니다.

확인 2 그림을 보고 □ 안에 알맞은 수를 써넣으세요.

(1) 벌 수와 나비 수의 비 → □ : □

(2) 나비 수와 벌 수의 비 → □ : □

기본기 다지는 교과서 문제

» 정답 · 풀이 27쪽

1 그림을 보고 □ 안에 알맞은 수를 써넣으세요.

(1) 우유 수와 빵 수의 비 → □ : □

(2) 우유 수의 빵 수에 대한 비 → □ : □

(3) 우유 수에 대한 빵 수의 비 → □ : □

2 비를 보고 □ 안에 알맞은 수를 써넣으세요.

9 : 4 →
- 9 대 □
- □와 4의 비
- □의 □에 대한 비
- □에 대한 □의 비

3 전체에 대한 색칠한 부분의 비를 쓰세요.

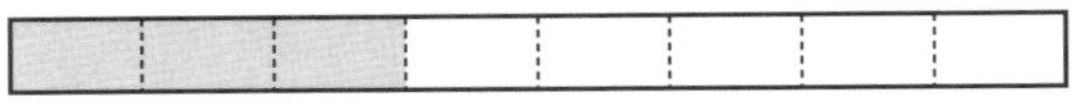

(　　　　　　　　)

개념 따라쓰기

비 알아보기 ①

■와 ▲를 나눗셈으로 비교

↓

■ : ▲

비는 두 수를 나눗셈으로 비교하기 위해 기호 :을 사용하여 나타낸 것입니다.

비 알아보기 ②

■와 ▲의 비

기준 ↓

■ : ▲

기준이 되는 것이 기호 :의 오른쪽에 옵니다.

비를 여러 가지 방법으로 읽기

■ : ▲

→
- ■ 대 ▲
- ■와 ▲의 비
- ■의 ▲에 대한 비
- ▲에 대한 ■의 비

4 단원

1

이해

칫솔 수와 치약 수의 비를 바르게 나타낸 것에 ○표 하세요.

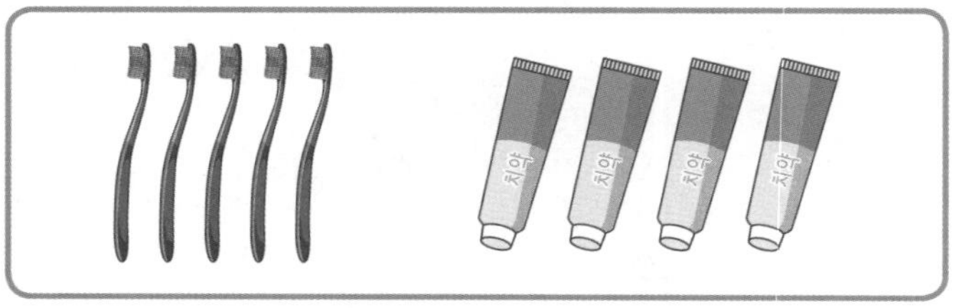

4 : 5	5 : 4
( )	( )

2 40쪽

이해

□ 안에 알맞은 수를 써넣으세요.

- 11의 8에 대한 비 ➜ □ : □
- 8에 대한 11의 비 ➜ □ : □

3

적용

직사각형의 세로와 가로의 비를 쓰세요.

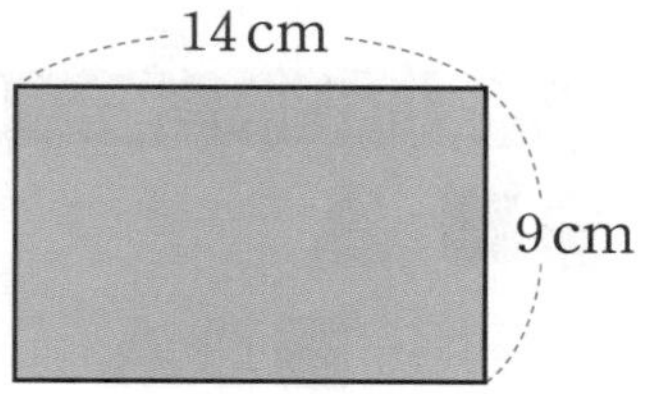

(   )

4 40쪽

적용

슬기는 오렌지 원액 2컵과 물 5컵을 섞어 오렌지주스를 만들었습니다. 오렌지 원액의 양과 물의 양의 비를 쓰세요.

(   )

5 40쪽

적용

전체에 대한 색칠한 부분의 비를 쓰세요.

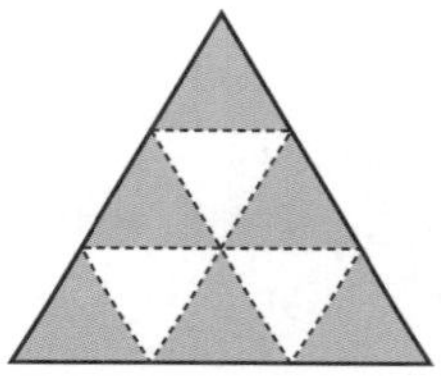

(   )

6 40쪽

이해

3 : 5를 잘못 읽은 것을 찾아 기호를 쓰세요.

㉠ 3과 5의 비	㉡ 3의 5에 대한 비
㉢ 3 대 5	㉣ 3에 대한 5의 비

(   )

» 정답 · 풀이 27쪽

조금 더 어려운 문제에 도전해 볼까요?

7 41쪽 창의 융합

그림을 보고 정사각형의 넓이에 대한 삼각형의 넓이의 비를 구하세요.

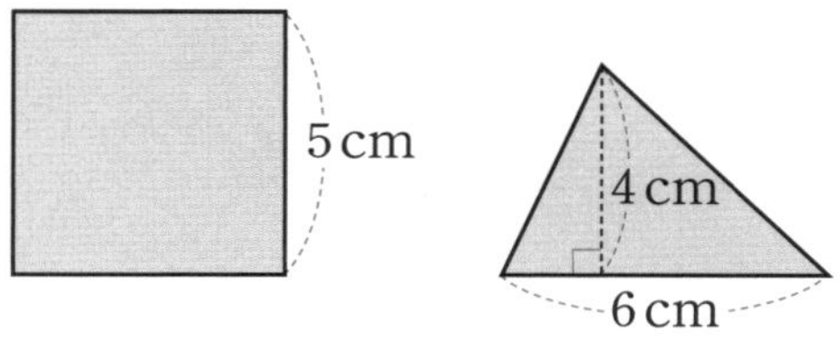

(　　　　　　　)

8 41쪽 추론

어느 지도에서 거리가 1 cm이면 실제 거리는 350 m입니다. 실제 거리에 대한 이 지도에서의 거리의 비를 쓰세요.

(　　　　　　　)

+9 41쪽 수학적 독해력

승민이는 50 m 장애물 달리기를 하고 있습니다. 장애물이 출발점에서부터 40 m 거리에 있습니다. 출발점에서부터 장애물까지 거리에 대한 장애물에서부터 도착점까지 거리의 비를 구하세요. (단, 장애물의 두께는 생각하지 않습니다.)

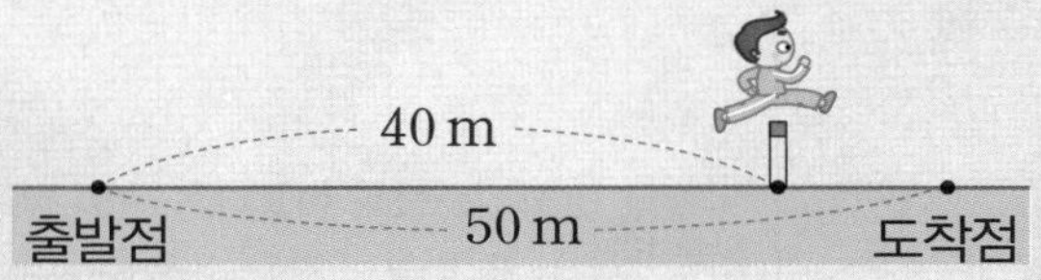

(　　　　　　　)

+10 41쪽 수학적 표현력

윤하네 모둠은 9명입니다. 그 중에서 남학생이 5명일 때, 윤하네 모둠 여학생 수의 전체 학생 수에 대한 비를 구하려고 합니다. 풀이 과정을 쓰고, 답을 구하세요.

[풀이] ______________________

____

____

[답] ______________________

오늘 공부 어땠나요? 10개 중 맞힌 문제 [　] 개 > **틀린 문제**는 힌트를 보고 다시 도전해 보세요. > **맞힌 문제**는 힌트를 보고 자신의 생각과 비교해 보세요.

4단원

21일 비율 알아보기

① 기준량과 비교하는 양

비 7 : 10에서 기호 :의 오른쪽에 있는 10은 **기준량**이고, 왼쪽에 있는 7은 **비교하는 양**입니다.

7	:	10
비교하는 양		기준량

■ : ▲
비교하는 양 기준량

② 비율 알아보기

기준량에 대한 비교하는 양의 크기를 **비율**이라고 합니다.

$$(\text{비율})=(\text{비교하는 양})\div(\text{기준량})=\frac{(\text{비교하는 양})}{(\text{기준량})}$$

→ 비 7 : 10을 비율로 나타내면 $\frac{7}{10}$ 또는 0.7입니다.

분수로 나타낸 비율을 소수로 나타낼 수 있습니다.

예 $\frac{3}{5}=\frac{6}{10}=0.6$

$\frac{5}{4}=\frac{125}{100}=1.25$

비를 비율로 나타내기

비 → ■ : ▲

비율 → ■ ÷ ▲ $=\frac{■}{▲}$

개념+ 두 직사각형의 가로에 대한 세로의 비율 비교하기

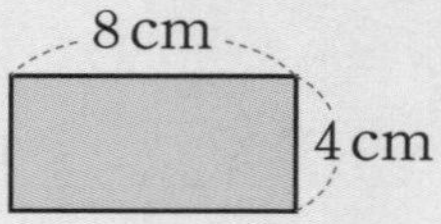

비 4 : 8 → $(\text{비율})=4\div8=\frac{4}{8}=\frac{1}{2}$

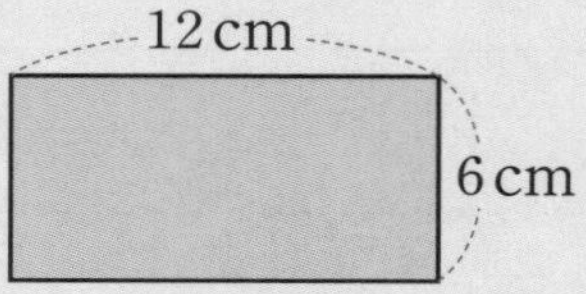

비 6 : 12 → $(\text{비율})=6\div12=\frac{6}{12}=\frac{1}{2}$

비율이 같습니다.

기준량과 비교하는 양이 달라도 비율이 같을 수 있습니다.

→ 두 직사각형의 크기는 다르지만 가로에 대한 세로의 비율은 같습니다.

확인 1 비교하는 양과 기준량을 찾아 쓰세요.

4 : 5

비교하는 양 (   )

기준량 (   )

확인 2 비를 비율로 나타내려고 합니다. 비율을 분수와 소수로 각각 나타내세요.

9 : 10

분수 (   )

소수 (   )

기본기 다지는 교과서 문제

» 정답 · 풀이 28쪽

1 □ 안에 알맞은 말을 써넣으세요.

비 5 : 2에서 5는 □이고, 2는 □입니다. 기준량에 대한 비교하는 양의 크기를 □이라고 합니다.

2 비를 보고 물음에 답하세요.

7 : 20

(1) 비교하는 양과 기준량을 찾아 쓰세요.

비교하는 양 ➜ □, 기준량 ➜ □

(2) 비율을 분수와 소수로 나타내세요.

분수 ➜ $\frac{\square}{\square}$, 소수 ➜ □

3 관계있는 것끼리 선으로 이어 보세요.

3 : 4 •	• $\frac{4}{5}$
4 : 5 •	• $\frac{5}{8}$
5 : 8 •	• $\frac{3}{4}$

개념 따라쓰기

기준량과 비교하는 양 알아보기

■ : ▲

비교하는 양 (■), 기준량 (▲)

기호 :의 오른쪽에 있는 수는 기준량이고, 왼쪽에 있는 수는 비교하는 양입니다.

비율 알아보기

비 ➜ ■ : ▲

비교하는 양 (■), 기준량 (▲)

비율 ➜ ■ ÷ ▲ = $\frac{■}{▲}$

① 비율은 기준량에 대한 비교하는 양의 크기입니다.

② (비율)=(비교하는 양)÷(기준량)

$=\frac{(\text{비교하는 양})}{(\text{기준량})}$

4단원

1

이해

비교하는 양과 기준량을 찾아 쓰고 비율을 분수로 나타내세요.

비	비교하는 양	기준량	비율
5 대 13			
7의 9에 대한 비			

4

42쪽

적용

그림을 보고 전체에 대한 색칠한 부분의 비율을 분수와 소수로 각각 나타내세요.

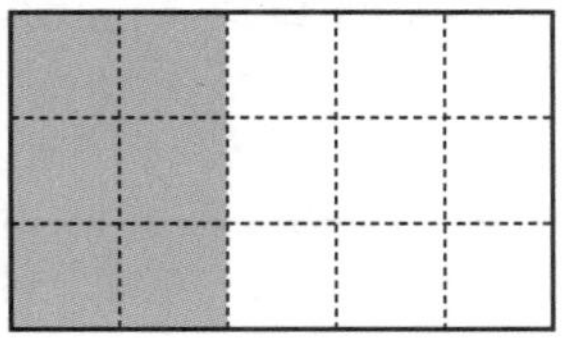

분수 (   )

소수 (   )

2

42쪽

이해

만두 수에 대한 계란 수의 비율을 분수로 바르게 나타낸 것에 ○표 하세요.

$\frac{9}{5}$ $\frac{5}{9}$

(   )   (   )

5

42쪽

의사 소통

기준량이 비교하는 양보다 큰 것을 찾아 기호를 쓰세요.

㉠ 4에 대한 9의 비
㉡ 8 대 11
㉢ 10의 5에 대한 비
㉣ 11과 6의 비

(   )

3

42쪽

적용

기준량을 나타내는 수가 다른 하나를 찾아 기호를 쓰세요.

㉠ 5와 9의 비　　　㉡ 3의 9에 대한 비
㉢ 4 대 9　　　　　㉣ 7에 대한 9의 비

(   )

6

적용

관계있는 것끼리 선으로 이어 보세요.

12 : 50	$\frac{1}{5}$	0.35
6의 30에 대한 비	$\frac{7}{20}$	0.2
20에 대한 7의 비	$\frac{6}{25}$	0.24

7 43쪽 문제 해결

비율이 낮은 것부터 차례로 기호를 쓰세요.

㉠ 3 대 18	㉡ 5의 20에 대한 비
㉢ 8과 24의 비	㉣ 5에 대한 1의 비

□−□−□−□

8 43쪽 창의 융합

표를 보고 동전을 던진 횟수에 대한 그림 면이 나온 횟수의 비율을 소수로 나타내세요.

회차	1회	2회	3회	4회	5회
나온 면	그림면	숫자면	숫자면	그림면	그림면
회차	6회	7회	8회	9회	10회
나온 면	숫자면	그림면	그림면	숫자면	그림면

(　　　　　　)

4단원

+9 43쪽 수학적 독해력

빨간색 페인트와 흰색 페인트를 3 : 14의 비로 섞어 분홍색 페인트를 만들었습니다. 빨간색 페인트 양에 대한 흰색 페인트 양의 비율을 분수로 나타내세요.

(　　　　　　)

+10 43쪽 수학적 표현력

삼각형 가와 나의 밑변의 길이에 대한 높이의 비율을 비교하세요.

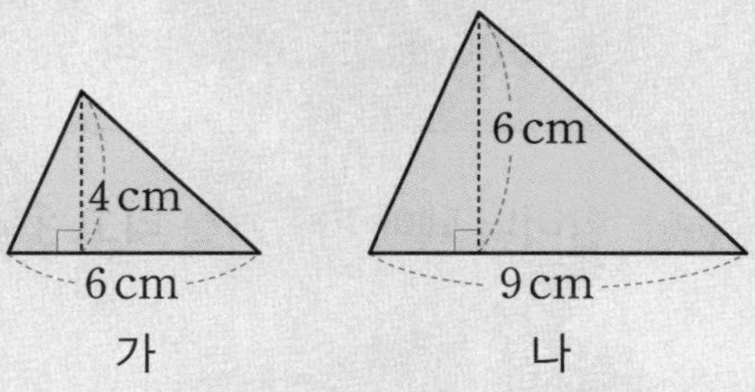

[비교] ______________________

____

____

오늘 공부 어땠나요? 10개 중 맞힌 문제 □ 개 > **틀린 문제**는 힌트를 보고 다시 도전해 보세요. > **맞힌 문제**는 힌트를 보고 자신의 생각과 비교해 보세요.

22일 비율이 사용되는 경우

① 걸린 시간에 대한 간 거리의 비율

예 선미는 50 m를 달리는 데 9초가 걸렸을 때 걸린 시간(기준량)에 대한 간 거리(비교하는 양)의 비율 구하기

→ $(\text{걸린 시간에 대한 간 거리의 비율})=\frac{(\text{간 거리})}{(\text{걸린 시간})}=\frac{50}{9}$

▲에 대한 ■의 비율 → $\frac{■}{▲}$ (▲: 기준량, ■: 비교하는 양)

② 넓이에 대한 인구의 비율

예 가 지역과 나 지역의 넓이(기준량)에 대한 인구(비교하는 양)의 비율 구하기

지역	가	나
인구(명)	60000	76800
넓이(km^2)	12	16

[가 지역] $\frac{(\text{인구})}{(\text{넓이})}=\frac{60000}{12}(=5000)$

[나 지역] $\frac{(\text{인구})}{(\text{넓이})}=\frac{76800}{16}(=4800)$

→ 5000 > 4800이므로 인구가 더 밀집한 곳은 가 지역입니다.

주변에서 비율이 사용되는 경우
- 타율: 전체 타수에 대한 안타 수의 비율
- 축척: 실제 거리에 대한 지도에서의 거리의 비율
- 소금물의 진하기: 소금물 양에 대한 소금 양의 비율

확인 1 할머니 댁에 자동차를 타고 3시간 동안 160 km를 갔습니다. 물음에 답하세요.

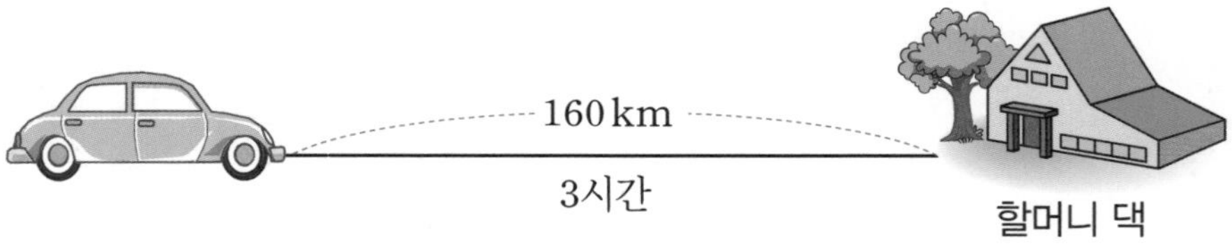

(1) 걸린 시간과 간 거리를 각각 구하세요.

걸린 시간: ☐시간, 간 거리: ☐ km

(2) 걸린 시간에 대한 간 거리의 비율을 구하세요.

$\frac{(\text{비교하는 양})}{(\text{기준량})}=\frac{(\text{간 거리})}{(\text{걸린 시간})}=\frac{☐}{☐}$

기본기 다지는 교과서 문제

» 정답 · 풀이 29쪽

1 슬기는 100 m를 달리는 데 20초가 걸렸고, 지혜는 100 m를 달리는 데 25초가 걸렸습니다. 물음에 답하세요.

(1) 슬기가 100 m를 달리는 데 걸린 시간에 대한 달린 거리의 비율을 구하세요.

(　　　　　　)

(2) 지혜가 100 m를 달리는 데 걸린 시간에 대한 달린 거리의 비율을 구하세요.

(　　　　　　)

(3) 더 빠른 학생의 이름을 쓰세요.

(　　　　　　)

2 두 마을의 넓이와 인구를 나타낸 표를 보고 물음에 답하세요.

마을	햇빛 마을	별빛 마을
인구(명)	9600	8400
넓이(km^2)	8	6

(1) 햇빛 마을의 넓이에 대한 인구의 비율은 얼마인가요?

(　　　　　　)

(2) 별빛 마을의 넓이에 대한 인구의 비율은 얼마인가요?

(　　　　　　)

(3) 두 마을 중 인구가 더 밀집한 곳은 어디인가요?

(　　　　　　)

개념 따라쓰기

상황 속에서 비율 구하기

- 넓이 / 걸린 시간 / 소금물 양 에 대한 인구 / 거리 / 소금 양 의 비율

→ ■/▲

▲에 대한 ■의 비율은 ■/▲입니다.

상황별 비율의 의미

- 걸린 시간에 대한 간 거리의 비율
  → 비율이 높을수록 더 빠릅니다.
- 넓이에 대한 인구의 비율
  → 비율이 높을수록 인구가 더 밀집한 곳입니다.
- 소금물 양에 대한 소금 양의 비율
  → 비율이 높을수록 소금물이 더 진합니다.

1 44쪽 계산

승재는 축구 연습을 했습니다. 공을 20번 차서 골대에 13번 넣었을 때 전체 찬 횟수에 대한 골대에 넣은 횟수의 비율을 분수로 나타내세요.

( )

[2~3] 슬기와 로운이가 각각 소금물을 만들었습니다. 넣은 소금 양과 소금물 양을 나타낸 표를 보고 물음에 답하세요.

이름	슬기	로운
소금(g)	9	7
소금물(g)	60	35

2 계산

두 학생이 만든 소금물 양에 대한 소금 양의 비율을 각각 소수로 나타내세요.

슬기 ( )
로운 ( )

3 문제 해결

슬기와 로운이 중 더 진한 소금물을 만든 사람은 누구일까요?

( )

4 44쪽 적용

260 km를 가는 데 기차는 2시간이 걸렸고, 자동차는 기차보다 1시간이 더 걸렸습니다. 자동차가 260 km를 가는 데 걸린 시간에 대한 간 거리의 비율을 구하세요.

( )

5 44쪽 문제 해결

빨간 버스는 150 km를 가는 데 2시간이 걸렸고, 파란 버스는 210 km를 가는 데 3시간이 걸렸습니다. 두 버스의 걸린 시간에 대한 간 거리의 비율을 각각 구하고, 어느 버스가 더 빠른지 구하세요.

빨간 버스 ( )
파란 버스 ( )
더 빠른 버스 ( )

6 44쪽 문제 해결

서연이와 준기가 다음과 같이 사과 원액을 넣어 사과주스를 만들었습니다. 사과주스 양에 대한 사과 원액 양의 비율을 비교하여 누가 만든 사과주스가 더 진한지 구하세요.

이름	서연	준기
사과 원액(g)	15	24
사과주스(g)	300	400

( )

7 45쪽 창의 융합

두 지역의 인구와 넓이를 나타낸 표입니다. 두 지역의 넓이에 대한 인구의 비율의 차를 구하세요.

지역	가	나
인구(명)	16500	36000
넓이(km^2)	150	240

(　　　　　　　)

8 45쪽 추론

어느 지도에서 거리가 4 cm이면 실제 거리는 1 km입니다. 실제 거리에 대한 지도에서 거리의 비율을 분수로 나타내어 보세요.

(　　　　　　　)

+9 45쪽 수학적 독해력

수현, 종욱, 윤하가 소금물을 만들었습니다. 소금물 양에 대한 소금 양의 비율을 비교하여 누가 가장 진한 소금물을 만들었는지 구하세요.

수현: 소금 50 g을 녹여 소금물 300 g을 만들었어.

종욱: 소금 30 g을 녹여 소금물 240 g을 만들었어.

윤하: 내가 만든 소금물은 소금물 양에 대한 소금 양의 비율이 $\frac{1}{7}$이야.

(　　　　　　　)

+10 45쪽 수학적 표현력

민호와 서준이가 야구 경기에 나갔습니다. 전체 타수에 대한 안타 수의 비율을 비교하여 누가 타율이 더 높은지 풀이 과정을 쓰고, 답을 구하세요.

풀이 ____________________

____

____

답 ____________________

오늘 공부 어땠나요? 10개 중 맞힌 문제 [　] 개 > 틀린 문제는 힌트를 보고 다시 도전해 보세요. > 맞힌 문제는 힌트를 보고 자신의 생각과 비교해 보세요.

23일 백분율 알아보기

① 백분율 알아보기

기준량을 100으로 할 때의 비율을 **백분율**이라고 합니다. 백분율은 기호 %를 사용하여 나타냅니다. 비율 $\frac{75}{100}$를 75 %라 쓰고 75 **퍼센트**라고 읽습니다.

◐ $\frac{■}{100}$=■ %
■ %=$\frac{■}{100}$

예 비율 $\frac{75}{100}$ → [쓰기] 75 % [읽기] 75 퍼센트

$\frac{1}{100}$=1 %

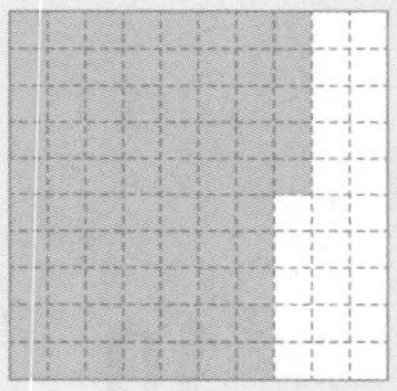

$\frac{75}{100}$=75 %

② 비율을 백분율로 나타내는 방법

예 비율 $\frac{9}{20}$를 백분율로 나타내기

방법 1 기준량이 100인 비율로 나타낸 후 백분율로 나타내기

$\frac{9}{20}=\frac{45}{100}=45\ \%$

방법 2 비율에 100을 곱해서 나온 값에 기호 % 붙이기

$\frac{9}{20}\times 100=45\ (\%)$

◐ 기준량이 다른 두 비율은 크기를 비교하기 어렵지만 백분율로 나타내면 크기를 비교하기 쉽습니다.

예 [비율] $\frac{2}{5}$ $\frac{1}{2}$
↓ ↓
[백분율] 40 % < 50 %

확인 1 □ 안에 알맞게 써넣으세요.

• 기준량을 □으로 할 때의 비율을 백분율이라고 합니다.

• 백분율은 기호 □를 사용하여 나타냅니다.

확인 2 □ 안에 알맞은 수를 써넣으세요.

(1)

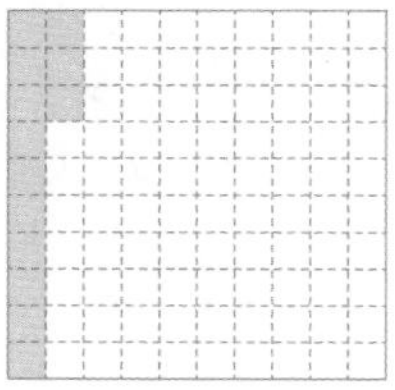

$\frac{13}{100}$=□ %

(2)

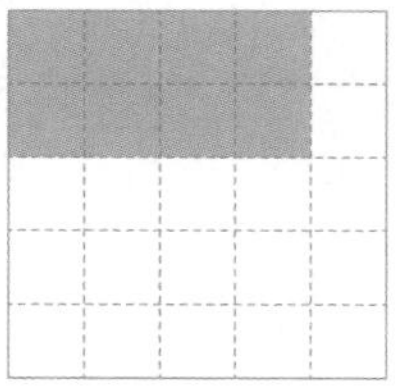

$\frac{8}{25}=\frac{□}{100}$=□ %

기본기 다지는 교과서 문제

» 정답 · 풀이 31쪽

1 그림을 보고 전체에 대한 색칠한 부분의 비율을 백분율로 나타내어 보세요.

(1)

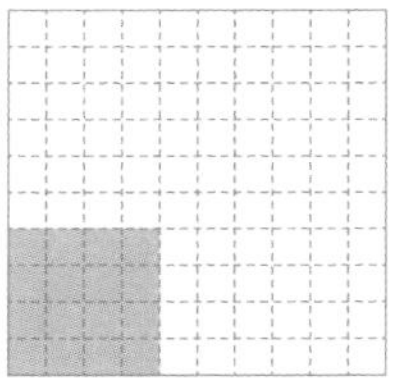

$\frac{\square}{100}=\square\ \%$

(2)

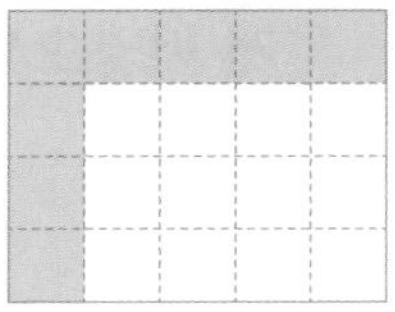

$\frac{\square}{20}=\frac{\square}{100}=\square\ \%$

2 비율 $\frac{13}{25}$을 두 가지 방법으로 백분율로 나타내려고 합니다. □ 안에 알맞은 수를 써넣으세요.

방법 1 $\frac{13}{25}=\frac{\square}{100}=\square\ \%$

방법 2 $\frac{13}{25} \rightarrow \frac{13}{25}\times 100=\square\ (\%)$

3 비율을 백분율로 나타내려고 합니다. □ 안에 알맞은 수를 써넣으세요.

(1) $\frac{3}{10} \rightarrow \square\ (\%)$　　(2) $0.54 \rightarrow \square\ (\%)$

(3) $\frac{7}{20} \rightarrow \square\ (\%)$　　(4) $0.06 \rightarrow \square\ (\%)$

개념 따라쓰기

백분율 알아보기

$\frac{\blacksquare}{100}=\blacksquare\ \%$

100 → 기준량

백분율은 기준량을 100으로 할 때의 비율입니다.

백분율로 나타내는 방법 ①

$\frac{2}{5}$ → $\frac{40}{100}$ → 40 %

기준량이 100인 비율로 나타낸 후 백분율로 나타냅니다.

백분율로 나타내는 방법 ②

$\frac{2}{5}$ → ×100 → 40 (%)

비율에 100을 곱해서 나온 값에 기호 %를 붙입니다.

스스로 풀어내는 도전 10 문제

막힐 때 힌트북

1 46쪽 적용

그림을 보고 전체에 대한 색칠한 부분의 비율을 백분율로 나타내세요.

(　　　　　　　　)

2 이해

비율을 백분율로 나타내세요.

(1) $\frac{3}{4}$ → (　　　　　　　　)

(2) 0.3 → (　　　　　　　　)

3 46쪽 적용

빈칸에 알맞은 수를 써넣으세요.

분수	소수	백분율(%)
$\frac{4}{5}$		
	0.09	
$\frac{11}{25}$		

4 46쪽 적용

비율의 크기를 비교하여 ◯ 안에 >, =, <를 알맞게 써넣으세요.

$\frac{13}{20}$ ◯ 68 %

5 적용

비율이 같은 것끼리 선으로 이어 보세요.

$\frac{3}{5}$ •	• 45 %
$\frac{9}{20}$ •	• 60 %
$\frac{17}{25}$ •	• 68 %

6 46쪽 문제 해결

선우네 반 학급문고에는 동화책 92권, 위인전 64권, 과학책 44권이 있습니다. 전체 학급문고 수에 대한 위인전 수의 비율은 몇 %인지 구하세요.

(　　　　　　　　)

» 정답 · 풀이 31쪽

7 47쪽 문제 해결

기준량이 비교하는 양보다 작은 것을 모두 찾아 기호를 쓰세요.

㉠ 1.01	㉡ 100 %
㉢ 106 %	㉣ $\frac{7}{8}$

( )

8 47쪽 추론

넓이가 400 cm^2인 직사각형이 있습니다. 이 직사각형의 세로가 16 cm일 때, 가로에 대한 세로의 비율을 백분율로 나타내세요.

16 cm

( )

+9 47쪽 수학적 독해력

백분율에 대해 잘못 이야기한 사람은 누구일까요?

영민: 비율 $\frac{9}{20}$를 백분율로 나타내려면 $\frac{9}{20}$에 100을 곱해서 나온 45에 기호 %를 붙여.

윤하: 비율 $\frac{2}{5}$를 소수로 나타내면 0.4이고, 이것을 백분율로 나타내면 4 %야.

( )

+10 47쪽 수학적 표현력

넓이가 500 m^2인 체육관에 넓이가 60 m^2인 무대를 만들려고 합니다. 체육관 넓이에 대한 무대 넓이의 비율을 백분율로 나타내고, 체육관이 다음과 같을 때 무대의 넓이만큼 색칠하세요.

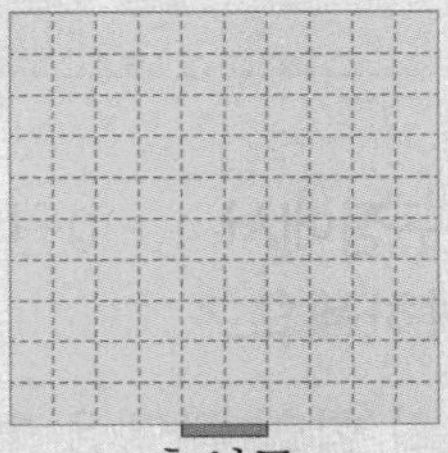

출입문

( )

오늘 공부 어땠나요?

10개 중 맞힌 문제 ☐ 개 > **틀린 문제**는 힌트를 보고 다시 도전해 보세요. > **맞힌 문제**는 힌트를 보고 자신의 생각과 비교해 보세요.

24일 백분율이 사용되는 경우

① 물건의 할인율 알아보기

예 모자의 원래 가격이 10000원이고 할인된 판매 가격이 8000원일 때 할인율 구하기

① 모자의 할인 금액 구하기: 10000－8000＝2000(원)

② 모자의 할인율 구하기: $\frac{2000}{10000}=\frac{20}{100}=20\ \%$

◐ 할인율은 원래 가격에 대한 할인 금액의 비율을 백분율로 나타낸 것입니다.

$(\text{할인율})=\frac{(\text{할인 금액})}{(\text{원래 가격})}$

② 득표율 구하기

예 300명이 투표에 참여했을 때 각 후보의 득표율 구하기

후보	가	나
득표 수(표)	120	180

- 가 후보의 득표율 구하기: $\frac{120}{300}=\frac{40}{100}=40\ \%$
- 나 후보의 득표율 구하기: $\frac{180}{300}=\frac{60}{100}=60\ \%$

→ 40＜60이므로 나 후보의 득표율이 더 높습니다.

◐ **주변에서 백분율이 사용되는 경우**

- 득표율: 전체 표 수에 대한 해당 후보 득표 수의 비율을 백분율로 나타낸 것
- 성공률: 시도한 전체 횟수에 대한 성공한 횟수의 비율을 백분율로 나타낸 것

확인 1 **문구점에서 4000원인 스케치북을 3600원에 판매하려고 합니다. 물음에 답하세요.**

(1) 스케치북의 할인 금액은 얼마일까요?

( )

(2) 스케치북의 할인 금액은 원래 가격의 몇 %인지 □ 안에 알맞은 수를 써넣으세요.

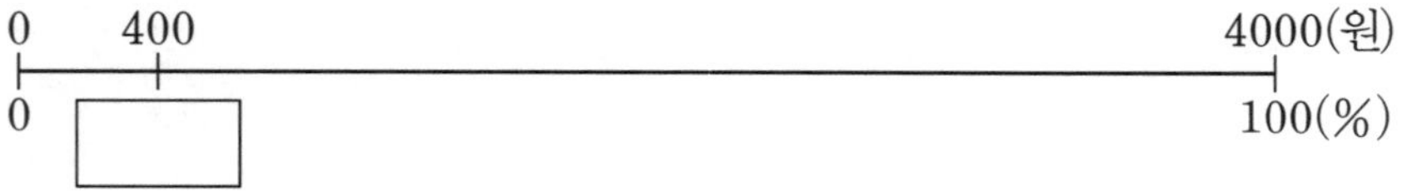

$\frac{\square}{4000}=\frac{\square}{100}=\square\ \%$

(3) 스케치북의 할인율은 몇 %일까요?

( )

» 정답 · 풀이 32쪽

1 승희네 반 회장 선거에서 25명이 투표에 참여했습니다. 표를 보고 □ 안에 알맞은 수를 써넣으세요.

후보	가	나	무효표
득표 수(표)	12	9	4

(1) 가 후보의 득표율: $\frac{\square}{25}=\frac{\square}{100}=\square$ %

(2) 나 후보의 득표율: $\frac{\square}{25}=\frac{\square}{100}=\square$ %

(3) 무효표: $\frac{\square}{25}=\frac{\square}{100}=\square$ %

2 영민이와 서준이가 농구 연습을 했습니다. 물음에 답하세요.

영민 서준

(1) 영민이의 골 성공률은 몇 %일까요?

( )

(2) 서준이의 골 성공률은 몇 %일까요?

( )

(3) 누구의 골 성공률이 더 높을까요?

( )

개념 따라쓰기

상황 속에서 백분율 구하기

- (할인율) = $\frac{\text{(할인 금액)}}{\text{(원래 가격)}}$
- (득표율) = $\frac{\text{(득표 수)}}{\text{(전체 표 수)}}$
- (성공률) = $\frac{\text{(성공 횟수)}}{\text{(전체 횟수)}}$

4단원

스스로 풀어내는 도전 10 문제

1 48쪽 적용

지호가 영화를 보러 갔습니다. 영화 관람료는 8000원인데 할인권을 이용하여 6000원을 냈습니다. 몇 % 할인권을 사용한 것인지 □ 안에 알맞은 수를 구하세요.

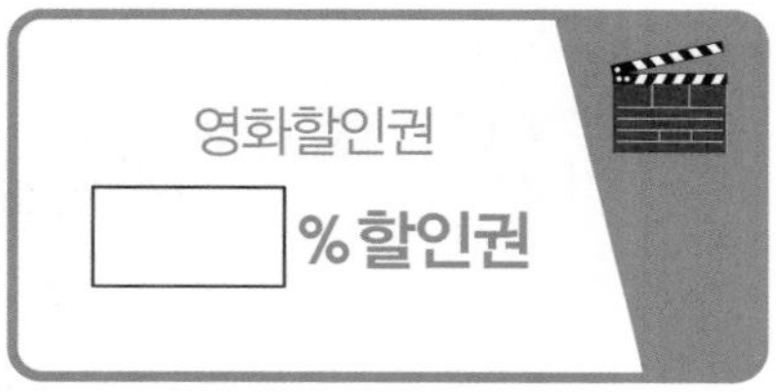

(　　　　　　　)

2 적용

반 대표를 뽑는 선거에서 로운이네 반 30명이 투표하여 로운이는 9표를 얻었습니다. 로운이의 득표율은 몇 %일까요?

(　　　　　　　)

3 적용

어느 공장에서 장난감을 500개 만들 때 불량품이 15개 나온다고 합니다. 전체 장난감 수에 대한 불량품 수의 비율은 몇 %일까요?

(　　　　　　　)

4 48쪽 적용

재희는 수학여행에서 찍은 사진을 오른쪽과 같이 축소하였습니다. 재희는 사진을 몇 % 축소하였을까요?

24 cm　　18 cm

원래 사진　　축소된 사진

(　　　　　　　)

5 48쪽 문제 해결

서점에서 동화책과 위인전을 다음과 같이 판매하고 있습니다. 동화책과 위인전의 할인율은 각각 몇 %인지 구하고, 어느 것의 할인율이 더 높은지 구하세요.

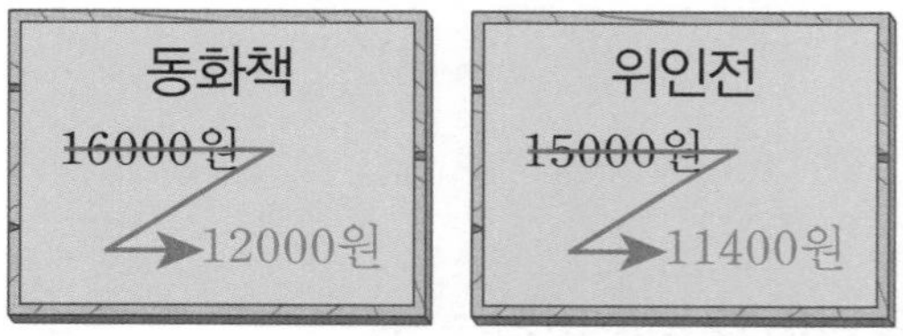

□ %　　□ %

(　　　　　　　)

6 48쪽 문제 해결

길이가 70 cm인 색 테이프를 28 cm만큼 사용하였습니다. 사용하고 남은 색 테이프의 길이는 처음 색 테이프 길이의 몇 %일까요?

(　　　　　　　)

7 49쪽 창의 융합

체험학습 장소로 박물관에 가는 것에 찬성하는 학생 수를 조사했습니다. 찬성률이 가장 높은 반은 몇 반일까요?

	반 전체 학생 수(명)	찬성하는 학생 수(명)
1반	24	18
2반	20	13
3반	25	19

(　　　　　　)

8 49쪽 추론

두 친구의 대화를 읽고 어느 영화가 좌석 수에 대한 관객 수의 비율이 더 높은지 구하세요.

(　　　　　　)

+9 49쪽 수학적 독해력

세영이와 준수가 핸드볼 연습을 했습니다. 세영이는 공을 20번 던져서 골대에 11번 공을 넣었고, 준수는 공을 16번 던져서 골대에 8번 공을 넣었습니다. 골 성공률이 더 높은 사람은 누구일까요?

(　　　　　　)

+10 49쪽 수학적 표현력

슬기와 로운이가 만든 소금물 양에 대한 소금 양의 백분율을 각각 구하여 누가 만든 소금물이 더 진한지 구하려고 합니다. 풀이 과정을 쓰고, 답을 구하세요.

슬기: 소금 50 g을 녹여 소금물 250 g을 만들었어.

로운: 소금 88 g을 녹여 소금물 400 g을 만들었어.

풀이 ________________

____

____

답 ________________

오늘 공부 어땠나요? 10개 중 맞힌 문제 □ 개 > 틀린 문제는 힌트를 보고 다시 도전해 보세요. > 맞힌 문제는 힌트를 보고 자신의 생각과 비교해 보세요.

01 색연필 수와 연필 수를 비교한 것입니다. □ 안에 알맞은 수를 써넣으세요.

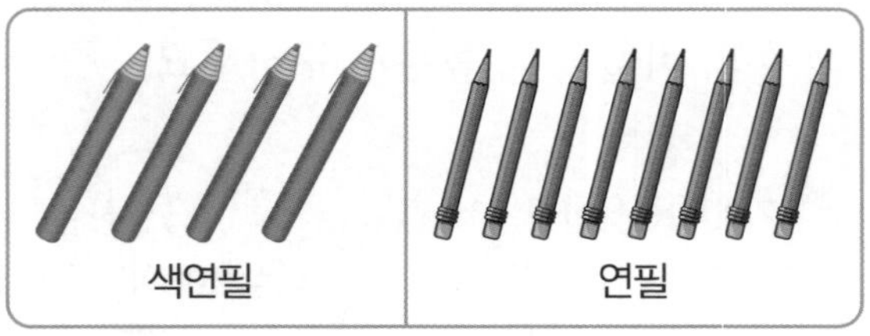

뺄셈으로 비교하기

연필은 색연필보다 $8-4=\square$(자루) 더 많습니다.

나눗셈으로 비교하기

$8 \div 4=\square$이므로 연필 수는 색연필 수의 $\square$배입니다.

02 4 : 7을 잘못 읽은 것을 찾아 기호를 쓰세요.

㉠ 4와 7의 비
㉡ 4에 대한 7의 비
㉢ 4 대 7
㉣ 4의 7에 대한 비

( )

03 전체에 대한 색칠한 부분의 비를 쓰세요.

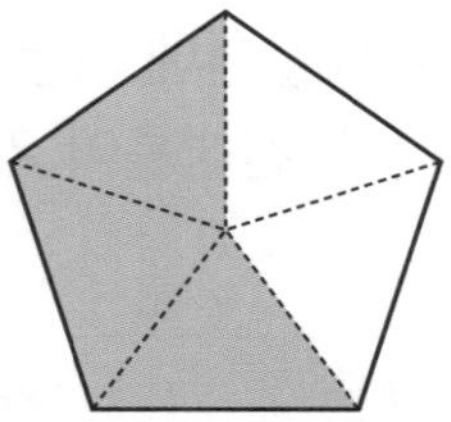

( )

04 기준량이 비교하는 양보다 작은 것은 어느 것일까요? ································ ( )

① 3 : 8
② 4에 대한 9의 비
③ 5 대 6
④ 7의 12에 대한 비
⑤ 6과 13의 비

05 연필꽂이에 빨간색 색연필 5자루, 파란색 색연필 4자루, 노란색 색연필 3자루가 꽂혀 있습니다. 꽂혀 있는 전체 색연필 수에 대한 빨간색 색연필 수의 비율을 분수로 나타내세요.

( )

» 정답 · 풀이 33쪽

06 비율이 가장 큰 것을 찾아 기호를 쓰세요.

㉠ 0.69　　㉡ $\frac{3}{4}$　　㉢ 72 %

(　　　　　　)

07 현수는 물에 포도 원액 120 mL를 넣어 포도주스 300 mL를 만들었고, 진아는 물에 포도 원액 180 mL를 넣어 포도주스 400 mL를 만들었습니다. 두 사람의 포도주스 양에 대한 포도 원액의 양의 비율을 각각 소수로 나타내고, 누가 만든 포도 주스가 더 진한지 구하세요.

현수 (　　　　　　)

진아 (　　　　　　)

포도주스가 더 진한 사람 (　　　　　　)

08 빈칸에 알맞은 수를 써넣으세요.

분수	소수	백분율(%)
$\frac{43}{100}$		
	0.12	

09 준영이와 재호는 축구 연습을 했습니다. 준영이는 공을 30번 차서 골대에 21번 넣었고, 재호는 공을 25번 차서 골대에 18번 넣었습니다. 골 성공률이 더 높은 사람은 누구일까요?

(　　　　　　)

4단원

서술형

10 30000원짜리 가방을 할인하여 25500원에 판매하려고 합니다. 가방의 할인율은 몇 %인지 풀이 과정을 쓰고, 답을 구하세요.

[풀이] ______________________

____

____

[답] ______________________

25일 그림그래프로 나타내기

① 지역별 상점 수를 그림그래프로 나타내기

지역별 상점 수

지역	상점 수(개)
가	2617
나	2384
다	3158

→

지역별 상점 수

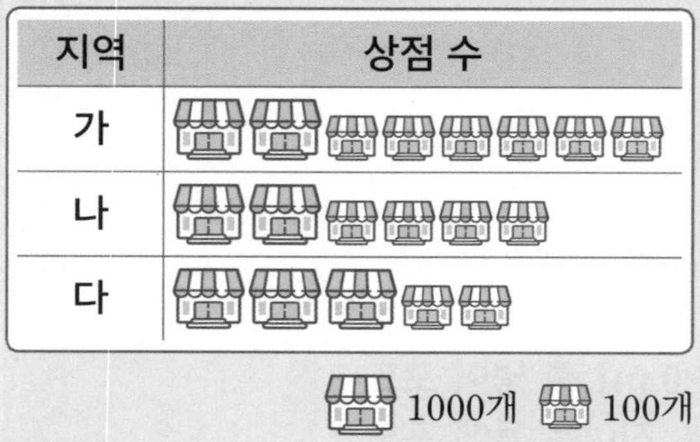

① 은 1000개, 은 100개를 나타냅니다.

② 상점 수를 반올림하여 백의 자리까지 나타냅니다.
(가 지역: 2617 → 2600, 나 지역: 2384 → 2400, 다 지역: 3158 → 3200)

③ 반올림하여 백의 자리까지 나타낸 값을 이용하여 천의 자리 숫자만큼 을 그리고, 백의 자리 숫자만큼 을 그립니다.

◐ 그림그래프는 조사한 수를 그림으로 나타낸 그래프입니다.

◐ **표와 그림그래프**
① 표: 정확한 수치를 알 수 있습니다.
② 그림그래프: 그림의 크기로 수량의 많고 적음을 알 수 있습니다.

개념+ 그림그래프의 특징

그림의 크기로 수량의 많고 적음을 알 수 있습니다.

예 • 상점 수가 가장 많은 지역은 다 지역입니다.
• 상점 수가 가장 적은 지역은 나 지역입니다.

◐ 그림그래프에서는 큰 그림의 수가 많을수록, 큰 그림의 수가 같을 경우 작은 그림의 수가 많을수록 수량이 많습니다.

확인 1 농장별로 기르는 오리 수를 나타낸 그림그래프입니다. □ 안에 알맞게 써넣으세요.

농장별 오리 수

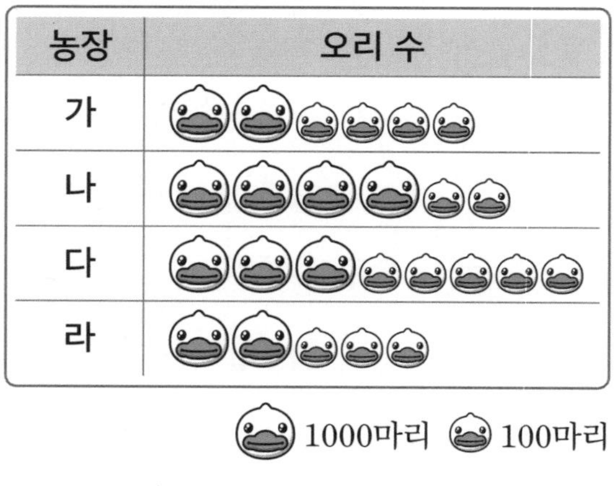

(1) 는 □마리, 는 □마리를 나타냅니다.

(2) 다 농장에서 기르는 오리 수는 큰 그림 □개, 작은 그림 □개이므로 □마리입니다.

(3) 기르는 오리 수가 가장 많은 농장은 □ 농장입니다.

기본기 다지는 교과서 문제

[1~3] 우리나라 권역별 쌀 생산량을 나타낸 그림그래프입니다. 물음에 답하세요.

권역별 쌀 생산량

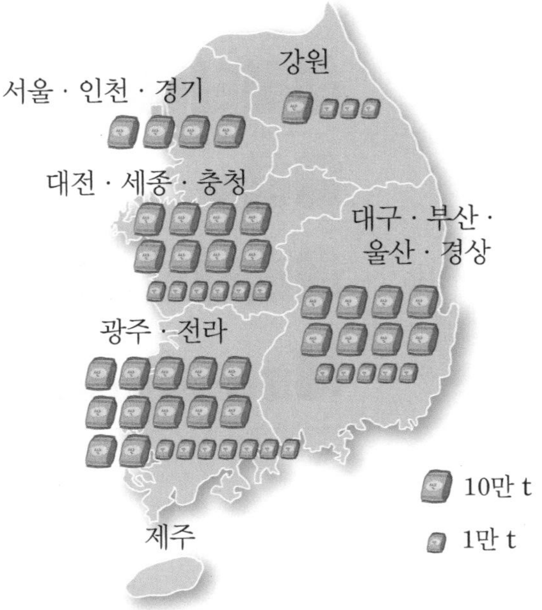

1 큰 그림과 작은 그림은 각각 쌀 몇 t을 나타냅니까?

큰 그림 (　　　　　　　　)

작은 그림 (　　　　　　　　)

2 쌀 생산량이 가장 많은 권역은 어디입니까?

(　　　　　　　　)

3 서울·인천·경기 권역의 쌀 생산량은 몇 t입니까?

(　　　　　　　　)

개념 따라쓰기

그림그래프 알아보기

마을별 배 생산량

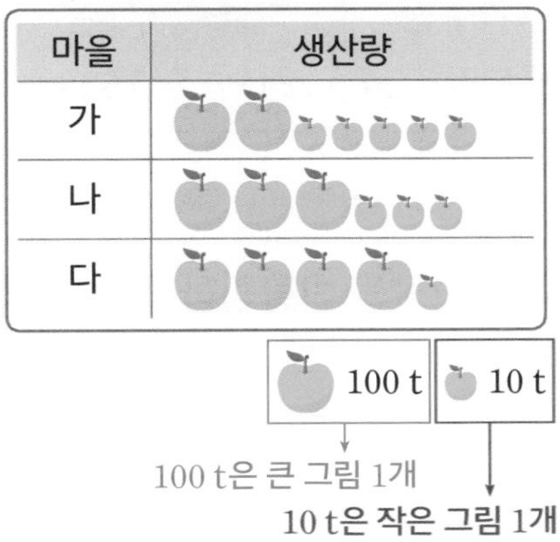

그림그래프는 조사한 수를 그림으로 나타낸 그래프입니다.

그림그래프의 특징

마을별 배 생산량

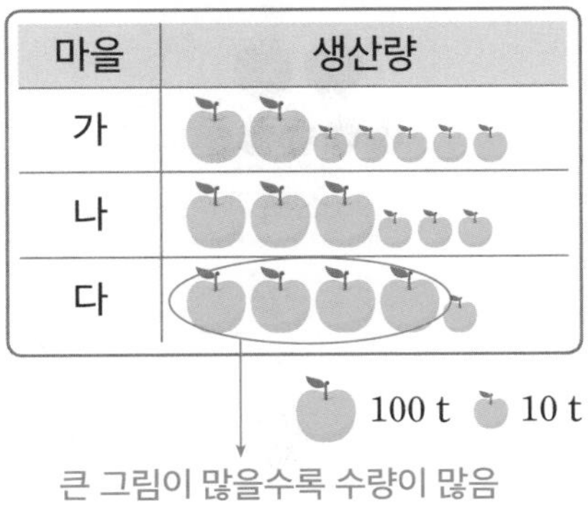

그림그래프에서는 그림의 크기로 수량의 많고 적음을 알 수 있습니다.

[1~3] 과수원별 사과 생산량을 조사한 표입니다. 물음에 답하세요.

과수원별 사과 생산량

과수원	하늘	햇살	초록	싱싱
생산량(kg)	2487	1628	3275	2741

1 50쪽 이해

사과 생산량을 반올림하여 백의 자리까지 나타내어 보세요.

과수원별 사과 생산량

과수원	하늘	햇살	초록	싱싱
생산량(kg)				

2 50쪽 이해

1번의 표를 보고 그림그래프를 완성하세요.

과수원별 사과 생산량

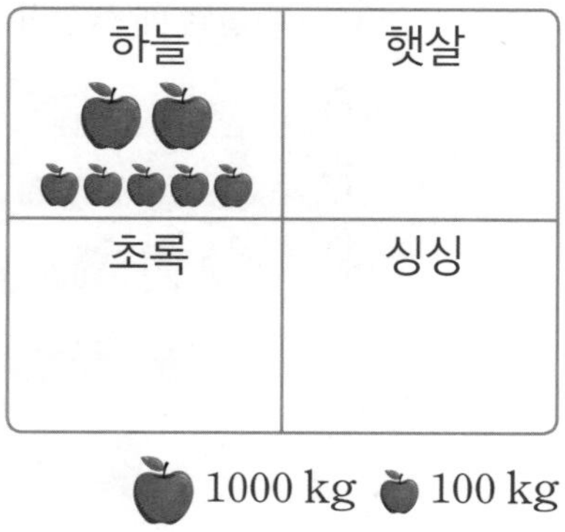

3 적용

사과 생산량이 두 번째로 많은 과수원은 어디입니까?

( )

[4~6] 목장별 우유 생산량을 나타낸 그림그래프입니다. 물음에 답하세요.

목장별 우유 생산량

4 이해

과 은 각각 몇 kg을 나타냅니까?

 ( )

 ( )

5 50쪽 적용

우유 생산량이 가장 많은 목장과 가장 적은 목장은 각각 어디입니까?

가장 많은 목장 ( )
가장 적은 목장 ( )

6 50쪽 적용

우유 생산량이 나 목장의 2배인 목장은 어디입니까?

( )

7 (51쪽) 문제 해결

어느 지역의 도서관별 동화책 수를 조사하여 나타낸 그림그래프입니다. 라 도서관의 동화책 수는 다 도서관의 동화책 수의 2배일 때 그림그래프를 완성하세요.

도서관별 동화책 수

8 (51쪽) 적용

지역별 편의점 수를 조사하여 나타낸 그래프입니다. 편의점 수가 가장 많은 지역과 가장 적은 지역의 편의점 수의 차를 구하세요.

지역별 편의점 수

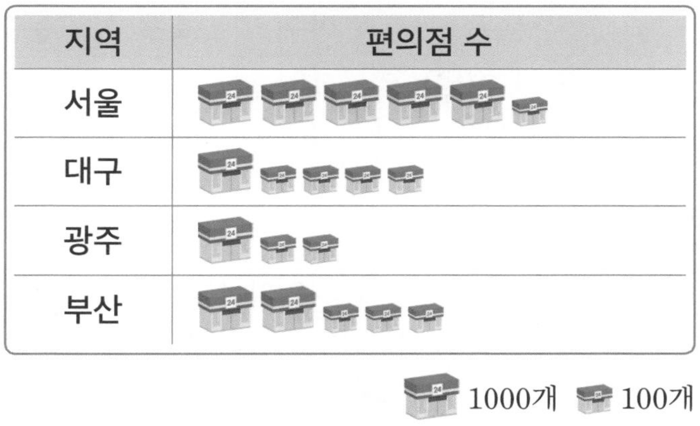

(　　　　　　)

+9 (51쪽) 수학적 독해력

어느 지역의 마을별 초등학생 수를 조사하여 나타낸 그림그래프입니다. 네 마을의 초등학생 수가 930명일 때 라 마을의 초등학생 수는 몇 명입니까?

마을별 초등학생 수

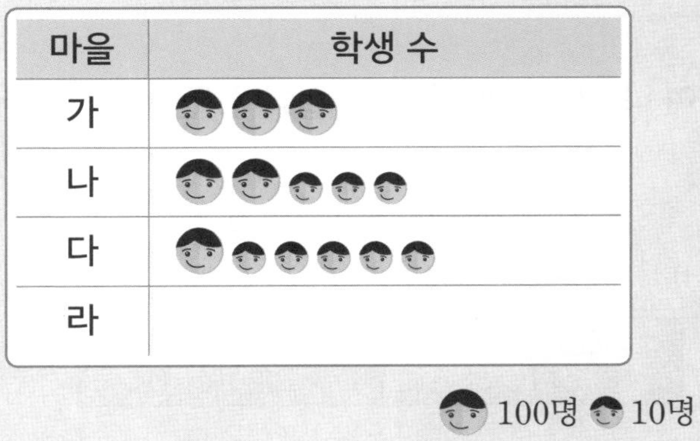

(　　　　　　)

+10 (51쪽) 수학적 표현력

9번에서 가 마을의 초등학생 수는 다 마을의 초등학생 수의 몇 배인지 풀이 과정을 쓰고, 답을 구하세요.

[풀이] ____________________

____

____

[답] ____________________

오늘 공부 어땠나요?

10개 중 맞힌 문제 ☐ 개

틀린 문제는 힌트를 보고 다시 도전해 보세요.

맞힌 문제는 힌트를 보고 자신의 생각과 비교해 보세요.

26일 띠그래프 알아보기

❶ 띠그래프 알아보기

전체에 대한 각 부분의 비율을 띠 모양에 나타낸 그래프를 **띠그래프**라고 합니다.

좋아하는 운동별 학생 수

운동	야구	축구	농구	배구	합계
학생 수(명)	16	10	8	6	40
백분율(%)	40	25	20	15	100

$\frac{6}{40}\times 100(\%)$

↓

좋아하는 운동별 학생 수

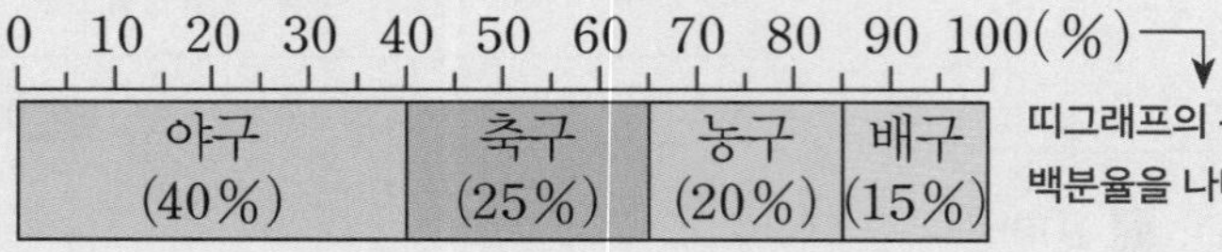

띠그래프의 눈금은 백분율을 나타냅니다.

◐ **비율과 백분율**

$(\text{비율})=\frac{(\text{비교하는 양})}{(\text{기준량})}$

(백분율)

$=\frac{(\text{비교하는 양})}{(\text{기준량})}\times 100(\%)$

◐ 백분율의 합계는 항상 100 %입니다.

◐ 띠의 길이가 길수록 비율이 높습니다.

개념+ 띠그래프의 특징

- 전체에 대한 각 부분의 비율을 한눈에 알아보기 쉽습니다.
  - 예 축구를 좋아하는 학생은 전체의 25 %입니다.
- 각 항목끼리의 비율을 쉽게 비교할 수 있습니다.
  - 예 야구를 좋아하는 학생이 가장 많고 배구를 좋아하는 학생이 가장 적습니다.

확인 1 슬기네 반 학생들이 좋아하는 과일을 조사하여 나타낸 표와 띠그래프입니다. □ 안에 알맞게 써넣으세요.

좋아하는 과일별 학생 수

과일	딸기	사과	귤	기타	합계
학생 수(명)	7	6	4	3	20
백분율(%)	35	30	20	15	100

→ 좋아하는 과일별 학생 수

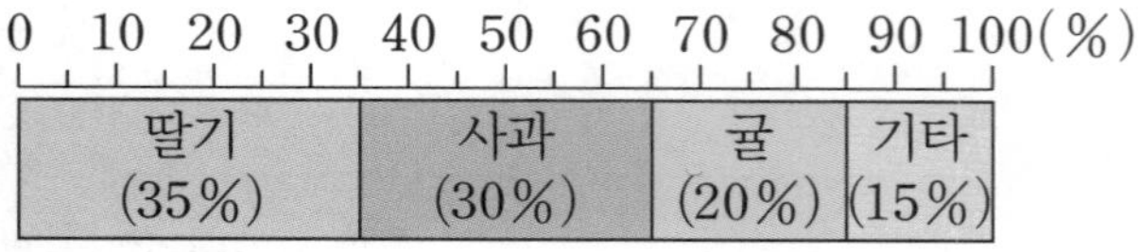

(1) 가장 많은 학생이 좋아하는 과일은 □입니다.

(2) 사과를 좋아하는 학생은 전체의 □ %입니다.

(3) 띠그래프에서 띠 전체는 □ %입니다.

» 정답 · 풀이 35쪽

1 □ 안에 알맞은 말을 써넣으세요.

> 전체에 대한 각 부분의 비율을 띠 모양에 나타낸 그래프를 □라고 합니다.

2 재희네 학교 6학년 학생들이 좋아하는 색깔을 조사하여 나타낸 표입니다. 물음에 답하세요.

좋아하는 색깔별 학생 수

색깔	빨강	파랑	초록	기타	합계
학생 수(명)	60	70	30	40	200
백분율(%)	30			20	100

(1) 색깔별로 백분율을 구하려고 합니다. □ 안에 알맞은 수를 써넣으세요.

파랑: $\frac{70}{200} \times 100 = \square (\%)$

초록: $\frac{30}{200} \times 100 = \square (\%)$

(2) 띠그래프의 □ 안에 알맞은 수를 써넣으세요.

좋아하는 색깔별 학생 수

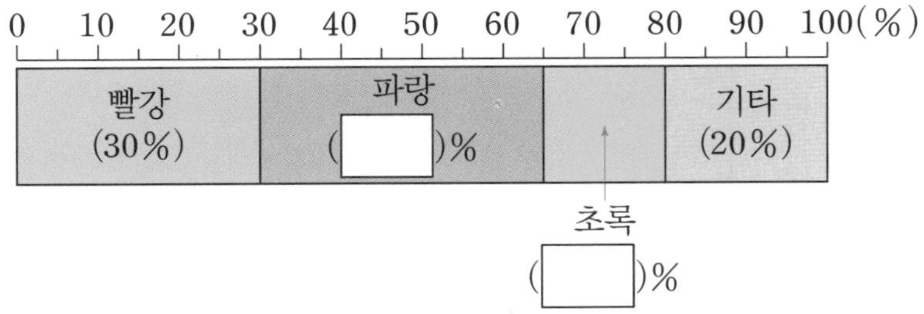

개념 따라쓰기

띠그래프 알아보기

좋아하는 운동별 학생 수

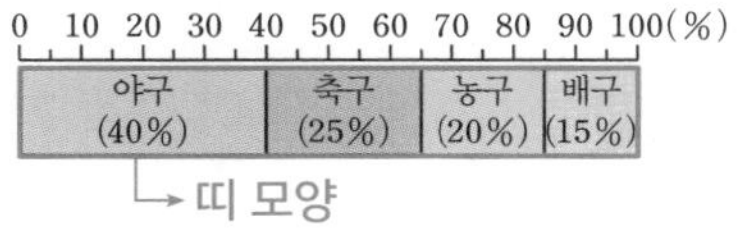

띠그래프는 전체에 대한 각 부분의 비율을 띠 모양에 나타낸 그래프입니다.

띠그래프의 특징

좋아하는 운동별 학생 수

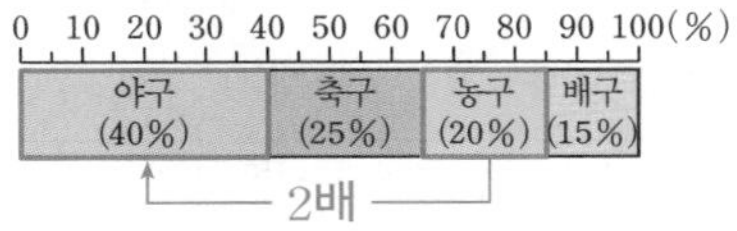

띠그래프는 각 항목끼리의 비율을 쉽게 비교할 수 있습니다.

5 단원

[1~3] 영민이네 학교 6학년 학생들이 태어난 계절을 조사하여 나타낸 표입니다. 물음에 답하세요.

태어난 계절별 학생 수

계절	봄	여름	가을	겨울	합계
학생 수(명)	60	72	84	24	240
백분율(%)	25				100

1 52쪽 이해

조사한 결과를 보고 표를 완성하세요.

2 52쪽 이해

표를 보고 띠그래프의 □ 안에 알맞은 수를 써넣으세요.

태어난 계절별 학생 수

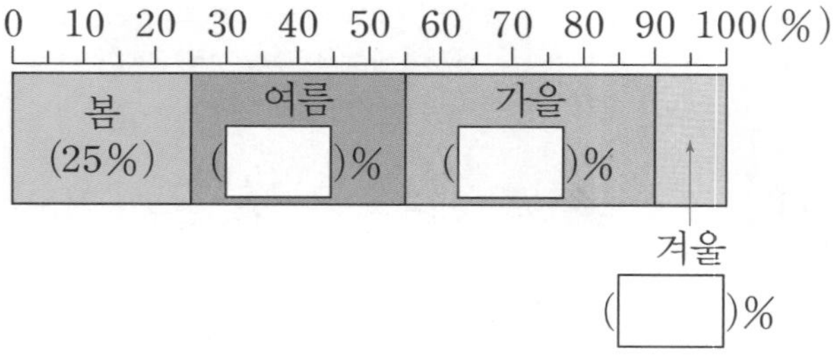

3 52쪽 적용

가장 많은 학생들이 태어난 계절은 언제입니까?

( )

[4~6] 지혜네 학교 학생들이 가고 싶은 체험 학습 장소를 조사하여 나타낸 표와 띠그래프입니다. 물음에 답하세요.

체험 학습 장소별 학생 수

장소	놀이 공원	직업 체험관	과학관	미술관	기타	합계
학생 수(명)	144	120	64	40	32	
백분율(%)	36	30	16	10	8	100

체험 학습 장소별 학생 수

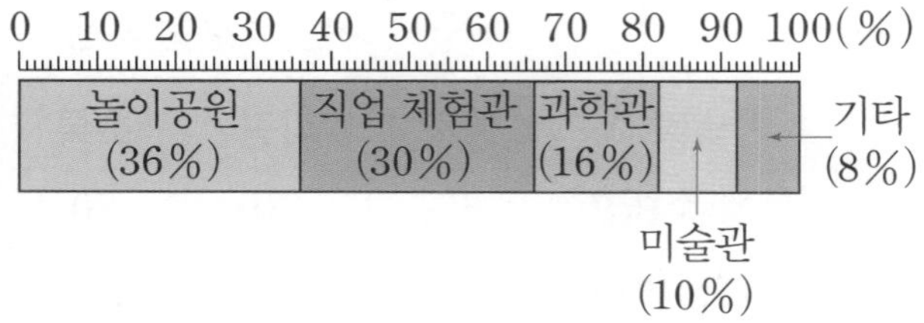

4 52쪽 계산

지혜네 학교 학생은 모두 몇 명입니까?

( )

5 적용

두 번째로 많은 학생들이 가고 싶은 체험 학습 장소는 어디입니까?

( )

6 적용

직업 체험관에 가고 싶은 학생 수는 미술관에 가고 싶은 학생 수의 몇 배입니까?

( )

[7~8] 윤하가 한 달에 쓴 용돈의 쓰임새를 나타낸 띠그래프입니다. 물음에 답하세요.

용돈의 쓰임새별 금액

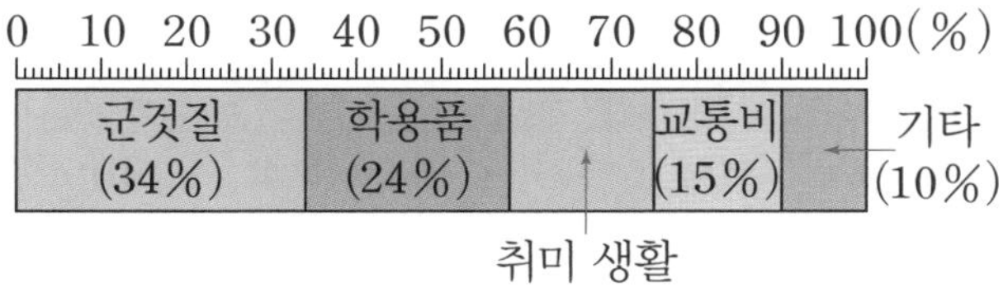

7 53쪽 문제 해결

취미 생활에 쓴 금액은 전체 용돈의 몇 %입니까?

( )

8 53쪽 추론

전체 용돈의 $\frac{6}{25}$만큼 사용한 쓰임새는 무엇입니까?

( )

+9 53쪽 수학적 독해력

슬기네 학교 학생들의 일주일 동안의 독서 시간을 조사하여 나타낸 띠그래프입니다. 5시간 미만인 학생이 120명이라면 15시간 이상인 학생은 몇 명입니까?

독서 시간별 학생 수

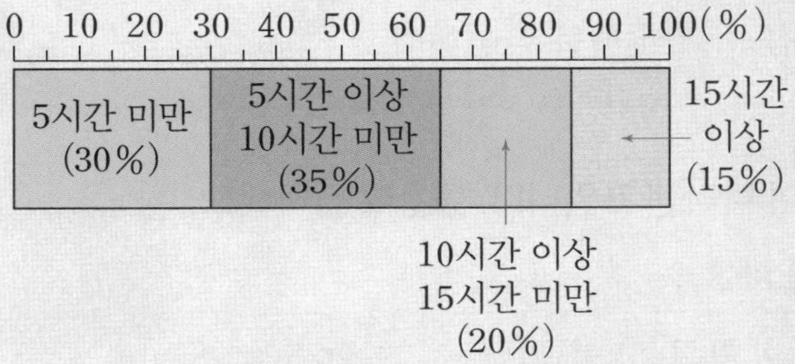

( )

+10 53쪽 수학적 표현력

준수네 반 학생들이 좋아하는 TV 프로그램을 조사하여 나타낸 띠그래프입니다. 예능을 좋아하는 학생 수는 스포츠를 좋아하는 학생 수의 몇 배인지 풀이 과정을 쓰고, 답을 구하세요.

좋아하는 TV 프로그램별 학생 수

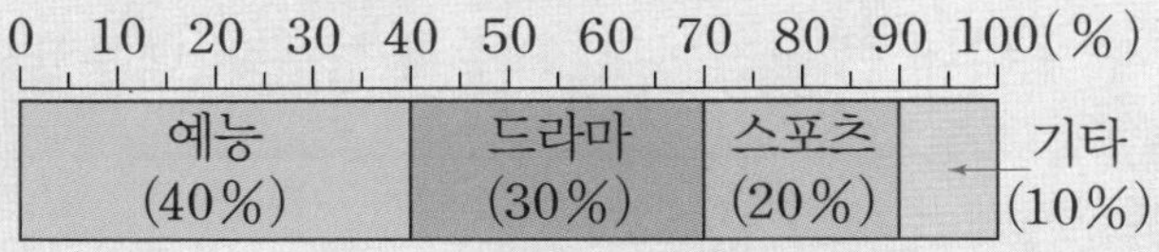

[풀이]

[답]

오늘 공부 어땠나요? 10개 중 맞힌 문제 □ 개 > 틀린 문제는 힌트를 보고 다시 도전해 보세요. > 맞힌 문제는 힌트를 보고 자신의 생각과 비교해 보세요.

27일 띠그래프로 나타내기

1 띠그래프로 나타내는 방법

① 자료를 보고 각 항목의 백분율을 구합니다.

② 각 항목의 백분율의 합계가 100 %가 되는지 확인합니다.

③ 각 항목이 차지하는 백분율의 크기만큼 선을 그어 띠를 나눕니다.

④ 나눈 부분에 각 항목의 내용과 백분율을 씁니다.

⑤ 띠그래프의 제목을 씁니다.

좋아하는 과일별 학생 수

과일	딸기	사과	포도	귤	기타	합계
학생 수(명)	12	10	8	6	4	40
백분율(%)	30	25	20	15	10	100

① $\frac{12}{40} \times 100(\%)$ ②

↓

좋아하는 과일별 학생 수 ← ⑤

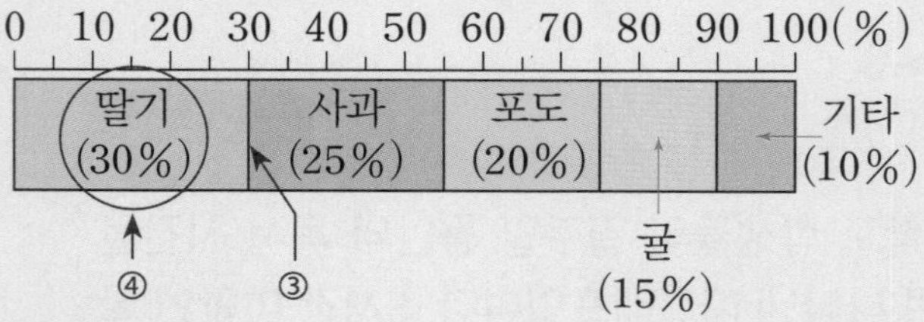

개념+ 띠그래프로 나타낼 때 주의할 점

- 띠그래프 안에 항목의 내용과 백분율을 함께 적는 것이 어려울 경우 화살표를 사용하여 그래프 밖에 내용과 백분율을 씁니다.
- 띠에 빈 공간이 없도록 각 항목의 백분율의 크기만큼 이어서 띠를 나눕니다.

확인 1 윤하네 반 학생들이 좋아하는 간식을 조사하여 나타낸 표입니다. 물음에 답하세요.

좋아하는 간식별 학생 수

간식	떡볶이	햄버거	치킨	기타	합계
학생 수(명)	8	5	4	3	20
백분율(%)	40	25	20	15	

(1) 백분율의 합계를 구해 표를 완성하세요.

(2) 표를 보고 띠그래프를 완성하세요.

좋아하는 간식별 학생 수

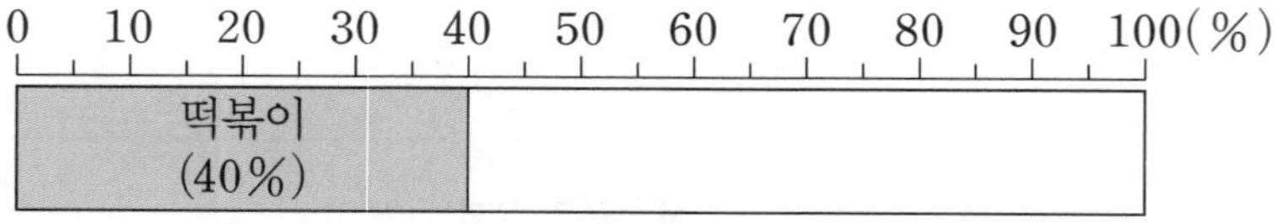

기본기 다지는 교과서 문제

» 정답 · 풀이 36쪽

[1~3] 승우네 학교 6학년 학생들의 취미를 조사하여 나타낸 표입니다. 물음에 답하세요.

취미별 학생 수

취미	온라인 게임	운동	독서	기타	합계
학생 수(명)	28	24	16	12	80
백분율(%)	35			15	

1 운동이 취미인 학생 수와 독서가 취미인 학생 수의 백분율을 각각 구하세요.

운동: $\frac{24}{80} \times 100 = \square (\%)$

독서: $\frac{16}{80} \times 100 = \square (\%)$

2 각 항목의 백분율을 모두 더하면 몇 %입니까?

(　　　　　　　)

3 표를 보고 띠그래프를 완성하세요.

취미별 학생 수

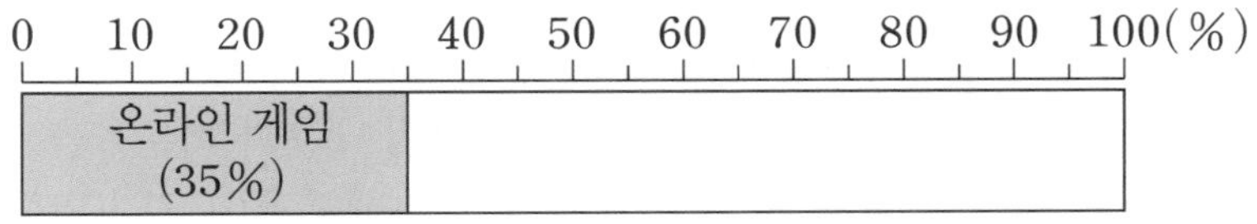

개념 따라쓰기

띠그래프로 나타내는 방법

① 각 항목의 백분율 구하기

↓

② 백분율의 합계가 100%가 되는지 확인하기

↓

③ 백분율의 크기만큼 띠 나누기

↓

④ 각 항목의 내용과 백분율 쓰기

↓

⑤ 띠그래프의 제목 쓰기

5 단원

스스로 풀어내는 도전 10 문제

막힐 땐 힌트북

[1~3] 슬기네 학교 학생들이 배우고 싶은 악기를 조사하여 나타낸 표입니다. 물음에 답하세요.

배우고 싶은 악기별 학생 수

악기	피아노	바이올린	첼로	기타	드럼	합계
학생 수 (명)	90	75	60	30	45	
백분율 (%)	30	25				

1 54쪽 이해

슬기네 학교 학생은 모두 몇 명입니까?

(　　　　　　)

2 54쪽 이해

배우고 싶은 악기별 학생 수의 백분율을 구하여 표를 완성하세요.

3 54쪽 적용

표를 보고 띠그래프를 완성하세요.

배우고 싶은 악기별 학생 수

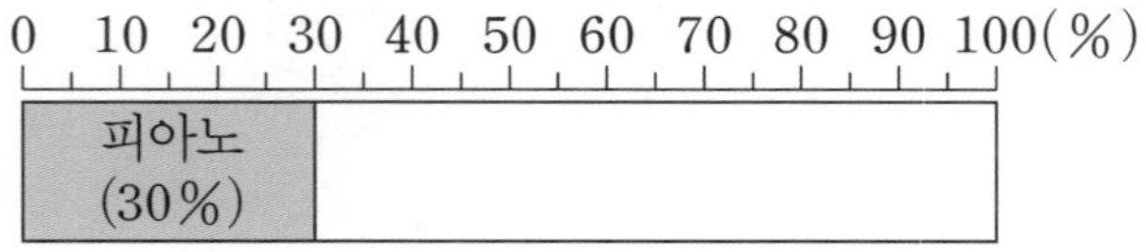

[4~5] 글을 읽고 물음에 답하세요.

> 로운이네 집에서 올해 수확한 곡물을 조사하였습니다. 쌀은 280 kg, 메밀은 120 kg, 콩은 60 kg, 팥은 40 kg입니다.

4 이해

표를 완성하세요.

곡물별 수확량

곡물	쌀	메밀	콩	팥	합계
수확량(kg)	280	120	60	40	500
백분율(%)					

5 54쪽 적용

표를 보고 띠그래프를 완성하세요.

곡물별 수확량

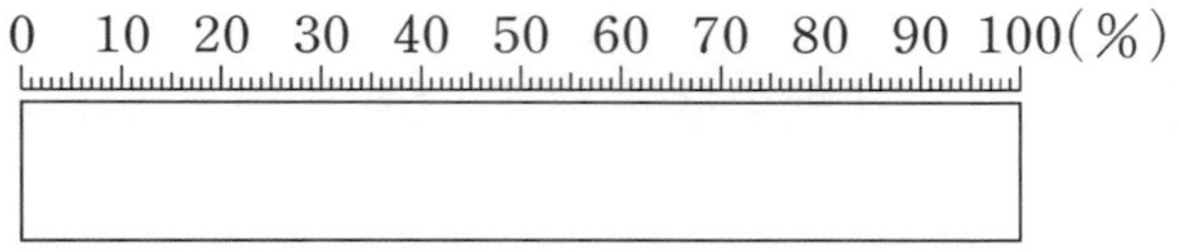

6 추론

띠그래프로 나타내는 순서에 맞게 기호를 쓰세요.

> ㉠ 띠그래프의 제목을 씁니다.
> ㉡ 각 항목의 백분율의 합계가 100%가 되는지 확인합니다.
> ㉢ 자료를 보고 각 항목의 백분율을 구합니다.
> ㉣ 나눈 부분에 각 항목의 내용과 백분율을 씁니다.
> ㉤ 각 항목이 차지하는 백분율의 크기만큼 선을 그어 띠를 나눕니다.

□ - □ - □ - □ - ㉠

» 정답 · 풀이 36쪽

7 55쪽 추론

〈보기〉를 읽고 표를 완성하세요.

〈보기〉
현수네 학교 학생 200명을 대상으로 좋아하는 반려동물을 조사했습니다. 개는 ☐명, 고양이는 60명, 햄스터는 20명, 기타는 30명입니다.

좋아하는 반려동물별 학생 수

반려동물	개	고양이	햄스터	기타	합계
학생 수(명)		60	20	30	200
백분율(%)					

8 55쪽 적용

7번 표를 보고 띠그래프로 나타내세요.

좋아하는 반려동물별 학생 수

0 10 20 30 40 50 60 70 80 90 100(%)

+9 55쪽 수학적 독해력

서연이네 학교 학생들이 받고 싶은 선물을 조사하여 나타낸 표입니다. 스마트폰을 받고 싶은 학생 수가 책을 받고 싶은 학생 수의 2배일 때 표를 완성하고 띠그래프로 나타내세요.

받고 싶은 선물별 학생 수

선물	노트북	학용품	스마트폰	책	기타	합계
백분율(%)	30	25			15	100

받고 싶은 선물별 학생 수

0 10 20 30 40 50 60 70 80 90 100(%)

+10 55쪽 수학적 표현력

민호네 학교 학생 300명을 대상으로 혈액형을 조사하여 나타낸 띠그래프입니다. 띠그래프를 보고 잘못 말한 사람은 누구인지 찾고, 그 이유를 쓰세요.

혈액형별 학생 수

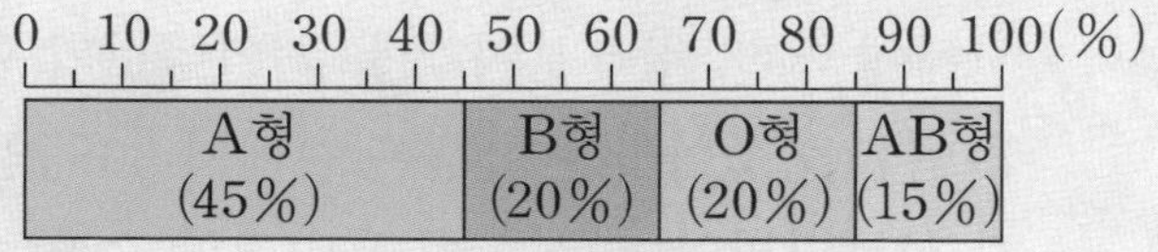

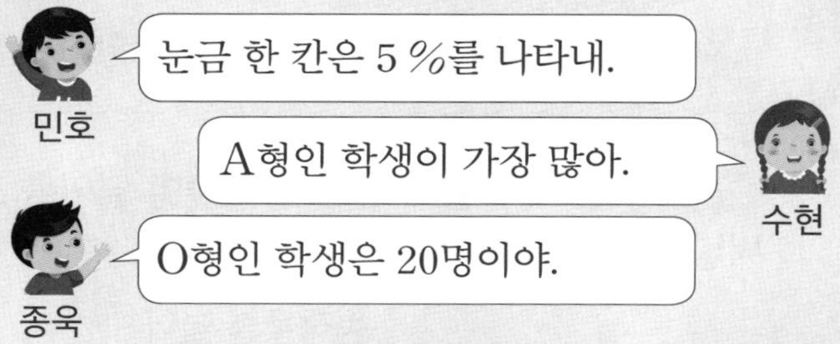

〔잘못 말한 사람〕 ____________________

〔이유〕 ____________________

오늘 공부 어땠나요? 10개 중 맞힌 문제 ☐개 > **틀린 문제**는 힌트를 보고 다시 도전해 보세요. > **맞힌 문제**는 힌트를 보고 자신의 생각과 비교해 보세요.

28일 원그래프 알아보기

① 원그래프 알아보기

전체에 대한 각 부분의 비율을 원 모양에 나타낸 그래프를 **원그래프**라고 합니다.

좋아하는 계절별 학생 수

계절	봄	여름	가을	겨울	합계
학생 수(명)	12	9	6	3	30
백분율(%)	40	30	20	10	100

↓

좋아하는 계절별 학생 수

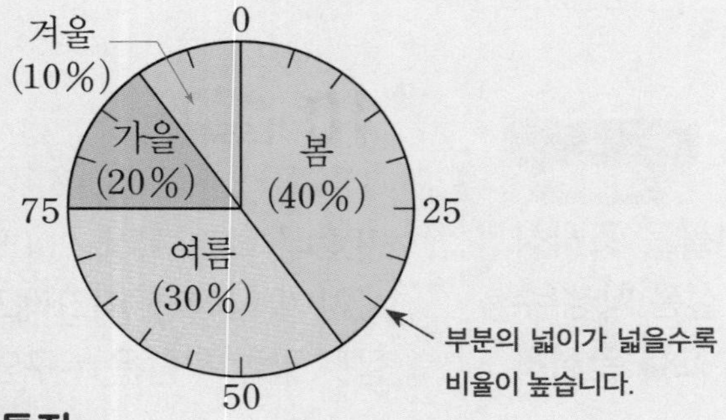

개념+ 원그래프의 특징

- 전체에 대한 각 부분의 비율을 알아보기 쉽습니다.
  예 여름을 좋아하는 학생은 전체의 30%입니다.
- 각 항목끼리의 비율을 쉽게 비교할 수 있습니다.
  예 봄을 좋아하는 학생은 가을을 좋아하는 학생의 2배입니다.

원그래프와 띠그래프의 공통점
- 둘 다 비율 그래프입니다.
- 전체를 100 %로 하여 전체에 대한 각 부분의 비율을 알기 편합니다.

원그래프와 띠그래프의 차이점
- 띠그래프: 가로를 100등분하여 띠 모양으로 그린 그래프
- 원그래프: 원의 중심을 따라 각을 100등분하여 원 모양으로 그린 그래프

확인 1 윤하네 밭에 심은 농작물별 넓이를 조사하여 나타낸 표와 원그래프입니다. □ 안에 알맞게 써넣으세요.

농작물별 넓이

농작물	배추	무	감자	기타	합계
넓이(m^2)	168	104	60	68	400
백분율(%)	42	26		17	100

→ 농작물별 넓이

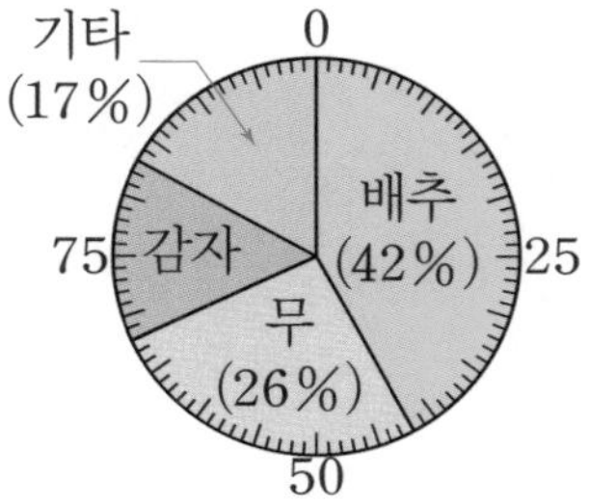

(1) 가장 넓은 밭에 심은 농작물은 □ 입니다.

(2) 감자를 심은 넓이는 전체의 □ %입니다.

(3) 각 항목의 백분율의 합계는 □ %입니다.

» 정답 · 풀이 37쪽

기본기 다지는 교과서 문제

1 □ 안에 알맞은 말을 써넣으세요.

> 전체에 대한 각 부분의 비율을 원 모양에 나타낸 그래프를 □라고 합니다.

2 지훈이네 학교 6학년 학생들이 하루에 게임을 얼마나 하는지 조사하여 나타낸 표입니다. 물음에 답하세요.

게임 시간별 학생 수

시간	2시간 이상	1시간 이상 2시간 미만	30분 이상 1시간 미만	30분 미만	합계
학생 수 (명)	35	49	28	28	140
백분율 (%)	25			20	100

(1) 게임 시간별로 백분율을 구하려고 합니다. □ 안에 알맞은 수를 써넣으세요.

1시간 이상 2시간 미만: $\frac{49}{140} \times 100 = \square (\%)$

30분 이상 1시간 미만: $\frac{28}{140} \times 100 = \square (\%)$

(2) 원그래프의 □ 안에 알맞은 수를 써넣으세요.

게임 시간별 학생 수

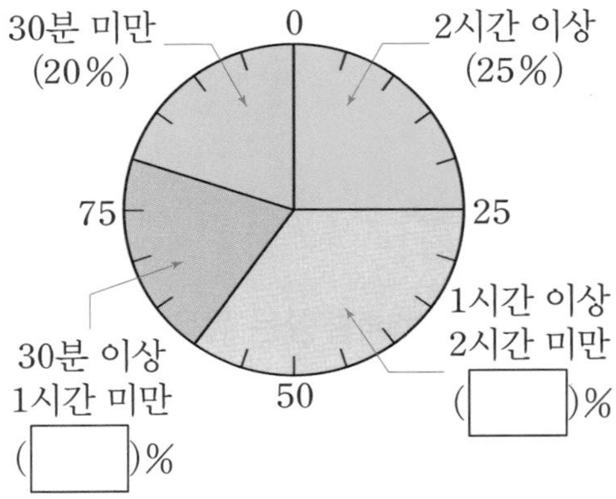

개념 따라쓰기

원그래프 알아보기

좋아하는 계절별 학생 수

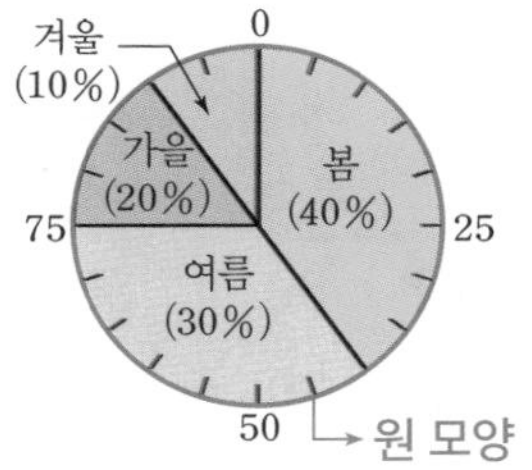

원그래프는 전체에 대한 각 부분의 비율을 원 모양에 나타낸 그래프입니다.

원그래프의 특징

좋아하는 계절별 학생 수

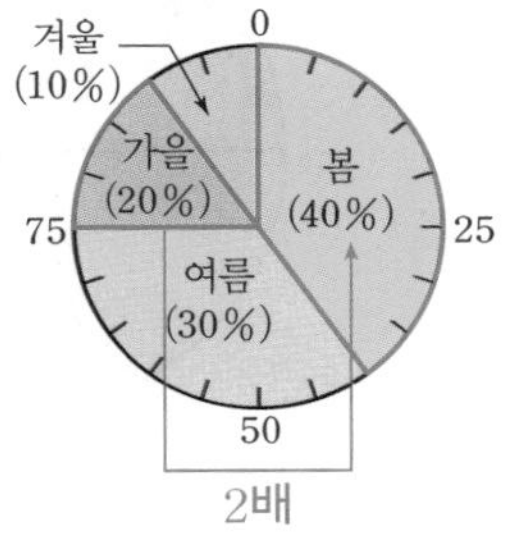

원그래프는 각 항목끼리의 비율을 쉽게 비교할 수 있습니다.

5단원

[1~3] 민준이네 학교에서 6학년 학생들이 여름 방학 때 가고 싶은 장소를 조사하여 나타낸 표입니다. 물음에 답하세요.

여름 방학 때 가고 싶은 장소별 학생 수

장소	해수욕장	놀이공원	박물관	기타	합계
학생 수(명)	60	50	40	50	200
백분율(%)	30	25			100

1 이해

표를 완성하세요.

2 56쪽 이해

표를 보고 원그래프의 □ 안에 알맞은 수를 써넣으세요.

여름 방학 때 가고 싶은 장소별 학생 수

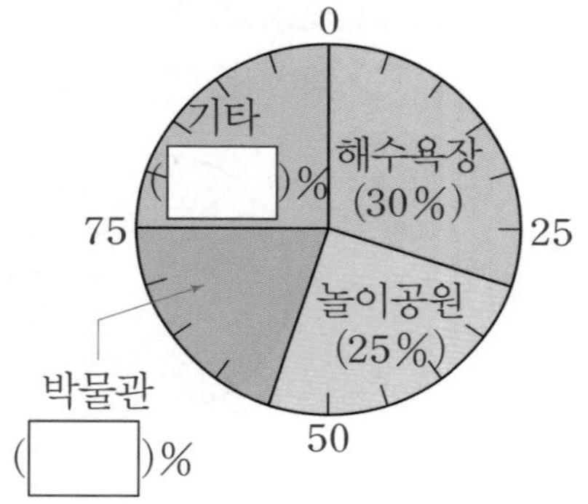

3 56쪽 적용

전체 학생 수에 대한 가고 싶은 장소별 학생 수의 비율이 기타 항목과 같은 장소는 어디입니까?

( )

[4~6] 세희네 아파트에서 일주일 동안 배출한 재활용품을 종류별로 조사하여 나타낸 표와 원그래프입니다. 물음에 답하세요.

재활용품 종류별 배출량

종류	종이류	플라스틱류	유리류	기타	합계
배출량(kg)	180	120	90	110	
백분율(%)	36	24	18	22	100

재활용품 종류별 배출량

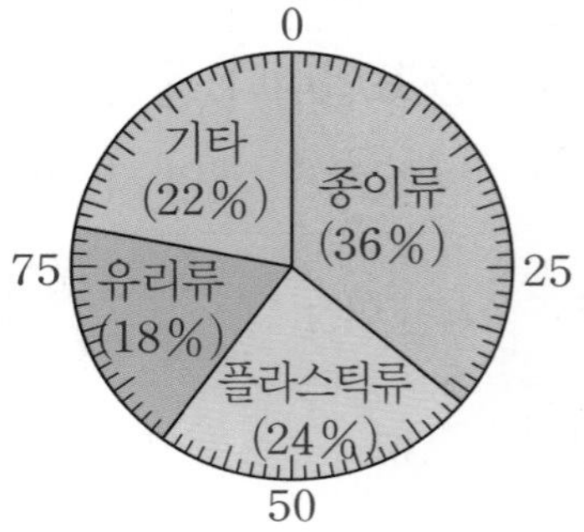

4 56쪽 이해

세희네 아파트에서 일주일 동안 배출한 재활용품은 모두 몇 kg입니까?

( )

5 적용

가장 많이 배출한 재활용품의 종류는 무엇입니까?

( )

6 56쪽 적용

종이류의 배출량은 유리류의 배출량의 몇 배입니까?

( )

» 정답 · 풀이 37쪽

[7~8] 승재가 가지고 있는 종류별 책의 수를 조사하여 나타낸 그래프입니다. 물음에 답하세요.

종류별 책의 수

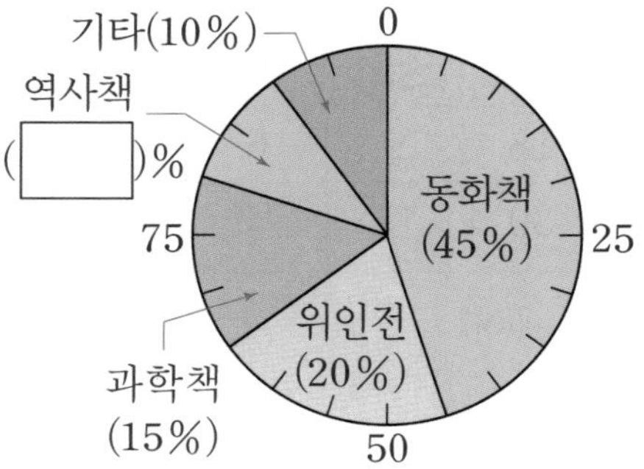

7 57쪽 적용

역사책은 전체의 몇 %입니까?

( )

8 57쪽 창의 융합

과학책의 3배만큼 가지고 있는 책의 종류는 무엇입니까?

( )

+9 57쪽 수학적 독해력

어느 주스 가게에서 일주일 동안 팔린 주스의 종류별 판매량을 조사하여 나타낸 원그래프입니다. 원그래프를 보고 잘못 말한 사람은 누구입니까?

주스 종류별 판매량

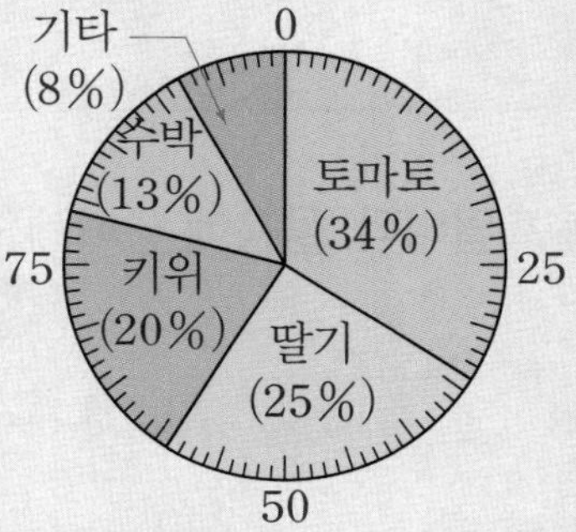

지혜: 각 항목의 백분율의 합계는 100 %야.
민호: 딸기 주스의 판매량은 수박 주스의 판매량의 약 2배야.
서연: 항목의 넓이가 가장 좁은 수박 주스의 판매량이 가장 적어.

( )

+10 57쪽 수학적 표현력

슬기네 반 학생들이 좋아하는 과일을 나타낸 그래프입니다. 원그래프와 띠그래프의 공통점을 쓰세요.

좋아하는 과일별 학생 수

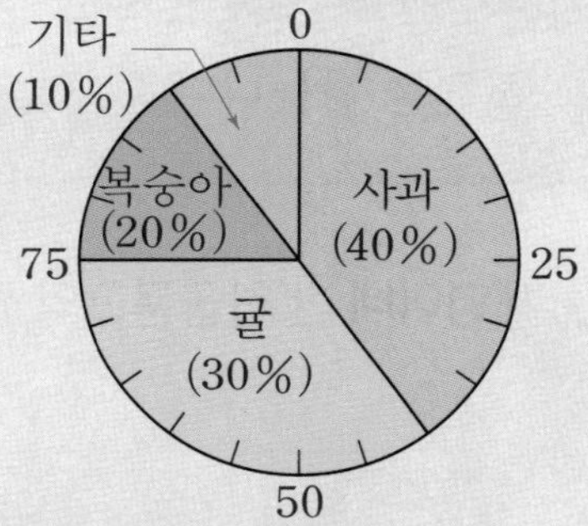

좋아하는 과일별 학생 수

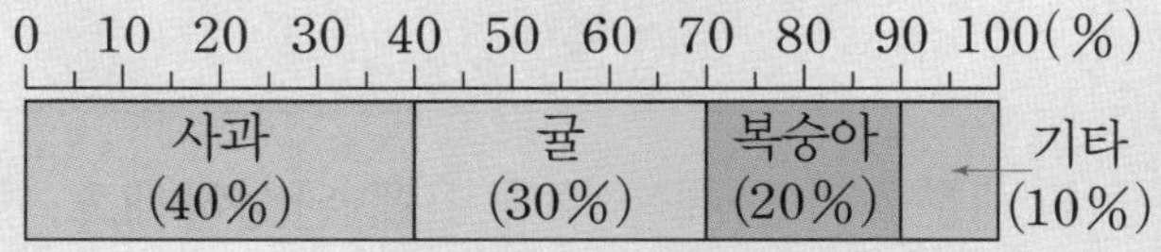

[공통점] ____________________

____

오늘 공부 어땠나요? 10개 중 맞힌 문제 [ ] 개 > 틀린 문제는 힌트를 보고 다시 도전해 보세요. > 맞힌 문제는 힌트를 보고 자신의 생각과 비교해 보세요.

29일 원그래프로 나타내기

❶ 원그래프로 나타내는 방법

① 자료를 보고 각 항목의 백분율을 구합니다.

② 각 항목의 백분율의 합계가 100 %가 되는지 확인합니다.

③ 각 항목이 차지하는 백분율의 크기만큼 선을 그어 원을 나눕니다.

④ 나눈 부분에 각 항목의 내용과 백분율을 씁니다.

⑤ 원그래프의 제목을 씁니다.

좋아하는 과목별 학생 수

과목	수학	국어	영어	과학	기타	합계
학생 수(명)	21	18	9	6	6	60
백분율(%)	35	30	15	10	10	100

① $\frac{21}{60} \times 100(\%)$ ②

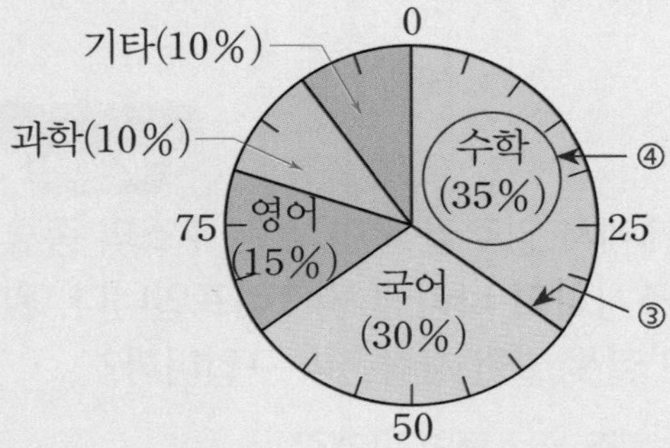

개념+ 원그래프로 나타낼 때 주의할 점

- 원의 중심에서 원그래프에 그려진 눈금까지 선으로 이어서 원을 나눕니다.
- 0을 기준으로 하여 표의 항목 순서대로 시계 방향으로 원을 나눕니다.

확인 1 세영이네 반 학급문고의 종류별 책 수를 조사하여 나타낸 표입니다. 물음에 답하세요.

종류별 책 수

종류	과학	문학	역사	기타	합계
책 수(권)	84	72	36	48	240
백분율(%)	35	30	15	20	

(1) 백분율의 합계를 구해 표를 완성하세요.

(2) 표를 보고 원그래프를 완성하세요.

종류별 책 수

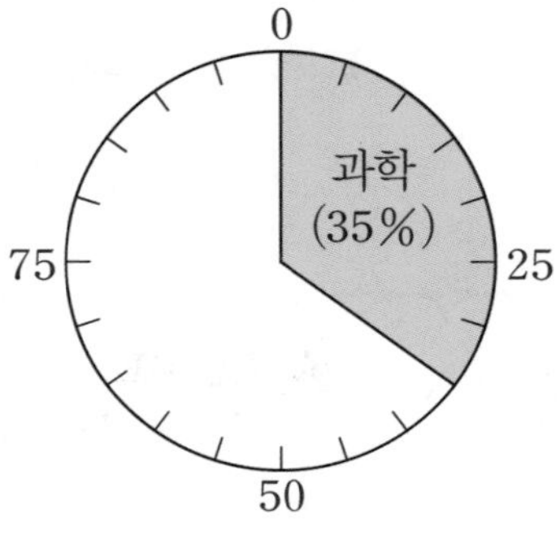

기본기 다지는 교과서 문제

» 정답 · 풀이 38쪽

[1~3] 지호가 가지고 있는 구슬의 색깔을 조사하여 나타낸 표입니다. 물음에 답하세요.

색깔별 구슬 수

색깔	빨강	파랑	노랑	초록	기타	합계
구슬 수(개)	24	20	16	12	8	80
백분율(%)	30	25			10	

1 전체 구슬 수에 대한 노랑색 구슬 수와 초록색 구슬 수의 백분율을 각각 구하세요.

노랑: $\frac{16}{80} \times 100 = \square (\%)$

초록: $\frac{12}{80} \times 100 = \square (\%)$

2 각 항목의 백분율을 모두 더하면 몇 %입니까?

(　　　　　　　　)

3 표를 보고 원그래프를 완성하세요.

색깔별 구슬 수

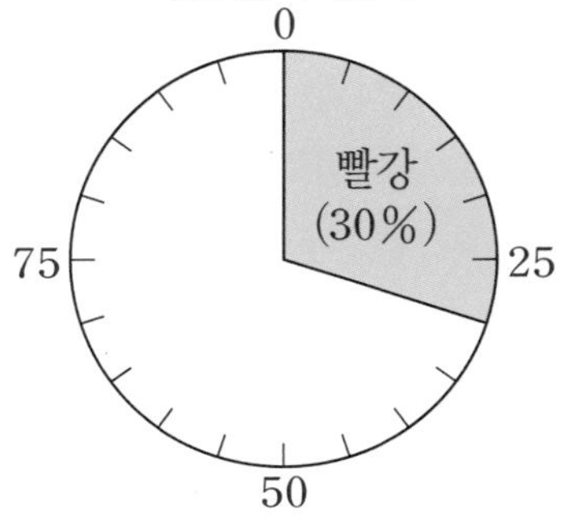

개념 따라쓰기

원그래프로 나타내는 방법

① 각 항목의 백분율 구하기
↓
② 백분율의 합계가 100%가 되는지 확인하기
↓
③ 백분율의 크기만큼 원 나누기
↓
④ 각 항목의 내용과 백분율 쓰기
↓
⑤ 원그래프의 제목 쓰기

원그래프로 나타낼 때 주의할 점

좋아하는 과목별 학생 수

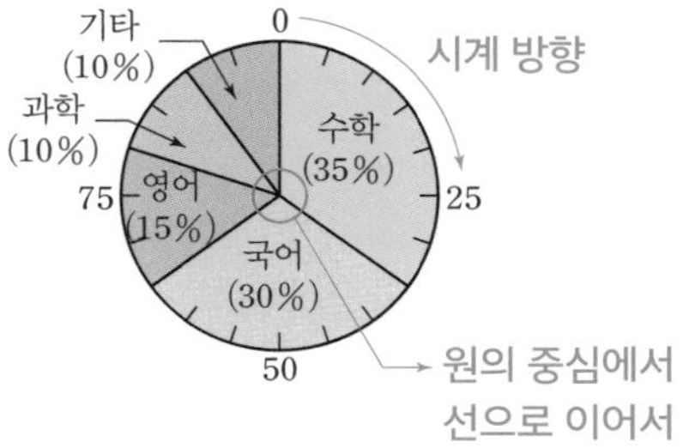

① 원의 중심에서 선으로 이어서 원을 나눕니다.

② 0을 기준으로 시계 방향으로 원을 나눕니다.

5 단원

스스로 풀어내는 도전 10 문제

막힐 땐 힌트북

[1~3] 은수네 학교 6학년 학생들이 수학여행으로 가고 싶은 지역을 조사하여 나타낸 표입니다. 물음에 답하세요.

수학여행 지역별 학생 수

지역	제주	강원도	서울	기타	합계
학생 수(명)	81	45	18	36	
백분율(%)	45	25			

1

58쪽

이해

은수네 학교 6학년 학생은 모두 몇 명입니까?

(　　　　　　　)

2

58쪽

이해

수학여행 지역별 학생 수의 백분율을 구하여 표를 완성하세요.

3

58쪽

적용

표를 보고 원그래프를 완성하세요.

수학여행 지역별 학생 수

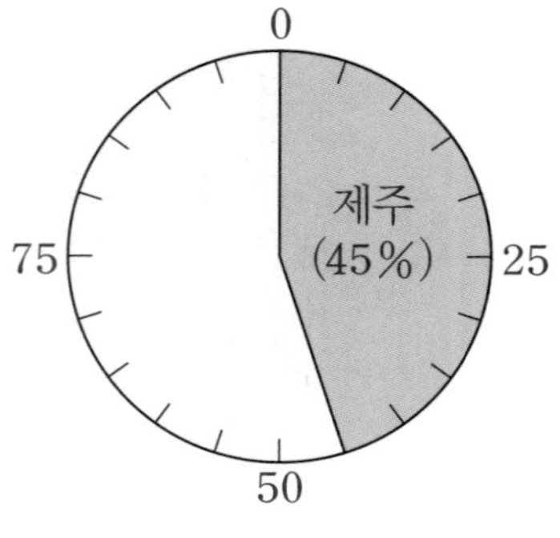

[4~6] 지유네 가족의 한 달 생활비의 쓰임새별 금액을 조사하여 나타낸 표입니다. 물음에 답하세요.

생활비의 쓰임새별 금액

쓰임새	식품비	공과금	저축	교육비	기타	합계
금액 (만 원)	96	78	48	42	36	
백분율 (%)	32	26				

4

이해

지유네 가족의 한 달 생활비는 얼마입니까?

(　　　　　　　)

5

이해

표를 완성하세요.

6

58쪽

적용

표를 보고 원그래프를 완성하세요.

생활비의 쓰임새별 금액

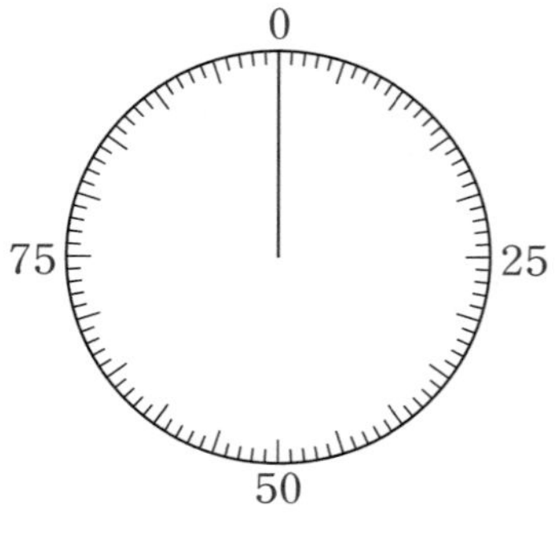

» 정답 · 풀이 39쪽

[7~8] 다음 글을 읽고 물음에 답하세요.

민수네 학교 학생 300명을 대상으로 좋아하는 계절을 조사하였습니다. 봄은 120명, 여름은 60명이고, 가을은 겨울보다 60명 더 많습니다.

7 59쪽 추론

표를 완성하세요.

좋아하는 계절별 학생 수

계절	봄	여름	가을	겨울	합계
학생 수(명)	120	60			300
백분율(%)	40				

8 59쪽 적용

7번의 표를 보고 원그래프로 나타내세요.

좋아하는 계절별 학생 수

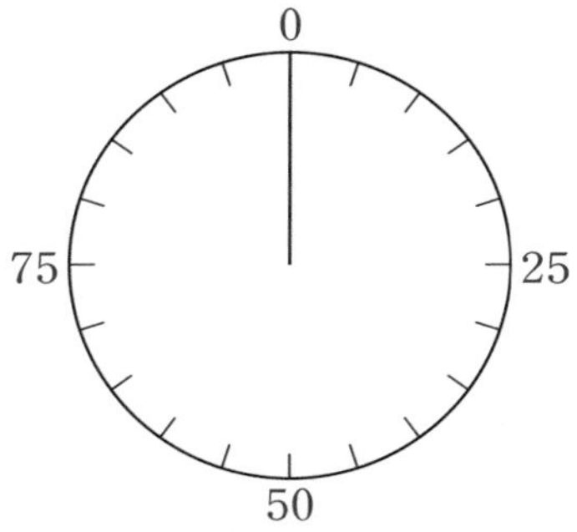

+9 59쪽 수학적 독해력

슬기네 학교 학생들이 여가 시간에 하는 활동을 조사하여 나타낸 원그래프입니다. 독서 또는 게임을 하는 학생이 150명이라면 조사한 전체 학생 수는 몇 명입니까?

여가 시간 활동별 학생 수

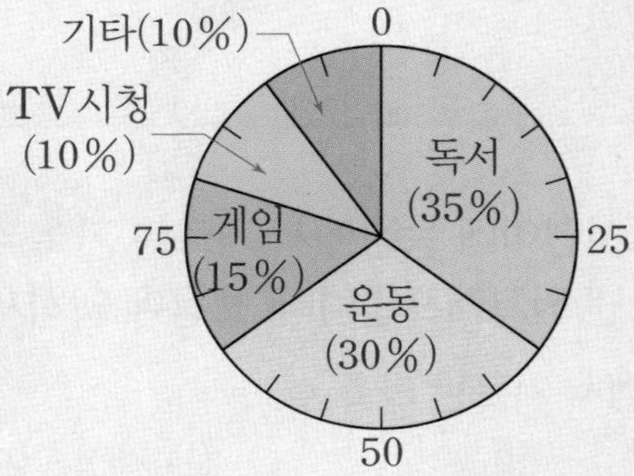

(　　　　　　　)

+10 59쪽 수학적 표현력

띠그래프를 보고 원그래프로 나타내세요.

장래 희망별 학생 수

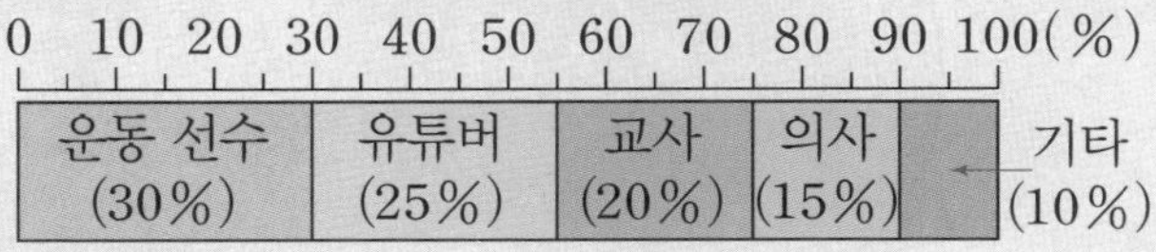

장래 희망별 학생 수

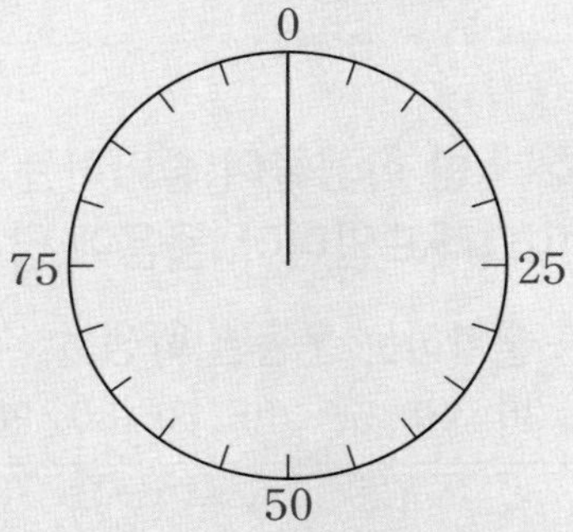

오늘 공부 어땠나요?　10개 중 맞힌 문제 [　] 개 > 틀린 문제는 힌트를 보고 다시 도전해 보세요. > 맞힌 문제는 힌트를 보고 자신의 생각과 비교해 보세요.

30일 그래프 해석하기

① 띠그래프 해석하기

어느 도시의 연령별 인구 구성비

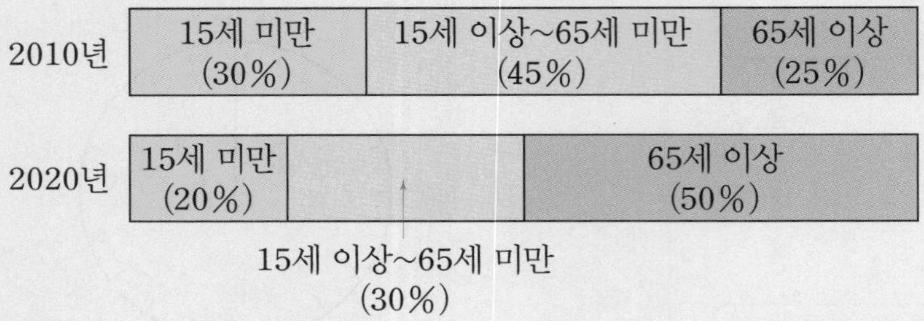

① 2010년에는 15세 이상~65세 미만 인구가 가장 많습니다.

② 2020년에는 65세 이상 인구가 가장 많습니다.

③ 65세 이상 인구는 2010년에 비해 2020년에 2배로 늘어났습니다.

◐ 띠그래프를 여러 개 사용하면 비율의 변화 상황을 알기 쉽게 나타낼 수 있습니다.

② 원그래프 해석하기

좋아하는 과일별 학생 수

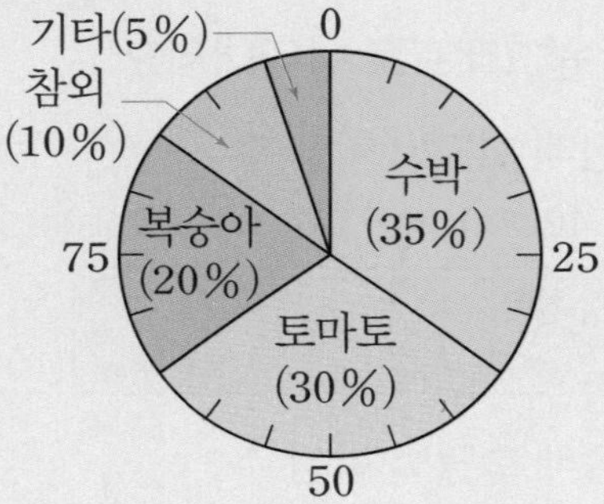

① 가장 많은 학생들이 좋아하는 과일은 수박입니다.

② 토마토를 좋아하는 학생 수는 참외를 좋아하는 학생 수의 3배입니다.
$30 \div 10 = 3$(배)

③ 복숭아 또는 참외를 좋아하는 학생 수는 전체의 30%입니다.
$20 + 10 = 30$(%)

◐ 띠그래프는 항목이 차지하는 부분의 길이가 길수록, 원그래프는 항목이 차지하는 부분의 넓이가 넓을수록 비율이 높습니다.

◐ (■ 또는 ●의 백분율) = (■의 백분율) + (●의 백분율)

확인 1 윤호네 반 학생들이 좋아하는 운동을 조사하여 나타낸 띠그래프입니다. 물음에 답하세요.

좋아하는 운동별 학생 수

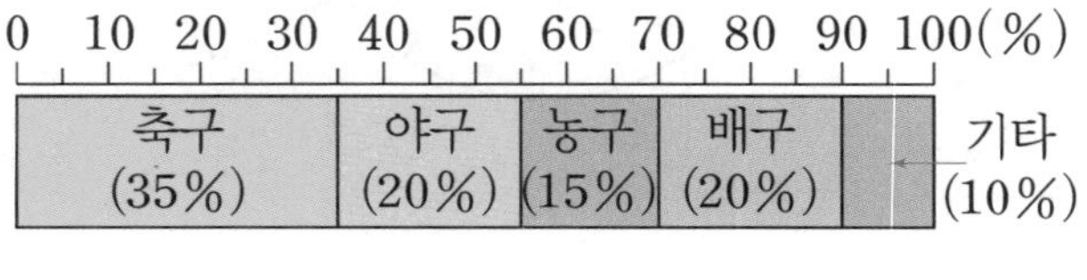

(1) 가장 많은 학생이 좋아하는 운동은 무엇입니까?
( )

(2) 야구를 좋아하는 학생 수와 비율이 같은 운동은 무엇입니까? ( )

확인 2 서연이네 농장에서 기르는 가축 수를 조사하여 나타낸 원그래프입니다. 물음에 답하세요.

농장에서 기르는 가축 수

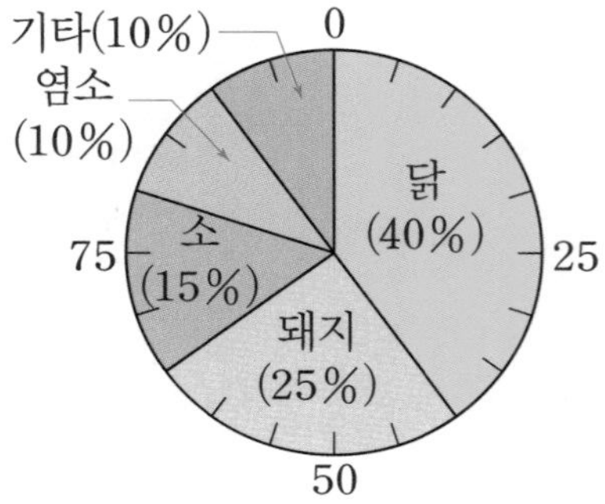

(1) 가장 많이 기르는 가축은 무엇입니까?
( )

(2) 농장에서 기르는 소 또는 돼지 수는 전체의 몇 %입니까?
□ + □ = □ (%)

기본기 다지는 교과서 문제

1 재영이네 반 학생들의 등교 방법을 조사하여 나타낸 띠그래프입니다. 물음에 답하세요.

등교 방법별 학생 수

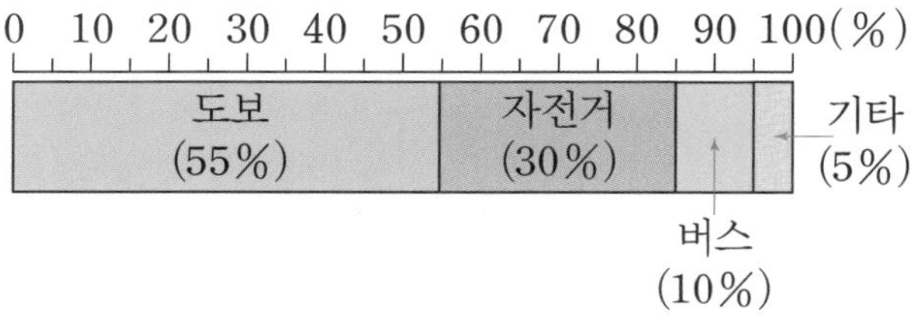

(1) 가장 많은 학생이 등교하는 방법은 무엇입니까?

( )

(2) 도보 또는 자전거로 등교하는 학생 수는 전체의 몇 %입니까?

( )

(3) 자전거로 등교하는 학생은 버스로 등교하는 학생의 몇 배입니까?

( )

2 준수네 학교 학생들이 가고 싶은 나라를 조사하여 나타낸 원그래프입니다. 물음에 답하세요.

가고 싶은 나라별 학생 수

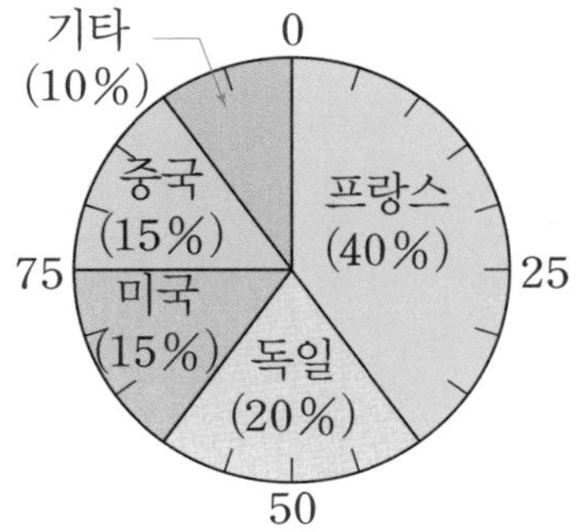

(1) 가장 많은 학생이 가고 싶은 나라는 어디입니까?

( )

(2) 미국에 가고 싶은 학생 수와 비율이 같은 나라는 어디입니까?

( )

(3) 프랑스에 가고 싶은 학생 수는 독일에 가고 싶은 학생 수의 몇 배입니까?

( )

개념 따라쓰기

띠그래프 해석하기

좋아하는 계절별 학생 수

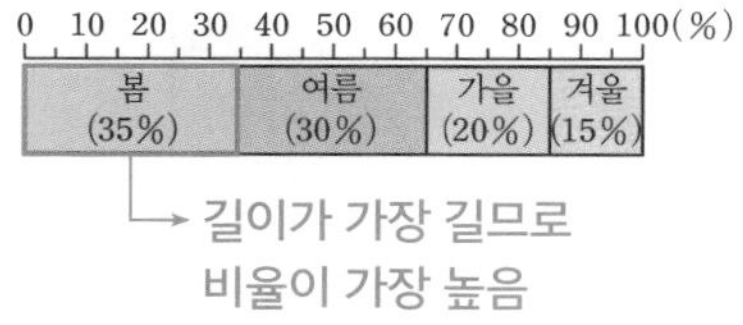

띠그래프는 항목이 차지하는 부분의 길이가 길수록 비율이 높습니다.

원그래프 해석하기

좋아하는 계절별 학생 수

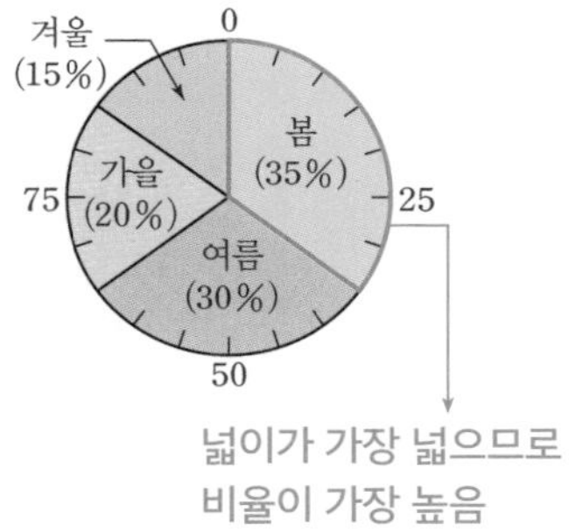

원그래프는 항목이 차지하는 부분의 넓이가 넓을수록 비율이 높습니다.

5 단원

스스로 풀어내는 도전 10 문제

막힐 때 힌트북

[1~3] 민지네 학교 학생들의 거주지를 조사하여 나타낸 원그래프입니다. 물음에 답하세요.

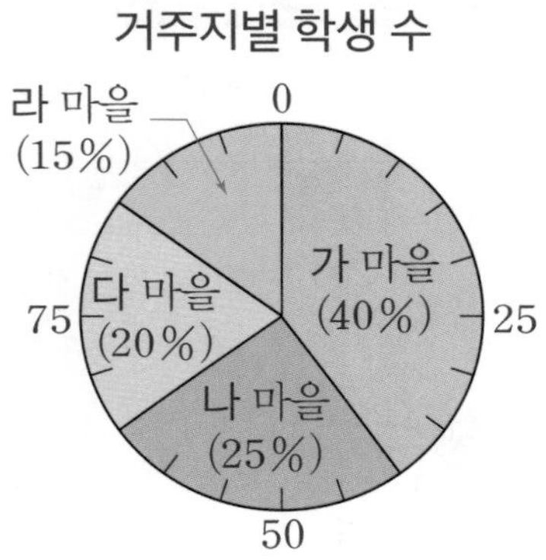

1 60쪽 이해

가장 많은 학생이 살고 있는 마을은 어디입니까?

( )

2 60쪽 적용

나 마을 또는 다 마을에 사는 학생 수는 전체의 몇 %입니까?

( )

3 60쪽 문제 해결

그래프를 보고 알 수 있는 내용이 <u>아닌</u> 것을 찾아 기호를 쓰세요.

㉠ 나 마을에 사는 학생 수는 전체의 25 %입니다.
㉡ 라 마을에 사는 학생은 15명입니다.
㉢ 가 마을에 사는 학생 수는 다 마을에 사는 학생 수의 2배입니다.

( )

[4~6] 현우네 마을의 의료 시설을 조사하여 나타낸 띠그래프입니다. 물음에 답하세요.

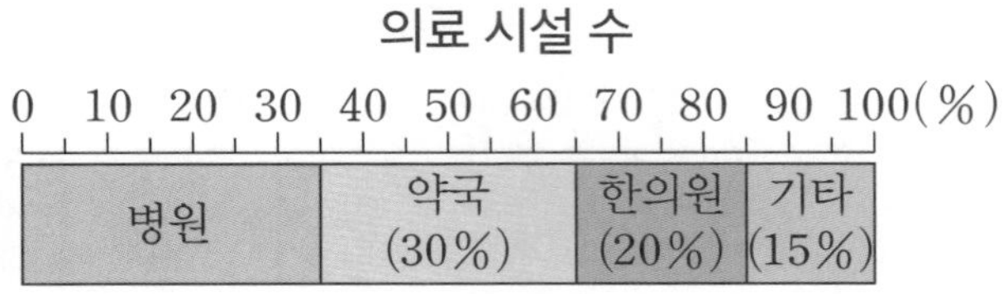

4 이해

병원은 전체 의료 시설의 몇 %입니까?

( )

5 적용

약국 수는 한의원 수의 몇 배입니까?

( )

6 60쪽 문제 해결

한의원의 수가 8개일 때 전체 의료 시설 수는 몇 개입니까?

( )

» 정답 · 풀이 40쪽

[7~8] 승우네 학교 학생들이 좋아하는 영화 장르를 조사하여 나타낸 원그래프입니다. 코미디 영화를 좋아하는 학생이 60명일 때 물음에 답하세요.

좋아하는 영화 장르별 학생 수

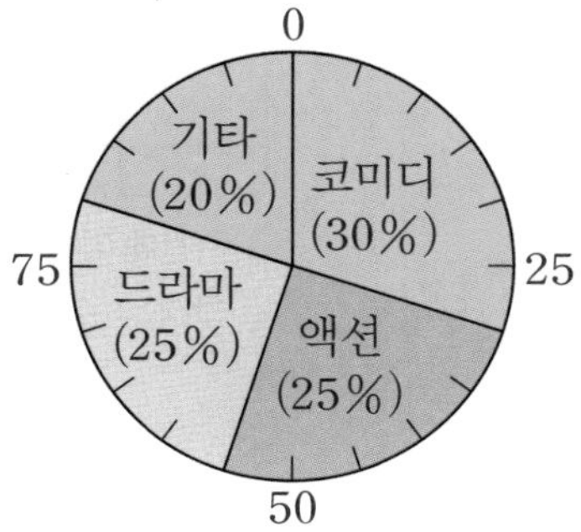

7 61쪽 추론

액션 영화를 좋아하는 학생은 몇 명입니까?

(　　　　　　　　)

8 61쪽 창의 융합

기타 항목에서 80 %가 공포 영화를 좋아할 때, 공포 영화를 좋아하는 학생은 몇 명입니까?

(　　　　　　　　)

5 단원

+9 61쪽 수학적 독해력

윤호네 과수원의 과일별 수확량을 조사하여 나타낸 띠그래프입니다. 사과 생산량은 복숭아 생산량의 3배일 때 복숭아 생산량은 전체의 몇 %입니까?

과일별 수확량

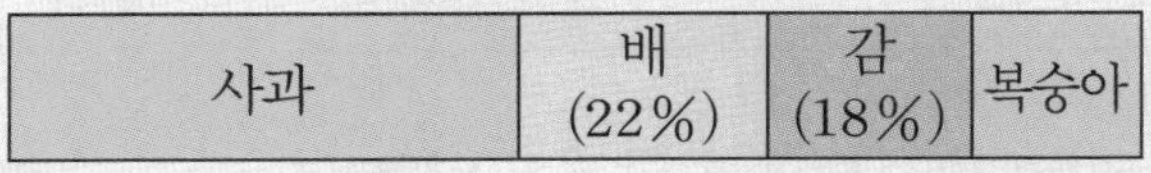

(　　　　　　　　)

+10 61쪽 수학적 표현력

지후네 반 학급문고의 책 종류를 조사하여 나타낸 띠그래프입니다. 학급문고가 모두 200권일 때 과학책은 몇 권인지 풀이 과정을 쓰고, 답을 구해 보세요.

종류별 책 수

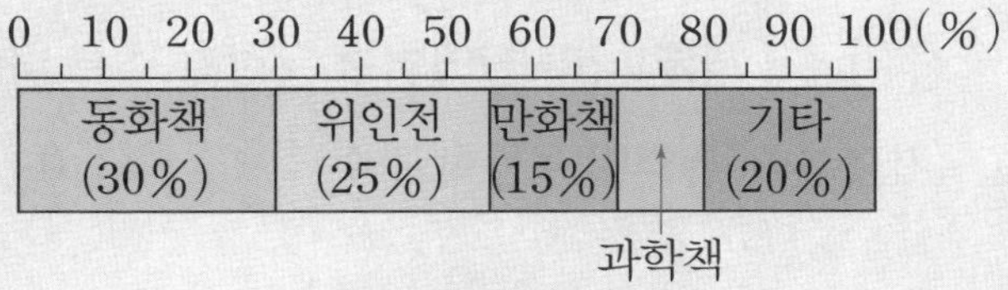

[풀이] ______________________________

____

____

[답] ______________________________

오늘 공부 어땠나요?

10개 중 맞힌 문제 [　] 개

틀린 문제는 힌트를 보고 다시 도전해 보세요.

맞힌 문제는 힌트를 보고 자신의 생각과 비교해 보세요.

31일 여러 가지 그래프 비교하기

1 여러 가지 그래프 비교하기

그래프	특징
그림그래프	그림의 크기와 수로 수량의 많고 적음을 쉽게 알 수 있습니다.
막대그래프	막대의 길이로 수량의 많고 적음을 한눈에 비교하기 쉽습니다.
띠그래프, 원그래프	전체에 대한 각 부분의 비율을 한눈에 알아보기 쉽습니다.
꺾은선그래프	시간에 따라 연속적으로 변하는 양을 나타내는 데 편리합니다.

◐ 꺾은선그래프

하루 동안의 온도 변화

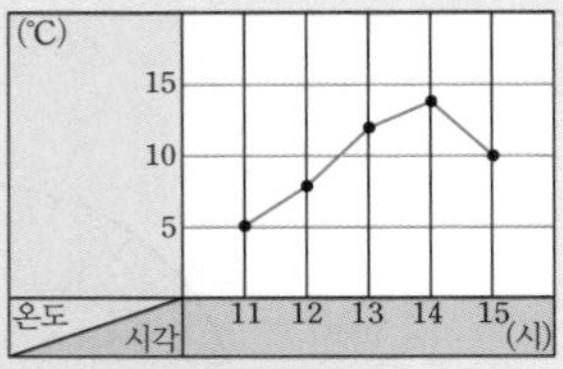

→ 시간에 따른 기온의 변화를 쉽게 알 수 있습니다.

개념+ 하나의 자료를 여러 가지 그래프로 나타낼 수 있습니다.

좋아하는 운동별 학생 수

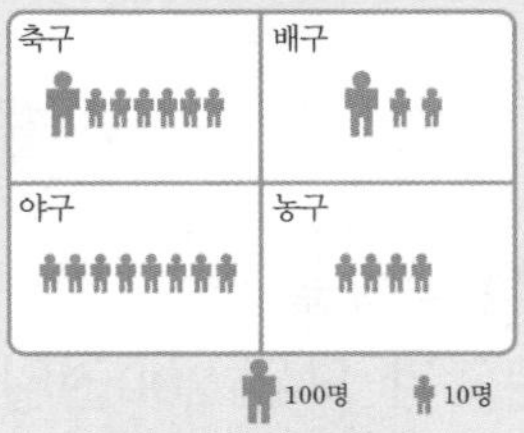

좋아하는 운동별 학생 수

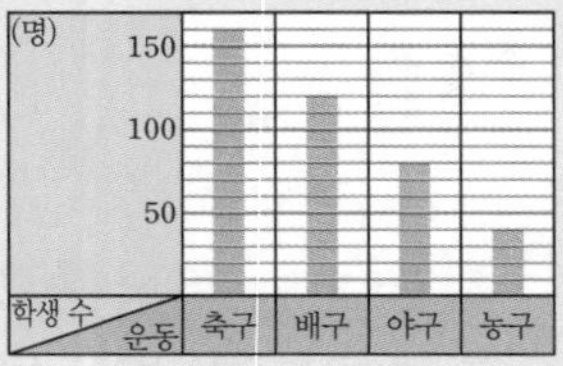

좋아하는 운동별 학생 수

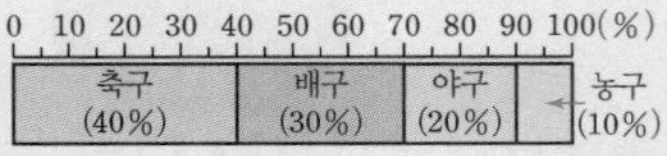

좋아하는 운동별 학생 수

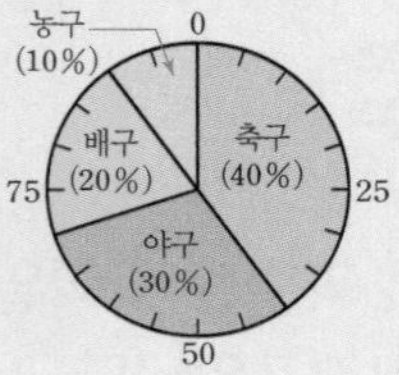

그림그래프 막대그래프: 수량의 많고 적음을 쉽게 비교할 수 있음

띠그래프 원그래프: 전체에 대한 각 부분의 비율을 한눈에 알아보기 쉬움

확인 1 우리나라 권역별 초등학교 수를 나타낸 그래프입니다. □ 안에 알맞게 써넣으세요.

(가) 권역별 초등학교 수

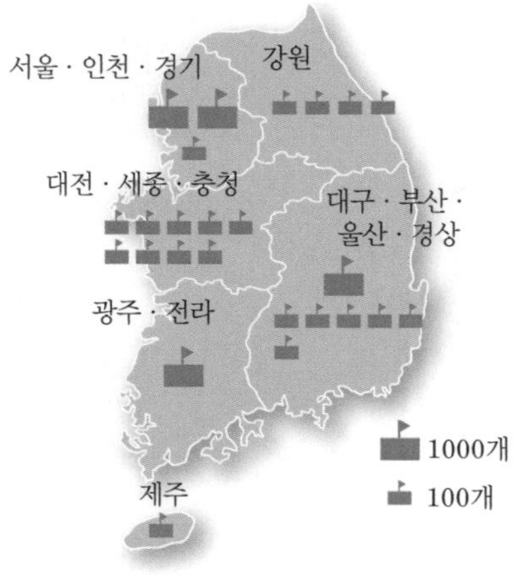

(나) 권역별 초등학교 수

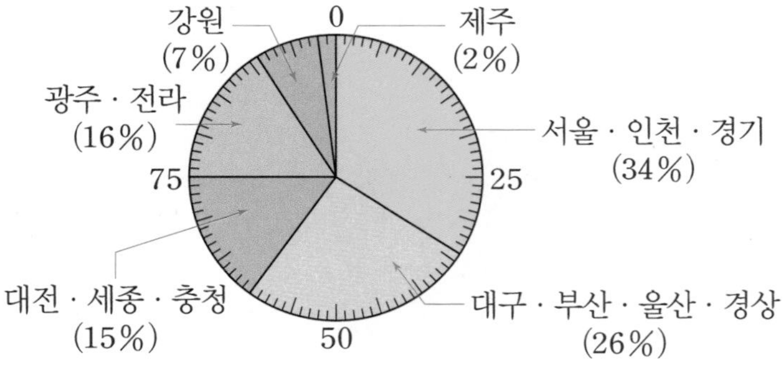

(1) (가)는 □ 그래프, (나)는 □ 그래프입니다.

(2) (가), (나) 중에서 권역별 초등학교 수를 알 수 있는 그래프는 □ 그래프입니다.

(3) (가), (나) 중에서 권역별 초등학교 수의 비율을 쉽게 비교할 수 있는 그래프는 □ 그래프입니다.

기본기 다지는 교과서 문제

» 정답 · 풀이 41쪽

[1~3] 어느 지역의 과수원별 복숭아 생산량을 나타낸 표입니다. 물음에 답하세요.

과수원별 복숭아 생산량

과수원	싱싱	푸른	햇살	초록	합계
생산량(상자)	360	420	180	240	1200
백분율(%)					

1 표를 완성하세요.

2 막대그래프를 완성하세요.

과수원별 복숭아 생산량

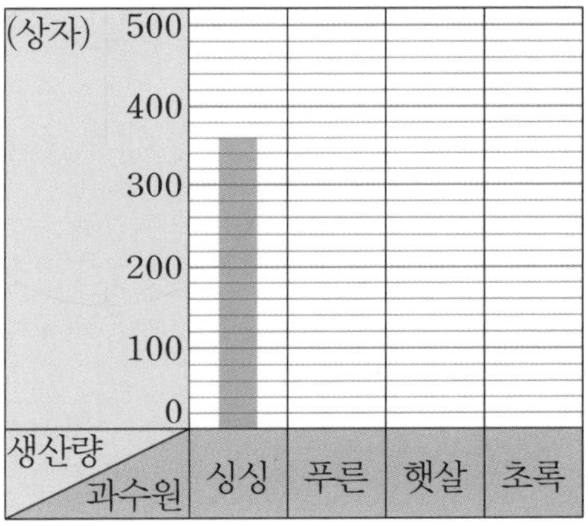

3 띠그래프를 완성하세요.

과수원별 복숭아 생산량

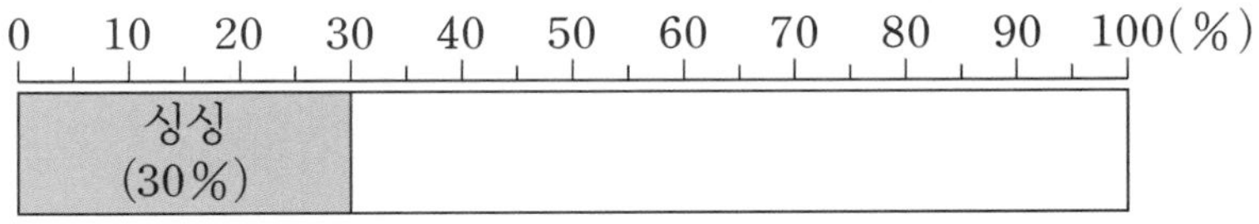

개념 따라쓰기

그림그래프와 막대그래프의 특징

좋아하는 운동별 학생 수

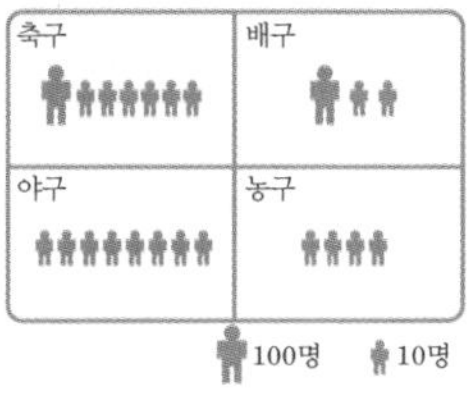

→ 그림의 크기와 수로 수량을 비교

좋아하는 운동별 학생 수

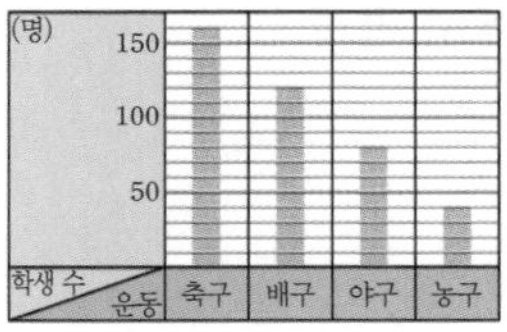

→ 막대의 길이로 수량을 비교

그림그래프와 막대그래프는 수량의 많고 적음을 쉽게 비교할 수 있습니다.

띠그래프와 원그래프의 특징

좋아하는 운동별 학생 수

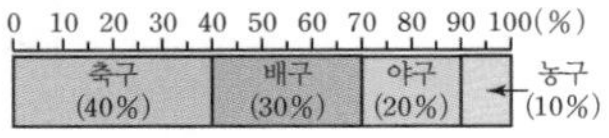

→ 길이가 길수록 비율이 높음

좋아하는 운동별 학생 수

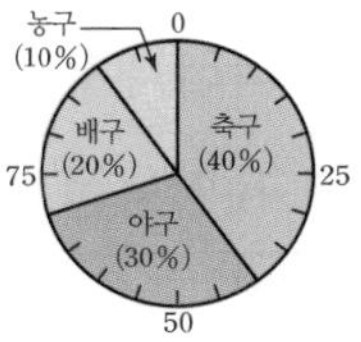

→ 넓이가 넓을수록 비율이 높음

띠그래프와 원그래프는 전체에 대한 각 부분의 비율을 한눈에 알아보기 쉽습니다.

스스로 풀어내는 도전 10 문제

막힐 때 힌트북

[1~5] 슬기네 아파트의 재활용품 종류별 배출량을 조사하여 나타낸 표입니다. 물음에 답하세요.

재활용품 종류별 배출량

종류	종이류	플라스틱류	병류	비닐류	합계
배출량(kg)	320	240	160		800
백분율(%)					100

1

이해

표를 완성하세요.

2

62쪽 · 이해

그림그래프를 완성하세요.

재활용품 종류별 배출량

3

62쪽 · 적용

막대그래프로 나타내세요.

재활용품 종류별 배출량

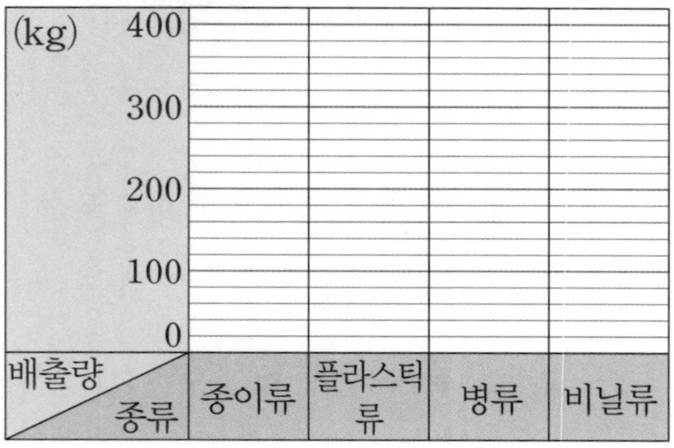

4

62쪽 · 적용

띠그래프로 나타내세요.

재활용품 종류별 배출량

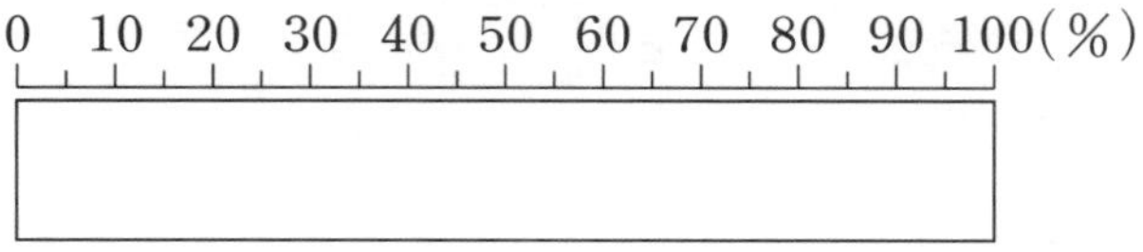

5

62쪽 · 적용

원그래프로 나타내세요.

재활용품 종류별 배출량

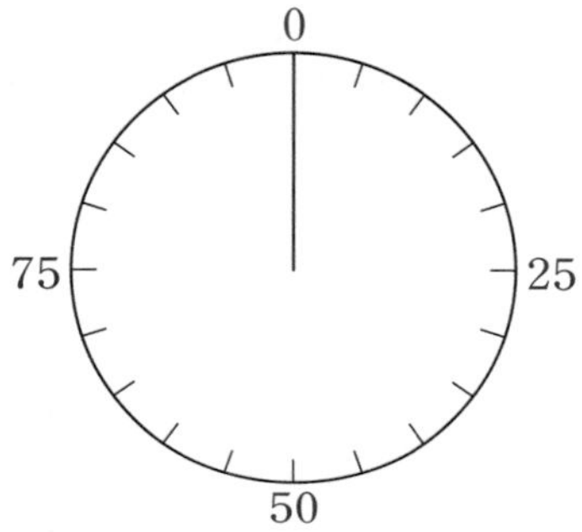

6

의사 소통

관계있는 것끼리 선으로 이어 보세요.

막대 그래프 •	• 전체에 대한 각 부분의 비율을 한눈에 알 수 있습니다.
원 그래프 •	• 시간에 따른 변화를 쉽게 알 수 있습니다.
꺾은선 그래프 •	• 막대의 길이로 수량의 많고 적음을 한눈에 비교하기 쉽습니다.

[7~8] 지혜네 학교에서 봉사활동에 참가한 학생 수를 학년별로 조사하여 나타낸 막대그래프입니다. 물음에 답하세요.

봉사활동에 참가한 학년별 학생 수

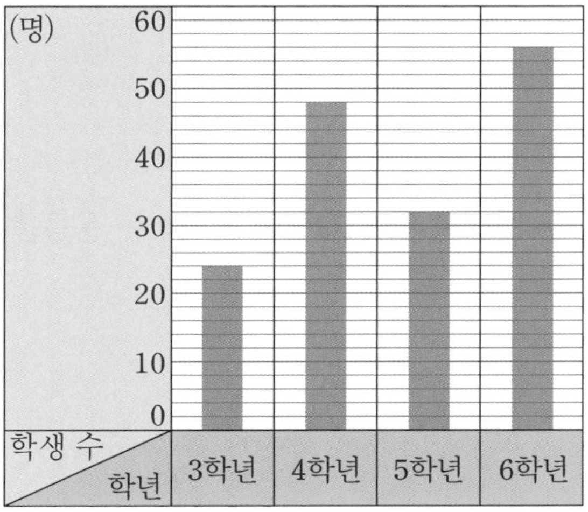

7 63쪽 적용

표를 완성하세요.

봉사활동에 참가한 학년별 학생 수

학년	3학년	4학년	5학년	6학년	합계
학생 수(명)	24				
백분율(%)	15				

8 63쪽 적용

띠그래프로 나타내세요.

봉사활동에 참가한 학년별 학생 수

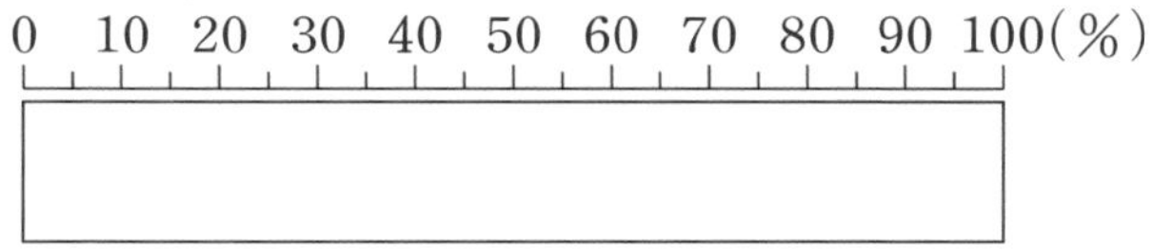

+9 63쪽 수학적 독해력

슬기와 로운이가 말한 것을 읽고 그래프로 나타내려고 합니다. 알맞은 그래프를 〈보기〉에서 찾아 기호를 쓰세요.

〈보기〉
㉠ 그림그래프 ㉡ 띠그래프
㉢ 꺾은선그래프 ㉣ 원그래프

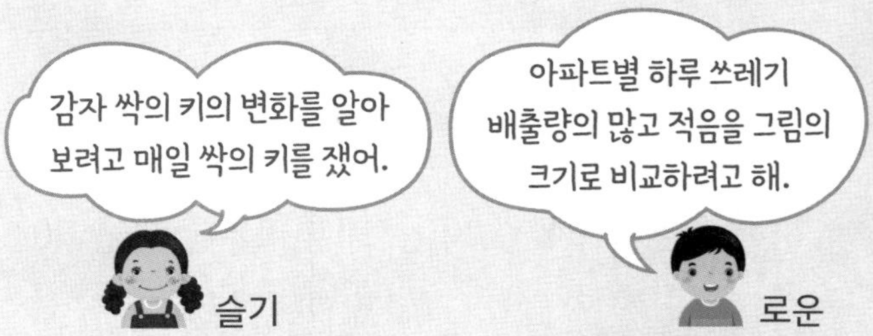

슬기 (　　　　) 로운 (　　　　)

+10 63쪽 수학적 표현력

우리나라의 월별 자동차 수출량의 변화를 쉽게 알 수 있는 그래프를 〈보기〉에서 고르고, 그 이유를 쓰세요.

〈보기〉
그림그래프 띠그래프
꺾은선그래프 원그래프

[고른 그래프] ____________________

[이유] ____________________

____

오늘 공부 어땠나요? 10개 중 맞힌 문제 [　] 개 > **틀린 문제**는 힌트를 보고 다시 도전해 보세요. > **맞힌 문제**는 힌트를 보고 자신의 생각과 비교해 보세요.

[01~02] 어느 지역의 과수원별 사과 생산량을 조사하여 나타낸 그림그래프입니다. 네 과수원의 사과 생산량이 모두 13700 kg일 때, 물음에 답하세요.

과수원별 사과 생산량

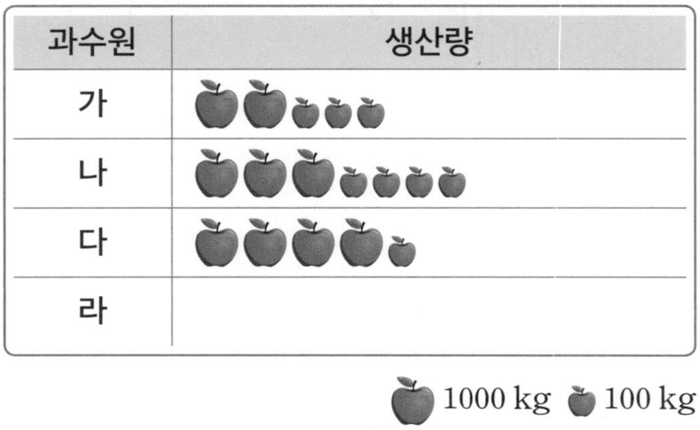

01 라 과수원의 사과 생산량은 몇 kg입니까?

(　　　　　　)

02 사과 생산량이 가장 많은 과수원은 어디입니까?

(　　　　　　)

[03~04] 세희네 반 학생들이 좋아하는 운동을 조사하여 나타낸 띠그래프입니다. 물음에 답하세요.

좋아하는 운동별 학생 수

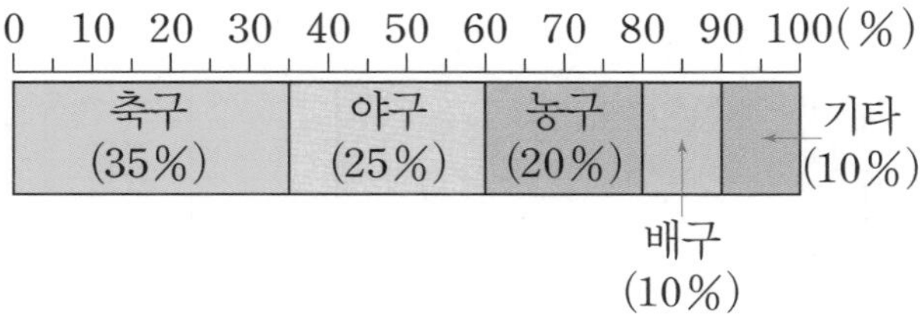

03 두 번째로 많은 학생이 좋아하는 운동은 무엇입니까?

(　　　　　　)

04 농구를 좋아하는 학생 수는 배구를 좋아하는 학생 수의 몇 배입니까?

(　　　　　　)

05 예준이네 학교 6학년 학생들의 장래 희망을 조사하여 나타낸 표를 완성하고, 띠그래프로 나타내세요.

장래 희망별 학생 수

장래 희망	교사	연예인	의사	과학자	기타	합계
학생 수 (명)	24	20	16	12	8	80
백분율 (%)						

장래 희망별 학생 수

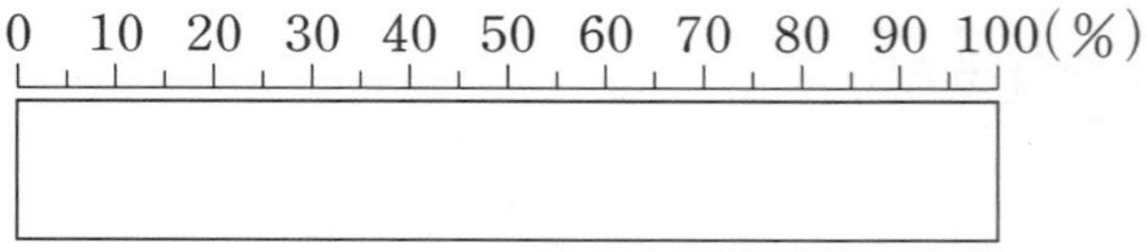

[06~07] 윤수네 학교에서 학생회장을 뽑으려고 합니다. 후보자별 득표 수를 나타낸 원그래프를 보고 물음에 답하세요.

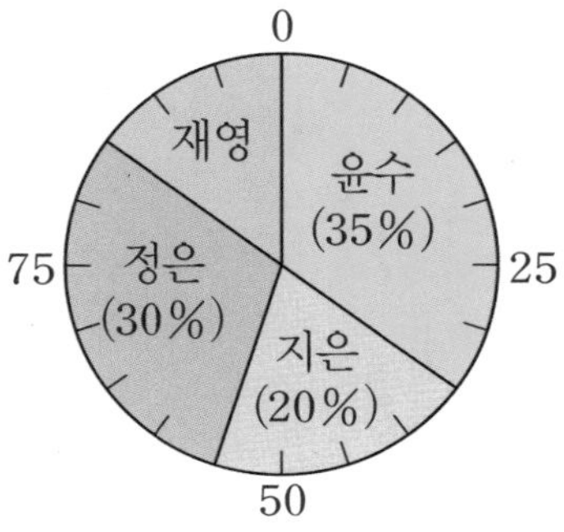

06 재영이의 득표율은 몇 %입니까?

( )

07 정은이를 뽑은 학생이 50명이라면 재영이를 뽑은 학생은 몇 명입니까?

( )

08 어느 마을의 토지의 용도별 넓이를 조사하여 나타낸 표를 완성하고, 원그래프로 나타내세요.

토지의 용도별 넓이

용도	산림	밭	논	주택지	기타	합계
넓이 (km^2)	105	90	60	30	15	300
백분율 (%)						

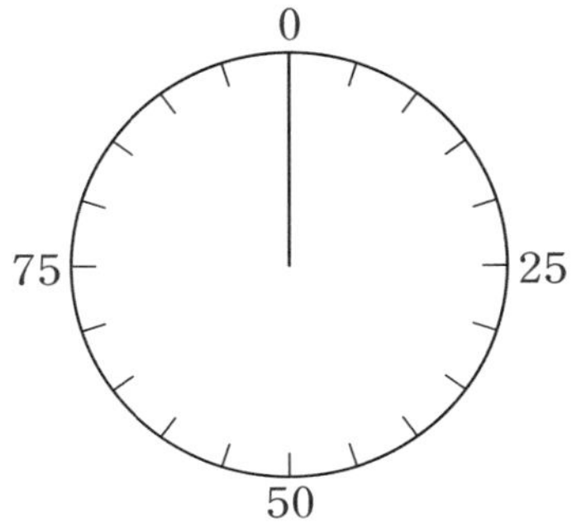

09 세윤이네 집에서 한 달 동안 쓴 생활비의 지출 항목을 조사하여 나타낸 띠그래프입니다. 저축이 70만 원이라면 한 달 동안 쓴 생활비는 얼마입니까?

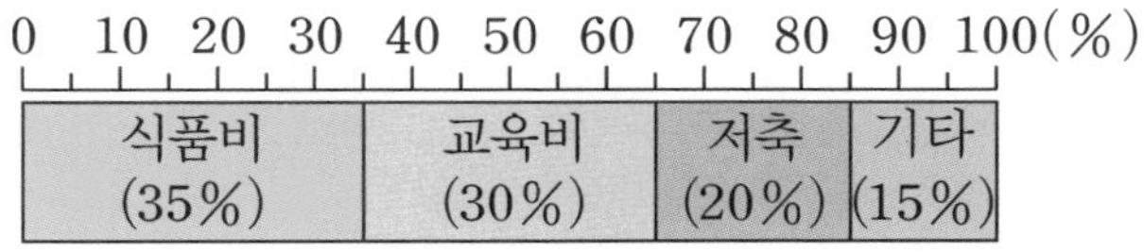

( )

서술형

10 윤재네 반 학생들이 배우고 싶은 악기를 조사하여 나타낸 원그래프입니다. 단소를 배우고 싶은 학생이 5명이라면 피아노를 배우고 싶은 학생은 몇 명인지 풀이 과정을 쓰고, 답을 구해 보세요.

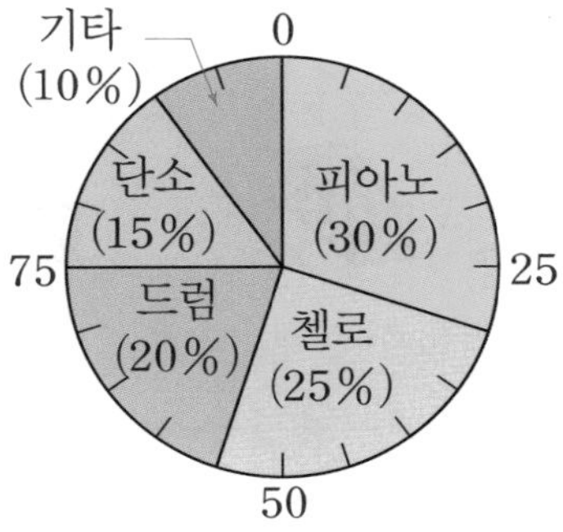

풀이 ______________________

답 ______________________

32일 직육면체의 부피 비교

❶ 면끼리 직접 맞대어 부피 비교하기

예 가 나 다

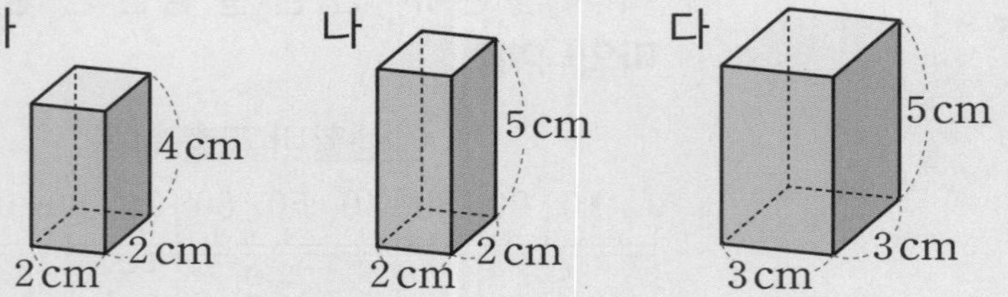

면끼리 직접 맞대어 비교하면

- 가와 나는 밑면의 넓이가 같으므로 높이가 더 높은 나의 부피가 더 큽니다.
- 나와 다는 높이가 같으므로 밑면의 넓이가 더 넓은 다의 부피가 더 큽니다.

부피가 얼마나 더 큰지는 정확히 알 수 없습니다.

◐ **부피**
어떤 물건이 공간에서 차지하는 크기

◐ 면끼리 직접 맞대어 비교하려면 직육면체의 가로, 세로, 높이 중에서 두 종류 이상의 길이가 같아야 합니다.

❷ 쌓기나무를 사용하여 부피 비교하기

예 가 나

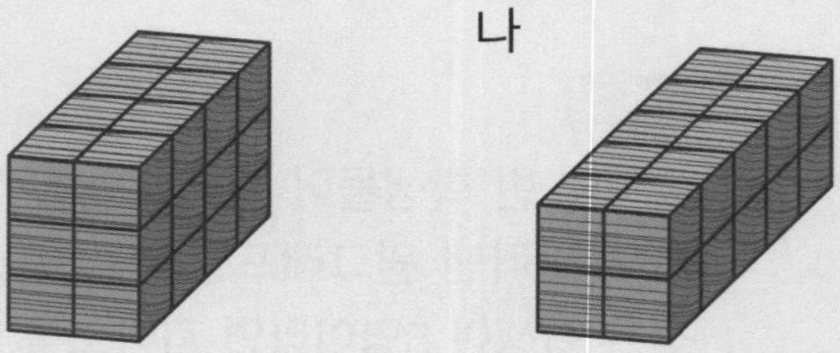

쌓기나무 수를 세어 보면 가는 24개, 나는 20개이므로 가의 부피가 더 큽니다.

◐ 쌓기나무를 사용하면 눈으로 비교하기 어려운 직육면체의 부피를 비교할 수 있습니다.

◐ 쌓기나무의 크기가 다른 경우 부피를 비교하기 어렵습니다.

개념⊕ 모양과 크기가 같은 물건을 사용하여 부피 비교하기

예 가 나 다

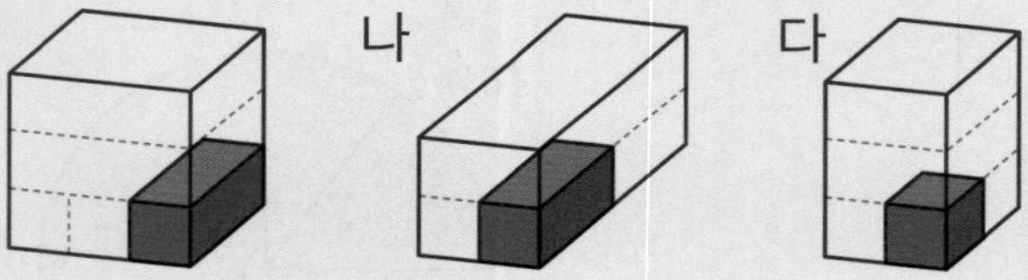

가와 다의 벽돌은 크기와 모양이 다르므로 부피를 비교할 수 없습니다.

가에는 벽돌이 9개, 나에는 8개가 들어갈 수 있으므로 가의 부피가 더 큽니다.

확인 1 두 직육면체의 부피를 비교하려고 합니다. 알맞은 말에 ○표 하고, □ 안에 알맞은 기호를 써넣으세요.

가 나

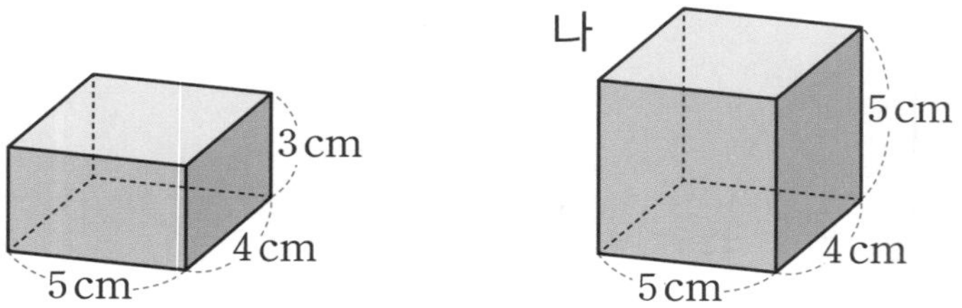

직육면체 가와 나의 밑면의 넓이가 같으므로 (가로 , 세로 , 높이)를 비교합니다.

➔ 부피가 더 큰 직육면체는 □ 입니다.

기본기 다지는 교과서 문제

» 정답 · 풀이 43쪽

1 면끼리 직접 맞대어 두 직육면체의 부피를 비교하려고 합니다. ◯ 안에 >, =, <를 알맞게 써넣으세요.

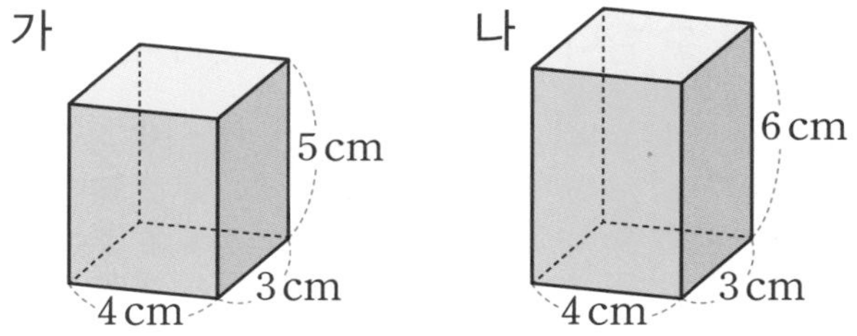

가의 밑면의 넓이 ◯ 나의 밑면의 넓이

가의 높이 ◯ 나의 높이

↓

가의 부피 ◯ 나의 부피

2 크기가 같은 쌓기나무를 사용하여 두 직육면체의 부피를 비교하려고 합니다. □ 안에 알맞은 수를 써넣고, ◯ 안에 >, =, <를 알맞게 써넣으세요.

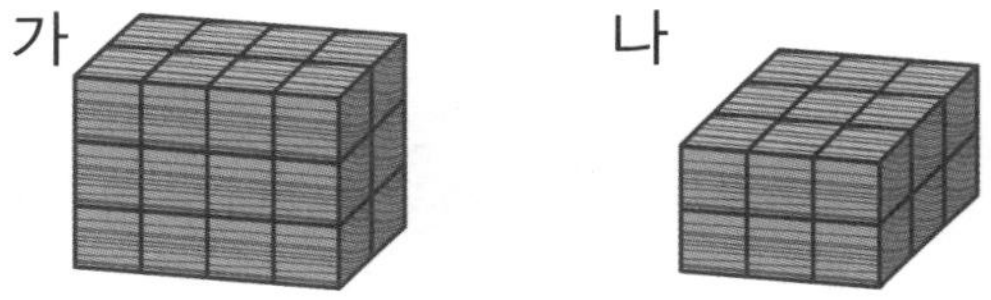

가의 쌓기나무의 수: □개, 나의 쌓기나무의 수: □개

↓

가의 부피 ◯ 나의 부피

3 상자에 들어 있는 벽돌의 수를 세어 상자의 부피를 비교하려고 합니다. □ 안에 알맞은 수를 써넣고, ◯ 안에 >, =, <를 알맞게 써넣으세요.

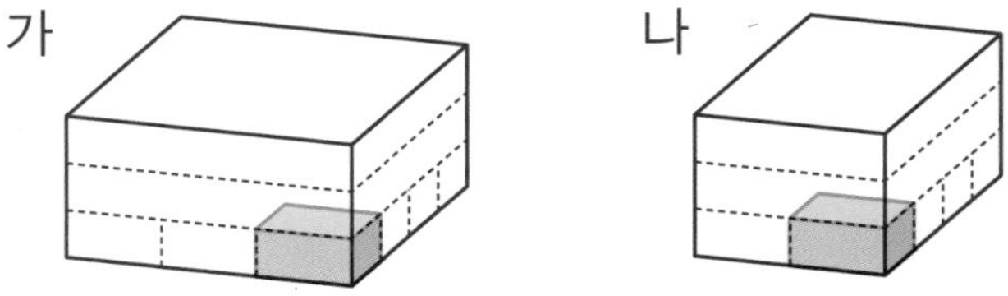

가에 들어갈 벽돌의 수: □개, 나에 들어갈 벽돌의 수: □개

↓

가의 부피 ◯ 나의 부피

개념 따라쓰기

면끼리 직접 맞대어 부피 비교하기

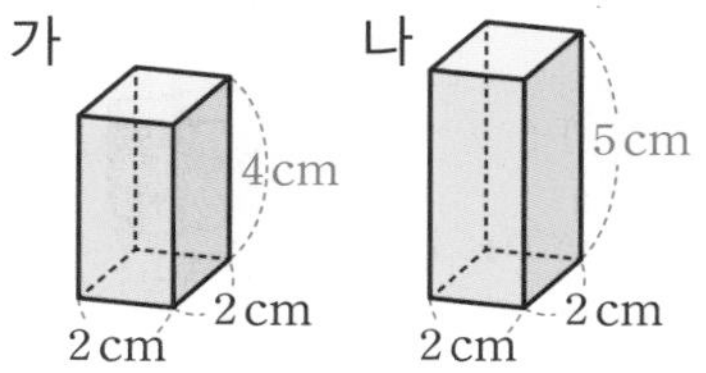

↓

가의 부피 < 나의 부피

두 직육면체의 밑면의 넓이가 같으면 높이가 더 높을수록 부피가 큽니다.

쌓기나무를 사용하여 부피 비교하기

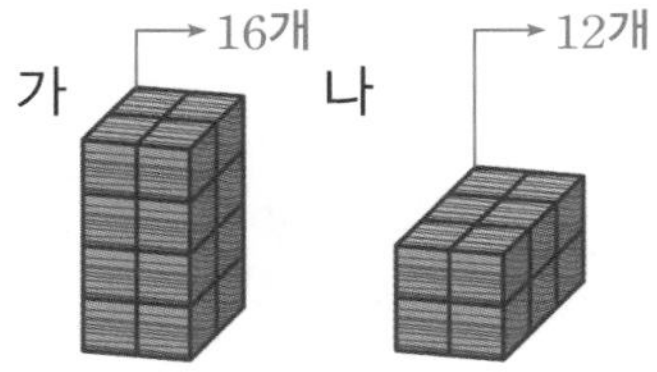

↓

가의 부피 > 나의 부피

사용한 쌓기나무 수가 많을수록 부피가 더 큽니다.

6 단원

1
이해

부피가 큰 직육면체부터 차례로 기호를 쓰세요.

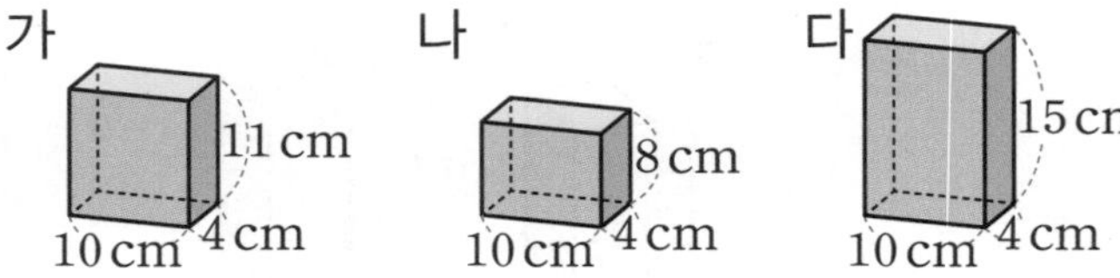

□ – □ – □

2
64쪽 이해

크기가 같은 쌓기나무를 사용하여 직육면체를 만들었습니다. 쌓기나무의 수를 세어 □ 안에 써넣고, 부피가 더 큰 직육면체의 기호를 쓰세요.

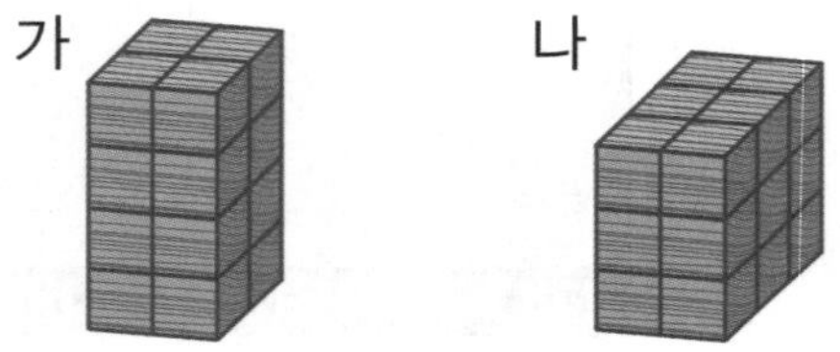

□개 □개

(　　　　　　)

3
64쪽 적용

상자에 들어 있는 벽돌의 수를 세어 상자의 부피를 비교하려고 합니다. 세 상자 중 부피를 비교할 수 있는 상자의 기호를 쓰세요.

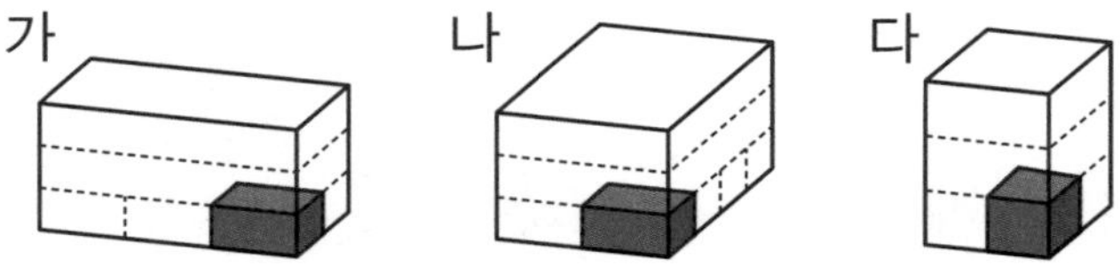

(　　　　　　)

4
64쪽 이해

면끼리 직접 맞대어 두 직육면체의 부피를 비교하려고 합니다. 부피가 더 큰 것의 기호를 쓰세요.

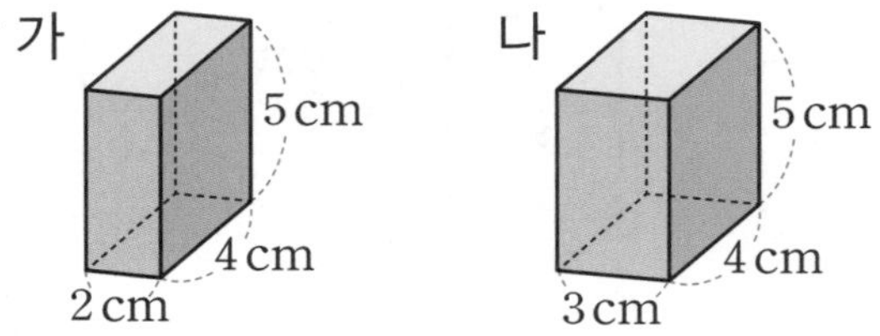

(　　　　　　)

5
적용

크기가 같은 쌓기나무를 사용하여 두 직육면체의 부피를 비교하려고 합니다. ◯ 안에 >, =, <를 알맞게 써넣으세요.

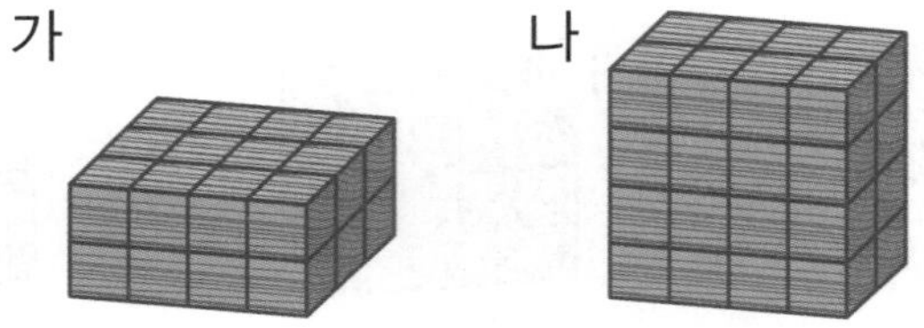

가의 부피 ◯ 나의 부피

6
64쪽 이해

두 상자에 크기가 같은 지우개를 빈틈없이 넣었을 때 가 상자에는 16개, 나 상자에는 24개가 들어갔습니다. 부피가 더 큰 것의 기호를 쓰세요.

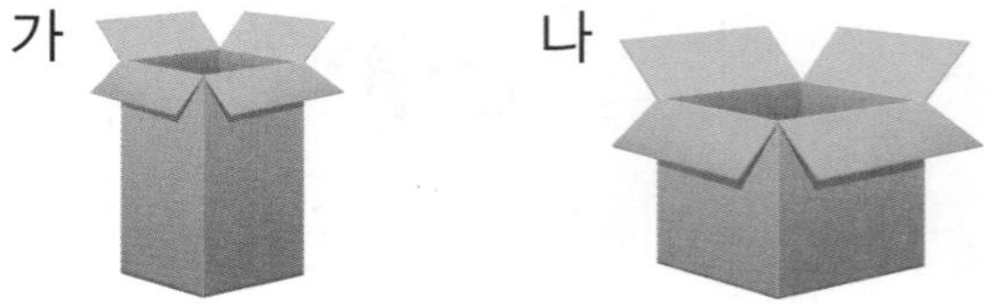

(　　　　　　)

» 정답 · 풀이 43쪽

7 65쪽 문제 해결

크기가 같은 쌓기나무를 사용하여 직육면체를 만들었습니다. 부피가 큰 직육면체부터 차례로 기호를 쓰세요.

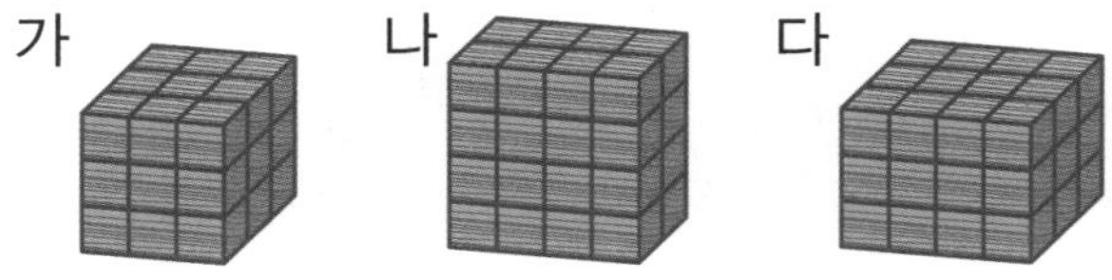

☐-☐-☐

8 65쪽 창의 융합

부피가 가장 큰 직육면체의 기호를 쓰세요.

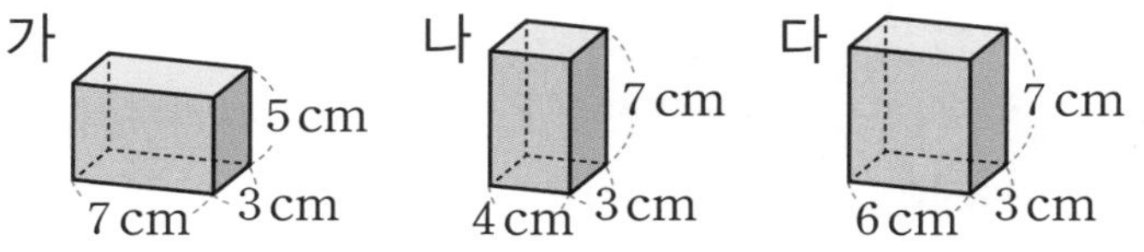

(　　　　　　)

+9 65쪽 수학적 독해력

상자 안에 크기가 같은 쌓기나무를 담아 상자의 부피를 비교한 것입니다. 잘못 말한 사람은 누구일까요?

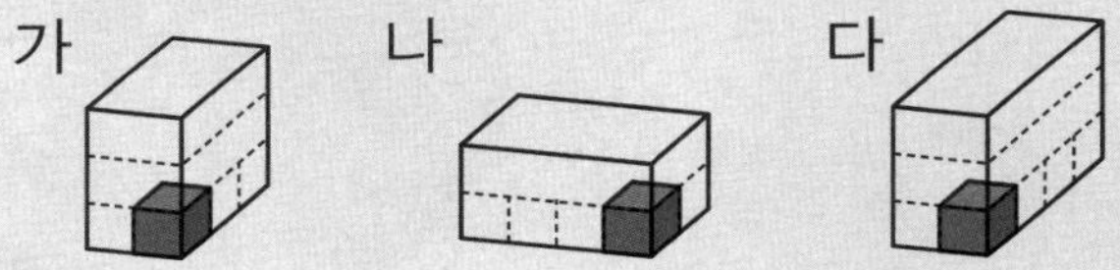

(　　　　　　)

+10 65쪽 수학적 표현력

직접 맞대어 부피를 비교할 수 있는 상자끼리 모두 짝지어 보고, 그 이유를 써 보세요.

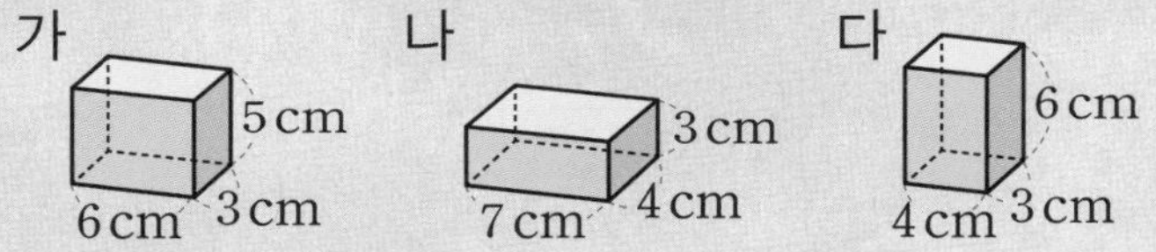

[답] ______________________

[이유] ______________________

____

____

6 단원

오늘 공부 어땠나요? 10개 중 맞힌 문제 ☐ 개 > 틀린 문제는 힌트를 보고 다시 도전해 보세요. > 맞힌 문제는 힌트를 보고 자신의 생각과 비교해 보세요.

공부한 날 월 일

33일 직육면체의 부피 구하는 방법

① 부피의 단위 1 cm^3

부피를 나타낼 때 한 모서리의 길이가 1 cm인 정육면체의 부피를 단위로 사용할 수 있습니다. 이 정육면체의 부피를 **1 cm^3**라 쓰고, **1 세제곱센티미터**라고 읽습니다.

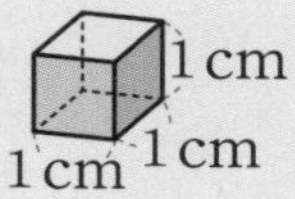

[쓰기] 1 cm^3

[읽기] 1 세제곱센티미터

② 부피가 1 cm^3인 쌓기나무를 사용하여 직육면체의 부피 구하기

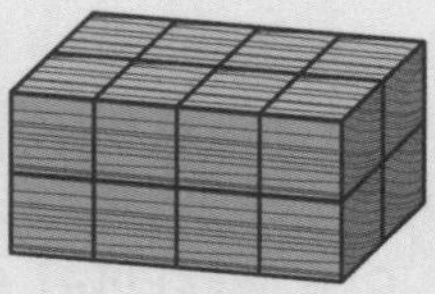

→ 부피가 1 cm^3인 쌓기나무가 $4\times2\times2=16$(개)이므로 직육면체의 부피는 16 cm^3입니다.

◐ 직육면체의 부피 구하기

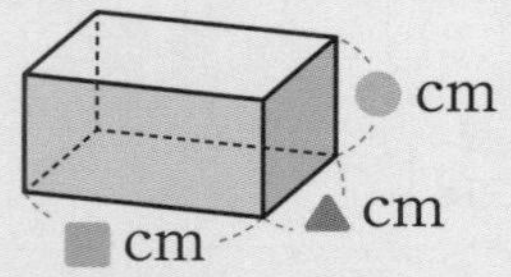

(직육면체의 부피)
=■×▲×● (cm^3)

③ 부피 구하는 방법

• 직육면체의 부피 구하기

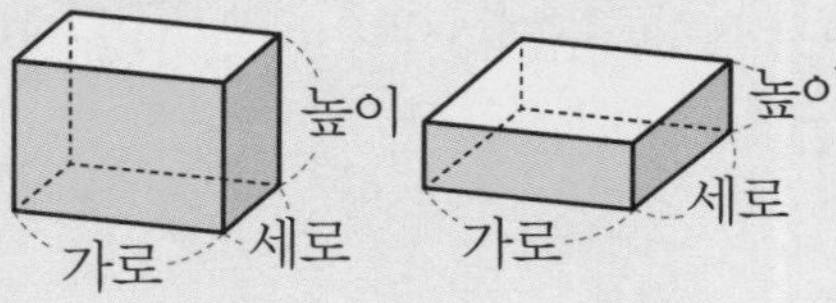

(직육면체의 부피)
=(가로)×(세로)×(높이)
=(밑면의 넓이)×(높이)

• 정육면체의 부피 구하기

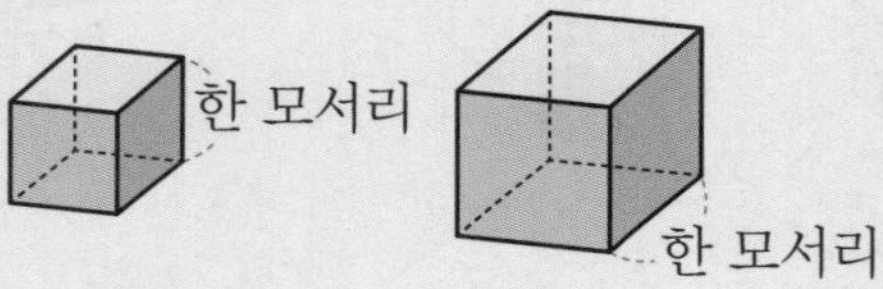

(정육면체의 부피)
=(한 모서리의 길이)
×(한 모서리의 길이)
×(한 모서리의 길이)

◐ 정육면체의 부피 구하기

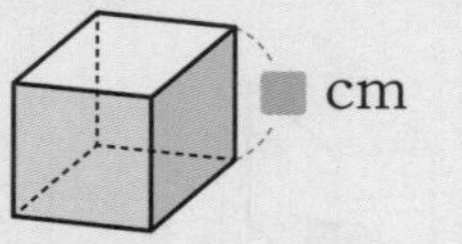

(정육면체의 부피)
=■×■×■ (cm^3)

◐ 세로와 높이가 같을 때 가로가 2배가 되면 부피도 2배가 됩니다.

◐ 가로, 세로, 높이가 각각 2배가 되면 부피는 8배가 됩니다.

확인 1 부피가 1 cm^3인 쌓기나무를 오른쪽과 같이 쌓았습니다. 쌓기나무의 수를 곱셈식으로 나타내고 직육면체의 부피를 구하세요.

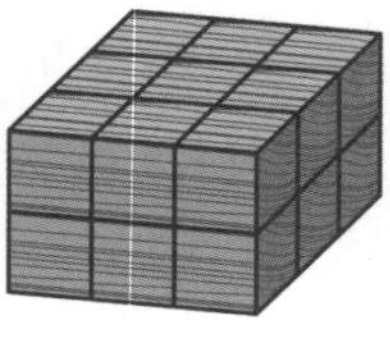

쌓기나무의 수(개)	3×□×□
부피(cm^3)	

확인 2 오른쪽 직육면체의 부피를 구하려고 합니다. □ 안에 알맞은 수를 써넣으세요.

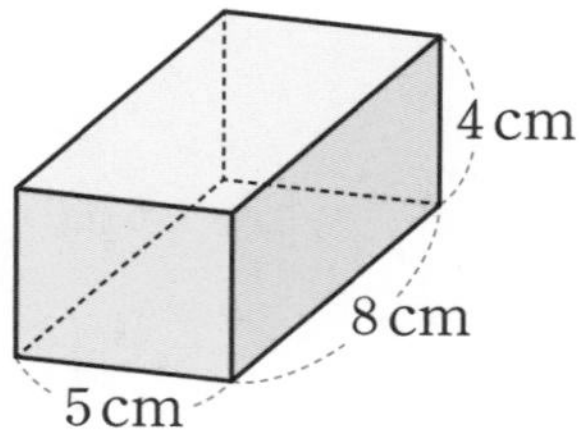

(직육면체의 부피)=(가로)×(세로)×(높이)
=5×□×□
=□ (cm^3)

» 정답 · 풀이 44쪽

1 주어진 정육면체의 부피를 쓰고, 읽어 보세요.

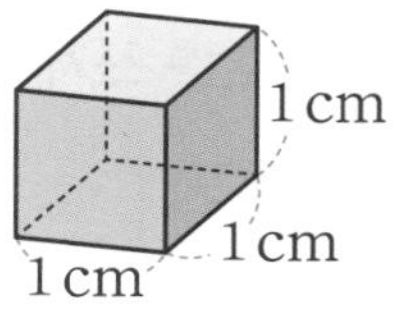

쓰기 ____________

읽기 ____________

2 부피가 1 cm^3인 쌓기나무의 수를 세어 직육면체의 부피를 구하려고 합니다. □ 안에 알맞은 수를 써넣으세요.

(1)

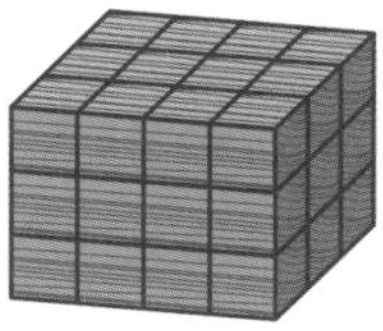

(직육면체의 부피)
=□×□×□
=□ (cm^3)

(2)

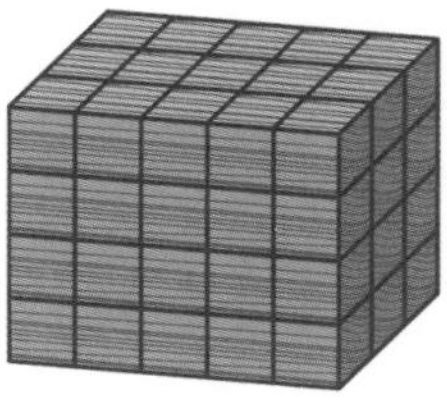

(직육면체의 부피)
=□×□×□
=□ (cm^3)

3 직육면체와 정육면체의 부피를 구하려고 합니다. □ 안에 알맞은 수를 써넣으세요.

(1)

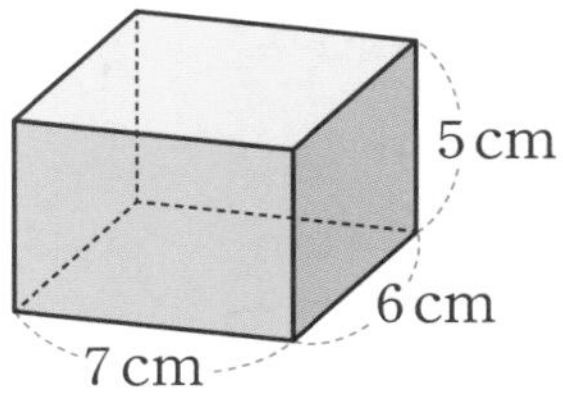

(직육면체의 부피)
=□×□×□
=□ (cm^3)

(2)

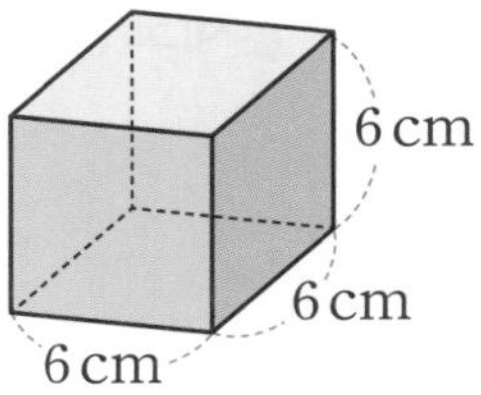

(정육면체의 부피)
=□×□×□
=□ (cm^3)

개념 따라쓰기

1 cm^3 알아보기

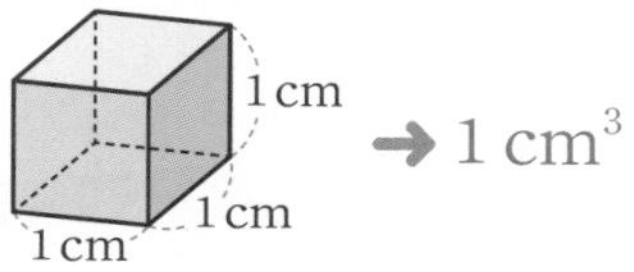

한 모서리의 길이가 1 cm인 정육면체의 부피를 1 cm^3라고 합니다.

직육면체의 부피 구하기

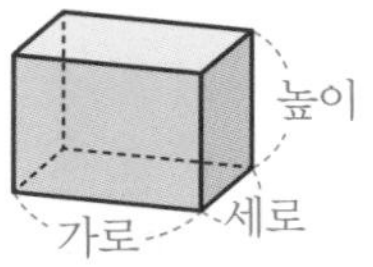

(직육면체의 부피)
=(가로)×(세로)×(높이)
=(밑면의 넓이)×(높이)

정육면체의 부피 구하기

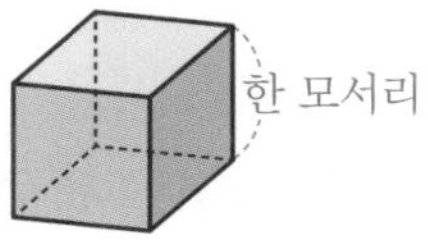

(정육면체의 부피)
=(한 모서리의 길이)
×(한 모서리의 길이)
×(한 모서리의 길이)

6 단원

스스로 풀어내는 도전 10 문제

막힐 땐 힌트북

1 66쪽 — 이해

부피가 $1\ cm^3$인 쌓기나무를 다음과 같이 쌓았습니다. 쌓기나무의 수를 곱셈식으로 나타내고 직육면체의 부피를 구하세요.

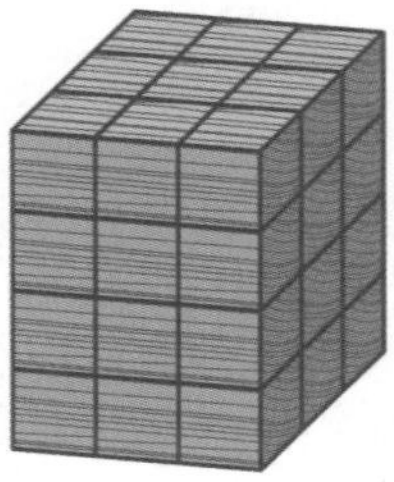

쌓기나무의 수: □×□×□

부피: □ cm^3

2 — 계산

직육면체의 부피는 몇 cm^3일까요?

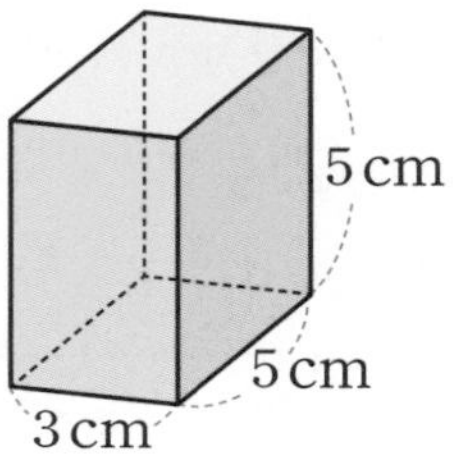

(　　　　　　　)

3 — 적용

슬기는 가로가 4 cm, 세로가 6 cm, 높이가 9 cm인 직육면체 모양의 상자를 만들었습니다. 슬기가 만든 상자의 부피는 몇 cm^3일까요?

(　　　　　　　)

4 66쪽 — 적용

두 직육면체 중 부피가 더 큰 것의 기호를 쓰세요.

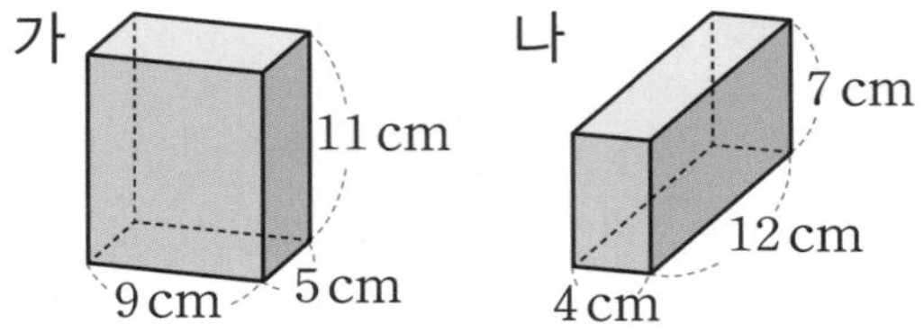

(　　　　　　　)

5 66쪽 — 의사 소통

직육면체의 부피는 $72\ cm^3$입니다. 이 직육면체의 높이를 구하세요.

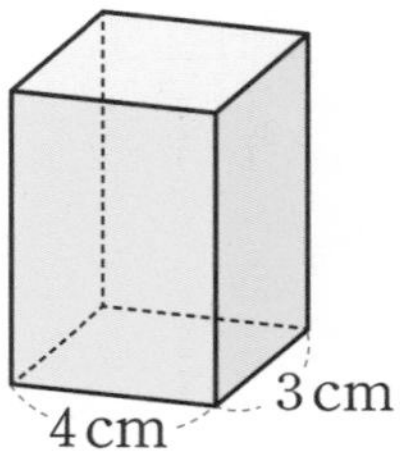

(　　　　　　　)

6 66쪽 — 문제 해결

입체도형의 부피는 몇 cm^3일까요?

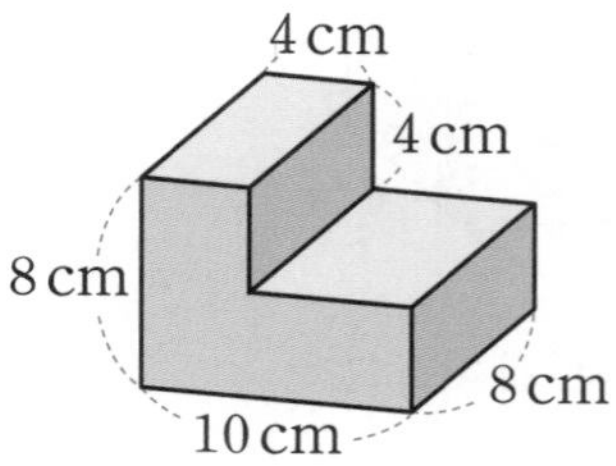

(　　　　　　　)

7 67쪽

추론

두 직육면체의 부피가 같을 때 □ 안에 알맞은 수를 구하세요.

가

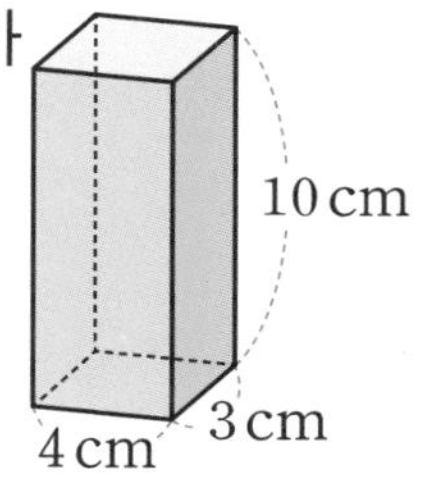

나

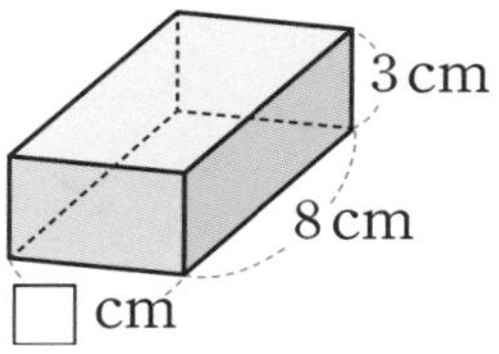

(　　　　　　　　)

8 67쪽

창의 융합

작은 정육면체 여러 개를 다음과 같이 쌓았습니다. 쌓은 정육면체의 부피가 216 cm^3일 때 작은 정육면체의 한 모서리의 길이는 몇 cm일까요?

(　　　　　　　　)

+9 67쪽

수학적 독해력

다음은 찰흙으로 만든 직육면체입니다. 이 직육면체를 잘라서 만들 수 있는 가장 큰 정육면체 모양의 부피는 몇 cm^3일까요?

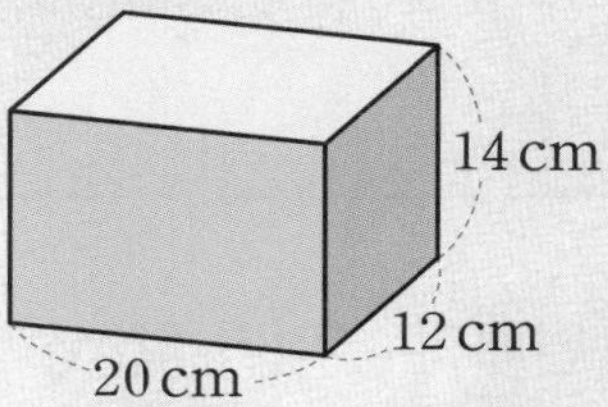

(　　　　　　　　)

+10 67쪽

수학적 표현력

다음 전개도를 접어서 만들 수 있는 직육면체와 부피가 같은 정육면체의 한 모서리의 길이는 몇 cm인지 풀이 과정을 쓰고, 답을 구하세요.

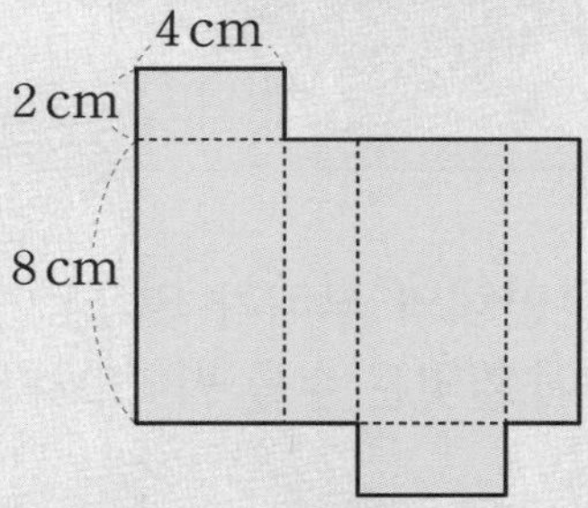

풀이 ______________________

____

____

답 ______________________

오늘 공부 어땠나요?

10개 중 맞힌 문제 □ 개

틀린 문제는 힌트를 보고 다시 도전해 보세요.

맞힌 문제는 힌트를 보고 자신의 생각과 비교해 보세요.

34일 m^3 알아보기

① 부피의 단위 1 m^3

부피를 나타낼 때 한 모서리의 길이가 1 m인 정육면체의 부피를 단위로 사용할 수 있습니다. 이 정육면체의 부피를 **1 m^3**라 쓰고, **1 세제곱미터**라고 읽습니다.

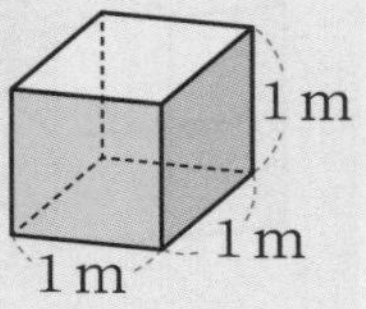

[쓰기] 1 m^3

[읽기] 1 세제곱미터

◐ 큰 물건의 부피를 나타낼 때에는 cm^3보다 m^3로 나타내는 것이 더 간편합니다.

② 1 m^3와 1 cm^3의 관계

부피가 1 cm^3인 쌓기나무로 부피가 1 m^3인 정육면체를 만들려면 가로에 100개, 세로에 100개, 높이에 100층을 쌓아야 합니다.

➜ 부피가 1 m^3인 정육면체를 쌓는 데 부피가 1 cm^3인 쌓기나무가 $100 \times 100 \times 100 = 1000000$(개) 필요합니다.

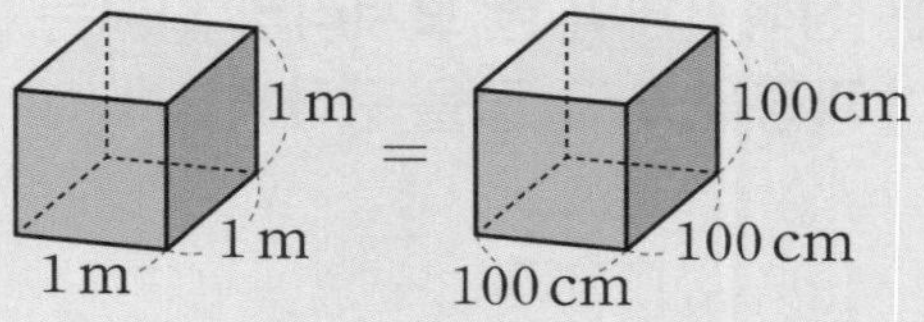

$1\ m^3 = 1000000\ cm^3$

◐ **m^3와 cm^3의 관계**
■ m = ■00 cm이므로
■ m^3 = ■000000 cm^3

확인 1 직육면체의 부피가 몇 m^3인지 구하려고 합니다. □ 안에 알맞은 수를 써넣으세요.

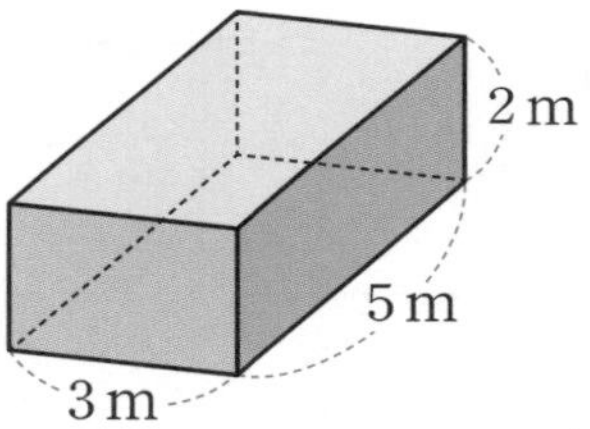

(1) 직육면체의 가로, 세로, 높이를 찾으면 가로 3 m, 세로 □ m, 높이 □ m입니다.

(2) (직육면체의 부피) = □ × □ × □
= □ (m^3)

확인 2 직육면체의 부피가 몇 m^3인지 구하려고 합니다. □ 안에 알맞은 수를 써넣으세요.

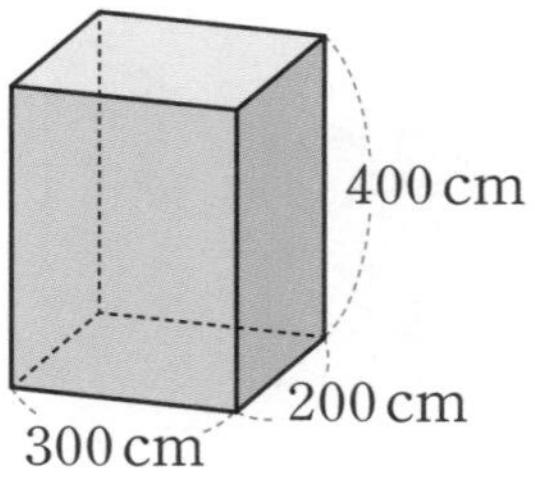

(1) 직사각형의 가로, 세로, 높이를 각각 m로 나타내면 가로 3 m, 세로 □ m, 높이 □ m입니다.

(2) (직육면체의 부피) = □ × □ × □
= □ (m^3)

기본기 다지는 교과서 문제

» 정답 · 풀이 45쪽

1 주어진 정육면체의 부피를 쓰고, 읽어 보세요.

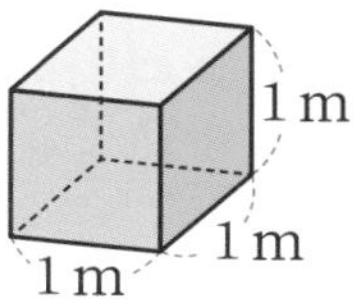

[쓰기] ______________

[읽기] ______________

2 직육면체를 보고 물음에 답하세요.

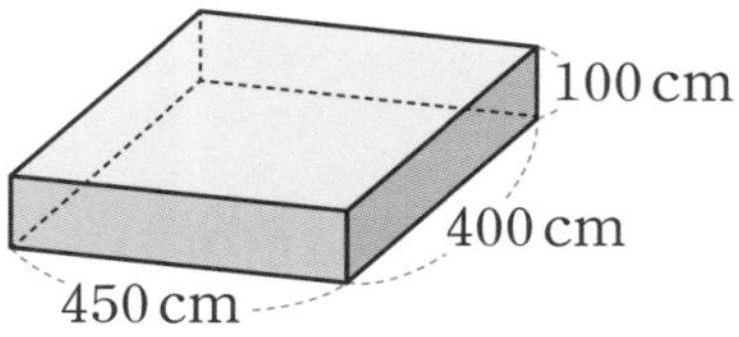

(1) 직육면체의 부피는 몇 cm^3인지 구하세요.

$450\times\square\times\square=\square$ (cm^3)

(2) 직육면체의 부피는 몇 m^3인지 구하세요.

$4.5\times\square\times\square=\square$ (m^3)

3 □ 안에 알맞은 수를 써넣으세요.

(1) $6\ m^3=\square\ cm^3$

(2) $9000000\ cm^3=\square\ m^3$

개념 따라쓰기

$1\ m^3$ 알아보기

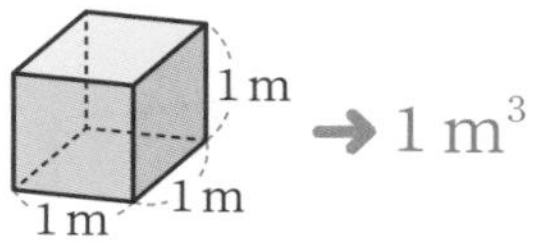

한 모서리의 길이가 1 m인 정육면체의 부피를 $1\ m^3$라고 합니다.

$1\ m^3$와 $1\ cm^3$의 관계

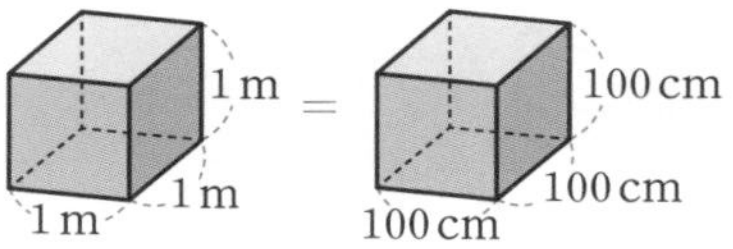

$1\ m^3=1000000\ cm^3$

1 m=100 cm이므로 $1\ m^3=1000000\ cm^3$입니다.

6 단원

1

계산

직육면체의 부피는 몇 m^3일까요?

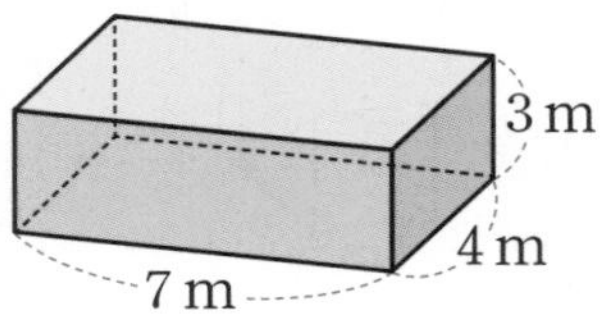

( )

2

계산

정육면체의 부피는 몇 m^3일까요?

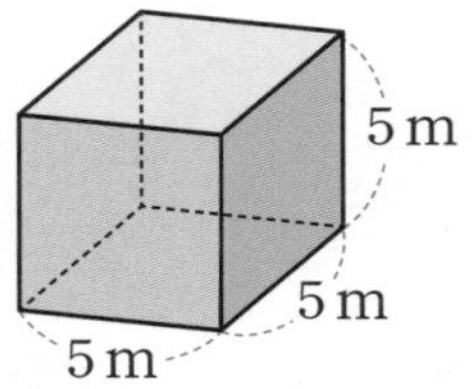

( )

3

68쪽 이해

관계있는 것끼리 선으로 이어 보세요.

$0.3\ m^3$ •	• $30000000\ cm^3$
$3\ m^3$ •	• $3000000\ cm^3$
$30\ m^3$ •	• $300000\ cm^3$

4

68쪽 문제 해결

직육면체의 부피를 m^3와 cm^3로 각각 나타내어 보세요.

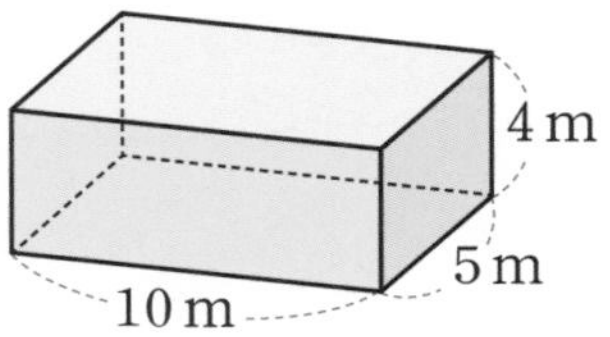

( ) m^3

( ) cm^3

5

68쪽 적용

두 직육면체의 부피의 차는 몇 m^3일까요?

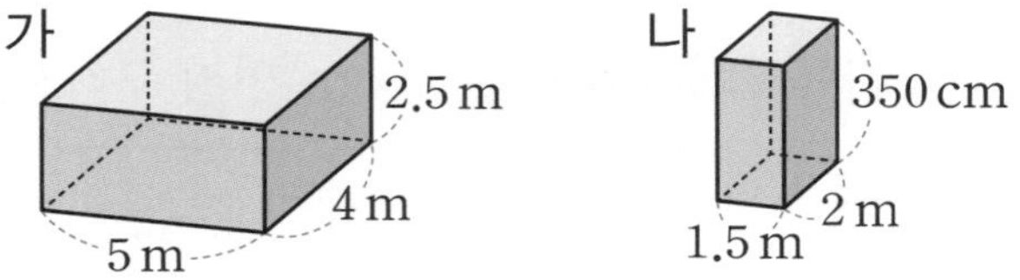

( )

6

68쪽 적용

다음 중 틀린 것을 찾아 기호를 쓰세요.

㉠ $1900000\ cm^3 = 1.9\ m^3$
㉡ $0.6\ m^3 = 600000\ cm^3$
㉢ $740000\ cm^3 = 7.4\ m^3$
㉣ $5.8\ m^3 = 5800000\ cm^3$

( )

» 정답 · 풀이 45쪽

7 69쪽 창의 융합

부피가 큰 것부터 차례로 기호를 쓰세요.

㉠ $2300000\ \text{cm}^3$
㉡ $4\ \text{m}^3$
㉢ 한 모서리의 길이가 200 cm인 정육면체의 부피

□—□—□

8 69쪽 추론

직육면체의 부피가 $9\ \text{m}^3$일 때 □ 안에 알맞은 수를 구하세요.

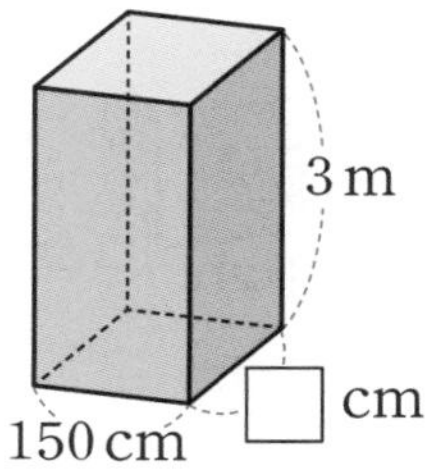

(　　　　　　)

+9 69쪽 수학적 독해력

가로가 3 m, 세로가 4 m, 높이가 5 m인 직육면체 모양의 창고가 있습니다. 이 창고에 한 모서리의 길이가 50 cm인 정육면체 모양의 상자를 빈틈없이 쌓으려고 합니다. 정육면체 모양의 상자를 모두 몇 개 쌓을 수 있을까요?

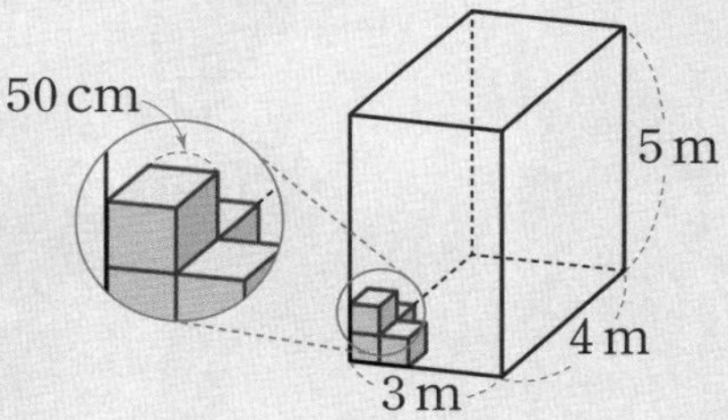

(　　　　　　)

+10 69쪽 수학적 표현력

가로가 1.1 m, 세로가 90 cm, 높이가 200 cm인 냉장고의 부피는 몇 m^3인지 풀이 과정을 쓰고, 답을 구하세요.

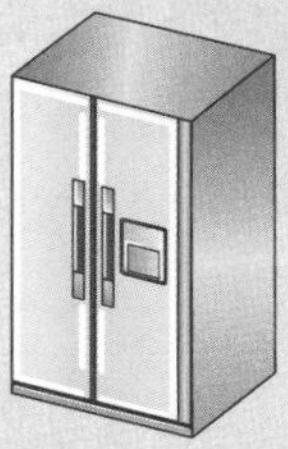

풀이

답

오늘 공부 어땠나요? 10개 중 맞힌 문제 □개 > 틀린 문제는 힌트를 보고 다시 도전해 보세요. > 맞힌 문제는 힌트를 보고 자신의 생각과 비교해 보세요.

35일

공부한 날 월 일

직육면체의 겉넓이 구하는 방법

① 직육면체의 겉넓이 구하기

직육면체의 겉넓이는 직육면체의 여섯 면의 넓이의 합입니다.

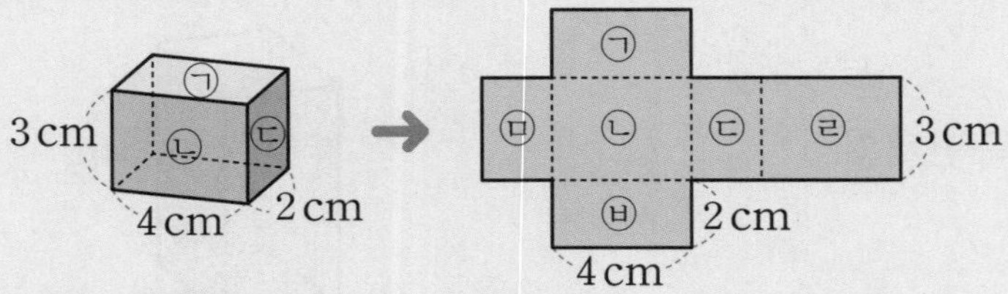

겉면의 넓이
- 직육면체의 겉넓이는 직육면체의 전개도의 넓이와 같습니다.

방법 1 여섯 면의 넓이의 합으로 구합니다.

(여섯 면의 넓이의 합)＝㉠＋㉡＋㉢＋㉣＋㉤＋㉥

$=(4\times2)+(4\times3)+(2\times3)+(4\times3)+(2\times3)+(4\times2)$

$=52\ (\mathrm{cm}^2)$

방법 2 세 쌍의 면이 합동인 성질을 이용하여 구합니다.

(한 꼭짓점에서 만나는 세 면의 넓이의 합)×2

＝(㉠＋㉡＋㉢)×2

$=(4\times2+4\times3+2\times3)\times2$

$=52\ (\mathrm{cm}^2)$

- **합동인 성질을 이용하여 직육면체의 겉넓이 구하기**
  합동인 면들은 서로 마주 보므로, 한 꼭짓점에서 만나는 세 면의 넓이를 합한 뒤 2배 하면 겉넓이를 구할 수 있습니다.

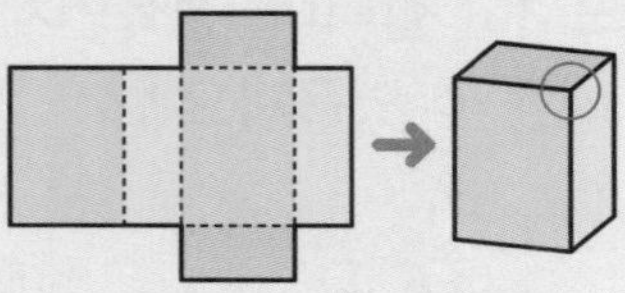

방법 3 두 밑면과 옆면의 넓이의 합으로 구합니다.

(한 밑면의 넓이)×2＋(옆면의 넓이)

＝㉠×2＋(㉤＋㉡＋㉢＋㉣)

$=(4\times2)\times2+\underline{(2+4+2+4)\times3}$

$=52\ (\mathrm{cm}^2)$

옆면 전체를 하나의 직사각형으로 생각하여 넓이를 구합니다.

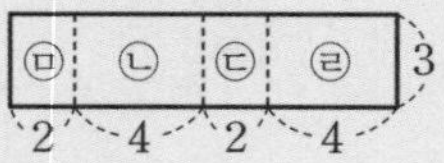

② 정육면체의 겉넓이 구하기

정육면체의 겉넓이는 서로 합동인 여섯 면의 넓이의 합입니다.

- 정육면체는 여섯 면의 넓이가 모두 같습니다.

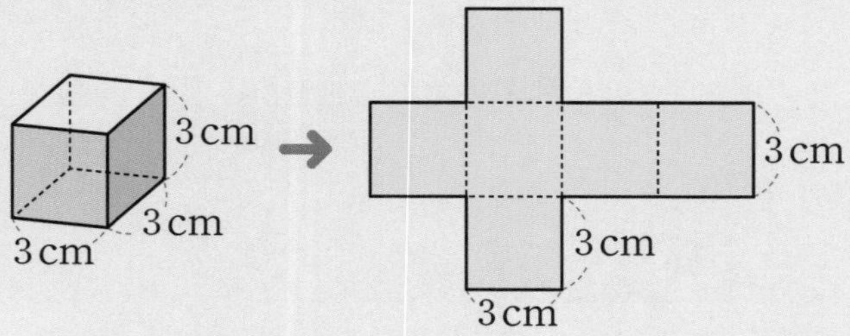

(정육면체의 겉넓이)＝(한 면의 넓이)×6

＝(한 모서리의 길이)×(한 모서리의 길이)×6

$=3\times3\times6=54\ (\mathrm{cm}^2)$

≫ 정답 · 풀이 46쪽

기본기 다지는 교과서 문제

1 여러 가지 방법으로 직육면체의 겉넓이를 구하려고 합니다. □ 안에 알맞은 수를 써넣으세요.

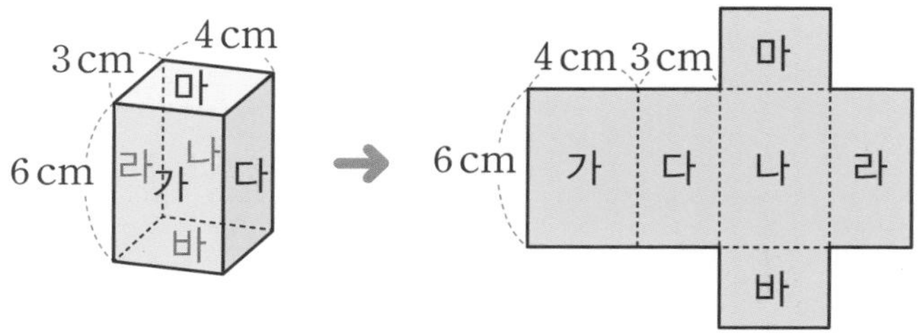

(1) 직육면체의 겉넓이를 여섯 면의 넓이의 합으로 구하세요.

(여섯 면의 넓이의 합)

=□(가)+□(나)+□(다)+□(라)+□(마)+□(바)

=□ (cm^2)

(2) 직육면체의 겉넓이를 세 쌍의 면이 합동인 성질을 이용하여 구하세요.

(한 꼭짓점에서 만나는 세 면의 넓이의 합)×2

=(□(가)+□(다)+□(마))×2=□ (cm^2)

(3) 직육면체의 겉넓이를 두 밑면과 옆면의 넓이의 합으로 구하세요.

(한 밑면의 넓이)×2+(옆면의 넓이)

=□×2+□×□=□ (cm^2)

2 정육면체의 겉넓이를 구하려고 합니다. □ 안에 알맞은 수를 써넣으세요.

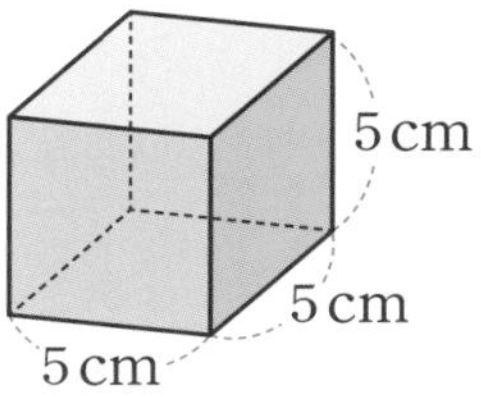

(정육면체의 겉넓이)=(한 면의 넓이)×6

=□×□×6=□ (cm^2)

개념 따라쓰기

직육면체의 겉넓이 구하기

직육면체의 겉넓이

① (여섯 면의 넓이의 합)

② (한 꼭짓점에서 만나는 세 면의 넓이의 합)×2

③ (한 밑면의 넓이)×2+(옆면의 넓이)

정육면체의 겉넓이 구하기

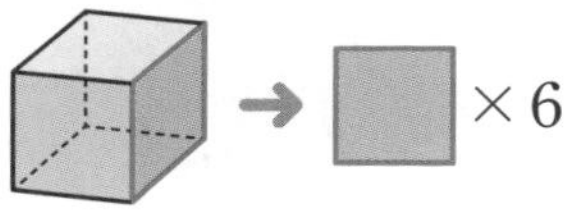

정육면체의 겉넓이

=(한 면의 넓이)×6

=(한 모서리의 길이)×(한 모서리의 길이)×6

6 단원

1

계산

직육면체의 겉넓이는 몇 cm^2일까요?

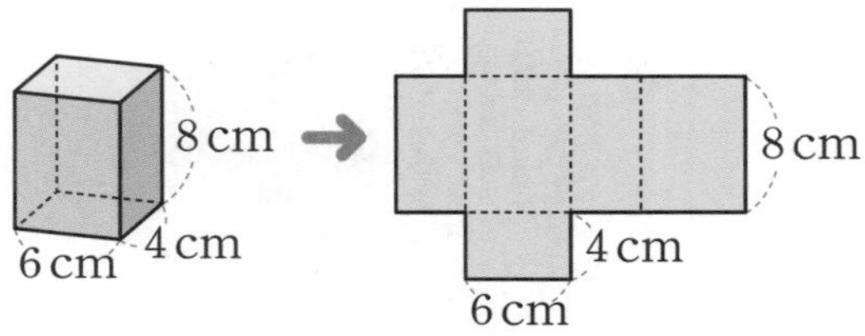

(　　　　　　　)

2

계산

정육면체의 겉넓이는 몇 cm^2일까요?

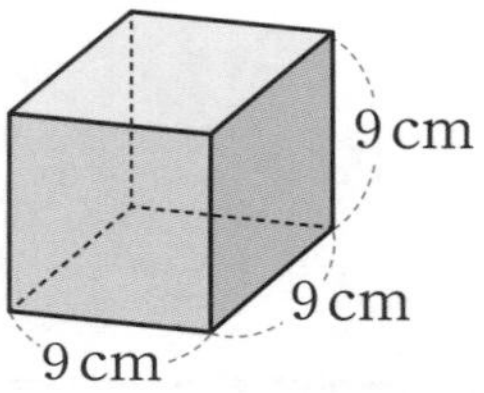

(　　　　　　　)

3

70쪽 적용

전개도를 접어서 만들 수 있는 직육면체의 겉넓이는 몇 cm^2일까요?

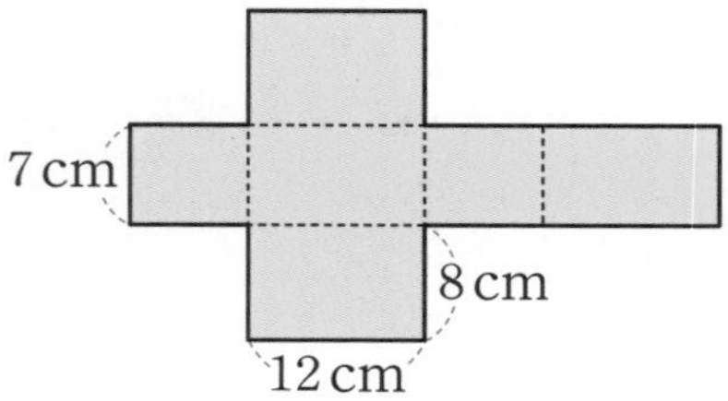

(　　　　　　　)

4

70쪽 적용

전개도를 접에서 만들 수 있는 정육면체의 겉넓이는 몇 cm^2일까요?

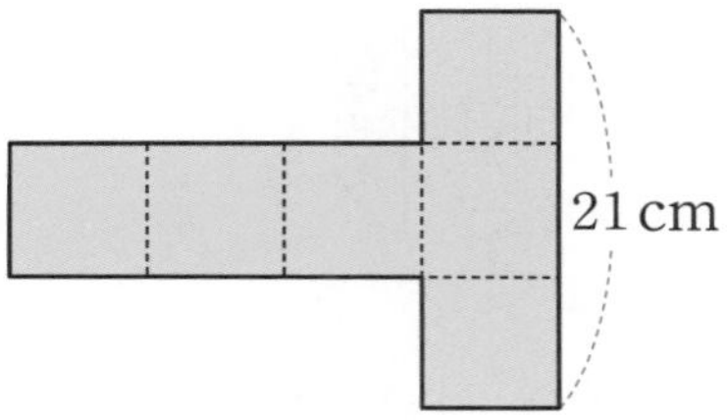

(　　　　　　　)

5

70쪽 적용

직육면체 가와 나 중에서 겉넓이가 더 넓은 것의 기호를 쓰세요.

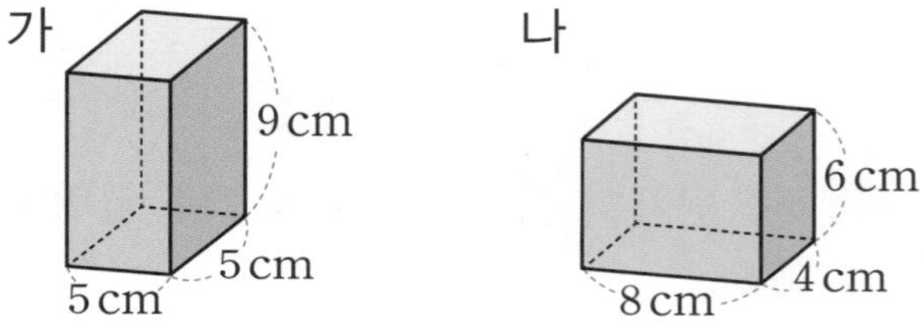

(　　　　　　　)

6

70쪽 추론

정육면체의 한 모서리의 길이는 몇 cm인지 □ 안에 알맞은 수를 구하세요.

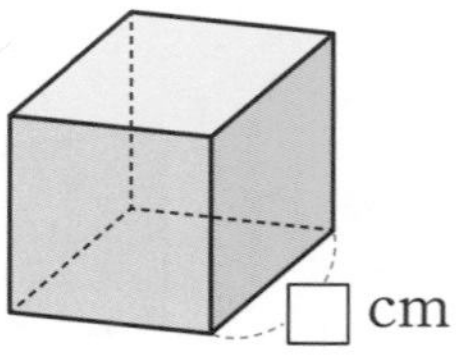

겉넓이: 150 cm^2

(　　　　　　　)

7 71쪽 추론

직육면체의 겉넓이가 280 cm^2일 때, 높이는 몇 cm일까요?

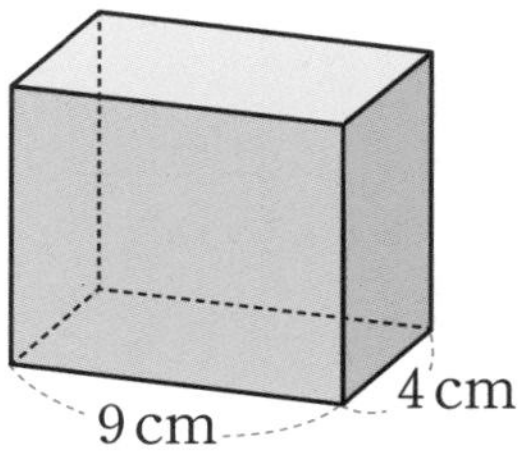

(   )

8 71쪽 문제 해결

직육면체의 부피가 180 cm^3일 때 직육면체의 겉넓이는 몇 cm^2일까요?

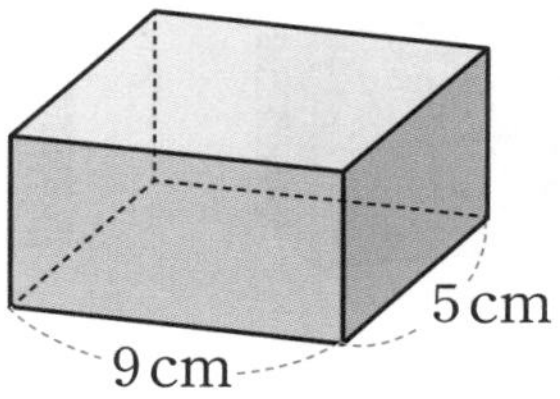

(   )

+9 71쪽 수학적 독해력

직육면체 모양의 두부를 다음과 같이 똑같은 직육면체 모양 4조각으로 잘랐습니다. 두부 4조각의 겉넓이의 합은 처음 두부의 겉넓이보다 몇 cm^2 더 늘어났을까요?

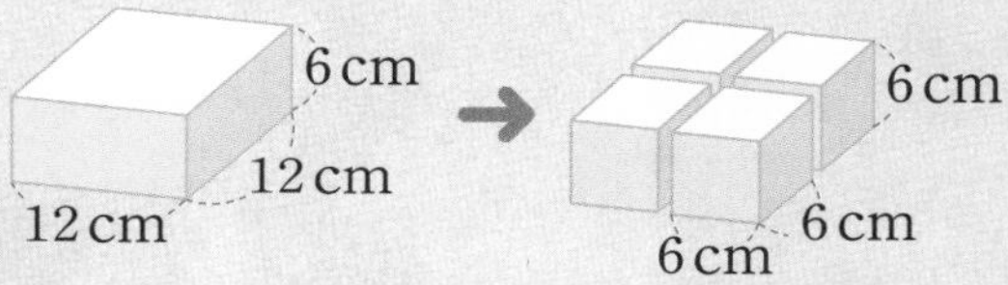

(   )

+10 71쪽 수학적 표현력

정육면체 가의 겉넓이는 직육면체 나의 겉넓이와 같습니다. 정육면체 가의 한 모서리의 길이는 몇 cm인지 풀이 과정을 쓰고, 답을 구하세요.

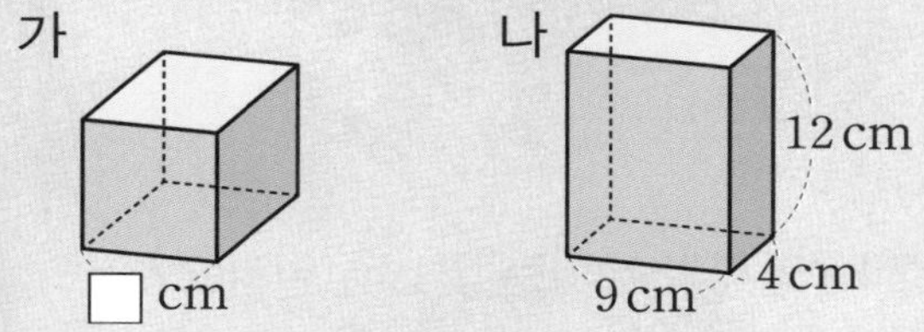

풀이

답

오늘 공부 어땠나요? 10개 중 맞힌 문제 □ 개 > **틀린 문제**는 힌트를 보고 다시 도전해 보세요. > **맞힌 문제**는 힌트를 보고 자신의 생각과 비교해 보세요.

6 단원

01 크기가 같은 쌓기나무를 사용하여 두 직육면체의 부피를 비교하고, ◯ 안에 $>$, $=$, $<$를 알맞게 써넣으세요.

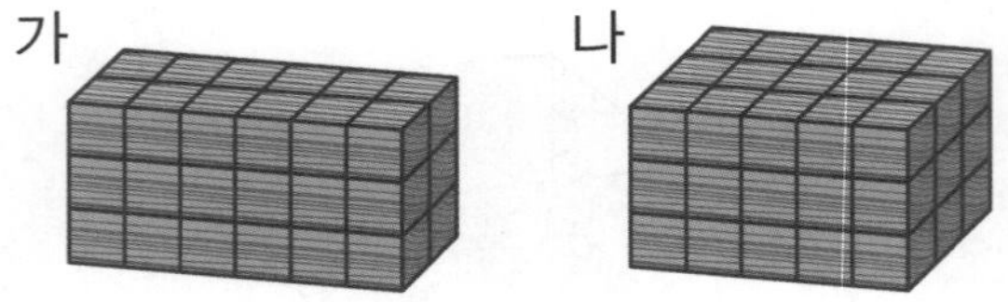

가의 부피 ◯ 나의 부피

02 직육면체의 부피는 몇 cm^3일까요?

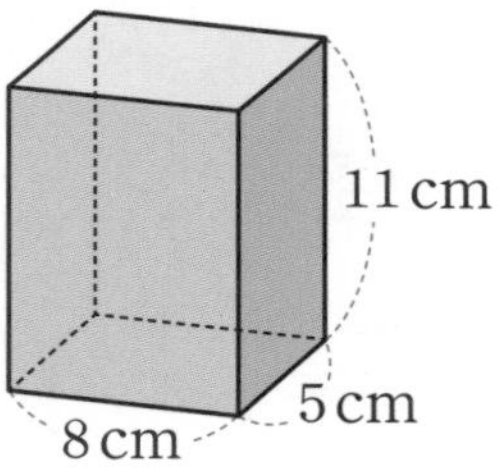

(　　　　　　　　)

03 전개도를 접어서 만들 수 있는 직육면체의 부피는 몇 cm^3일까요?

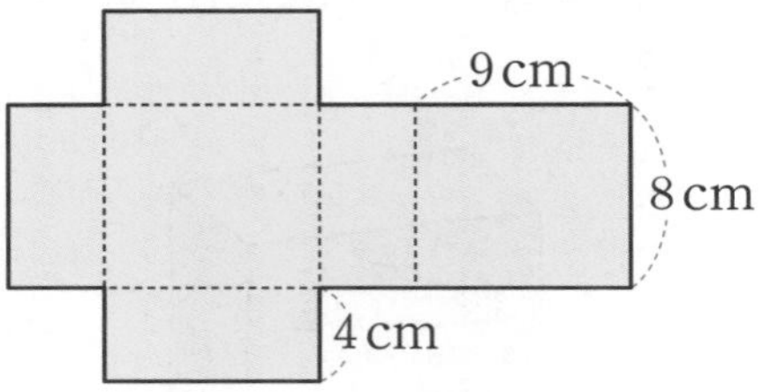

(　　　　　　　　)

04 □ 안에 알맞은 수를 써넣으세요.

(1) $2.7\ m^3=$ □ cm^3

(2) $800000\ cm^3=$ □ m^3

05 직육면체의 부피는 몇 m^3일까요?

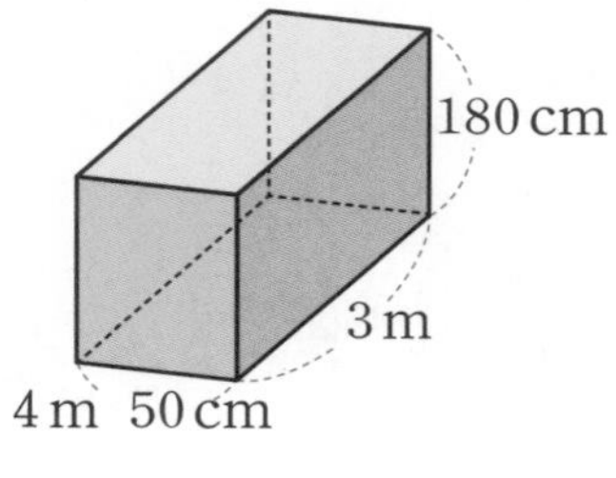

(　　　　　　　　)

06 직육면체의 겉넓이는 몇 cm^2일까요?

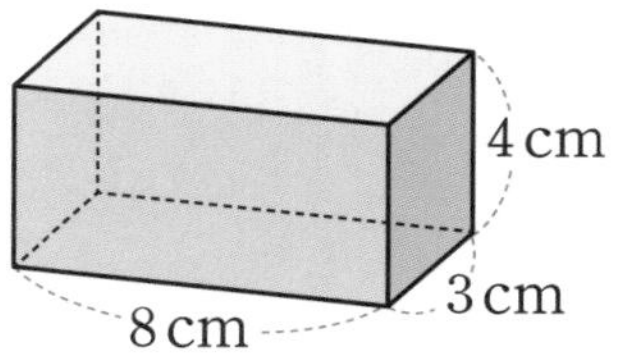

( )

07 두 직육면체의 겉넓이의 차는 몇 cm^2일까요?

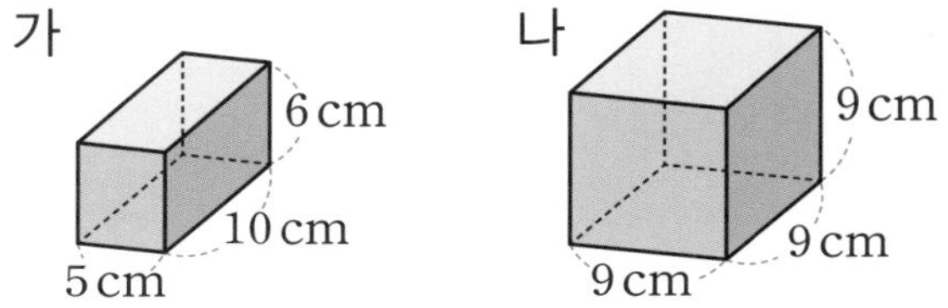

( )

08 겉넓이가 216 cm^2인 정육면체의 부피는 몇 cm^3일까요?

( )

09 다음 직육면체의 겉넓이는 232 cm^2입니다. □ 안에 알맞은 수를 구하세요.

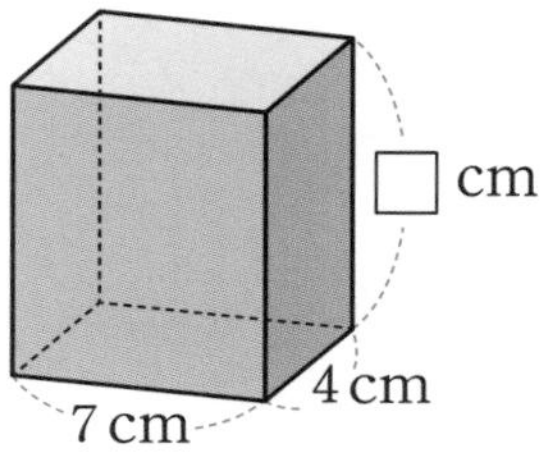

( )

서술형

10 한 면의 둘레가 56 cm인 정육면체의 겉넓이는 몇 cm^2인지 풀이 과정을 쓰고, 답을 구해 보세요.

[풀이] ______________________

____

____

[답] ______________________

memo

모든 문제의 첫 번째 힌트는
문제를 다시 읽는 것입니다.

새 교과서 분석 반영
초등 1등 공부 비법

막힐 땐

힌트북

초등수학 6-1

막힐 때 찾아보는 **힌트북**

슬기로운공부

힌트 = 개념

막힐 땐

힌트북

초등수학 6-1

막힐 때 찾아보는 힌트북

01 일

(자연수)÷(자연수) (1)

몫이 1보다 작은 경우

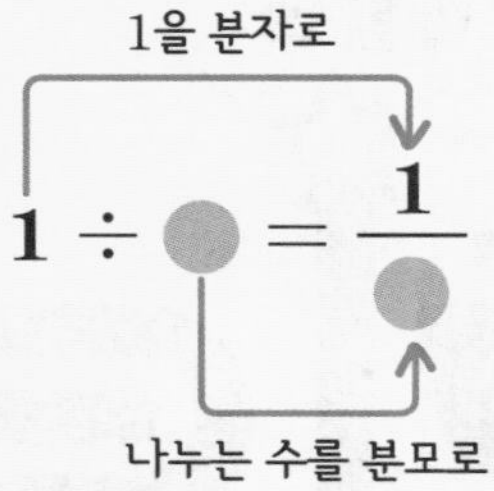

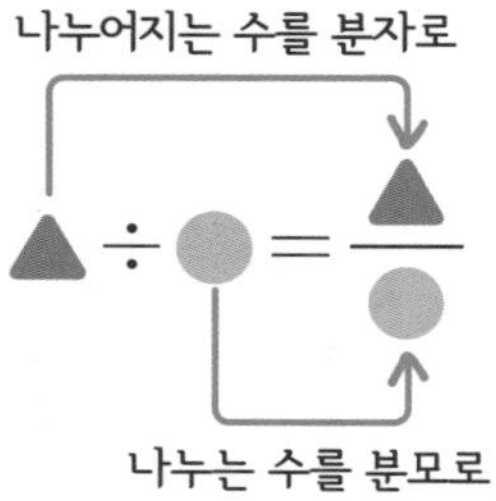

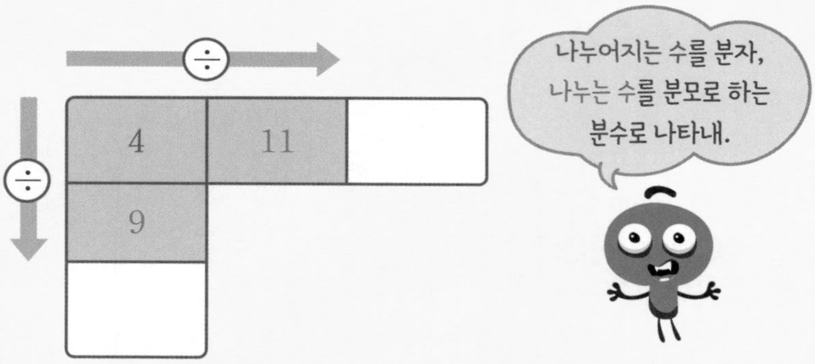

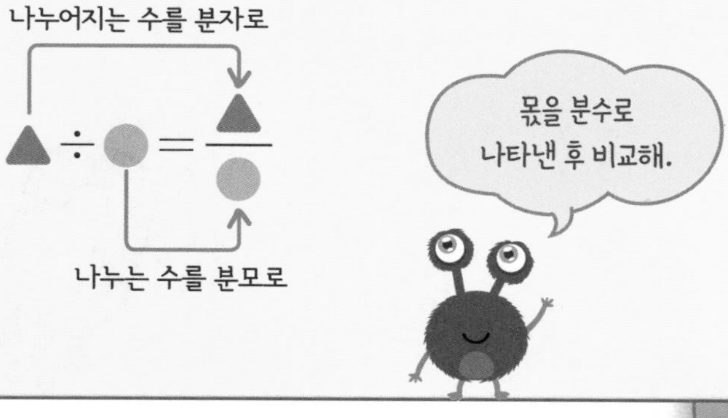

1 $1 \div 4$의 몫을 분수로 나타내려고 합니다. □ 안에 알맞은 수를 써넣으세요.

(1) $1 \div 4$는 1을 똑같이 □로 나눈 것 중의 □입니다.

(2) $1 \div 4$의 몫을 분수로 나타내면 $\frac{\square}{\square}$입니다.

3 나눗셈의 몫을 분수로 바르게 나타낸 학생의 이름을 쓰세요.

5 빈칸에 알맞은 분수를 써넣으세요.

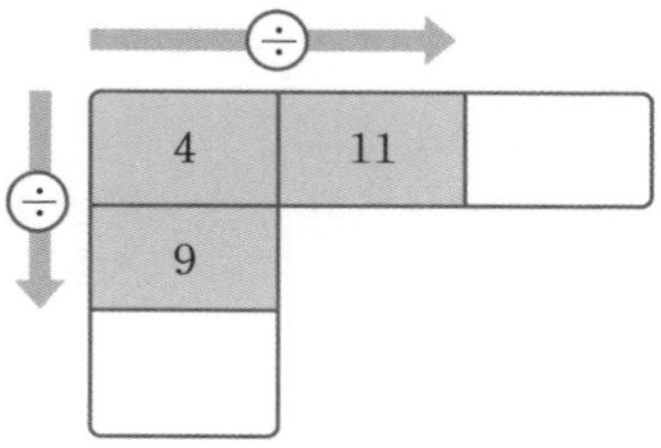

6 몫의 크기를 비교하여 ◯ 안에 $>$, $=$, $<$를 알맞게 써넣으세요.

$3 \div 4$ ◯ $6 \div 8$

7 ◆+♥의 값을 구하세요.

$1 \div ◆ = \frac{1}{7}$　　　♥$\div 15 = \frac{14}{15}$

(　　　　　　)

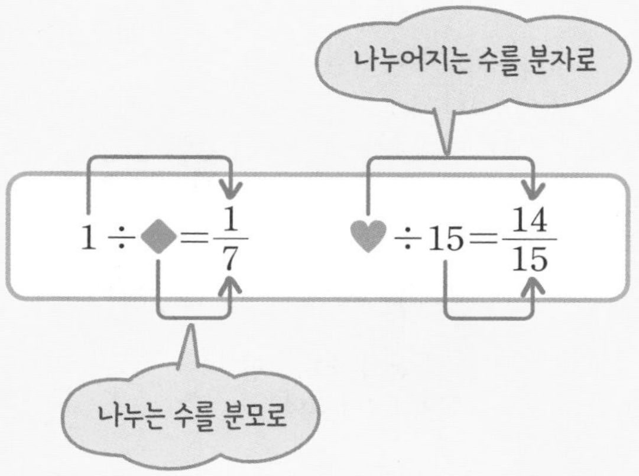

8 어떤 자연수를 7로 나누어야 할 것을 잘못하여 곱했더니 28이 되었습니다. 바르게 계산한 값을 구하세요.

잘못 계산한 식을 이용하여 (어떤 수)를 먼저 구해.

(잘못 계산한 식) 어떤 수 $\times 7 = 28$

↓

(바르게 계산한 식) 어떤 수 $\div 7 = ?$

수학적 독해력

9 우유 1 L와 우유 2 L를 모양과 크기가 같은 컵에 똑같이 나누어 담으려고 합니다. 우유 1 L를 컵 3개에, 우유 2 L를 컵 5개에 똑같이 나누어 담을 때 컵 가와 컵 나 중 어느 컵에 우유가 더 많을까요?

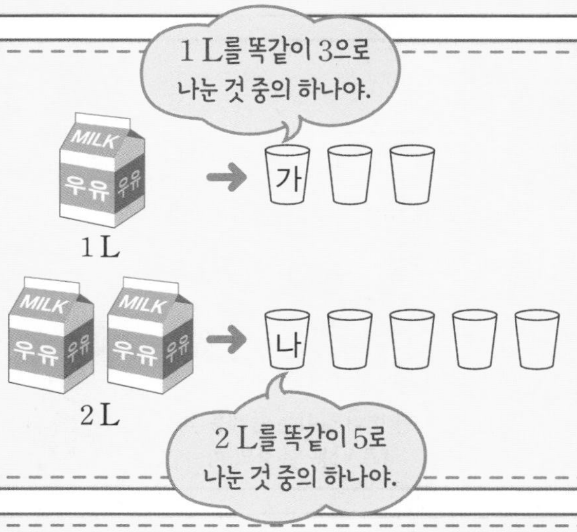

수학적 표현력

10 둘레가 3 m인 정오각형의 한 변의 길이는 몇 m인지 풀이 과정을 쓰고, 답을 구하세요.

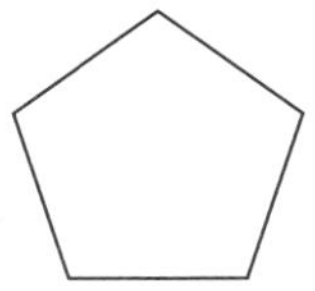

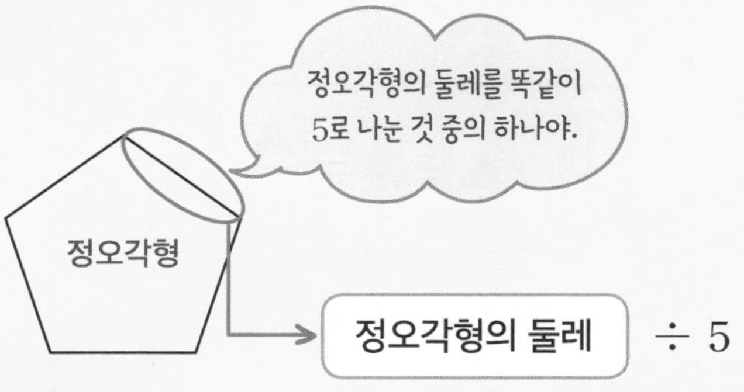

02 일 (자연수)÷(자연수) (2)

몫이 1보다 큰 경우

3 나눗셈의 몫이 1보다 큰 것에 ○표, 작은 것에 ×표 하세요.

4÷5	5÷4
( )	( )

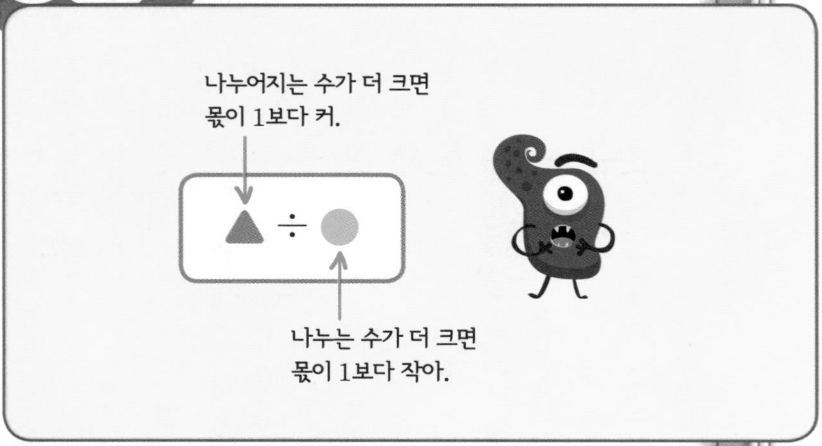

4 빈칸에 알맞은 분수를 써넣으세요.

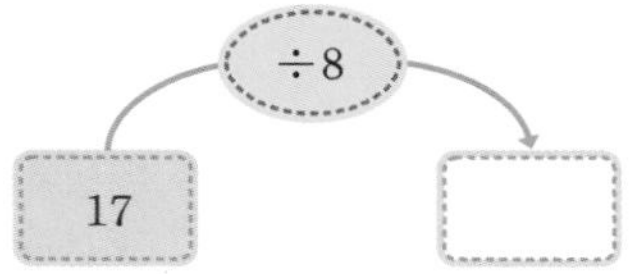

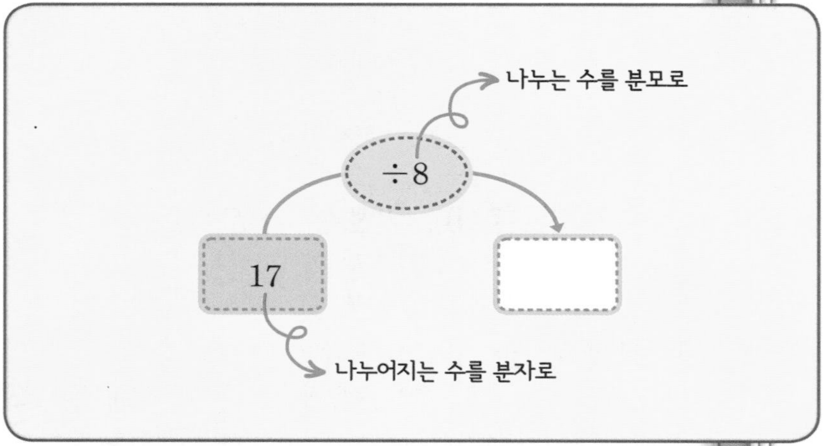

5 다음 정사각형의 한 변의 길이는 몇 cm인지 분수로 나타내어 보세요.

둘레: 13 cm

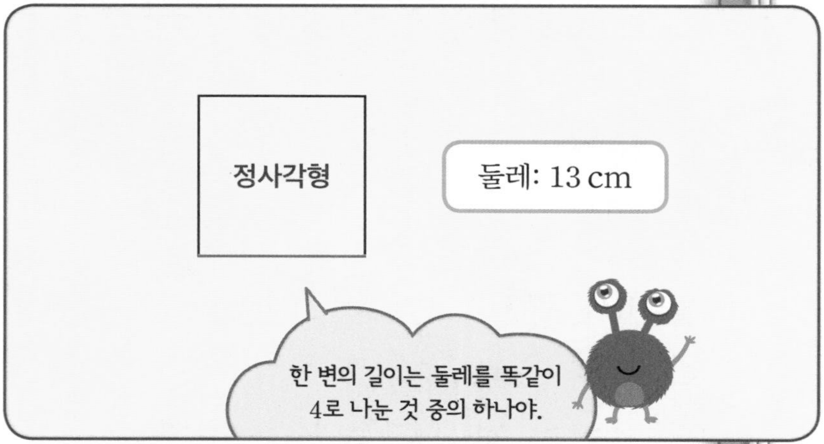

6 가장 큰 수를 가장 작은 수로 나눈 몫을 분수로 나타내어 보세요.

29	9	6	17

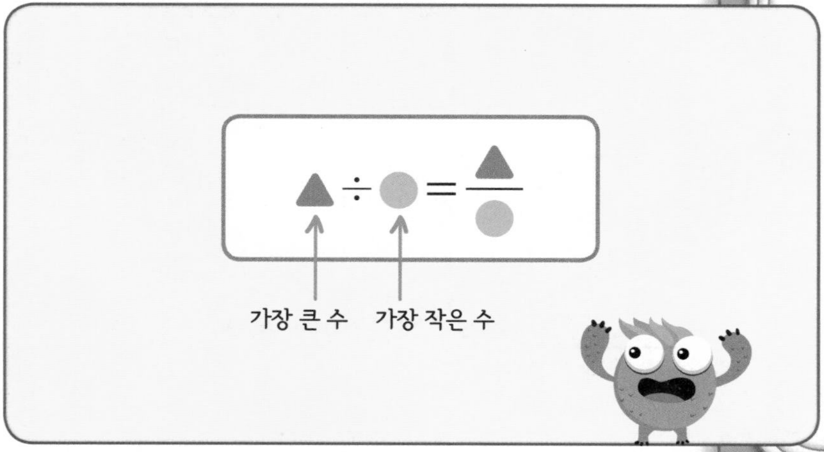

7 나눗셈의 몫이 1보다 큰 것을 모두 찾아 기호를 쓰세요.

㉠ $9 \div 2$	㉡ $5 \div 22$
㉢ $13 \div 18$	㉣ $27 \div 5$

나누어지는 수가 나누는 수보다 크면 몫이 1보다 커.

▲ ÷ ●

8 한 병에 $\frac{8}{5}$ L씩 들어 있는 주스가 5병 있습니다. 이 주스를 일주일 동안 똑같이 나누어 마신다면 하루에 몇 L씩 마실 수 있을까요?

한 병에 $\frac{8}{5}$ L씩 들어 있는 주스가 5병 있습니다. 이 주스를 일주일 동안 똑같이 나누어 마신다면 하루에 몇 L씩 마실 수 있을까요?

▲ ÷ ● = ▲/●

수학적 독해력

+9 주말농장에 간 수현이네 가족과 영민이네 가족은 텃밭을 가꾸기로 했습니다. 고구마를 심기로 한 텃밭이 더 넓은 쪽은 어느 가족일까요?

수현: 우리 가족의 텃밭은 $13\ m^2$야. 감자, 오이, 상추, 고구마를 똑같은 넓이로 심기로 했어.

영민: 우리 가족의 텃밭은 $10\ m^2$야. 옥수수, 고구마, 고추를 똑같은 넓이로 심기로 했어.

<수현이네 텃밭>

감자	오이
상추	고구마

$13\ m^2$를 똑같이 4로 나눈 것 중의 하나야.

<영민이네 텃밭>

옥수수	고구마	고추

$10\ m^2$를 똑같이 3으로 나눈 것 중의 하나야.

수학적 표현력

+10 쌀 14 kg을 9봉지에 똑같이 나누어 담으려고 합니다. 한 봉지에 담을 수 있는 쌀을 분수로 나타내면 몇 kg인지 풀이 과정을 쓰고, 답을 구하세요.

쌀 14 kg을 9봉지에 똑같이 나누어 담으려고 합니다. 한 봉지에 담을 수 있는 쌀을 분수로 나타내면 몇 kg인지 구하세요.

▲ ÷ ● = ▲/●

03 일 (분수)÷(자연수) (1)

배수(○)

$\frac{9}{17}$ → ÷3 → ○

분자가 자연수의 배수일 때에는 분자를 자연수로 나눠 계산해.

분모가 아니라 분자를 자연수로 나누어야 해.

민호: $\frac{7}{10} \div 5 = \frac{7}{10 \div 5} = \frac{7}{2} = 3\frac{1}{2}$

중요해!

분자가 자연수의 배수가 아닐 때에는 크기가 같은 분수 중 분자가 자연수의 배수인 수로 바꾸어 계산해.

배수(×) 배수(×) 배수(×)

㉠ $\frac{2}{3} \div 6$ ㉡ $\frac{5}{6} \div 3$ ㉢ $\frac{5}{9} \div 4$

분자가 자연수의 배수가 아닐 때에는 자연수의 배수인 분수로 바꾸어 몫을 계산해.

분자가 자연수의 배수가 아니면 자연수의 배수인 분수로 바꿔서 계산해.

분자가 자연수의 배수이면 분자를 자연수로 나눠 계산해.

배수(×) $\frac{3}{4} \div 5$

배수(○) $\frac{4}{5} \div 2$

3 빈칸에 알맞은 분수를 써넣으세요.

$\frac{9}{17}$ → ÷3 → ○

4 다음은 민호가 $\frac{7}{10} \div 5$를 계산한 것입니다. 잘못 계산한 곳을 찾아 바르게 계산해 보 세요.

민호: $\frac{7}{10} \div 5 = \frac{7}{10 \div 5} = \frac{7}{2}$이니까 답은 $3\frac{1}{2}$이야.

↓

$\frac{7}{10} \div 5$

5 나눗셈의 몫이 가장 작은 것부터 차례로 기호를 쓰세요.

㉠ $\frac{2}{3} \div 6$ ㉡ $\frac{5}{6} \div 3$ ㉢ $\frac{5}{9} \div 4$

6 두 나눗셈의 몫의 차를 구하세요.

$\frac{3}{4} \div 5$ $\frac{4}{5} \div 2$

7 □ 안에 들어갈 수 있는 자연수를 모두 쓰세요.

$$\frac{3}{7} \div 2 > \frac{\square}{28}$$

$\frac{3}{7} \div 2 > \frac{\square}{28}$ → $\frac{★}{28}$

왼쪽을 계산하여 $\frac{★}{28}$ 꼴로 만든 다음 분자의 크기를 비교해.

8 수 카드 3, 5를 한 번씩 모두 사용하여 계산 결과가 더 큰 나눗셈식을 만들었을 때의 몫을 구하세요.

$$\frac{\square}{12} \div \square$$

나누어지는 수가 클수록, 나누는 수가 작을수록 계산 결과가 더 커.

나누어지는 수 → $\frac{\square}{12}$ ÷ □ ← 나누는 수

수학적 독해력

+9 설탕 1 kg 중에서 $\frac{3}{19}\text{ kg}$을 과자를 만드는 데 사용하였습니다. 남은 설탕을 8봉지에 똑같이 나누어 담았다면 한 봉지에 담은 설탕은 몇 kg일까요?

"설탕 1 kg 중에서 $\frac{3}{19}\text{ kg}$을 사용하였습니다."

사용하고 '남은 설탕'의 무게를 먼저 구해야 해.

한 봉지에 담은 설탕의 무게 = 남은 설탕의 무게 ÷ 봉지의 수

수학적 표현력

+10 넓이가 $\frac{7}{8}\text{ m}^2$인 정육각형 모양을 다음과 같이 6등분하였습니다. 색칠한 부분의 넓이는 몇 m^2인지 풀이 과정을 쓰고, 답을 구하세요.

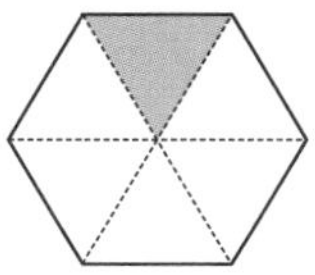

정육각형을 6등분한 것 중의 하나야.

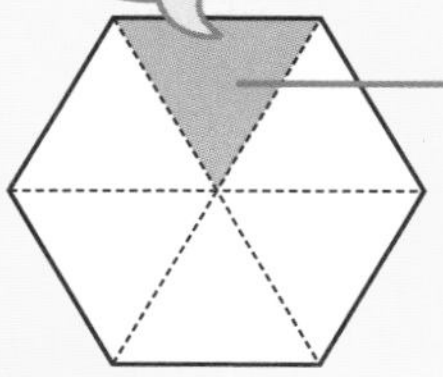

→ 정육각형의 넓이 ÷ 6

04일 (분수)÷(자연수) (2)

2 계산해 보세요.

(1) $\frac{7}{8} \div 5$ (2) $\frac{3}{5} \div 9$

(3) $\frac{15}{7} \div 4$ (4) $\frac{9}{4} \div 6$

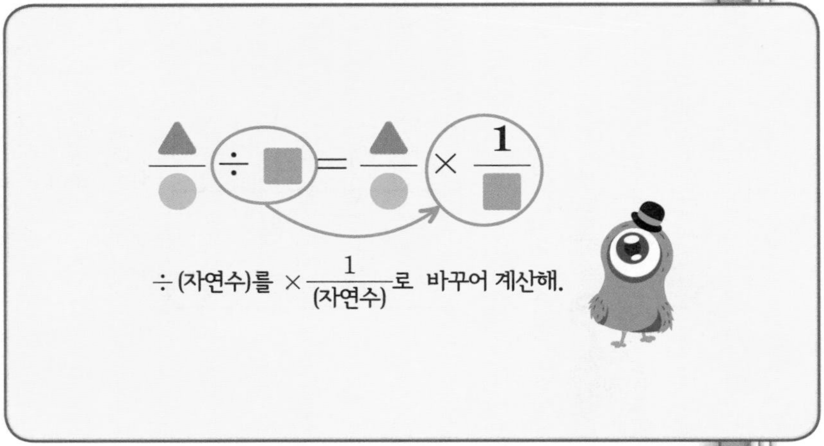

3 바르게 계산한 것을 찾아 기호를 쓰세요.

㉠ $\frac{4}{7} \div 8 = \frac{4}{7} \times 8 = \frac{32}{7}$

㉡ $\frac{5}{9} \div 3 = \frac{9}{5} \times \frac{1}{3} = \frac{3}{5}$

㉢ $\frac{8}{3} \div 7 = \frac{8}{3} \times \frac{1}{7} = \frac{8}{21}$

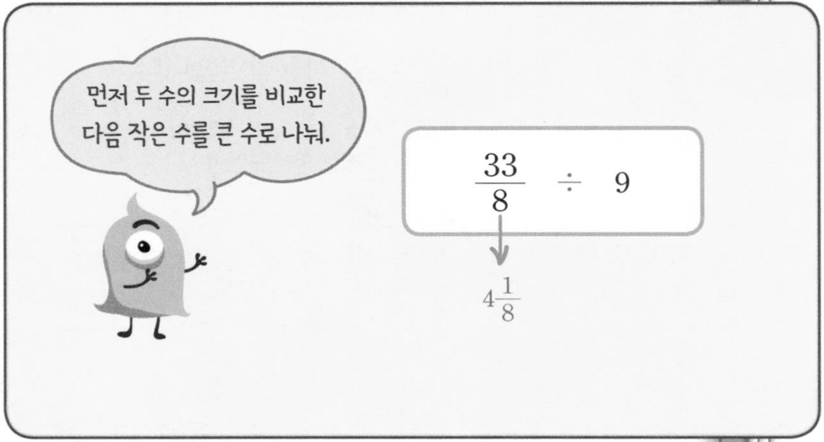

4 작은 수를 큰 수로 나눈 몫을 분수로 나타내어 보세요.

$\frac{33}{8}$ 9

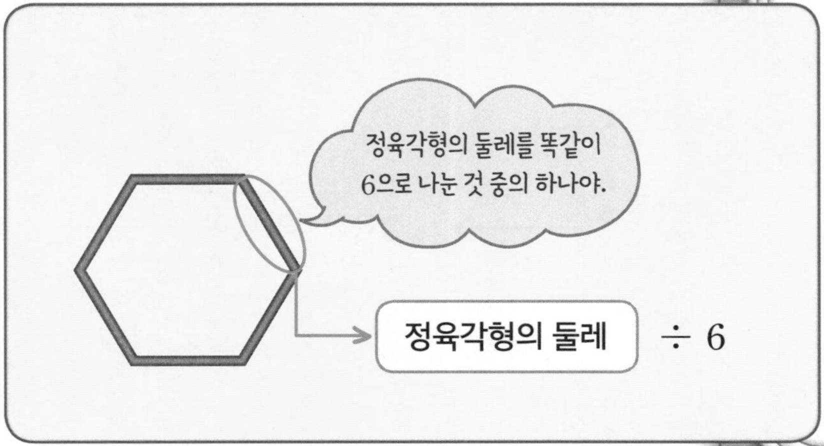

6 철사 $\frac{16}{7}$ m를 모두 사용하여 정육각형 모양을 만들었습니다. 정육각의 한 변의 길이는 몇 m일까요?

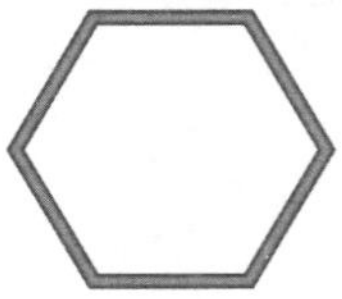

7 □ 안에 알맞은 분수를 구하세요.

$$\square\times 11=\frac{13}{5}$$

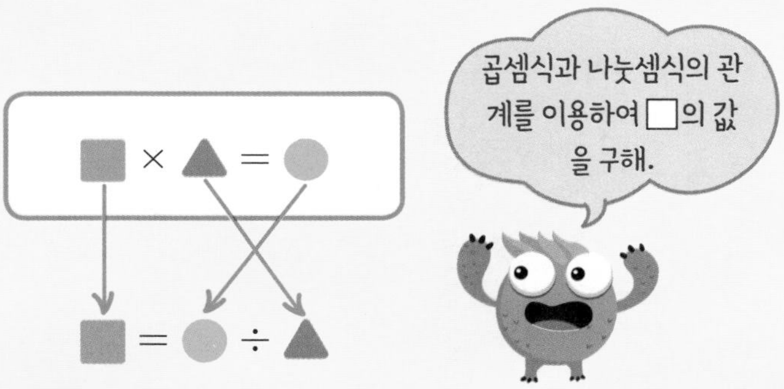

8 넓이가 $\frac{24}{5}$ m^2인 평행사변형이 있습니다. 이 평행사변형의 밑변의 길이가 5 m일 때 높이는 몇 m일까요?

(평행사변형의 넓이) = (밑변의 길이) × (높이)

(평행사변형의 높이) = (넓이) ÷ (밑변의 길이)

수학적 독해력

+9 수 카드 3장을 모두 사용하여 계산 결과가 가장 작은 나눗셈식을 만들었을 때의 몫을 구해 보세요.

2 5 7

$$\frac{\square}{\square}\div\square$$

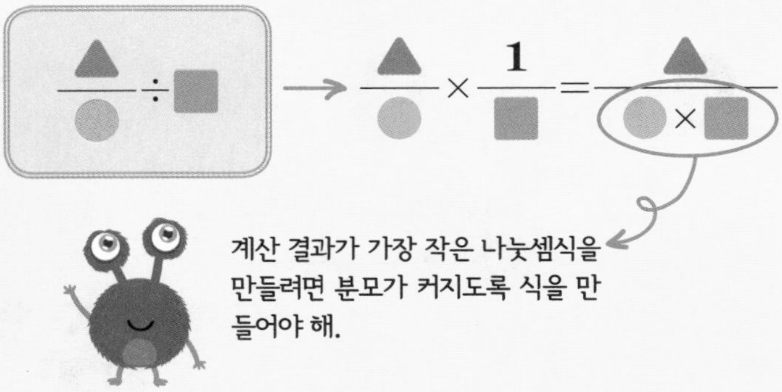

수학적 표현력

+10 주스 $\frac{11}{6}$ L를 병 3개에 똑같이 나누어 담았습니다. 한 병에 담은 주스는 몇 L인지 풀이 과정을 쓰고, 답을 구하세요.

주스 $\frac{11}{6}$ L를 병 3개에 똑같이 나누어 담았습니다. 한 병에 담은 주스는 몇 L인지 구하세요.

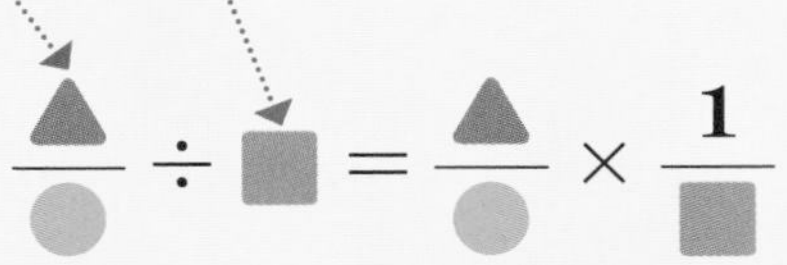

05일 (대분수)÷(자연수)

〔보기〕

$2\frac{1}{9}\div3=\frac{19}{9}\div3=\frac{19}{9}\times\frac{1}{3}=\frac{19}{27}$

대분수를 가분수로 ÷(자연수)를 $\times\frac{1}{(자연수)}$로

대분수는 반드시 가분수로 바꾼 다음 계산해야 해.

$1\frac{6}{7}\div2=1\frac{6\div2}{7}=1\frac{3}{7}$

$4\frac{2}{5}\div3$

$5\frac{3}{4}\div5$

대분수를 가분수로 바꿔 계산한 다음 크기를 비교해.

나눗셈의 몫에 나누는 수를 곱하면 나누어지는 수가 되어야 해.

$6\frac{2}{3}\div4=$ 몫

〔검산〕 몫 $\times4=6\frac{2}{3}$

1 〔보기〕와 같이 계산해 보세요.

〔보기〕

$2\frac{1}{9}\div3=\frac{19}{9}\div3=\frac{19}{9}\times\frac{1}{3}=\frac{19}{27}$

$1\frac{5}{8}\div6=$ ______

3 잘못 계산한 곳을 찾아 바르게 계산해 보세요.

$1\frac{6}{7}\div2=1\frac{6\div2}{7}=1\frac{3}{7}$

↓

[ ]

5 계산 결과가 더 큰 사람의 이름을 쓰세요.

$4\frac{2}{5}\div3$

$5\frac{3}{4}\div5$

6 $6\frac{2}{3}\div4$를 계산하고 검산한 것입니다. □ 안에 공통으로 들어갈 알맞은 대분수를 써넣으세요.

$6\frac{2}{3}\div4=$ □

〔검산〕 □ $\times4=6\frac{2}{3}$

7 그림과 같이 넓이가 $7\frac{1}{5}$ cm²인 직사각형을 4등분 하였습니다. 색칠한 부분의 넓이는 몇 cm²일까요?

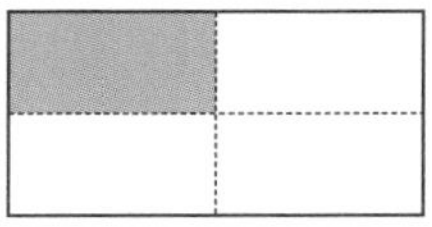

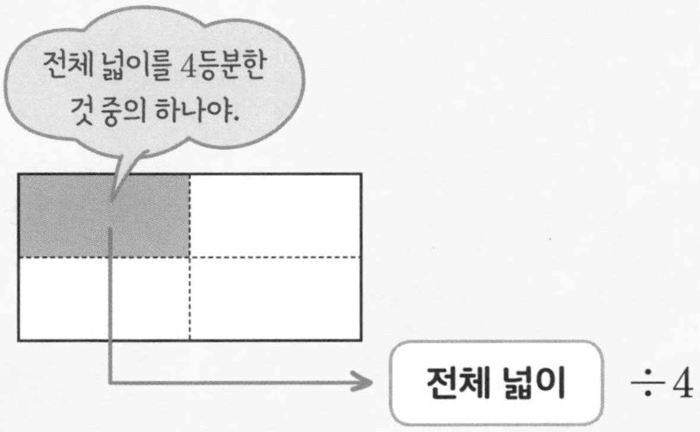

8 ★에 들어갈 알맞은 분수를 구하세요.

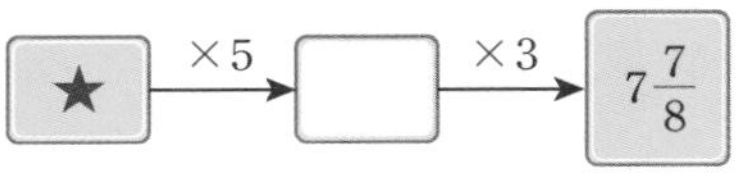

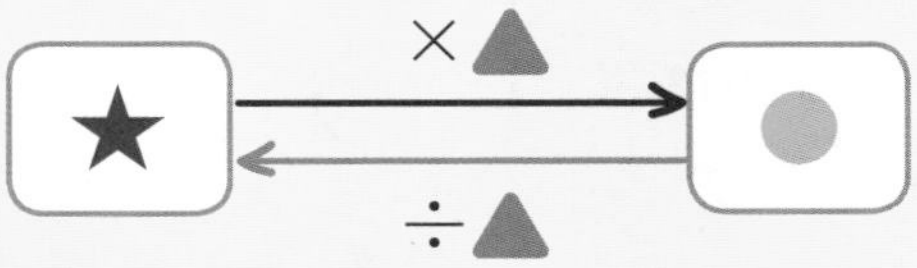

수학적 독해력

+9 무게가 똑같은 고구마 8개가 놓여 있는 쟁반의 전체 무게가 $2\frac{2}{9}$ kg입니다. 빈 쟁반이 $\frac{4}{9}$ kg이라면 고구마 한 개는 몇 kg일까요?

고구마 한 개의 무게 = 고구마 8개의 무게 ÷ 8

전체 무게에서 빈 쟁반의 무게를 빼야 해.

수학적 표현력

+10 넓이가 $9\frac{3}{5}$ m²인 직사각형이 있습니다. 가로가 4 m일 때 세로는 몇 m인지 풀이 과정을 쓰고, 답을 구하세요.

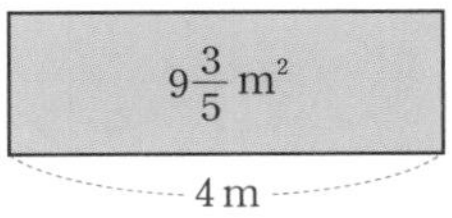

직사각형의 넓이 = 가로 × 세로

직사각형의 세로 = 넓이 ÷ 가로

06일 각기둥 알아보기 (1)

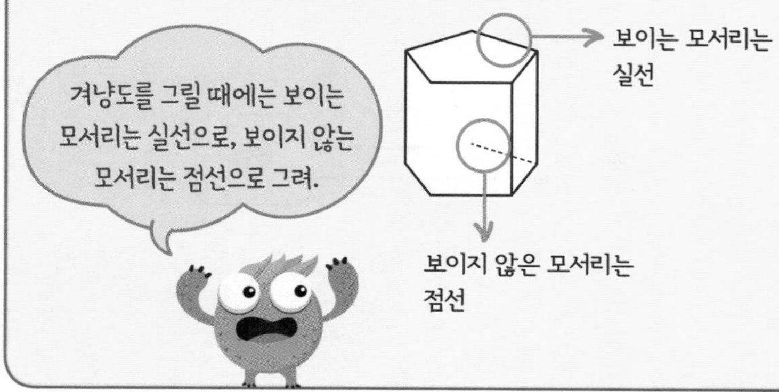

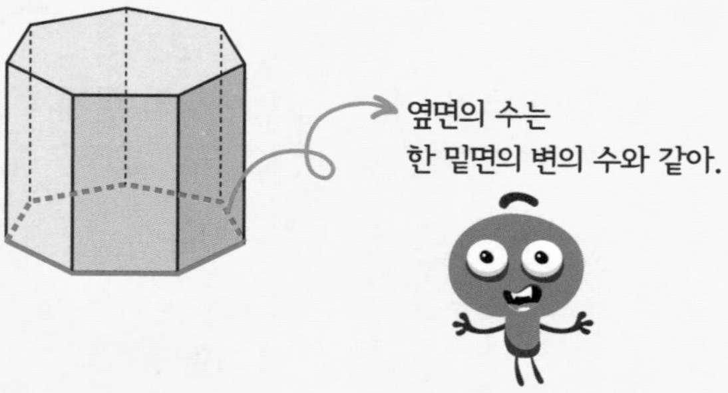

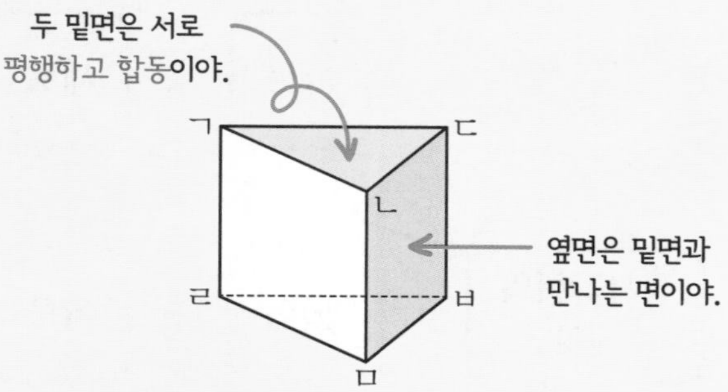

2 각기둥에서 두 밑면을 찾아 색칠해 보세요.

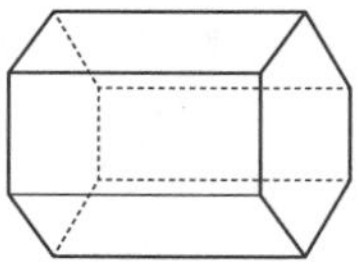

3 각기둥의 겨냥도를 완성해 보세요.

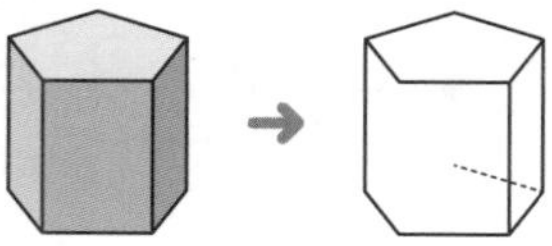

5 각기둥의 옆면은 몇 개일까요?

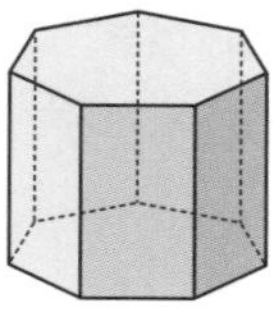

6 각기둥을 보고 밑면과 옆면을 모두 찾아 쓰세요.

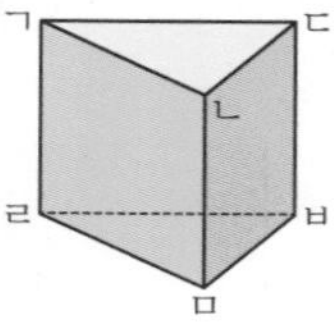

밑면	
옆면	

7 각기둥에서 색칠한 면이 밑면일 때 옆면이 아닌 것은 어느 것일까요? ································ (　　　)

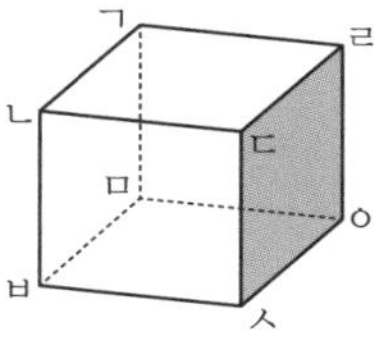

① 면 ㄱㄴㄷㄹ　　② 면 ㄴㅂㅅㄷ
③ 면 ㄱㄴㅂㅁ　　④ 면 ㄱㅁㅇㄹ
⑤ 면 ㅁㅂㅅㅇ

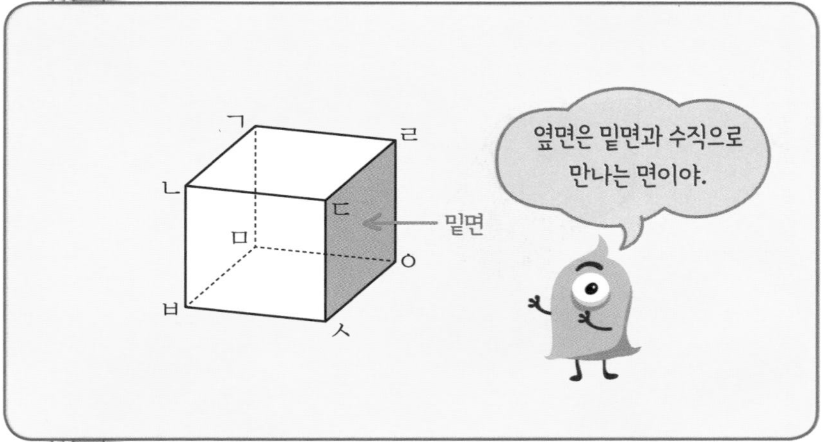

8 민호가 설명하는 것을 찾아 기호를 쓰세요.

수학적 독해력

+9 각기둥의 밑면과 옆면에 대한 설명으로 잘못된 것을 찾아 기호를 쓰세요.

㉠ 두 밑면은 서로 평행합니다.
㉡ 옆면의 모양은 모두 직사각형입니다.
㉢ 각기둥에 따라 밑면의 수가 다릅니다.

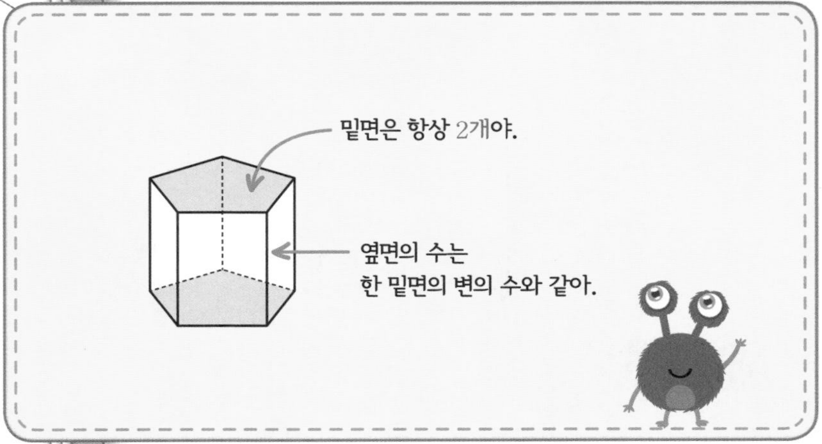

수학적 표현력

+10 다음 도형이 각기둥이 아닌 이유를 설명하세요.

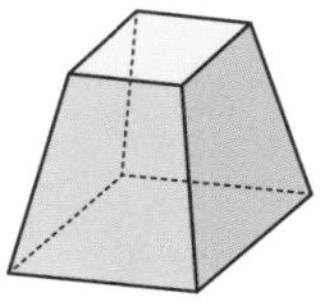

07일 각기둥 알아보기 (2)

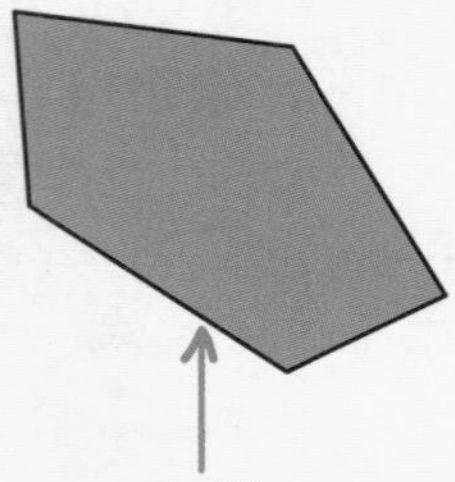

오각형

밑면의 모양이 ■각형인 각기둥은 ■각기둥이야.

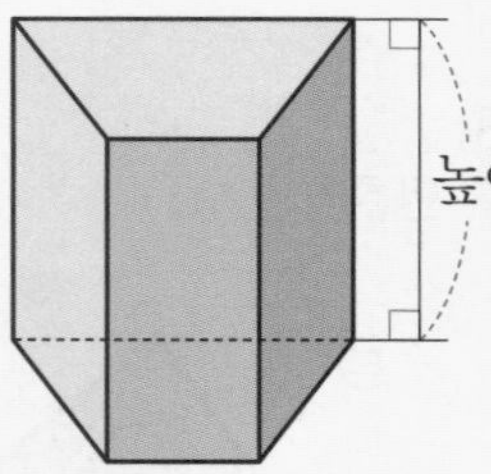

높이와 길이가 같은 모서리는 옆면끼리 만나서 생긴 모서리야.

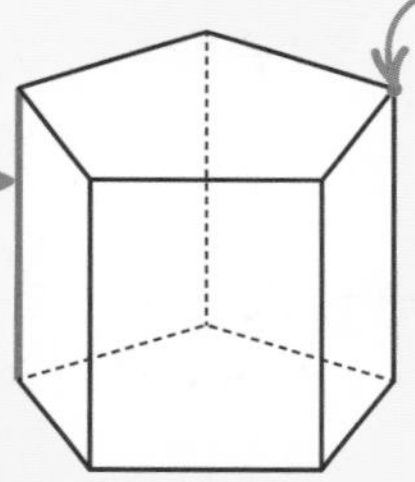

각기둥의 한 밑면의 변의 수를 알면 꼭짓점, 면, 모서리의 수를 알 수 있어.

도형	■각기둥
한 밑면의 변의 수(개)	■
꼭짓점의 수(개)	■ × 2
면의 수(개)	■ + 2
모서리의 수(개)	■ × 3

2 밑면의 모양이 다음과 같은 각기둥의 이름을 쓰세요.

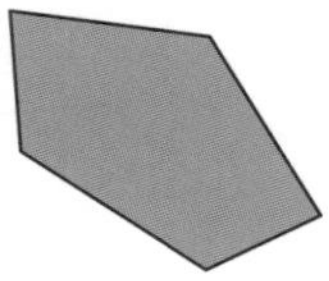

4 각기둥에서 높이와 길이가 같은 모서리는 몇 개일까요?

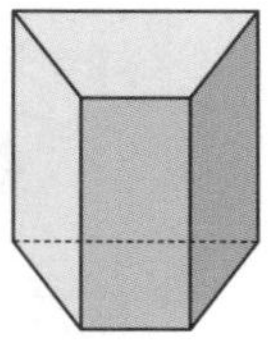

5 오각기둥의 겨냥도에서 모서리는 파란색으로, 꼭짓점은 빨간색으로 표시하고 각각 몇 개인지 쓰세요.

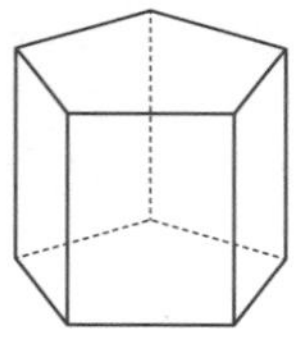

모서리 (　　　　　　)
꼭짓점 (　　　　　　)

6 빈칸에 알맞게 써넣으세요.

도형	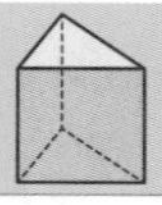	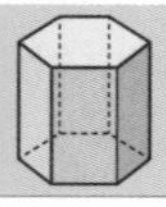
한 밑면의 변의 수(개)		
꼭짓점의 수(개)		
면의 수(개)		
모서리의 수(개)		

7 수현이가 설명하는 입체도형의 이름을 쓰세요.

(각기둥의 면의 수)=
(옆면의 수)+(밑면의 수)야.

■각기둥의 면의 수 → ■+2

옆면의 수　밑면의 수

8 밑면의 모양이 다음과 같은 각기둥의 꼭짓점의 수와 모서리 수의 합은 몇 개일까요?

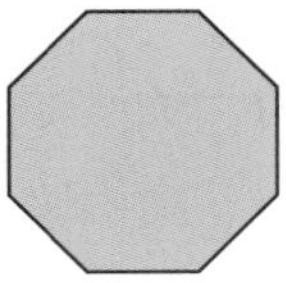

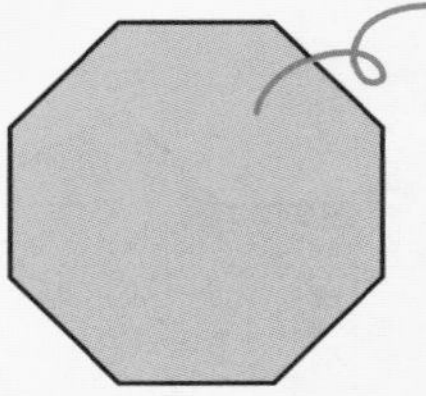

밑면의 모양이 팔각형이므로 팔각기둥이야.

■각기둥 ─ 면의 수 → ■+2
　　　　 ─ 꼭짓점의 수 → ■×2

수학적 독해력

+9 각기둥에 대한 설명으로 틀린 것을 모두 찾아 기호를 쓰세요.

㉠ 육각기둥의 면의 수는 삼각기둥의 면의 수의 2배입니다.
㉡ 옆면이 6개인 각기둥은 육각기둥입니다.
㉢ 칠각기둥의 꼭짓점은 14개입니다.
㉣ 각기둥의 모서리의 수와 꼭짓점의 수는 같습니다.

■각기둥 ─ 면의 수 → ■+2
　　　　 ─ 꼭짓점의 수 → ■×2
　　　　 ─ 모서리의 수 → ■×3

수학적 표현력

+10 다음 각기둥은 모든 모서리의 길이가 같습니다. 이 각기둥의 모든 모서리의 길이의 합은 몇 cm인지 풀이 과정을 쓰고, 답을 구하세요.

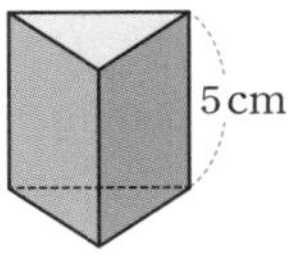

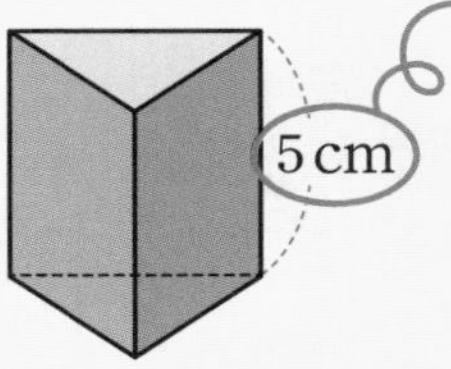

모든 모서리의 길이가 5 cm이므로 모든 모서리의 길이의 합은 (모서리의 수)×5(cm)야.

■각기둥의 모서리의 수 → ■×3

각기둥의 전개도 알아보기

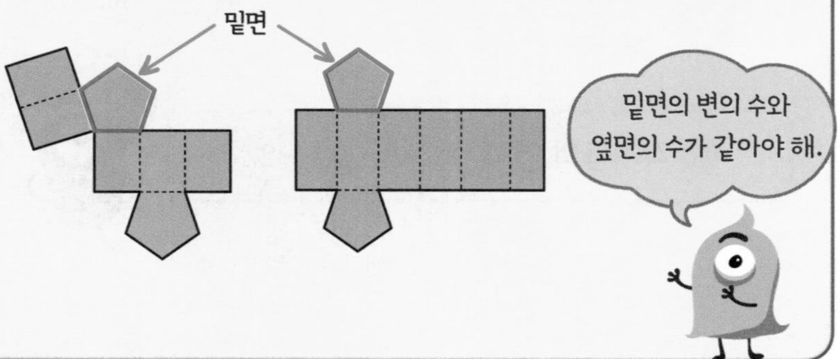

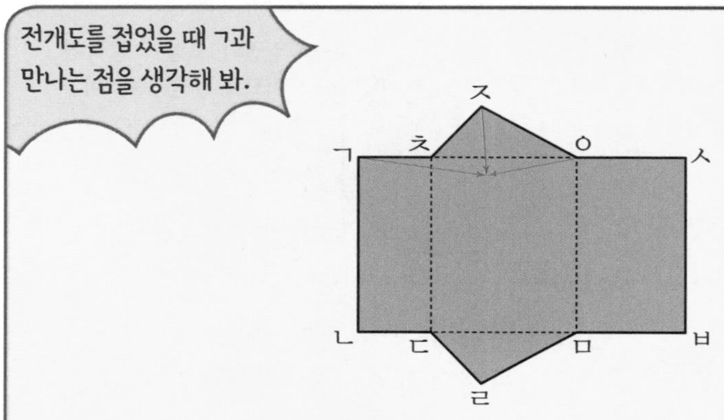

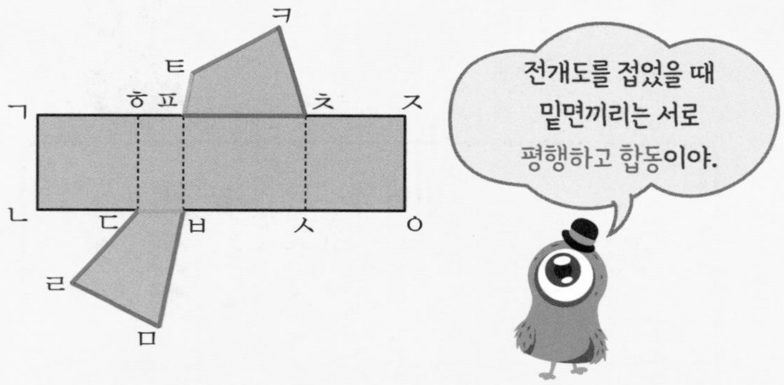

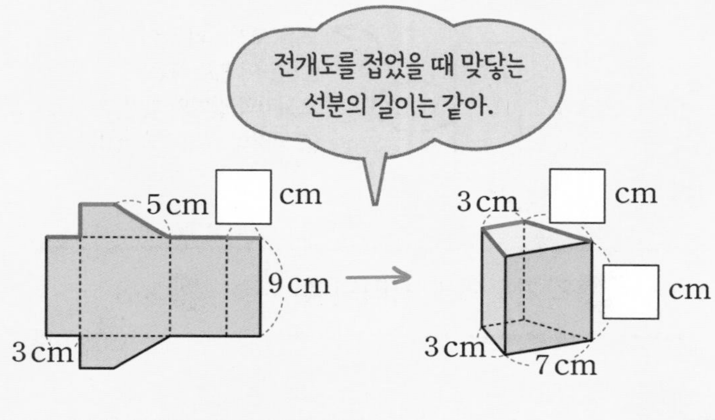

3 각기둥의 전개도가 아닌 것의 기호를 쓰세요.

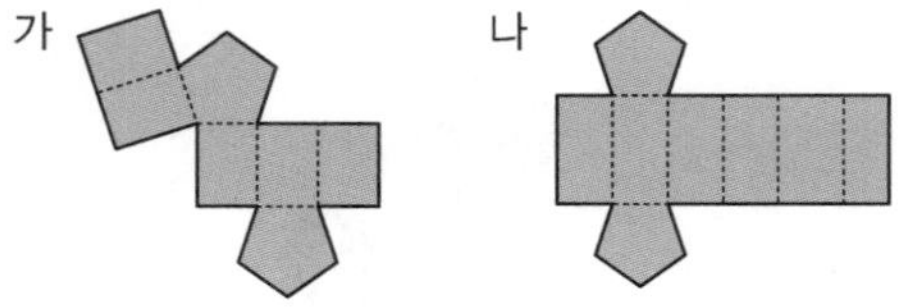

4 전개도를 접었을 때 점 ㄱ과 만나는 점을 모두 찾아 쓰세요.

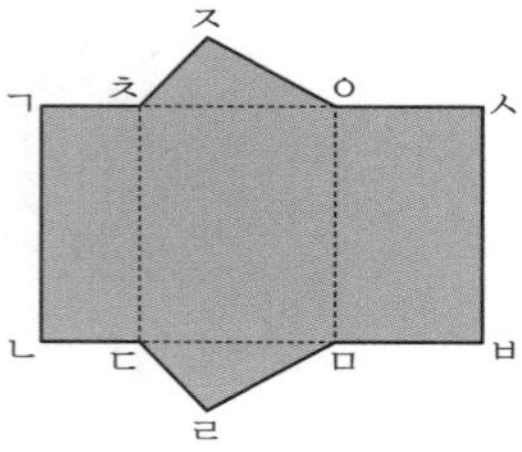

5 전개도를 접었을 때 면 ㄷㄹㅁㅂ과 평행한 면을 찾아 쓰세요.

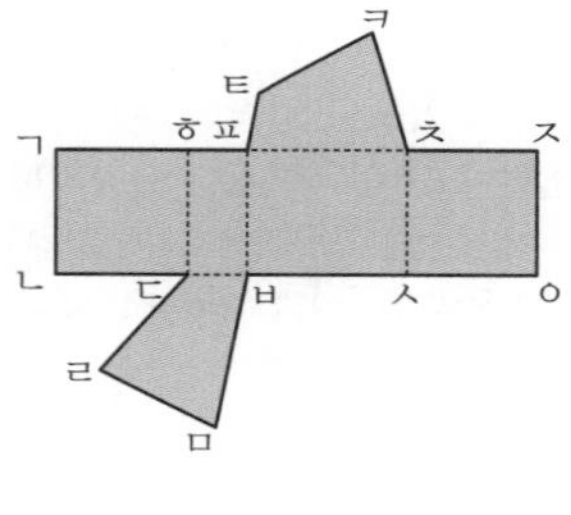

6 전개도를 접어서 각기둥을 만들었습니다. □ 안에 알맞은 수를 써넣으세요.

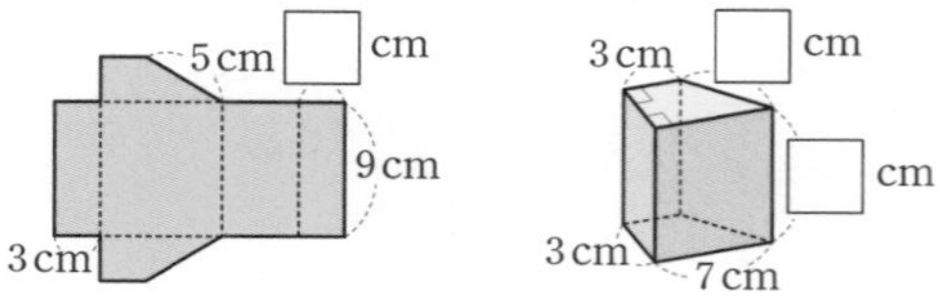

7 전개도를 접었을 때 면 ㉮와 수직으로 만나는 면은 모두 몇 개입니까?

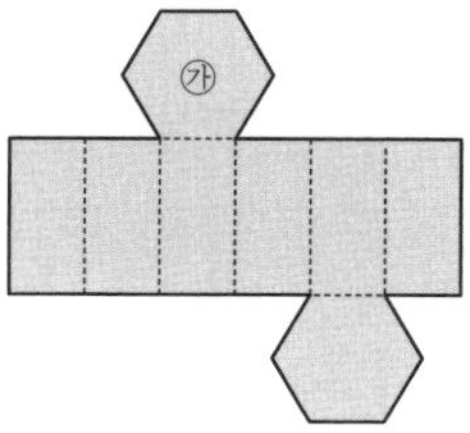

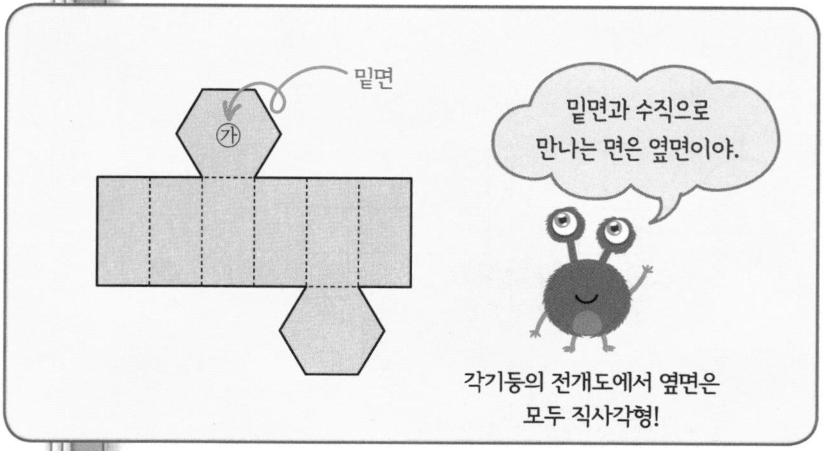

8 옆면이 모두 합동인 각기둥의 전개도입니다. 한 밑면의 둘레는 몇 cm인지 구하세요

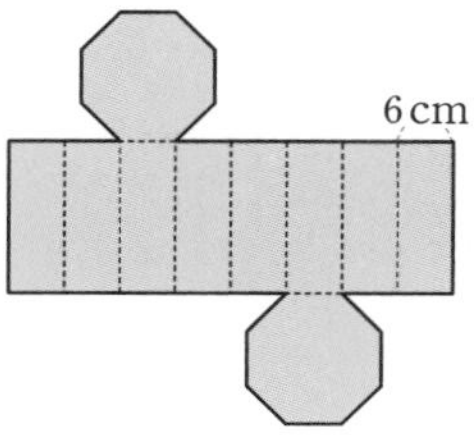

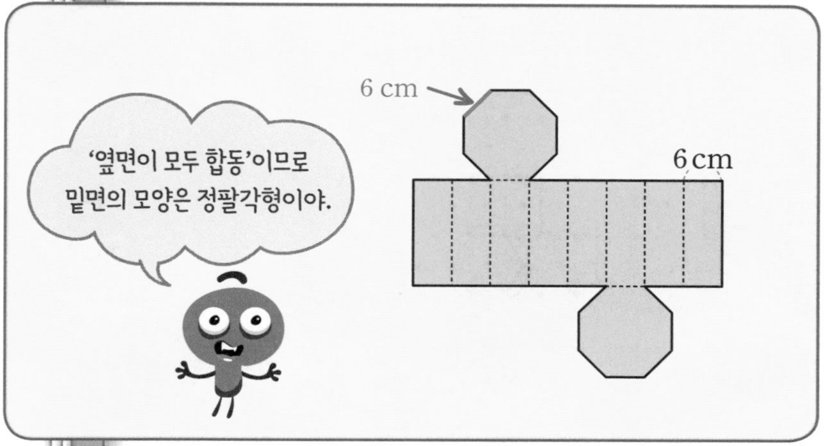

수학적 독해력

+9 〈보기〉는 아래 전개도를 접었을 때 만들어지는 각기둥을 설명한 것입니다. 밑면의 한 변의 길이가 몇 cm인지 구하세요.

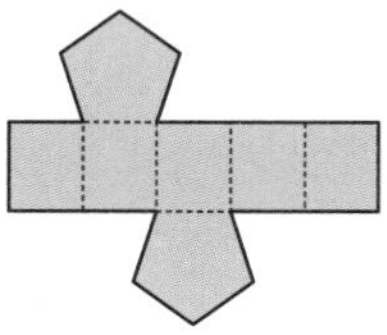

〈보기〉
- 각기둥의 옆면은 모두 합동입니다.
- 각기둥의 높이는 7 cm 입니다.
- 각기둥의 모든 모서리의 길이의 합은 85 cm 입니다.

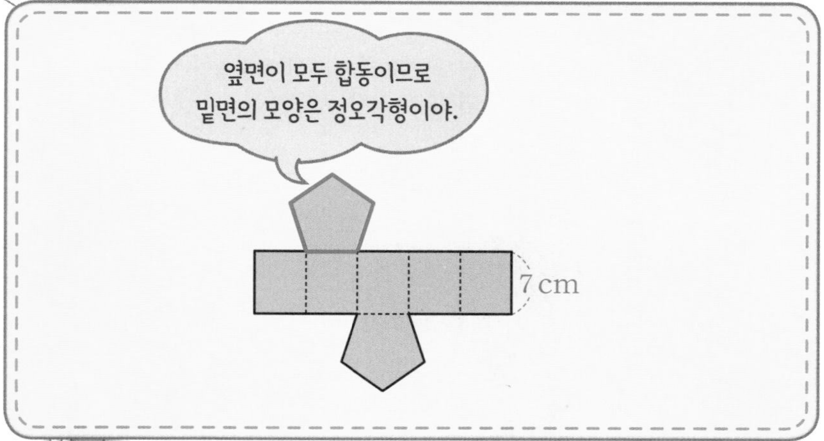

수학적 표현력

+10 전개도를 접었을 때 만들어지는 각기둥의 모서리는 몇 개인지 풀이 과정을 쓰고, 답을 구하세요.

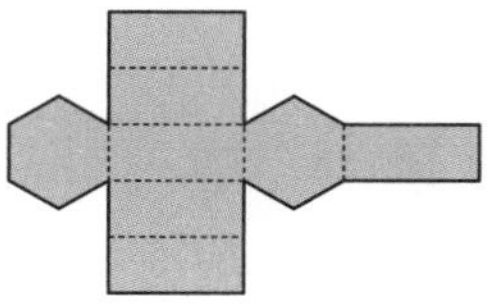

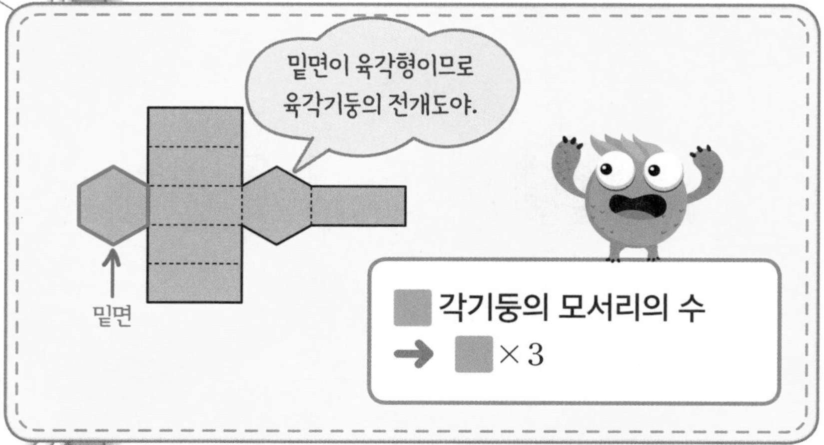

09일 각기둥의 전개도 그리기

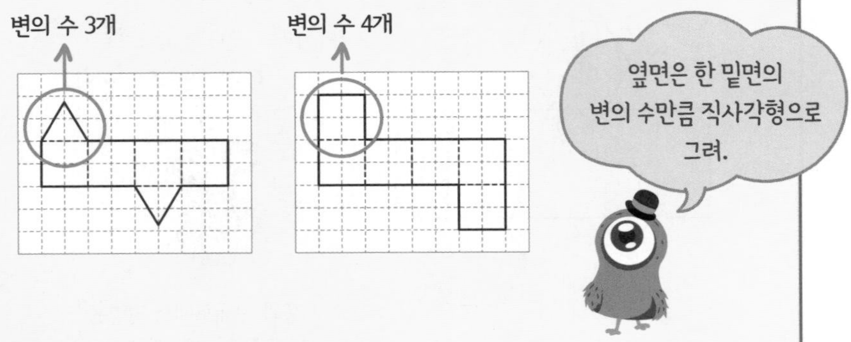

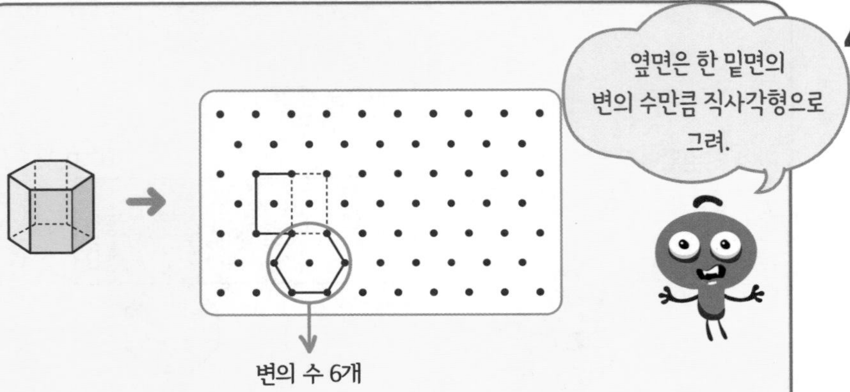

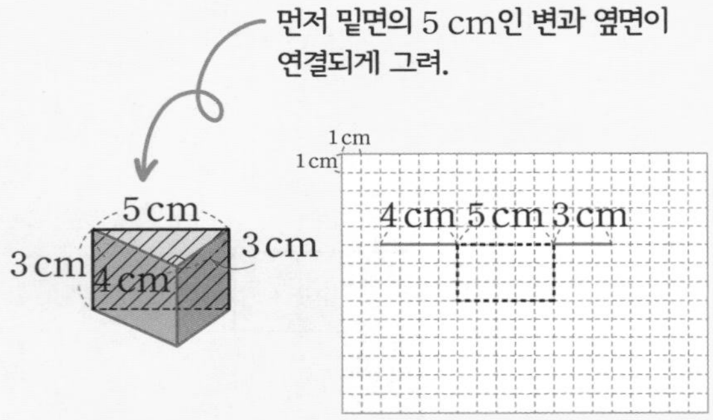

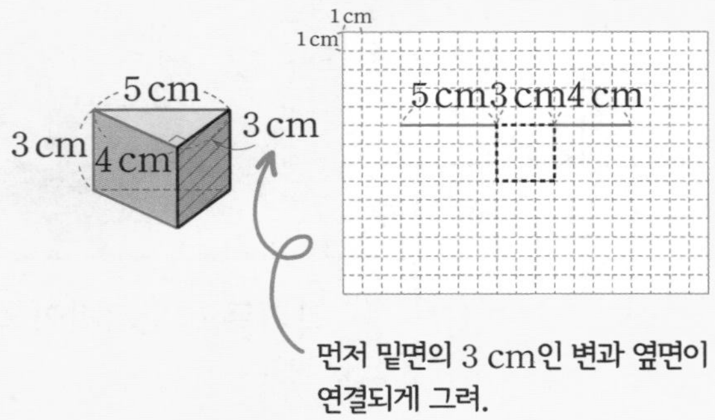

1 각기둥의 전개도를 잘못 그린 것을 찾아 ○표 하세요.

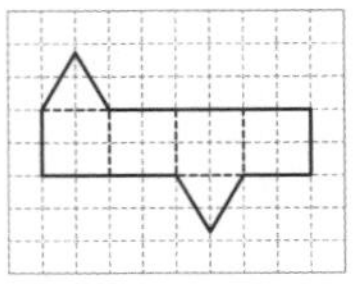

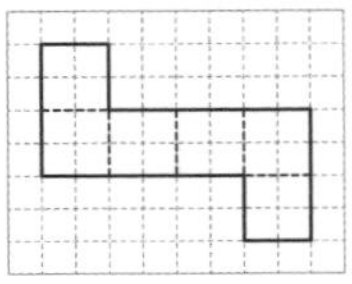

(　　　　)　(　　　　)

4 육각기둥의 겨냥도를 보고 육각기둥의 전개도를 완성해 보세요.

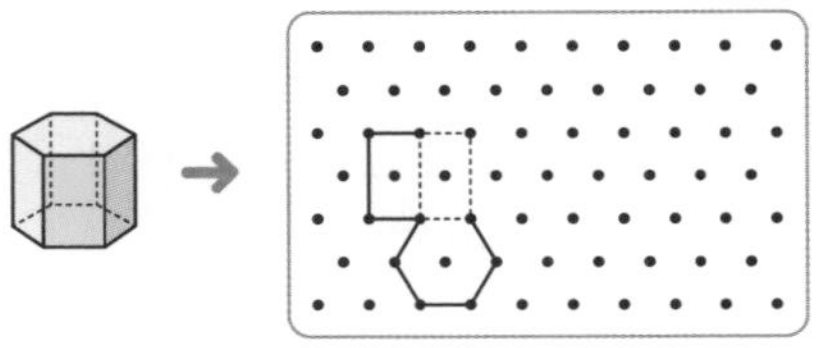

5 빨간색 선을 따라 잘랐을 때의 전개도를 그려 보세요.

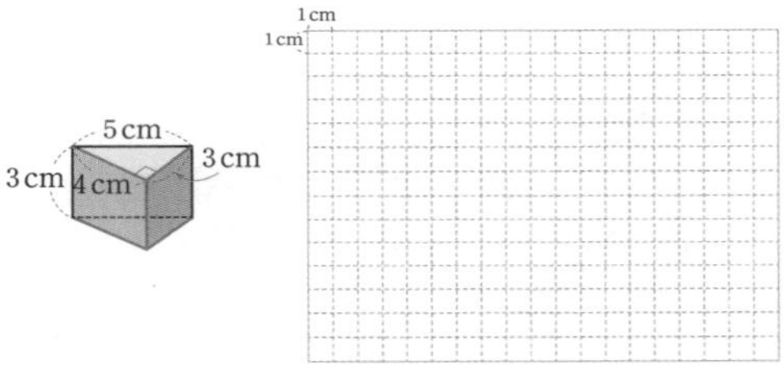

6 파란색 선을 따라 잘랐을 때의 전개도를 그려 보세요.

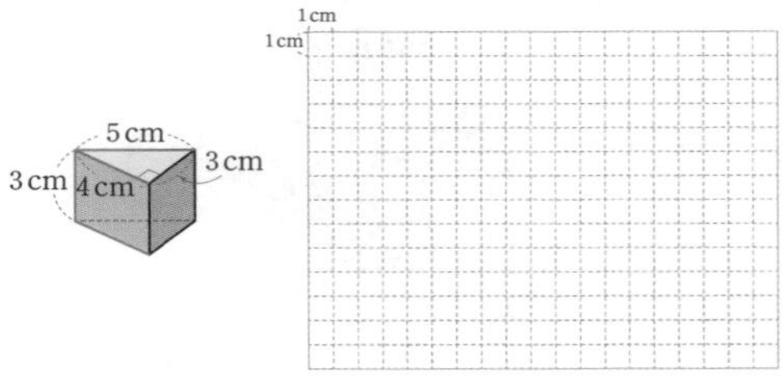

2 단원

7 한 밑면이 오른쪽 그림과 같고, 높이가 3 cm인 사각기둥의 전개도를 그려 보세요.

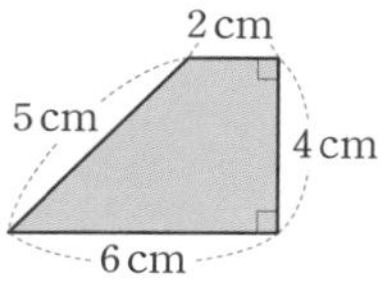

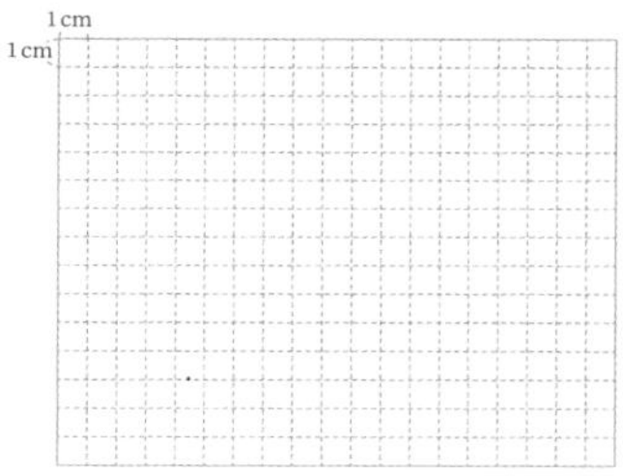

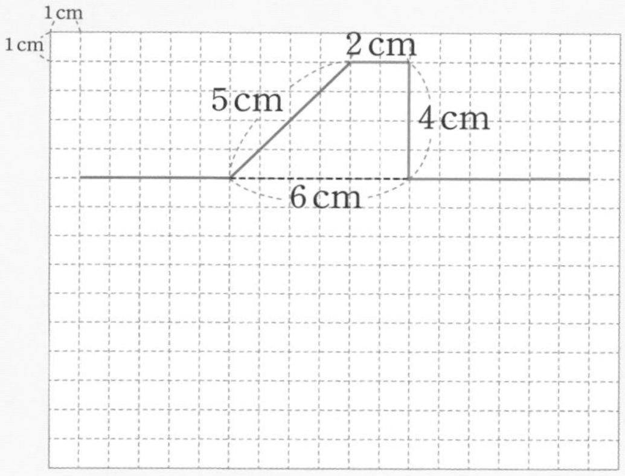

옆면은 높이가 3 cm인 직사각형으로 그려.

8 어떤 각기둥의 옆면만 그린 전개도의 일부분입니다. 전개도를 완성하세요.

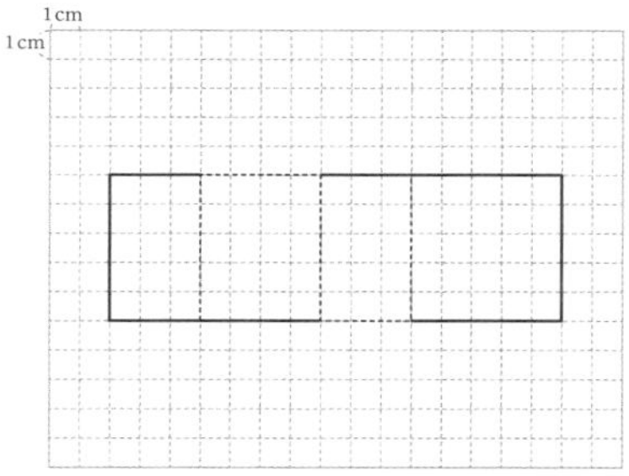

옆면이 4개니까 밑면의 모양은 사각형이야.

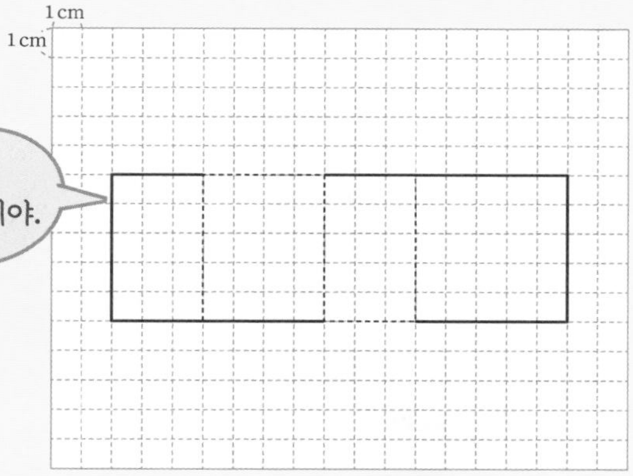

주의해!

전개도를 접었을 때 맞닿는 선분의 길이가 같게 그려야 해.

수학적 독해력

9 밑면의 모양이 삼각형인 각기둥의 전개도의 일부분입니다. 전개도를 접었을 때 만들어지는 각기둥의 모든 모서리의 길이의 합은 몇 cm일까요?

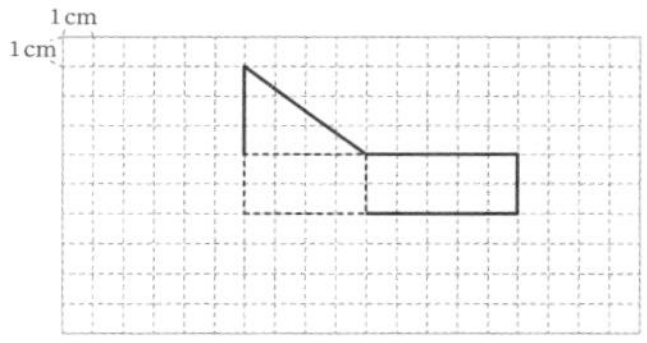

전개도를 접으면 높이가 2 cm인 삼각기둥이 만들어져.

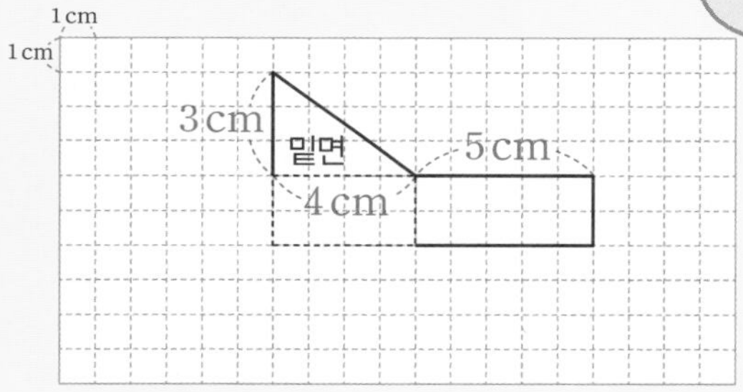

수학적 표현력

10 각기둥의 전개도를 잘못 그린 이유를 설명하고, 바르게 그려 보세요.

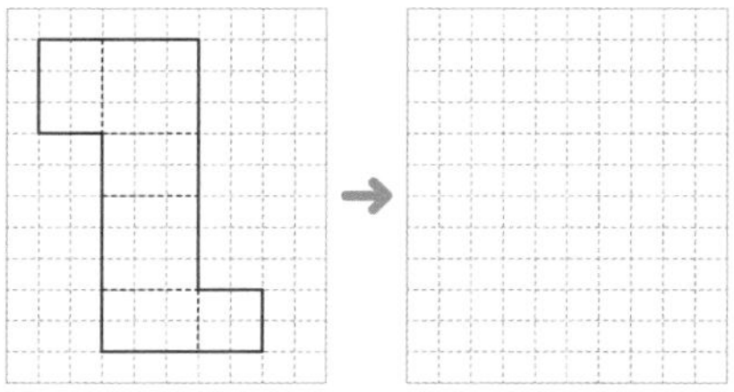

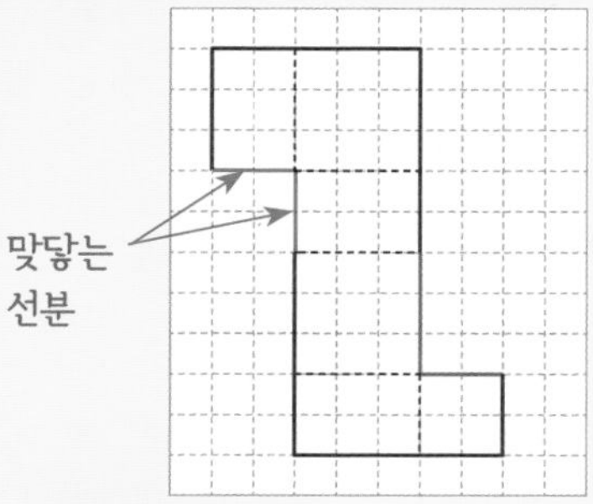

전개도를 접었을 때 맞닿는 선분의 길이가 같은지 확인해 봐.

10 일 각뿔 알아보기 (1)

각뿔에서 밑면은 다각형이고, 옆면은 삼각형이야.

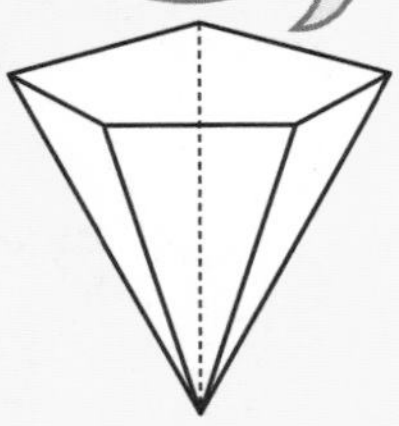

\\ 주의해! //

각뿔을 뒤집어놓아도 밑면과 옆면은 바뀌지 않아.

각뿔의 옆면의 수는 밑면의 변의 수와 같아.

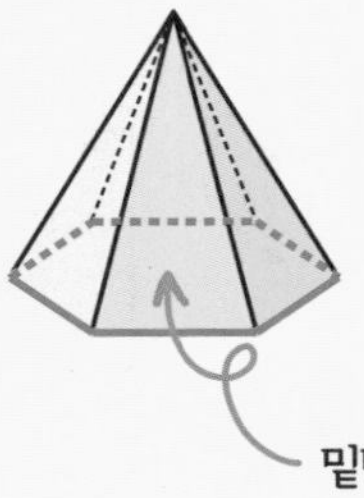

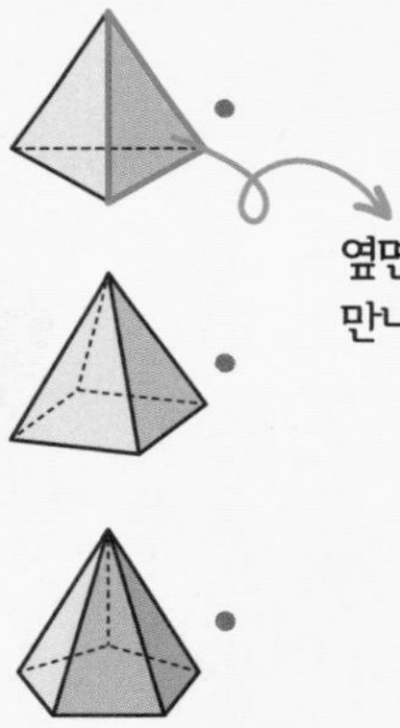

옆면은 밑면과 만나는 면이야.

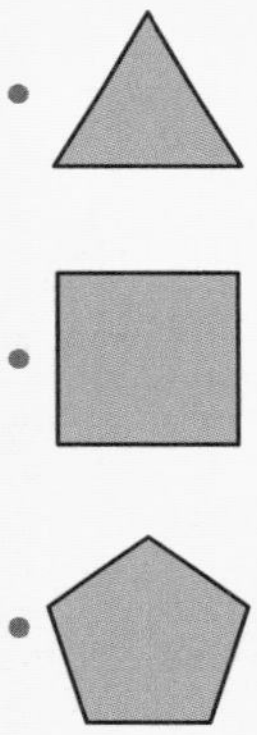

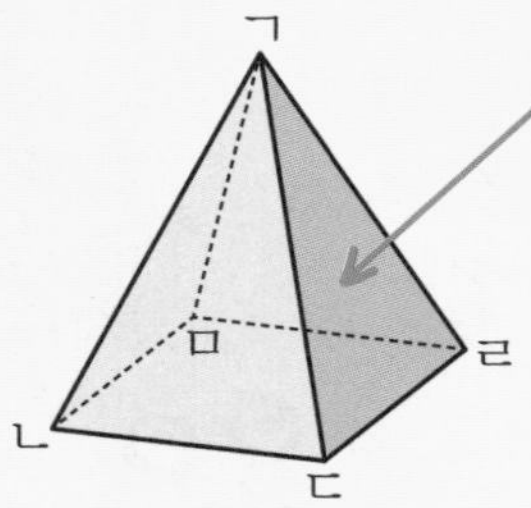

각뿔의 옆면은 밑면과 만나는 면으로, 모두 삼각형이야.

2 각뿔에서 밑면을 찾아 색칠해 보세요.

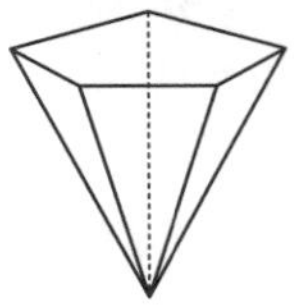

4 각뿔의 밑면과 옆면은 각각 몇 개인가요?

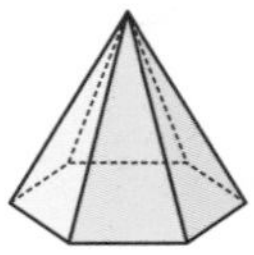

밑면 ( )

옆면 ( )

5 각뿔의 옆면의 모양을 찾아 선으로 이어 보세요.

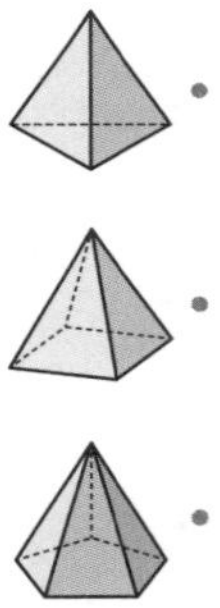

6 각뿔을 보고 밑면과 옆면을 모두 찾아 쓰세요.

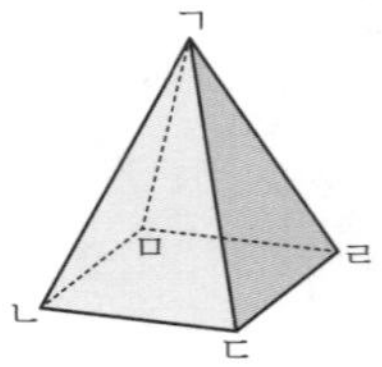

밑면	
옆면	

7 입체도형을 보고 표를 완성해 보세요.

도형	가	나
밑면의 모양		
옆면의 모양	직사각형	
밑면의 수(개)	2	
옆면의 수(개)		

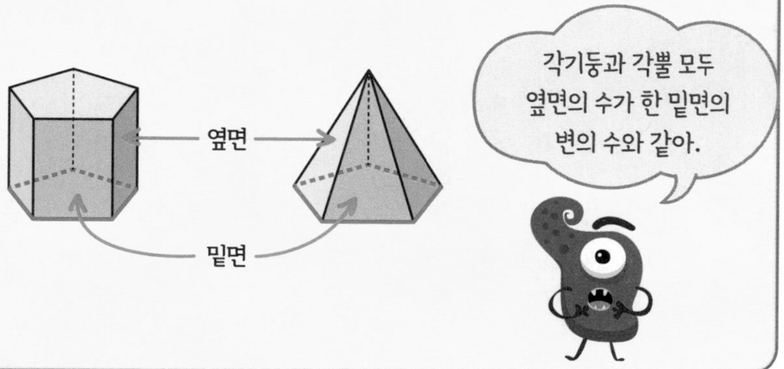

8 종욱이가 설명한 입체도형의 옆면은 몇 개일까요?

(　　　　　　　)

수학적 독해력

+9 각뿔의 밑면과 옆면에 대한 설명으로 잘못된 것을 모두 찾아 기호를 쓰세요.

㉠ 밑면의 모양이 다각형입니다.
㉡ 각뿔에 따라 옆면의 수가 다릅니다.
㉢ 옆면은 밑면과 항상 수직으로 만납니다.
㉣ 옆면의 모양은 모두 직사각형입니다.

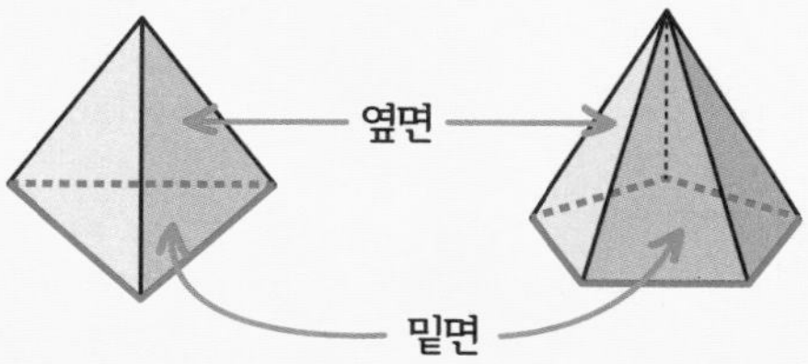

수학적 표현력

+10 다음 도형이 각뿔이 아닌 이유를 설명하세요.

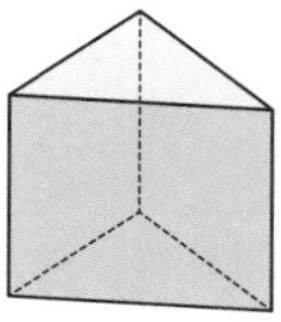

각뿔 알아보기 (2)

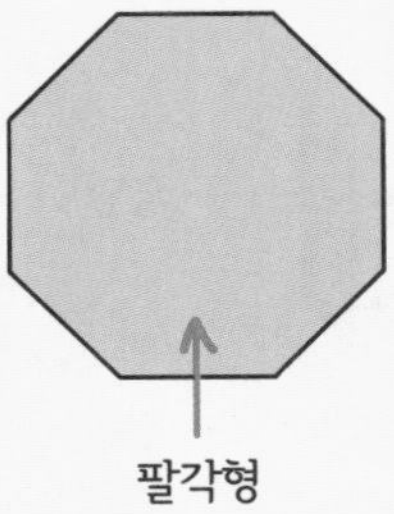

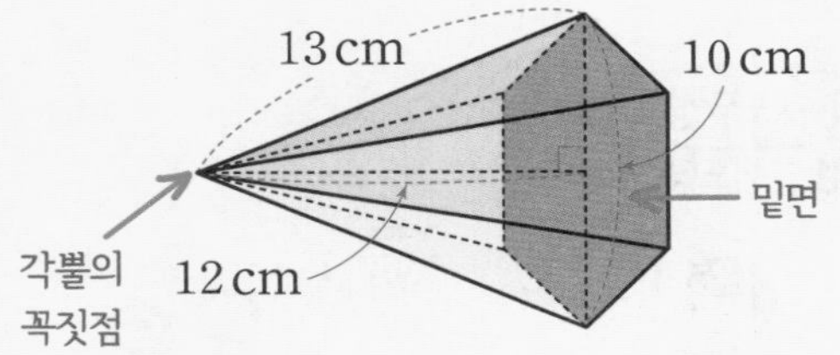

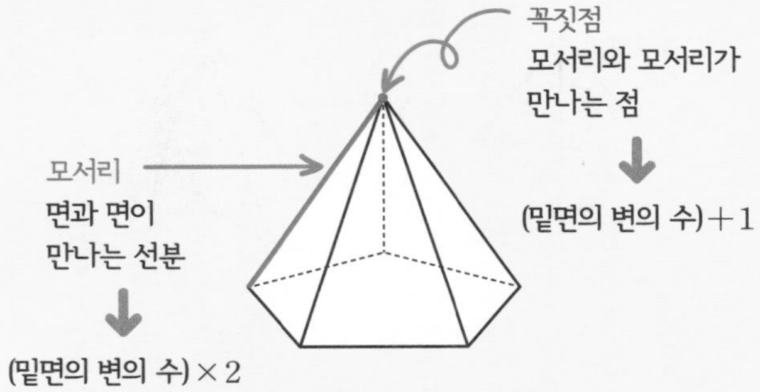

도형	▲각뿔
밑면의 변의 수(개)	▲
꼭짓점의 수(개)	▲+1
면의 수(개)	▲+1
모서리의 수(개)	▲×2

2 밑면의 모양이 다음과 같은 각뿔의 이름을 쓰세요.

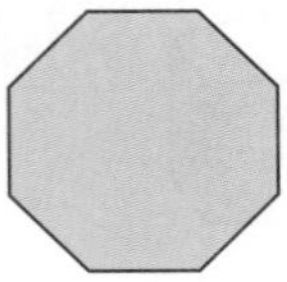

4 각뿔의 높이는 몇 cm인지 쓰세요.

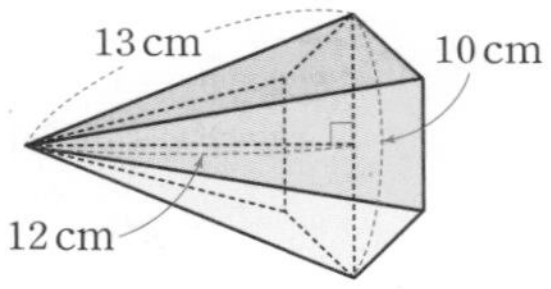

5 오각뿔의 겨냥도에서 모서리는 파란색으로, 꼭짓점은 빨간색으로 표시하고, 각각 몇 개인지 쓰세요.

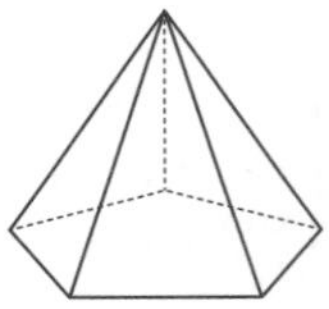

모서리 (   )
꼭짓점 (   )

6 빈칸에 알맞게 써넣으세요.

도형	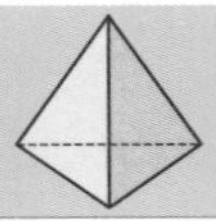	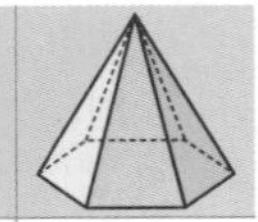
밑면의 변의 수(개)		
꼭짓점의 수(개)		
면의 수(개)		
모서리의 수(개)		

7 윤하가 설명하는 입체도형의 이름을 쓰세요.

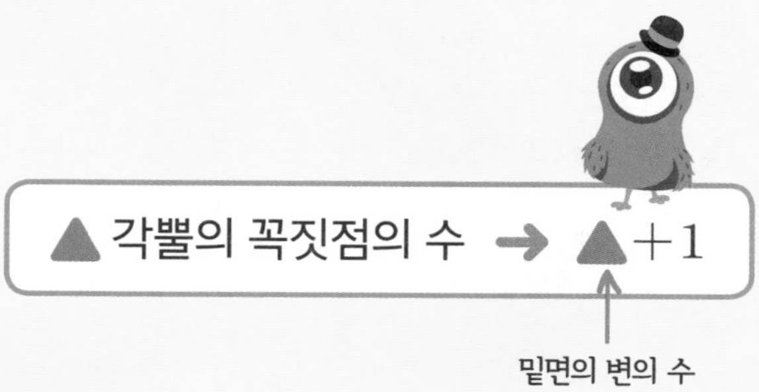

8 각뿔의 밑면이 정오각형이고 옆면이 모두 이등변삼각형일 때 모든 모서리의 길이의 합은 몇 cm일까요?

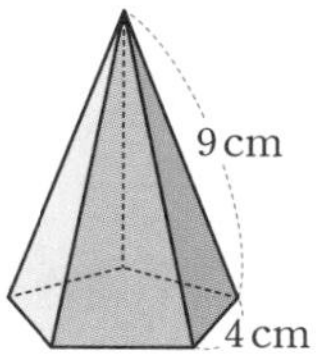

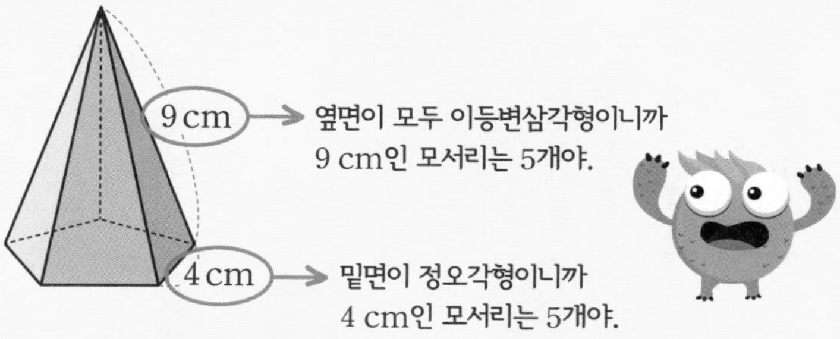

수학적 독해력

+9 각뿔의 특징을 잘못 설명한 것을 찾아 기호를 쓰세요.

㉠ 꼭짓점의 수와 면의 수가 같습니다.
㉡ 높이는 옆면끼리 만나서 생긴 모서리의 길이와 같습니다.
㉢ 꼭짓점 중에서 옆면이 모두 만나는 점은 1개입니다.

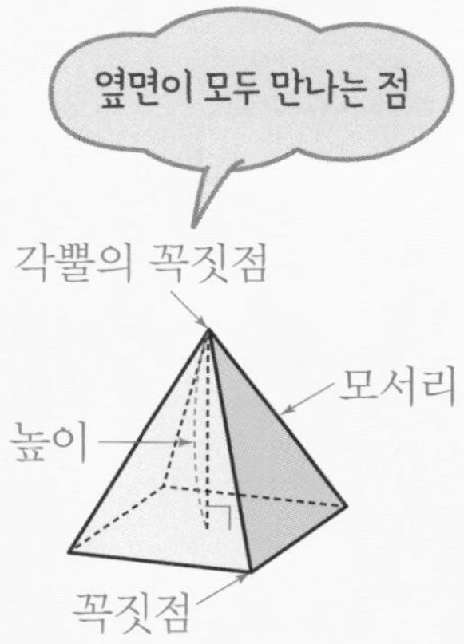

수학적 표현력

+10 각뿔의 밑면이 팔각형일 때 모서리의 수와 꼭짓점의 수의 합은 몇 개인지 풀이 과정을 쓰고, 답을 구하세요.

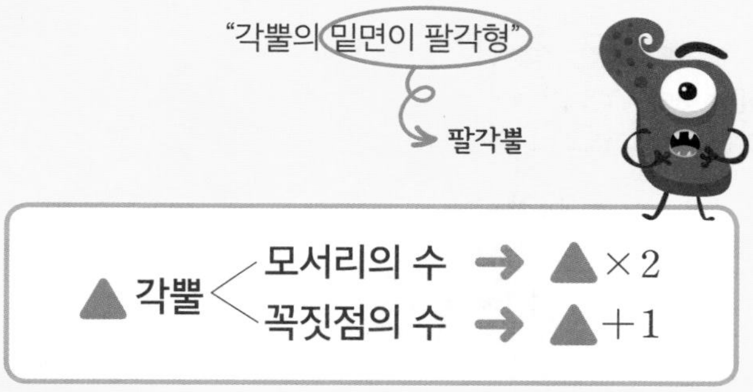

12일 (소수)÷(자연수) (1)

나누어지는 수의 소수점이 왼쪽으로 ■칸 이동하면 몫도 왼쪽으로 ■칸 이동해.

$909 \div 9 = 101$

$90.9 \div 9 = 1□0□1$

$9.09 \div 9 = 1□0□1$

$966 \div 3 = 322$

$\frac{1}{10}$배 ↓ ↓ $\frac{1}{10}$배

$96.6 \div 3 =$ □

$\frac{1}{10}$배가 되면 소수점이 왼쪽으로 한 칸 이동해.

$408 \div 4 = 102$

$\frac{1}{10}$배 → $40.8 \div 4 =$ □

$\frac{1}{100}$배 → $4.08 \div 4 =$ □

나누는 수가 같을 때 나누어지는 수가 $\frac{1}{■}$배가 되면 몫도 $\frac{1}{■}$배가 돼.

$684 \div 2 = 342$

$\frac{1}{10}$배 → □ $\div 2 = 34.2$

$\frac{1}{100}$배 → □ $\div 2 = 3.42$

나누는 수가 같을 때 나누어지는 수가 $\frac{1}{■}$배가 되면 몫도 $\frac{1}{■}$배가 돼.

---

2 자연수의 나눗셈을 이용하여 알맞은 위치에 소수점을 찍어 보세요.

$909 \div 9 = 101$

$90.9 \div 9 = 1□0□1$

$9.09 \div 9 = 1□0□1$

4 $966 \div 3 = 322$를 이용하여 $96.6 \div 3$을 계산하려고 합니다. 잘못 계산한 사람의 이름을 쓰세요.

서연: $966 \div 3 = 322$, $\frac{1}{10}$배, $\frac{1}{10}$배, $96.6 \div 3 = 3.22$

민호: $966 \div 3 = 322$, $\frac{1}{10}$배, $\frac{1}{10}$배, $96.6 \div 3 = 32.2$

5 자연수의 나눗셈을 이용하여 □ 안에 알맞은 수를 써넣으세요.

$408 \div 4 = 102$

$40.8 \div 4 =$ □

$4.08 \div 4 =$ □

6 자연수의 나눗셈을 이용하여 □ 안에 알맞은 수를 써넣으세요.

$684 \div 2 = 342$

□ $\div 2 = 34.2$

□ $\div 2 = 3.42$

7 □ 안에 알맞은 수를 써넣으세요.

$826 \div 2 = \square$

$\square$배 　　 $\frac{1}{100}$배

$\square \div 2 = \square$

$826 \div 2 = 413$

$\frac{1}{\square}$배 　　 $\frac{1}{\square}$배

$\square \div 2 = \square$

나누는 수가 같을 때
나누어지는 수가 $\frac{1}{\square}$배가 되면
몫도 $\frac{1}{\square}$배가 돼.

8 정삼각형의 한 변의 길이는 몇 cm일까요?

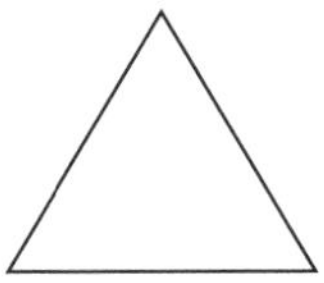

둘레: 63.6 cm

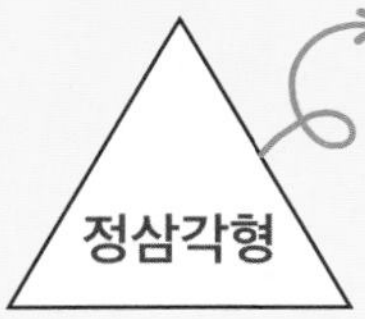

세 변의 길이가 모두 같아.

둘레: 63.6 cm

자연수의 나눗셈을 이용해서 구해.

$636 \div 3 = 212$

$\frac{1}{10}$배 　　 $\frac{1}{10}$배

$63.6 \div 3 =$ 한 변의 길이

수학적 독해력

+9 지우는 상자 4개를 묶으려고 리본 492 cm를 4개로 똑같이 나누었습니다. 은서도 지우와 같은 방법으로 리본 4.92 m를 사용하여 상자 4개를 묶으려고 합니다. 은서가 상자 한 개를 묶는 데 필요한 리본은 몇 m일까요?

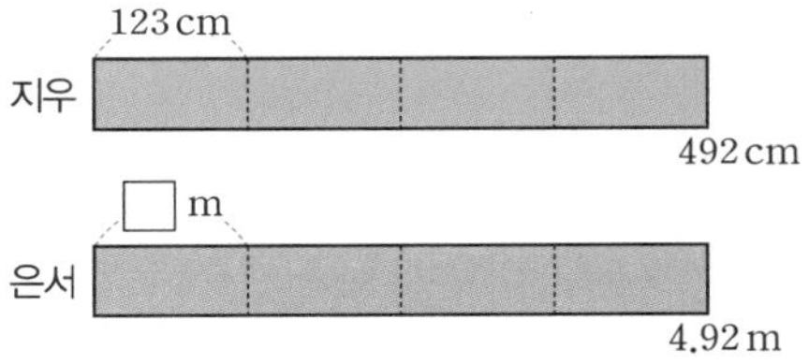

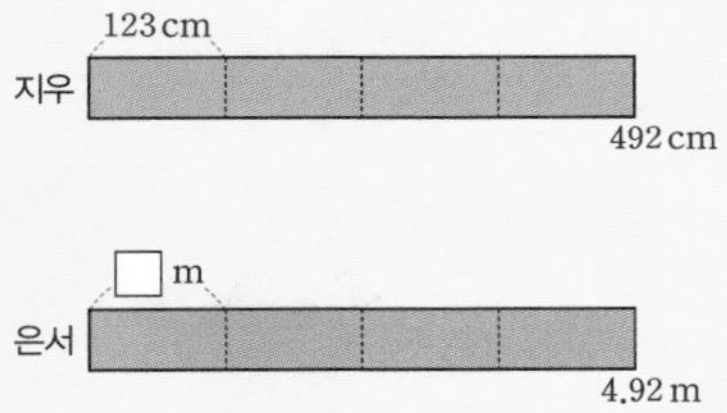

→ $492 \div 4 = 123$(cm)

$\frac{1}{100}$배 　　 $\frac{1}{100}$배

→ $4.92 \div 4 = \square$(m)

수학적 표현력

+10 색 테이프 5.05 m를 5명에게 똑같이 나누어 주려고 합니다. 한 명에게 줄 수 있는 색 테이프는 몇 m인지 풀이 과정을 쓰고 답을 구하세요.

자연수의 나눗셈을 이용해서 구해.

$505 \div 5 = 101$

$\frac{1}{100}$배 　　 $\frac{1}{100}$배

$5.05 \div 5 = \square$

13일 (소수)÷(자연수) (2)

〈보기〉

$85.2 \div 3 = \frac{852}{10} \div 3 = \frac{852 \div 3}{10} = \frac{284}{10} = 28.4$

소수를 분수로

$\frac{1}{\square}$배

$2148 \div 6 = \square$ → $21.48 \div 6 = \square$

$\frac{1}{\square}$배

$\square.\square\square$

3) 1 3 . 0 5

$4698 \div 9 = 522$

$\frac{1}{\square}$배 $\frac{1}{\square}$배

$\square \div 9 = 5.22$

1 〈보기〉와 같은 방법으로 계산해 보세요.

〈보기〉

$85.2 \div 3 = \frac{852}{10} \div 3 = \frac{852 \div 3}{10} = \frac{284}{10} = 28.4$

$72.5 \div 5 =$ ____________

2 자연수의 나눗셈을 이용하여 소수의 나눗셈을 계산해 보세요.

(1) $2148 \div 6 = \square$ → $21.48 \div 6 = \square$

(2) $944 \div 4 = \square$ → $94.4 \div 4 = \square$

3 계산해 보세요.

(1) 3) 1 3 . 0 5

(2) 6) 1 4 . 4

6 $4698 \div 9 = 522$를 이용하여 □ 안에 알맞은 수를 구하세요.

$\square \div 9 = 5.22$

7 $36.61 \div 7$을 계산하려고 합니다. □ 안에 알맞은 수를 써넣으세요.

$3661 \div 7 = \square$

□배 □배

$36.61 \div 7 = \square$

나누는 수가 같을 때 나누어지는 수의 소수점이 왼쪽으로 ■칸 이동하면 몫의 소수점도 왼쪽으로 ■칸 이동해.

$3661 \div 7 = \square$

소수점이 왼쪽으로 두 칸 이동했어.

□배 □배

$36.61 \div 7 = \square$

8 넓이가 $11.55\ cm^2$인 정오각형을 5칸으로 똑같이 나누었습니다. 색칠한 부분의 넓이는 몇 cm^2일까요?

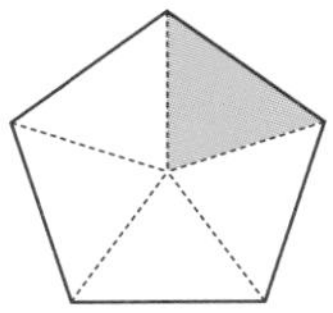

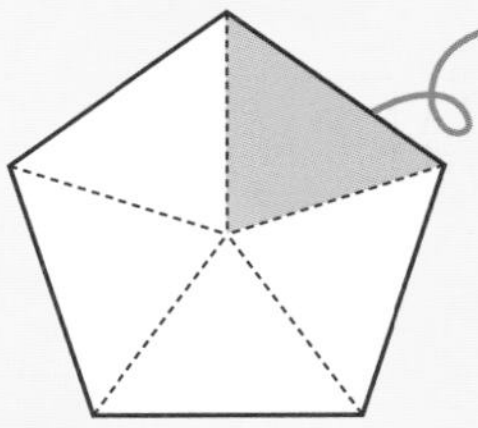

수학적 독해력

+9 서연이는 밑변의 길이가 2 cm이고 높이가 3 cm인 삼각형을 그렸고, 민호는 밑변의 길이가 2 cm이고 높이가 5.76 cm인 삼각형을 그렸습니다. 민호가 그린 삼각형의 넓이는 서연이가 그린 삼각형의 넓이의 몇 배일까요?

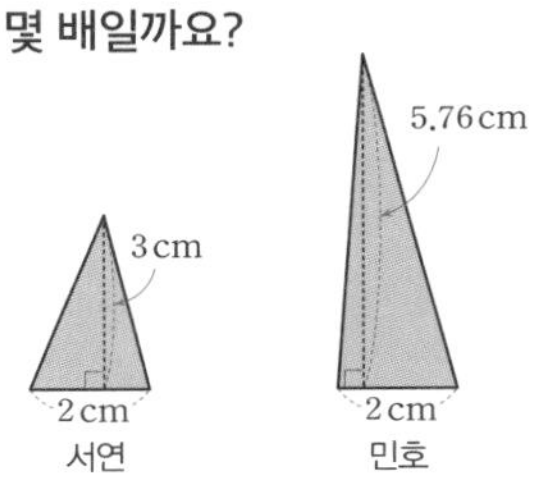

"민호가 그린 삼각형의 넓이는 서연이가 그린 삼각형의 넓이의 몇 배"

↓

■는 ▲의 몇 배

↓

■ ÷ ▲(배)

수학적 표현력

+10 계산이 잘못된 곳을 찾아 바르게 계산하고, 그 이유를 쓰세요.

```
     6 8.3
4 ) 2 7.3 2
    2 4
    3 3
    3 2
      1 2
      1 2
        0
```

→

```
4 ) 2 7.3 2
```

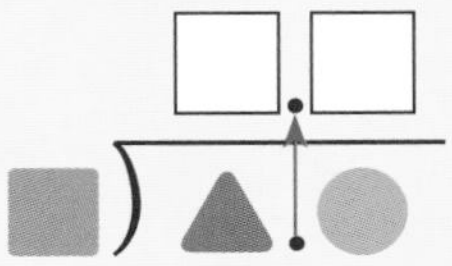

몫의 소수점은 나누어지는 수의 소수점을 올려 찍어야 해.

14일 (소수)÷(자연수) (3)

나누는 수가 같을 때 나누어지는 수가 $\frac{1}{■}$배가 되면 몫도 $\frac{1}{■}$배가 돼.

$837 \div 9 = \square$

$\frac{1}{100}$배 ↓ ↓ $\frac{1}{100}$배

$8.37 \div 9 = \square$

주의해!

몫의 자연수 부분이 비어 있을 땐 일의 자리에 0을 써.

```
    0 . □  □
8 ) 4 . 3  2
```

몫의 자연수 부분이 비어 있을 땐 일의 자리에 0을 써.

```
    □ . 5  4
6 ) 3 . 2  4
    3   0
    ---------
        2  4
        2  4
    ---------
           0
```

소수점을 올려 찍었을 때 몫의 자연수 부분이 비어 있으면 일의 자리에 0을 써.

■ ÷ ▲

■ > ▲ → 몫이 1보다 커.

■ < ▲ → 몫이 1보다 작아.

2 $837 \div 9 = 93$을 이용하여 □ 안에 알맞은 수를 구하세요.

$8.37 \div 9 = \square$

3 계산해 보세요.

(1) $8 \overline{)\,4.3\,2}$ (2) $3 \overline{)\,0.4\,8}$

4 계산이 잘못된 곳을 찾아 바르게 계산해 보세요.

```
        5  4
6 ) 3 . 2  4
    3   0
    ---------
        2  4
        2  4
    ---------
           0
```

→ $6 \overline{)\,3.2\,4}$

5 나눗셈의 몫이 1보다 작은 것을 모두 찾아 기호를 쓰세요.

㉠ $3.42 \div 9$	㉡ $10.98 \div 6$
㉢ $9.35 \div 5$	㉣ $4.96 \div 8$

7 1부터 9까지의 수 중에서 □ 안에 들어갈 수 있는 수를 구하세요.

$5.52 \div 8 < 0.\square4$

$5.52 \div 8 < 0.\square4$

$$\begin{array}{r} 0.\square\square \\ 8\,\overline{)\,5.52} \end{array}$$

8 수 카드 [6], [8], [9], [4] 중 3장을 골라 가장 작은 소수 두 자리 수를 만들고, 이 수를 남은 수 카드의 수로 나누었을 때의 몫은 얼마인지 구하세요.

[6] [8] [9] [4]

[4].□□ ÷ □

작은 수부터 차례로

수학적 독해력

+9 페인트 4.56 L를 사용하여 가로가 3 m, 세로가 2 m인 직사각형 모양의 벽을 칠했습니다. $1\ m^2$의 벽을 칠하는 데 사용한 페인트는 몇 L일까요?

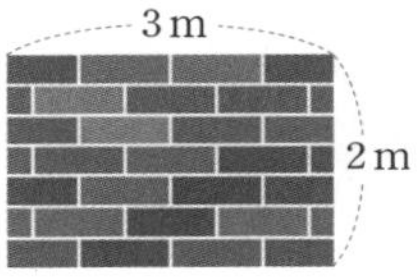

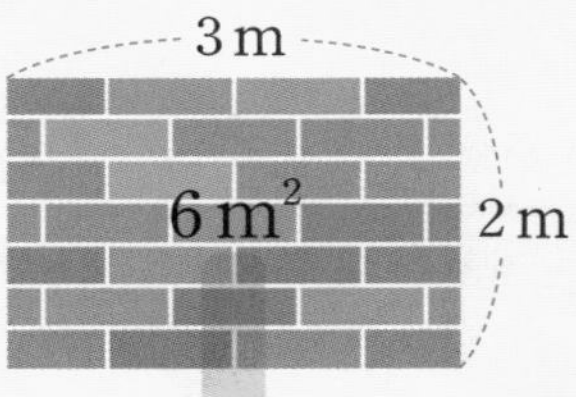

$6\ m^2$ → 4.56 L

÷6 ÷6

$1\ m^2$ □ L

수학적 표현력

+10 양초가 5분 동안 1.85 cm 탔습니다. 이 양초가 일정한 빠르기로 탔다면 1분 동안 몇 cm 탄 것인지 풀이 과정을 쓰고 답을 구하세요.

"양초가 5분 동안 1.85 cm 탔습니다."

5분 → 1.85 cm

÷5 ÷5

1분 □ cm

15일 (소수)÷(자연수) (4)

$870 \div 2 = 435$

$\frac{1}{100}$배 $\downarrow$ $\qquad$ $\downarrow$ $\frac{1}{100}$배

$8.7 \div 2 = \square$

$$\begin{array}{r} 1\ 6\ \square \\ 5\overline{)\ 8.4\ 0} \\ 5 \\ \hline 3\ 4 \\ 3\ 0 \\ \hline 4\ 0 \end{array}$$

나누어떨어지지 않음 → 4

÷ →

9.4	4

↓

$4\overline{)\ 9.4}$

"소수점 아래 0을 내려 계산하지 않는 것"

↓

0을 내리지 않고도 나누어떨어지는 것

1 $870 \div 2 = 435$입니다. $8.7 \div 2$의 몫을 찾아 ○표 하세요.

43.5 $\qquad$ 4.35 $\qquad$ 0.435

2 계산해 보세요.

(1) $5\overline{)\ 8.4}$ $\qquad$ (2) $8\overline{)\ 6.8}$

4 빈칸에 알맞은 수를 써넣으세요.

÷ →

9.4	4	
6.3	5	

6 세로로 나누어떨어질 때까지 계산할 때 소수점 아래 0을 내려 계산하지 않는 것을 찾아 기호를 쓰세요.

㉠ $8.8 \div 5$ $\qquad$ ㉡ $4.3 \div 2$

㉢ $7.2 \div 6$ $\qquad$ ㉣ $7.4 \div 4$

7 ★에 알맞은 수를 구하세요.

$$★ \times 8 = 9.2$$

$$★ \times 8 = 9.2$$

$$★ = 9.2 \div 8$$

8 민지네 가게의 토마토 한 개와 정우네 가게의 토마토 한 개 중 어느 것이 더 무거울까요? (단, 민지네 가게의 토마토의 무게는 모두 같고 정우네 가게의 토마토의 무게는 모두 같습니다.)

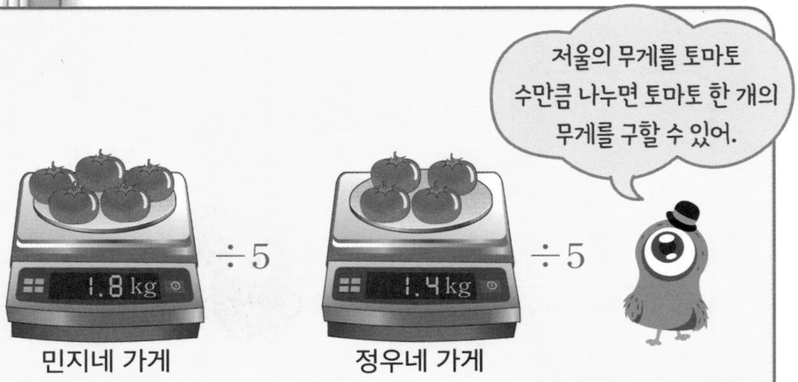

수학적 독해력

+9 가로의 길이가 38.1 m인 도로에 처음부터 끝까지 같은 간격으로 나무 7그루를 심으려고 합니다. 나무 사이의 간격을 몇 m로 해야 할까요? (단, 나무의 두께는 생각하지 않습니다.)

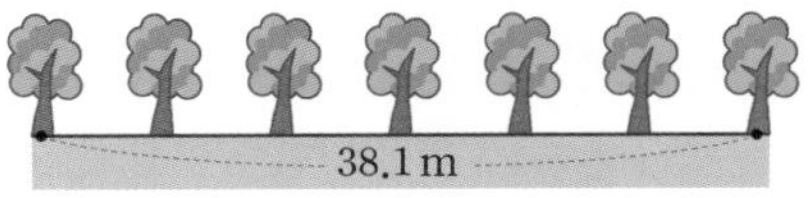

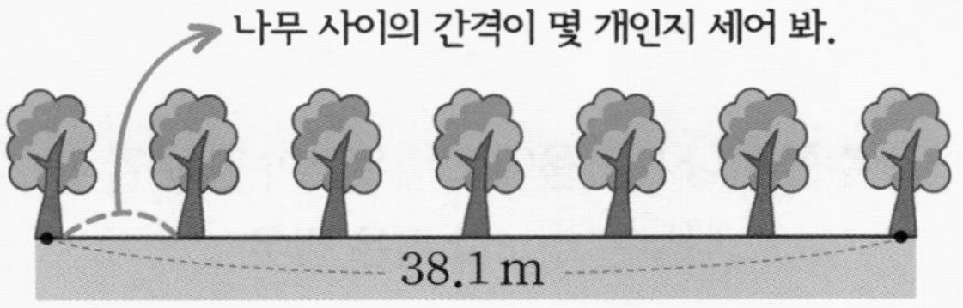

수학적 표현력

+10 고장이 나서 5일에 9.2분씩 늦게 가는 시계가 있습니다. 이 시계는 하루에 몇 분씩 늦게 가는지 풀이 과정을 쓰고, 답을 구하세요.

5일 → 9.2분

÷5 ↓ ÷5 ↓

1일 　 □분

16일 (소수)÷(자연수) (5)

→ ÷

6.24	6

↓

$6\overline{)6.24}$

$$
\begin{array}{r}
1.\square\square \\
9\overline{)9.27} \\
9 \\
\hline
27
\end{array}
$$

2가 9보다 작아 나눌 수 없어.

"나눗셈의 몫의 소수 첫째 자리 숫자가 0인 것"

↓

수를 하나 내렸음에도 나누어야 할 수가
나누는 수보다 작은 경우

가장 큰 수

16	56.48	8	40.32

가장 작은 수

3 빈칸에 알맞은 수를 써넣으세요.

→ ÷ (가로), ↓ ÷ (세로)

6.24	6	
3		

4 계산이 잘못된 곳을 찾아 바르게 계산해 보세요.

$$
\begin{array}{r}
1.3 \\
9\overline{)9.27} \\
9 \\
\hline
27 \\
27 \\
\hline
0
\end{array}
\rightarrow
9\overline{)9.27}
$$

5 나눗셈의 몫의 소수 첫째 자리 숫자가 0인 것을 찾아 기호를 쓰세요.

㉠ 10.65÷5
㉡ 32.56÷4
㉢ 28.56÷7

6 가장 큰 수를 가장 작은 수로 나눈 몫을 구하세요.

16	56.48	8	40.32

7 1부터 9까지의 자연수 중에서 ★에 알맞은 수를 구하세요.

```
     2.0□
3 ) 6.★8
    6
      □8
      □8
       0
```

```
     2. 0 □
3 ) 6. ★ 8
    6
        ★ 8
        □ 8
          0
```

몫의 소수 첫째 자리의 수가 0이므로 ★은 3보다 작은 수야.

나머지가 0이므로 ★8은 3으로 나누어떨어지는 수야.

8 어떤 수를 2로 나누어야 할 것을 잘못하여 곱했더니 48.2가 되었습니다. 바르게 계산한 값을 구하세요.

잘못 계산한 식에서 (어떤 수)를 먼저 구해!

잘못 계산한 식 (어떤 수)×2=48.2

↓

바르게 계산한 식 (어떤 수)÷2= ?

수학적 독해력

+9 모든 모서리의 길이가 같은 사각뿔이 있습니다. 모든 모서리의 길이의 합이 8.72 m일 때 한 모서리의 길이는 몇 m일까요?

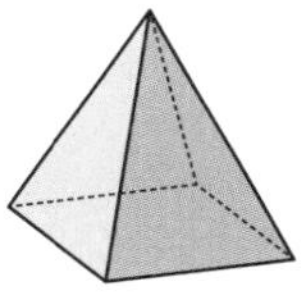

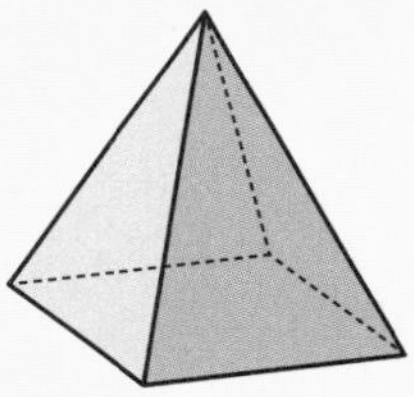

한 모서리의 길이 → 모든 모서리의 길이의 합 ÷ 모서리의 수

(모든 모서리의 길이의 합 → 8.72 m)

수학적 표현력

+10 넓이가 9.24 cm^2인 직사각형 모양의 종이가 있습니다. 이 종이의 가로가 3 cm일 때 세로는 몇 cm인지 풀이 과정을 쓰고, 답을 구하세요.

곱셈식을 나눗셈식으로 바꿔서 구해.

직사각형의 넓이 = 가로 × 세로

세로 = 직사각형의 넓이 ÷ 가로

(자연수)÷(자연수)의 몫을 소수로 나타내기

〈보기〉

$7 \div 2 = \frac{7}{2} = \frac{35}{10} = 3.5$

1 〈보기〉와 같은 방법으로 계산해 보세요.

〈보기〉

$7 \div 2 = \frac{7}{2} = \frac{35}{10} = 3.5$

$9 \div 4 =$ ______

```
     1  9 . □
5 ) 9  6 . 0
    5  0
    4  6   0
```

2 계산해 보세요.

(1) $5 \overline{)\,9\ 6}$

(2) $12 \overline{)\,3\ 3}$

25 ÷ 4 ↓

```
        6 . □ □
4 ) 2  5 . 0  0
    2  4 . 0  0
        1 . 0  0
```

4 ÷ 25 ↓

```
         0 . □ □
25 ) 4 . 0  0
```

5 두 나눗셈의 몫의 차는 얼마일까요?

25 ÷ 4　　4 ÷ 25

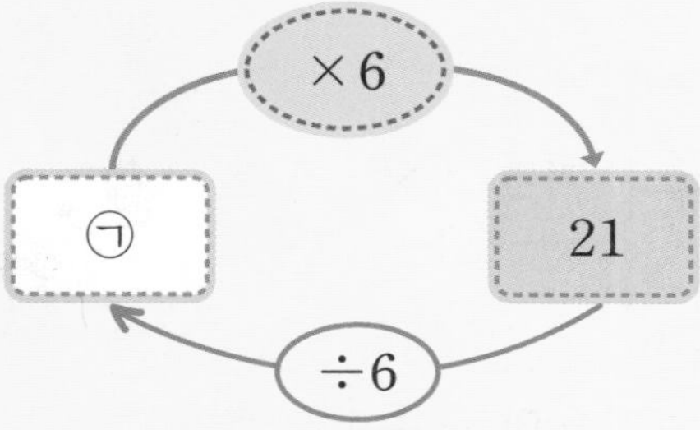

6 ㉠에 알맞은 소수를 구하세요.

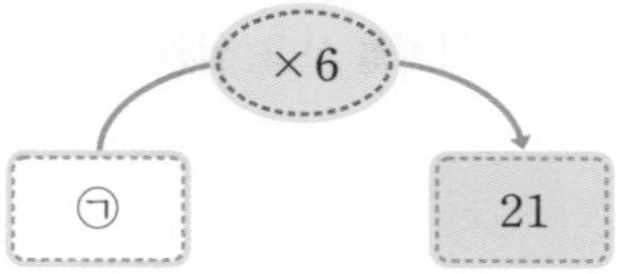

7 0부터 9까지의 수 중에서 ★에 알맞은 수를 모두 구하세요.

$9 \div 2 < 4.★ < 19 \div 4$

$9 \div 2 \quad < \quad 4.★ \quad < \quad 19 \div 4$

나눗셈식을 각각 계산한 후 몫의 결과와 비교해!

```
    4.□              4.□□
 2)9.0           4)1 9.0 0
   8               1 6
   1                 3
```

8 수 카드 6, 7, 8, 9 중 2장을 사용하여 몫이 가장 큰 나눗셈을 만들고 계산해 보세요.

□ ÷ □ = □

6 7 8 9

몫이 가장 크려면 가장 큰 수를 가장 작은 수로 나눠야 해.

가장 큰 수 ÷ 가장 작은 수 = □

수학적 독해력

9 무게가 같은 고구마가 한 봉지에 4개씩 들어 있습니다. 5봉지의 무게가 7 kg일 때 고구마 한 개의 무게는 몇 kg일까요? (단, 봉지의 무게는 생각하지 않습니다.)

4개씩 5봉지

20개 → 7 kg

÷20 ÷20

1개 □ kg

수학적 표현력

10 둘레가 17 m인 정사각형 모양의 잔디밭이 있습니다. 이 잔디밭의 한 변의 길이는 몇 m인지 풀이 과정을 쓰고, 답을 구하세요.

정사각형은 네 변의 길이가 모두 같아.

잔디밭의 한 변의 길이 → 둘레 ÷ 4

18일 몫의 소수점 위치 확인하기

〈보기〉

5.88 ÷ 3 ➜ 6 ÷ 3

반올림할 때는 구하려는 자리 바로 아래 자리의 숫자가 0, 1, 2, 3, 4이면 버리고 5, 6, 7, 8, 9이면 올려!.

1 〈보기〉와 같이 소수를 반올림하여 일의 자리까지 나타내어 어림한 식으로 표현해 보세요.

〈보기〉

5.88 ÷ 3 ➜ 6 ÷ 3

(1) 8.73 ÷ 3 ➜ (   )

(2) 72.4 ÷ 4 ➜ (   )

87.2 ÷ 8

반올림하여 일의 자리까지 나타내.

어림 □ ÷ □ ➜ 약 □

몫 1□0□9

어림한 결과로 몫의 소수점의 위치를 찾아.

3 어림셈하여 몫의 소수점 위치를 찾아 표시해 보세요.

87.2 ÷ 8

어림 □ ÷ □ ➜ 약 □

몫 1□0□9

73.02 ÷ 6 = 1□2□1□7

반올림하여 일의 자리까지 나타내.

어림한 결과로 몫의 소수점의 위치를 찾아.

어림 □ ÷ 6 ➜ 약 □

5 어림셈하여 몫의 소수점 위치가 올바른 식을 가지고 있는 학생의 이름을 쓰세요.

영민	지혜
73.02 ÷ 6 = 12.17	73.02 ÷ 6 = 1.217

30.73 ÷ 7 = 4□3□9

반올림하여 일의 자리까지 나타내.

어림한 결과로 몫의 소수점의 위치를 찾아.

어림 □ ÷ 7 ➜ 약 □

6 어림셈하였을 때 몫의 소수점 위치가 올바른 식을 찾아 기호를 쓰세요.

㉠ 30.73 ÷ 7 = 439　　㉡ 30.73 ÷ 7 = 43.9
㉢ 30.73 ÷ 7 = 4.39　　㉣ 30.73 ÷ 7 = 0.439

7 몫을 어림하여 몫이 1보다 큰 나눗셈을 모두 찾아 기호를 쓰세요.

㉠ 5.15 ÷ 5	㉡ 2.88 ÷ 3
㉢ 4.95 ÷ 5	㉣ 11.13 ÷ 3

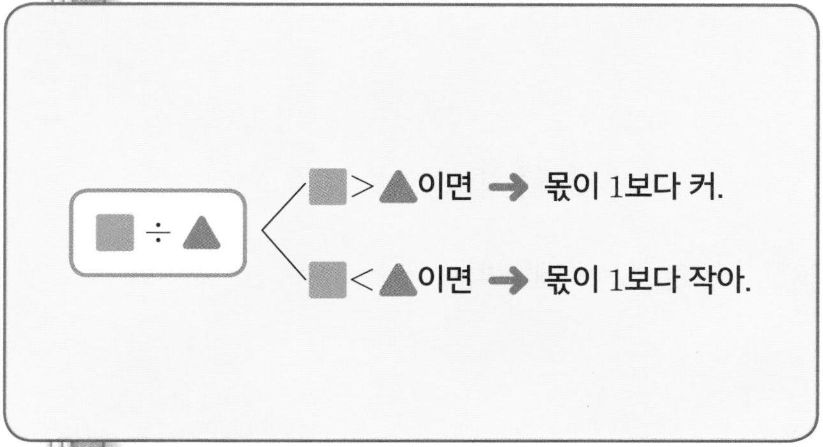

8 다음 나눗셈에서 나누어지는 수를 반올림하여 일의 자리까지 나타내어 어림셈한 몫과 실제 계산한 몫의 차는 얼마인지 구하세요.

45.36 ÷ 9

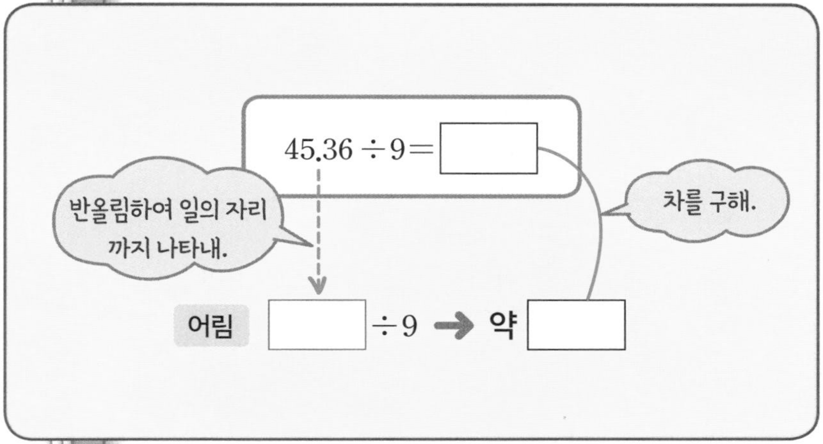

수학적 독해력

+9 나눗셈을 보고 바르게 말한 사람은 누구일까요?

14.4 ÷ 16　　19.2 ÷ 16　　17.6 ÷ 16

윤하: 몫이 가장 큰 나눗셈은 17.6 ÷ 16이야.

민호: 몫이 1보다 작은 나눗셈은 14.4 ÷ 16뿐이야.

수현: 어림으로는 나눗셈의 몫이 1보다 큰지 작은지 알 수 없어.

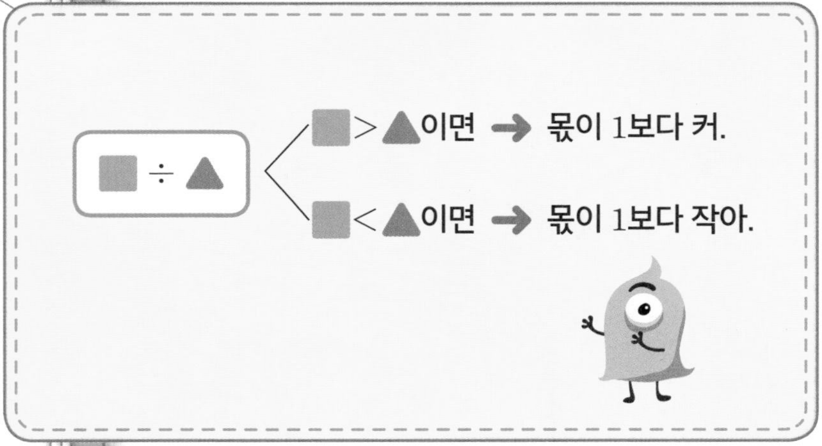

수학적 표현력

+10 어림셈하여 알맞은 위치에 소수점을 찍고, 그 이유를 설명해 보세요.

27.8 ÷ 4 = 6□9□5

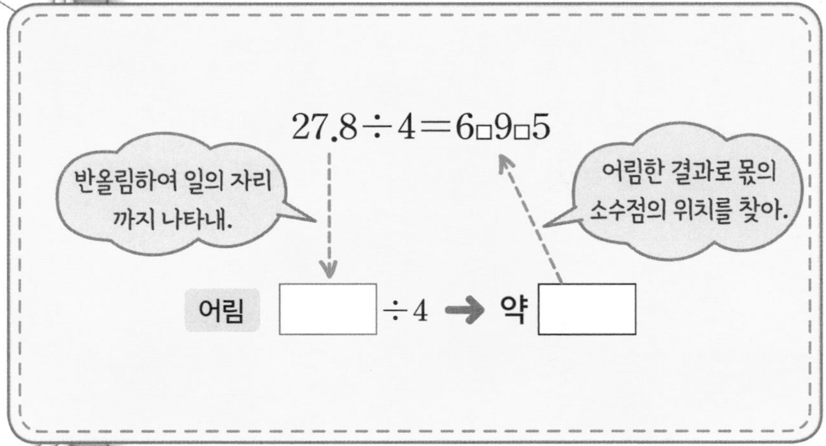

19일 두 수 비교하기

몇 개 더 많을까요? → 뺄셈으로 비교

몇 배일까요? → 나눗셈으로 비교

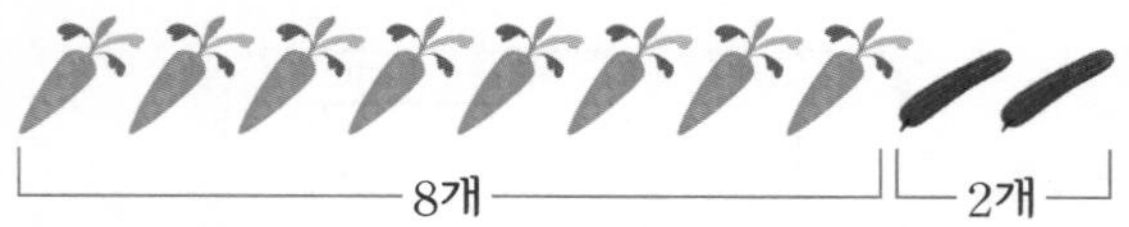

뺄셈으로 비교 $8 - 2 = 6$(개)

나눗셈으로 비교 $8 \div 2 = 4$(배)

뺄셈으로 비교

■−▲=★

- ▲는 ■보다 ★개 더 적습니다.
- ■는 ▲보다 ★개 더 많습니다.

뺄셈으로 비교

■−▲=★ → ■는 ▲보다 ★개 더 많습니다.

나눗셈으로 비교

■÷▲=★ → ■는 ▲의 ★배입니다.

1 숟가락 수와 포크 수를 비교하려고 합니다. 물음에 답하세요.

(1) 숟가락은 포크보다 몇 개 더 많을까요?

(2) 숟가락 수는 포크 수의 몇 배일까요?

4 당근 수와 오이 수를 잘못 비교한 사람의 이름을 쓰세요.

5 가위 4개, 풀 9개가 있습니다. □ 안에 알맞은 수를 써넣으세요.

- 가위는 풀보다 □개 더 적습니다.
- 풀은 가위보다 □개 더 많습니다.

6 로운이네 반의 여학생은 14명이고 남학생은 7명입니다. 여학생 수와 남학생 수를 바르게 비교한 사람의 이름을 쓰세요.

로운: 남학생이 여학생보다 7명 더 많아.
민호: 여학생이 남학생보다 7명 더 적어.
지혜: 여학생 수가 남학생 수의 2배야.

7 모눈종이에 직사각형을 그렸습니다. 직사각형의 가로는 세로의 몇 배일까요?

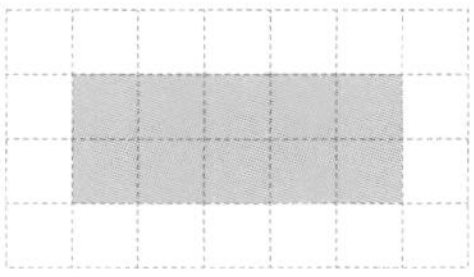

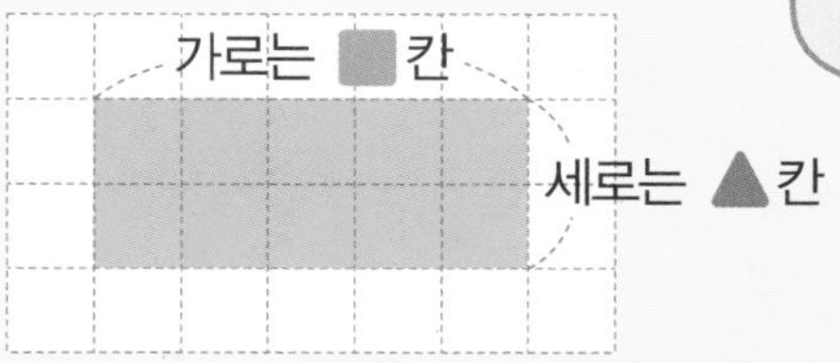

■는 ▲의 몇 배 → ■÷▲

8 나무의 높이는 300 cm이고, 어느 시각 나무의 그림자 길이를 재어 보니 150 cm입니다. 나무의 높이와 그림자의 길이만큼 색칠하고, □ 안에 알맞은 수를 써넣으세요.

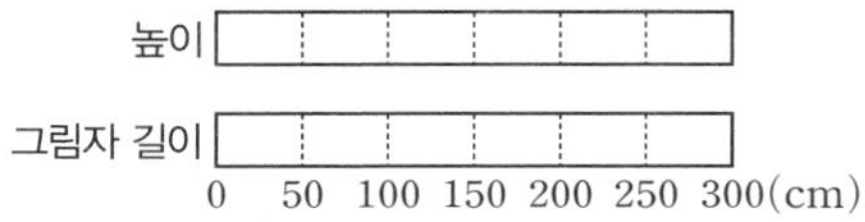

• 나무의 높이는 그림자 길이의 □배입니다.

• 나무의 그림자 길이는 높이의 □배입니다.

■는 ▲의 몇 배 → ■÷▲

▲는 ■의 몇 배 → ▲÷■

수학적 독해력

+9 필통 1개에 연필이 6자루씩, 지우개가 2개씩 들어 있습니다. 표를 완성하고 필통에 들어 있는 지우개가 14개일 때, 필통에 들어 있는 연필은 모두 몇 자루인지 구하세요.

필통 수(개)	1	2	3	4
연필 수(자루)	6	12	18	24
지우개 수(개)	2	4		

	필통 수(개)	1	2	3	4
■ ←	연필 수(자루)	6	12	18	24
▲ ←	지우개 수(개)	2	4		

수학적 표현력

+10 민호와 지혜가 두 수를 비교한 방법을 쓰세요.

	올해	1년 후	2년 후	3년 후
내 나이(살)	13	14	15	16
형 나이(살)	17	18	19	20

민호: 형은 나보다 항상 4살이 많아.

접시 수(개)	1	2	3	4
만두 수(개)	7	14	21	28

지혜: 만두 수는 접시 수의 7배야.

■는 ▲보다 ★개 더 많습니다. → ■−▲=★

■는 ▲의 ★배입니다. → ■÷▲=★

4단원

비 알아보기

2 □ 안에 알맞은 수를 써넣으세요.

- 11의 8에 대한 비 ➔ □ : □
- 8에 대한 11의 비 ➔ □ : □

■의 ▲에 대한 비 ➔ ■ : ▲

▲에 대한 ■의 비 ➔ ■ : ▲

'▲에 대한'으로 읽을 때 ▲가 기준이므로 ▲를 기호 :의 오른쪽에 써야 해.

4 슬기는 오렌지 원액 2컵과 물 5컵을 섞어 오렌지주스를 만들었습니다. 오렌지 원액의 양과 물의 양의 비를 쓰세요.

■와 ▲의 비 ➔ ■ : ▲
(▲: 기준)

5 전체에 대한 색칠한 부분의 비를 쓰세요.

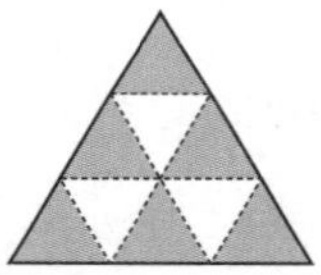

▲에 대한 ■의 비 ➔ ■ : ▲
(▲: 기준)

'▲에 대한'으로 읽을 때 ▲가 기준이므로 ▲를 기호 :의 오른쪽에 써야 해.

6 3 : 5를 잘못 읽은 것을 찾아 기호를 쓰세요.

㉠ 3과 5의 비	㉡ 3의 5에 대한 비
㉢ 3 대 5	㉣ 3에 대한 5의 비

■ : ▲ ➔
- ■ 대 ▲
- ■와 ▲의 비
- ■의 ▲에 대한 비
- ▲에 대한 ■의 비

'▲에 대한'으로 읽을 때 ▲가 기준이므로 ▲를 기호 :의 오른쪽에 써야 해.

7 그림을 보고 정사각형의 넓이에 대한 삼각형의 넓이의 비를 구하세요.

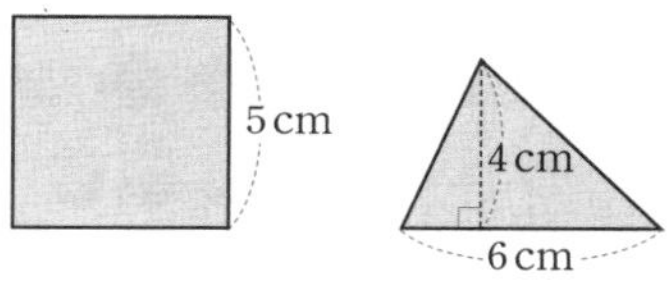

'▲에 대한'으로 읽을 때 ▲가 기준이므로 ▲를 기호 :의 오른쪽에 써야 해.

▲에 대한 ■의 비 → ■ : ▲
기준

8 어느 지도에서 거리가 1 cm이면 실제 거리는 350 m입니다. 실제 거리에 대한 이 지도에서의 거리의 비를 쓰세요.

▲에 대한 ■의 비 → ■ : ▲
기준

주의해!
길이의 단위를 cm로 같게 한 후 비를 써야 해!

수학적 독해력

+9 승민이는 50 m 장애물 달리기를 하고 있습니다. 장애물이 출발점에서부터 40 m 거리에 있습니다. 출발점에서부터 장애물까지 거리에 대한 장애물에서부터 도착점까지 거리의 비를 구하세요. (단, 장애물의 두께는 생각하지 않습니다.)

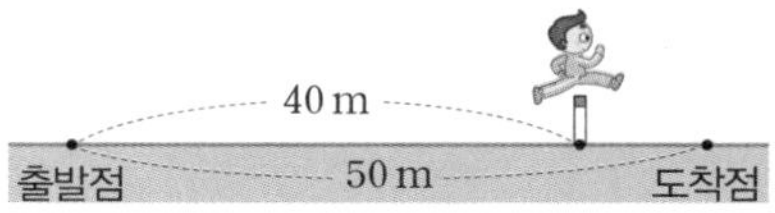

출발점에서부터 장애물까지 거리에 대한 장애물에서부터 도착점까지 거리의 비

▲에 대한 ■의 비 → ■ : ▲
기준

수학적 표현력

+10 윤하네 모둠은 9명입니다. 그 중에서 남학생이 5명일 때, 윤하네 모둠 여학생 수의 전체 학생 수에 대한 비를 구하려고 합니다. 풀이 과정을 쓰고, 답을 구하세요.

"윤하네 모둠 여학생 수의 전체 학생 수에 대한 비"

■의 ▲에 대한 비 → ■ : ▲
기준

21일 비율 알아보기

만두 수 에 대한 계란 수 의 비율 → ■/▲

기준량　　　비교하는 양

■ : ▲ →
비교하는 양　기준량

- ■ 대 ▲
- ■와 ▲의 비
- ■의 ▲에 대한 비
- ▲에 대한 ■의 비

전체 에 대한 색칠한 부분 의 비율 → ■/▲

기준량　　　비교하는 양

■ : ▲ →
비교하는 양　기준량

- ■ 대 ▲
- ■와 ▲의 비
- ■의 ▲에 대한 비
- ▲에 대한 ■의 비

2 만두 수에 대한 계란 수의 비율을 분수로 바르게 나타낸 것에 ○표 하세요.

$\frac{9}{5}$　　　$\frac{5}{9}$

(　　　)　(　　　)

3 기준량을 나타내는 수가 다른 하나를 찾아 기호를 쓰세요.

㉠ 5와 9의 비　　㉡ 3의 9에 대한 비
㉢ 4 대 9　　㉣ 7에 대한 9의 비

4 그림을 보고 전체에 대한 색칠한 부분의 비율을 분수와 소수로 각각 나타내세요.

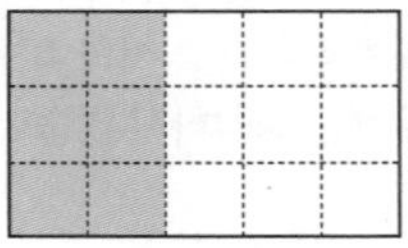

분수 (　　　　　)
소수 (　　　　　)

5 기준량이 비교하는 양보다 큰 것을 찾아 기호를 쓰세요.

㉠ 4에 대한 9의 비
㉡ 8 대 11
㉢ 10의 5에 대한 비
㉣ 11과 6의 비

7 비율이 낮은 것부터 차례로 기호를 쓰세요.

㉠ 3 대 18	㉡ 5의 20에 대한 비
㉢ 8과 24의 비	㉣ 5에 대한 1의 비

□-□-□-□

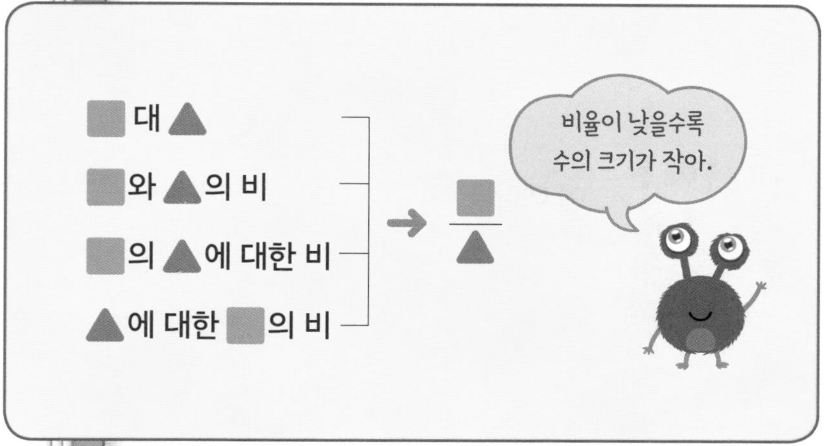

8 표를 보고 동전을 던진 횟수에 대한 그림 면이 나온 횟수의 비율을 소수로 나타내세요.

회차	1회	2회	3회	4회	5회
나온 면	그림면	숫자면	숫자면	그림면	그림면
회차	6회	7회	8회	9회	10회
나온 면	숫자면	그림면	그림면	숫자면	그림면

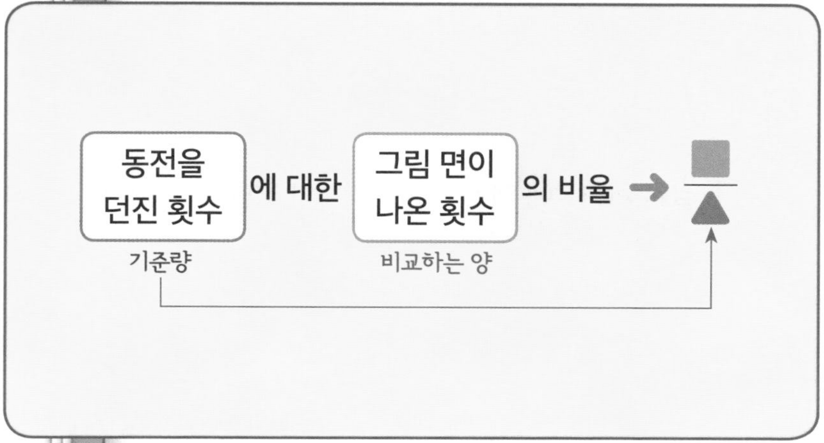

수학적 독해력

9 빨간색 페인트와 흰색 페인트를 3 : 14의 비로 섞어 분홍색 페인트를 만들었습니다. 빨간색 페인트 양에 대한 흰색 페인트 양의 비율을 분수로 나타내세요.

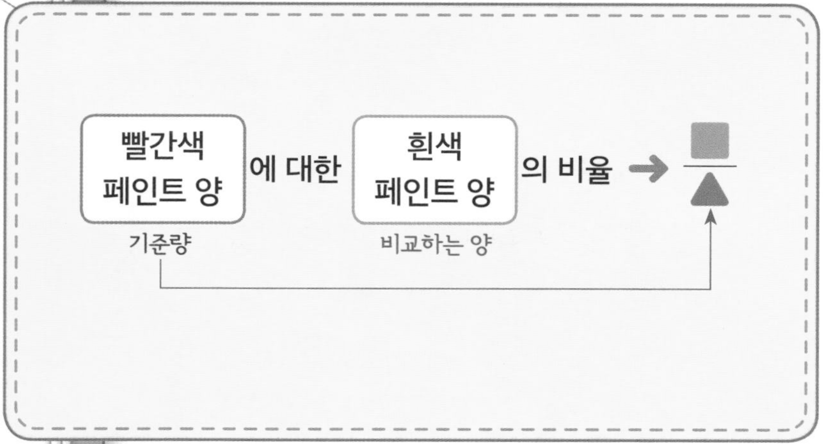

수학적 표현력

10 삼각형 가와 나의 밑변의 길이에 대한 높이의 비율을 비교하세요.

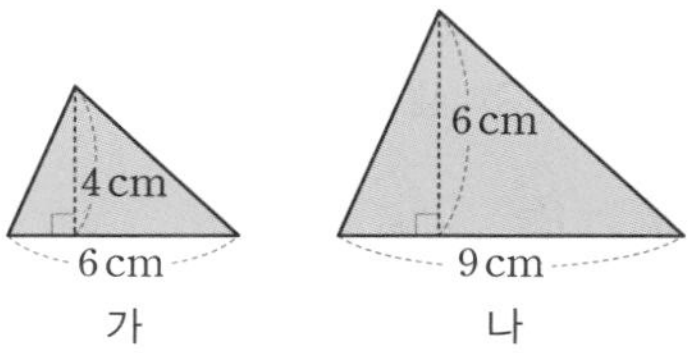

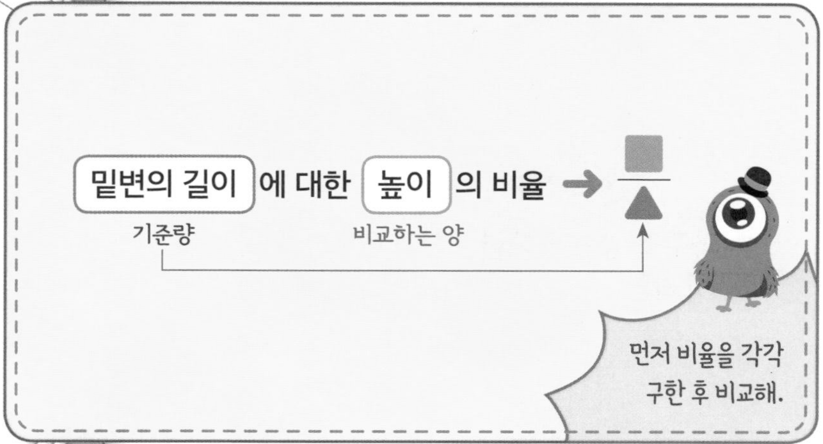

22일 비율이 사용되는 경우

전체 찬 횟수 에 대한 골대에 넣은 횟수 의 비율 → ■/▲

기준량 비교하는 양

걸린 시간 에 대한 간 거리 의 비율 → ■/▲

기준량 비교하는 양

비율이 높을수록 더 빨라.

걸린 시간 에 대한 간 거리 의 비율 → ■/▲

기준량 비교하는 양

비율이 높을수록 더 진해.

사과주스 양 에 대한 사과 원액 양 의 비율 → ■/▲

기준량 비교하는 양

1 승재는 축구 연습을 했습니다. 공을 20번 차서 골대에 13번 넣었을 때 전체 찬 횟수에 대한 골대에 넣은 횟수의 비율을 분수로 나타내세요.

4 260 km를 가는 데 기차는 2시간이 걸렸고, 자동차는 기차보다 1시간이 더 걸렸습니다. 자동차가 260 km를 가는 데 걸린 시간에 대한 간 거리의 비율을 구하세요.

5 빨간 버스는 150 km를 가는 데 2시간이 걸렸고, 파란 버스는 210 km를 가는 데 3시간이 걸렸습니다. 두 버스의 걸린 시간에 대한 간 거리의 비율을 각각 구하고, 어느 버스가 더 빠른지 구하세요.

빨간 버스 (　　　　　　)

파란 버스 (　　　　　　)

더 빠른 버스 (　　　　　　)

6 서연이와 준기가 다음과 같이 사과 원액을 넣어 사과주스를 만들었습니다. 사과주스 양에 대한 사과 원액 양의 비율을 비교하여 누가 만든 사과주스가 더 진한지 구하세요.

이름	서연	준기
사과 원액(g)	15	24
사과주스(g)	300	400

7 두 지역의 인구와 넓이를 나타낸 표입니다. 두 지역의 넓이에 대한 인구의 비율의 차를 구하세요.

지역	가	나
인구(명)	16500	36000
넓이(km^2)	150	240

넓이 에 대한 인구 의 비율 → ■/▲

기준량 비교하는 양

8 어느 지도에서 거리가 4 cm이면 실제 거리는 1 km입니다. 실제 거리에 대한 지도에서 거리의 비율을 분수로 나타내어 보세요.

실제 거리 에 대한 지도에서 거리 의 비율 → ■/▲

기준량 비교하는 양

수학적 독해력

9 수현, 종욱, 윤하가 소금물을 만들었습니다. 소금물 양에 대한 소금 양의 비율을 비교하여 누가 가장 진한 소금물을 만들었는지 구하세요.

수현: 소금 50 g을 녹여 소금물 300 g을 만들었어.

종욱: 소금 30 g을 녹여 소금물 240 g을 만들었어.

윤하: 내가 만든 소금물은 소금물 양에 대한 소금 양의 비율이 $\frac{1}{7}$이야.

소금물 양 에 대한 소금 양 의 비율 → ■/▲

기준량 비교하는 양

비율이 높을수록 더 진해.

수학적 표현력

10 민호와 서준이가 야구 경기에 나갔습니다. 전체 타수에 대한 안타 수의 비율을 비교하여 누가 타율이 더 높은지 풀이 과정을 쓰고, 답을 구하세요.

민호: 난 25타수 중에서 안타를 9개 쳤어.

서준: 난 20타수 중에서 안타를 7개 쳤어.

전체 타수 에 대한 안타 수 의 비율 → ■/▲

기준량 비교하는 양

비율이 높을수록 타율이 높아.

4단원

23일 백분율 알아보기

전체(기준량)에 대한 색칠한 부분(비교하는 양)의 비율 → ■/▲

■/▲ → ●/100 → ●%

백분율은 기준량을 100으로 할 때의 비율이야.

분수	소수	백분율(%)
■▲/100	0.■▲	■▲

$\frac{13}{20}$ ◯ 68 %

×100

☐ %

백분율로 나타내면 비율의 크기를 비교하기 쉬워.

전체 학급문고 수(기준량)에 대한 위인전 수(비교하는 양)의 비율 → ■/▲

■/▲ ×100 → ☐ %

비율을 먼저 구한 후 백분율로 나타내.

1 그림을 보고 전체에 대한 색칠한 부분의 비율을 백분율로 나타내세요.

3 빈칸에 알맞은 수를 써넣으세요.

분수	소수	백분율(%)
$\frac{4}{5}$		
	0.09	
$\frac{11}{25}$		

4 비율의 크기를 비교하여 ◯ 안에 >, =, <를 알맞게 써넣으세요.

$\frac{13}{20}$ ◯ 68 %

6 선우네 반 학급문고에는 동화책 92권, 위인전 64권, 과학책 44권이 있습니다. 전체 학급문고 수에 대한 위인전 수의 비율은 몇 %인지 구하세요.

7 기준량이 비교하는 양보다 작은 것을 모두 찾아 기호를 쓰세요.

㉠ 1.01	㉡ 100 %
㉢ 106 %	㉣ $\frac{7}{8}$

㉠ 1.01	㉡ 100 %
㉢ 106 %	㉣ $\frac{7}{8}$

8 넓이가 $400\ cm^2$인 직사각형이 있습니다. 이 직사각형의 세로가 16 cm일 때, 가로에 대한 세로의 비율을 백분율로 나타내세요.

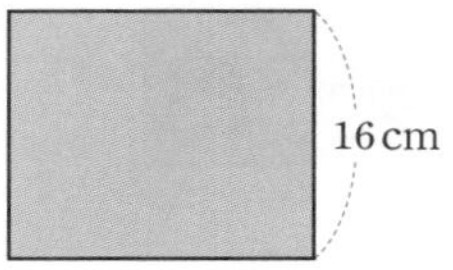

가로 에 대한 세로 의 비율 → $\frac{■}{▲}$

기준량 비교하는 양

$\frac{■}{▲}$ ×100 → □ %

수학적 독해력

+9 백분율에 대해 잘못 이야기한 사람은 누구일까요?

영민: 비율 $\frac{9}{20}$를 백분율로 나타내려면 $\frac{9}{20}$에 100을 곱해서 나온 45에 기호 %를 붙여.

윤하: 비율 $\frac{2}{5}$를 소수로 나타내면 0.4이고, 이것을 백분율로 나타내면 4 %야.

영민: 비율 $\frac{9}{20}$ ×100 → □ %

윤하: 0.4 ×100 → □ %

수학적 표현력

+10 넓이가 $500\ m^2$인 체육관에 넓이가 $60\ m^2$인 무대를 만들려고 합니다. 체육관 넓이에 대한 무대 넓이의 비율을 백분율로 나타내고, 체육관이 다음과 같을 때 무대의 넓이만큼 색칠하세요.

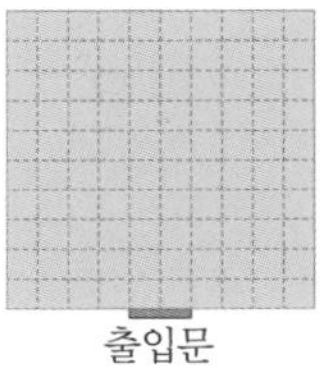

체육관 넓이 에 대한 무대 넓이 의 비율 → $\frac{■}{▲}$

기준량 비교하는 양

$\frac{■}{▲}$ ×100 → □ %

24일 백분율이 사용되는 경우

1 지호가 영화를 보러 갔습니다. 영화 관람료는 8000원인데 할인권을 이용하여 6000원을 냈습니다. 몇 % 할인권을 사용한 것인지 □ 안에 알맞은 수를 구하세요.

영화할인권
□ % 할인권

"몇 % 할인권을 사용한 것인지"

(할인 금액) → (원래 관람료) − (할인된 관람료)

$$(\text{할인율}) = \frac{(\text{할인 금액})}{(\text{원래 가격})} \times 100 \Rightarrow \square\ \%$$

4 재희는 수학여행에서 찍은 사진을 오른쪽과 같이 축소하였습니다. 재희는 사진을 몇 % 축소하였을까요?

"몇 % 축소하였을까요?"

(축소한 크기) → (원래 크기) − (축소된 크기)

$$(\text{축소율}) = \frac{(\text{축소한 크기})}{(\text{원래 크기})} \times 100 \Rightarrow \square\ \%$$

5 서점에서 동화책과 위인전을 다음과 같이 판매하고 있습니다. 동화책과 위인전의 할인율은 각각 몇 %인지 구하고, 어느 것의 할인율이 더 높은지 구하세요.

동화책	위인전
~~16000원~~ → 12000원	~~15000원~~ → 11400원
□ %	□ %

(할인 금액) → (원래 가격) − (할인된 판매 가격)

$$(\text{할인율}) = \frac{(\text{할인 금액})}{(\text{원래 가격})} \times 100 \Rightarrow \square\ \%$$

6 길이가 70 cm인 색 테이프를 28 cm만큼 사용하였습니다. 사용하고 남은 색 테이프의 길이는 처음 색 테이프 길이의 몇 %일까요?

(사용하고 남은 색 테이프 길이) → (전체 길이) − (사용한 길이)

$$(\text{백분율}) = \frac{\left(\text{사용하고 남은 색 테이프 길이}\right)}{\left(\text{처음 색 테이프 길이}\right)} \times 100 \Rightarrow \square\ \%$$

7 체험학습 장소로 박물관에 가는 것에 찬성하는 학생 수를 조사했습니다. 찬성률이 가장 높은 반은 몇 반일까요?

	반 전체 학생 수(명)	찬성하는 학생 수(명)
1반	24	18
2반	20	13
3반	25	19

먼저 각 반의 찬성률을 구한 후 크기를 비교해.

(찬성률)$=\dfrac{(\text{찬성하는 학생 수})}{(\text{반 전체 학생 수})}$ ×100 ➡ □ %

8 두 친구의 대화를 읽고 어느 영화가 좌석 수에 대한 관객 수의 비율이 더 높은지 구하세요.

먼저 관람율을 구한 후 크기를 비교해.

(관람율)$=\dfrac{(\text{관객 수})}{(\text{좌석 수})}$ ×100 ➡ □ %

수학적 독해력

+9 세영이와 준수가 핸드볼 연습을 했습니다. 세영이는 공을 20번 던져서 골대에 11번 공을 넣었고, 준수는 공을 16번 던져서 골대에 8번 공을 넣었습니다. 골 성공률이 더 높은 사람은 누구일까요?

먼저 성공률을 구한 후 크기를 비교해.

(성공률)$=\dfrac{(\text{넣은 공 수})}{(\text{던진 공 수})}$ ×100 ➡ □ %

수학적 표현력

+10 슬기와 로운이가 만든 소금물 양에 대한 소금 양의 백분율을 각각 구하여 누가 만든 소금물이 더 진한지 구하려고 합니다. 풀이 과정을 쓰고, 답을 구하세요.

슬기: 소금 50 g을 녹여 소금물 250 g을 만들었어.

로운: 소금 88 g을 녹여 소금물 400 g을 만들었어.

소금물 양에 대한 소금 양의 비율이 클수록 더 진해.

(진하기)$=\dfrac{(\text{소금 양})}{(\text{소금물 양})}$ ×100 ➡ □ %

4단원

25일 그림그래프로 나타내기

반올림하여 백의 자리까지 나타내려면 십의 자리에서 반올림해야 해.

과수원	하늘	햇살	초록	싱싱
생산량(kg)	2487	1628	3275	2741

반올림할 때
5 미만이면 버리고
5 이상이면 올려.

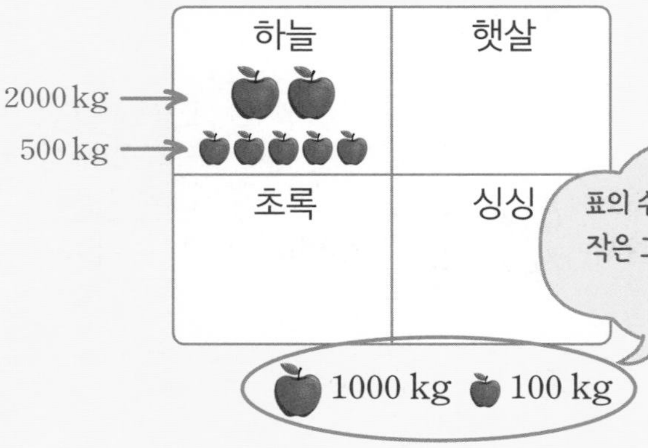

표의 수량을 큰 그림과 작은 그림을 이용하여 나타내.

큰 그림의 수가 같을 때에는 작은 그림의 수가 많을수록 수량이 많아.

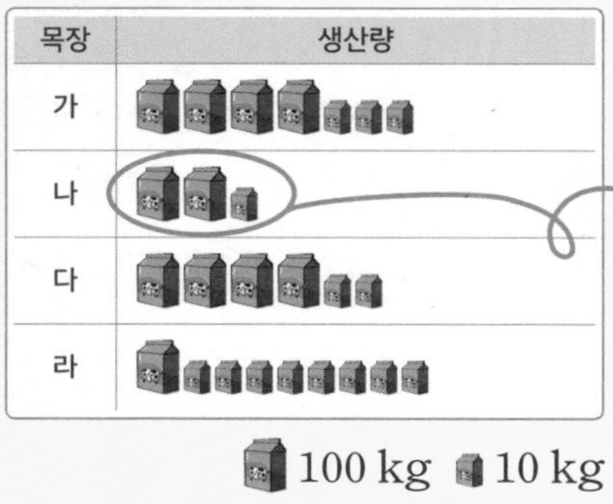

큰 그림과 작은 그림의 수가 각각 2배인 것을 찾아.

1 사과 생산량을 반올림하여 백의 자리까지 나타내어 보세요.

과수원별 사과 생산량

과수원	하늘	햇살	초록	싱싱
생산량(kg)				

2 1번의 표를 보고 그림그래프를 완성하세요.

과수원별 사과 생산량

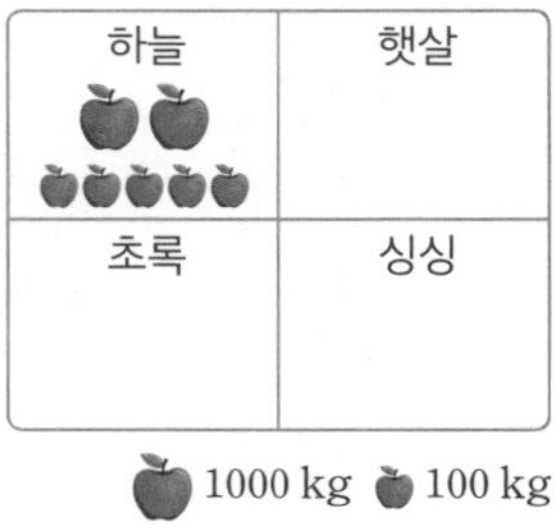

5 우유 생산량이 가장 많은 목장과 가장 적은 목장은 각각 어디입니까?

목장별 우유 생산량

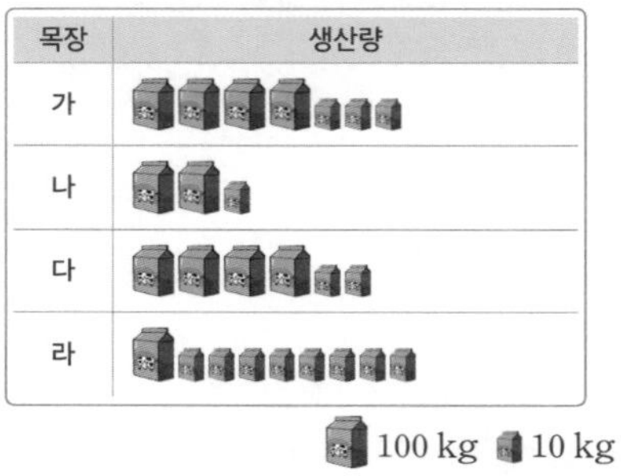

6 우유 생산량이 나 목장의 2배인 목장은 어디입니까?

목장별 우유 생산량

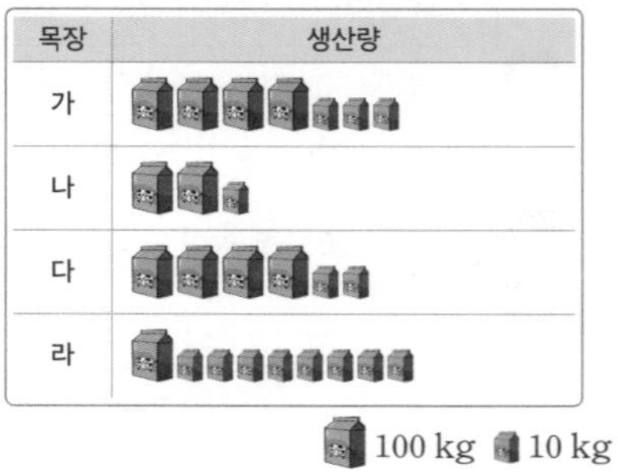

7 어느 지역의 도서관별 동화책 수를 조사하여 나타낸 그림그래프입니다. 라 도서관의 동화책 수는 다 도서관의 동화책 수의 2배일 때 그림그래프를 완성하세요.

도서관별 동화책 수

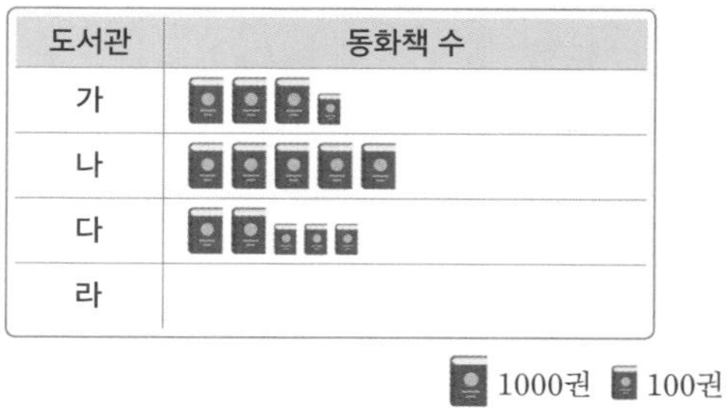

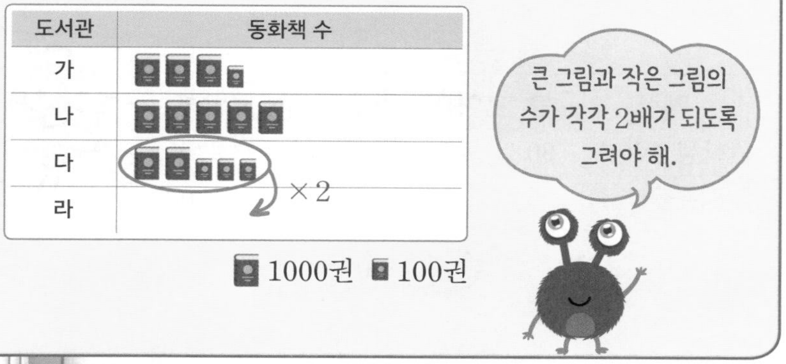

8 지역별 편의점 수를 조사하여 나타낸 그래프입니다. 편의점 수가 가장 많은 지역과 가장 적은 지역의 편의점 수의 차를 구하세요.

지역별 편의점 수

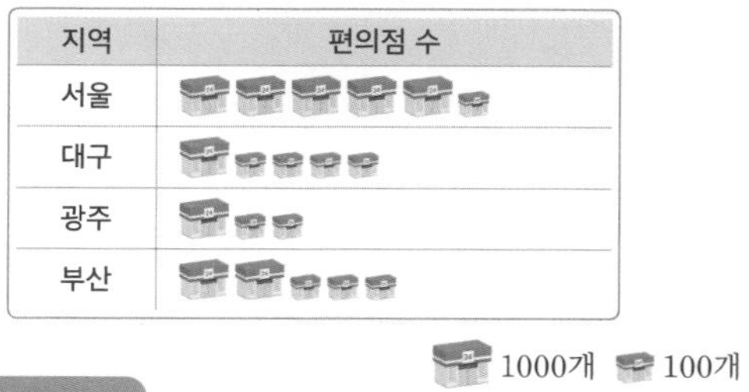

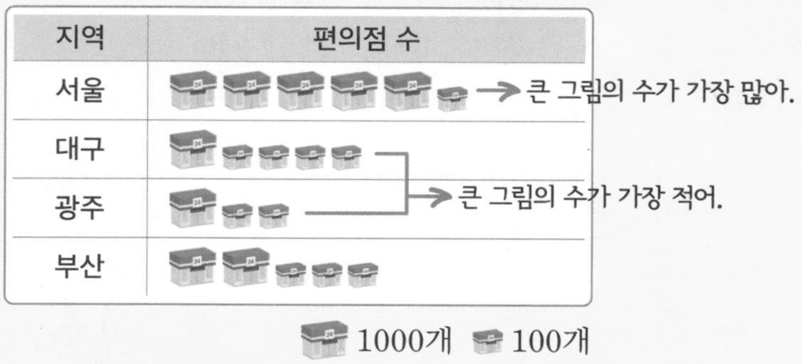

수학적 독해력

+9 어느 지역의 마을별 초등학생 수를 조사하여 나타낸 그림그래프입니다. 네 마을의 초등학생 수가 930명일 때 라 마을의 초등학생 수는 몇 명입니까?

마을별 초등학생 수

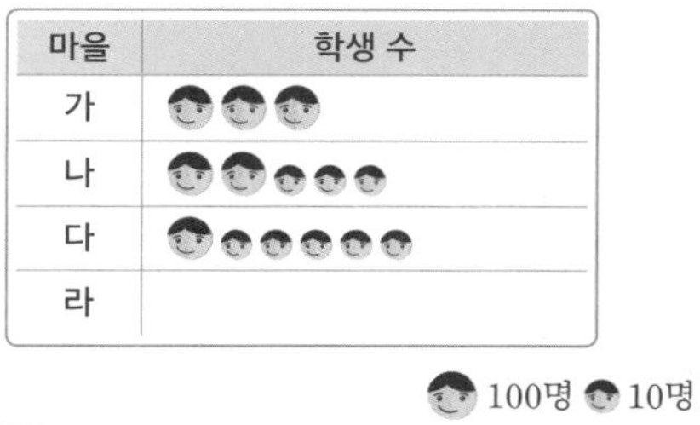

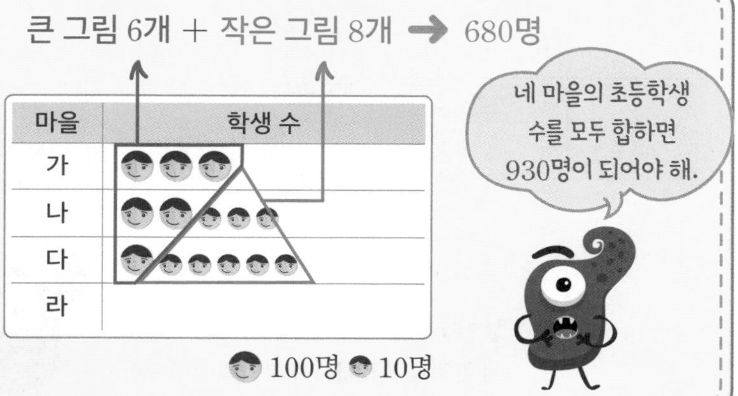

수학적 표현력

+10 9번에서 가 마을의 초등학생 수는 다 마을의 초등학생 수의 몇 배인지 풀이 과정을 쓰고, 답을 구하세요.

26일 띠그래프 알아보기

$(\text{백분율}) = \dfrac{(\text{비교하는 양})}{(\text{기준량})} \times 100$

계절	봄	여름	가을	겨울	합계
학생 수(명)	60	72	84	24	240
백분율(%)	25				100

$\dfrac{60}{240} \times 100$

계절	봄	여름	가을	겨울	합계
학생 수(명)	60	72	84	24	240
백분율(%)	25				100

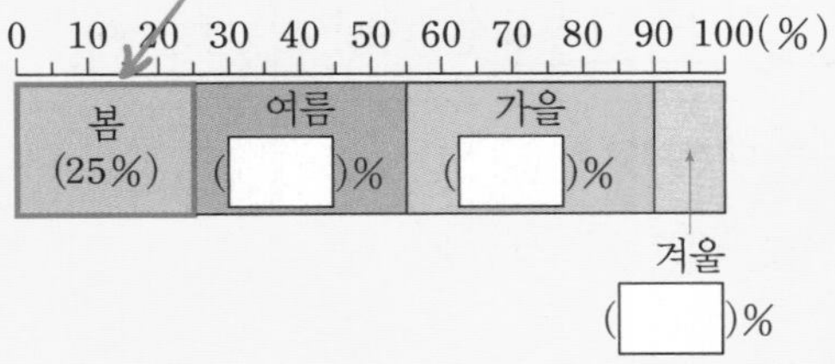

띠의 길이는 각 항목이 차지하는 백분율의 크기와 같아.

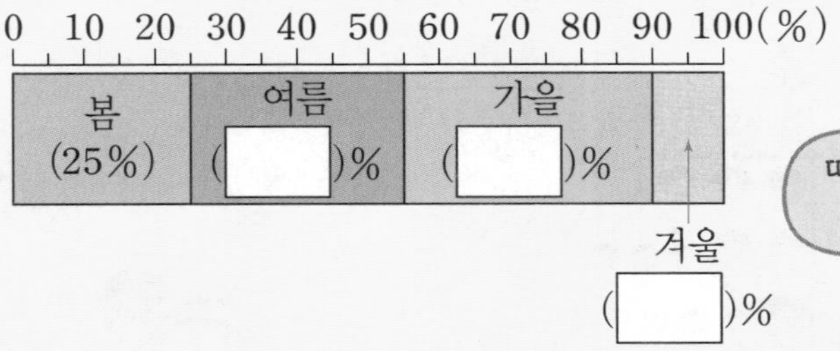

띠의 길이가 길수록 비율이 높아.

알아둬!

눈금 칸의 수가 많을수록 띠의 길이가 길어.

각 항목의 학생 수를 모두 합하면 전체 학생 수를 알 수 있어.

장소	놀이 공원	직업 체험관	과학관	미술관	기타	합계
학생 수(명)	144 +	120 +	64 +	40 +	32	
백분율(%)	36	30	16	10	8	100

1 조사한 결과를 보고 표를 완성하세요.

태어난 계절별 학생 수

계절	봄	여름	가을	겨울	합계
학생 수(명)	60	72	84	24	240
백분율(%)	25				100

2 표를 보고 띠그래프의 □ 안에 알맞은 수를 써넣으세요.

태어난 계절별 학생 수

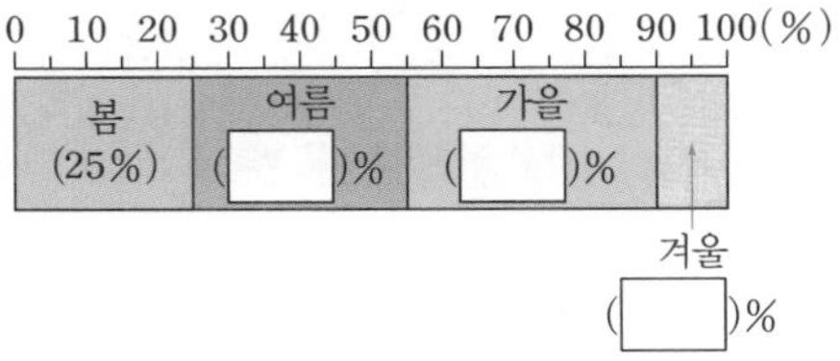

3 가장 많은 학생들이 태어난 계절은 언제입니까?

4 지혜네 학교 학생은 모두 몇 명입니까?

체험 학습 장소별 학생 수

장소	놀이 공원	직업 체험관	과학관	미술관	기타	합계
학생 수 (명)	144	120	64	40	32	
백분율 (%)	36	30	16	10	8	100

7 취미 생활에 쓴 금액은 전체 용돈의 몇 %입니까?

용돈의 쓰임새별 금액

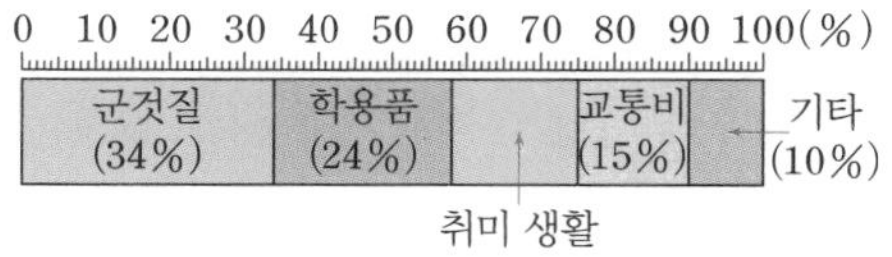

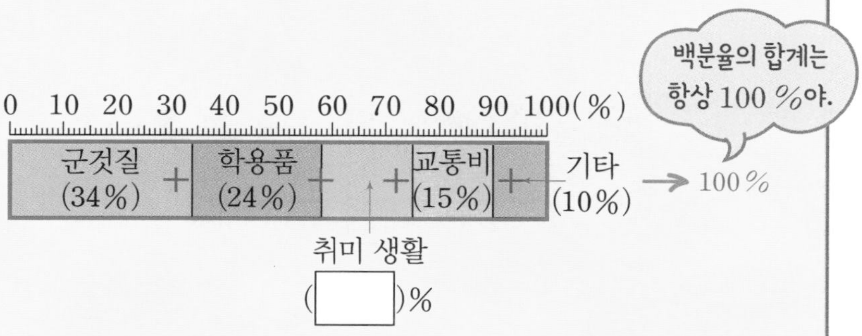

8 전체 용돈의 $\frac{6}{25}$만큼 사용한 쓰임새는 무엇입니까?

용돈의 쓰임새별 금액

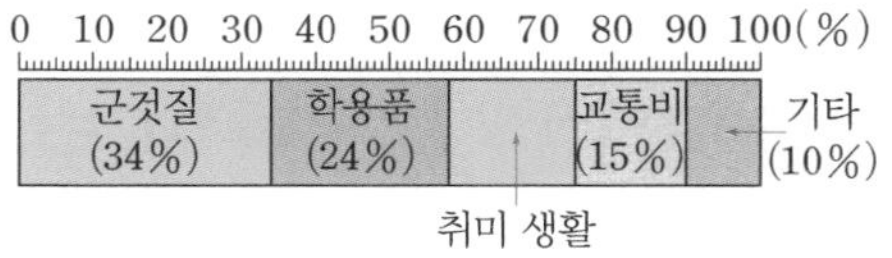

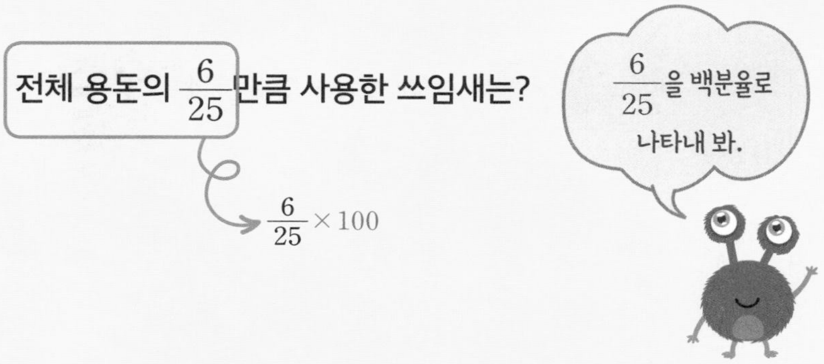

수학적 독해력

+9 슬기네 학교 학생들의 일주일 동안의 독서 시간을 조사하여 나타낸 띠그래프입니다. 5시간 미만인 학생이 120명이라면 15시간 이상인 학생은 몇 명입니까?

독서 시간별 학생 수

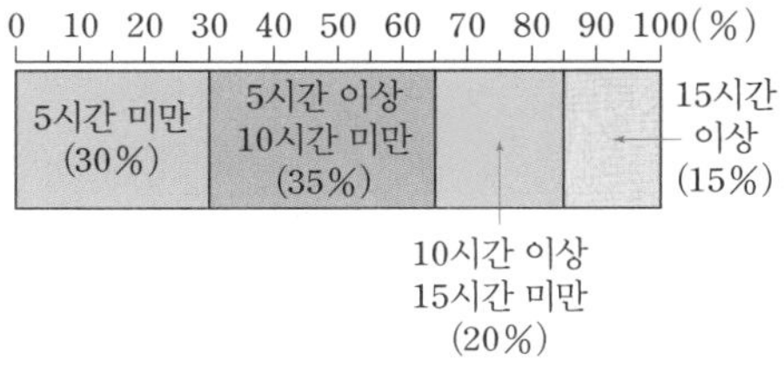

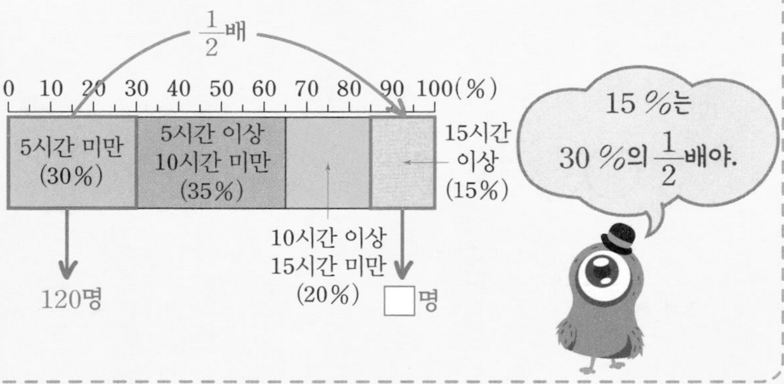

수학적 표현력

+10 준수네 반 학생들이 좋아하는 TV 프로그램을 조사하여 나타낸 띠그래프입니다. 예능을 좋아하는 학생 수는 스포츠를 좋아하는 학생 수의 몇 배인지 풀이 과정을 쓰고, 답을 구하세요.

좋아하는 TV 프로그램별 학생 수

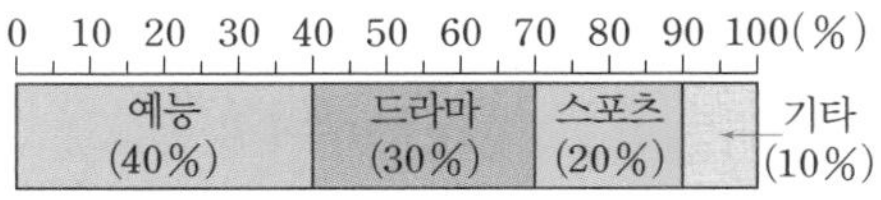

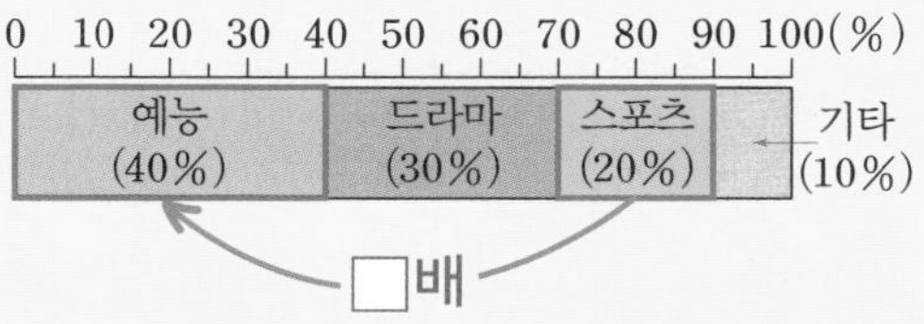

■는 ▲의 몇 배? → ■÷▲(배)

27일 띠그래프로 나타내기

각 항목의 학생 수를 모두 합하면 전체 학생 수를 알 수 있어.

악기	피아노	바이올린	첼로	기타	드럼	합계
학생 수(명)	90 + 75 + 60 + 30 + 45 →					
백분율(%)	30	25				

$(\text{백분율})=\frac{(\text{비교하는 양})}{(\text{기준량})}\times 100$

악기	피아노	바이올린	첼로	기타	드럼	합계
학생 수(명)	90	75	60	30	45	300
백분율(%)	30	25				

30 → $\frac{90}{300}\times 100$

악기	피아노	바이올린	첼로	기타	드럼	합계
학생 수(명)	90	75	60	30	45	
백분율(%)	30	25				

각 항목이 차지하는 백분율의 크기만큼 선을 그어 띠를 나눠.

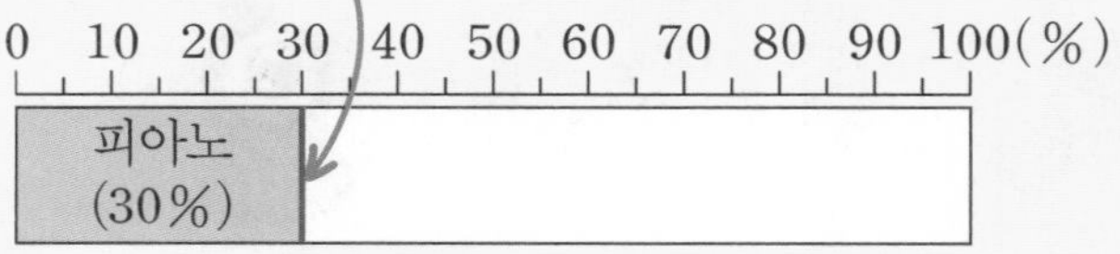

곡물	쌀	메밀	콩	팥	합계
수확량(kg)	280	120	60	40	500
백분율(%)	56				

각 항목이 차지하는 백분율의 크기만큼 선을 그어 띠를 나눠.

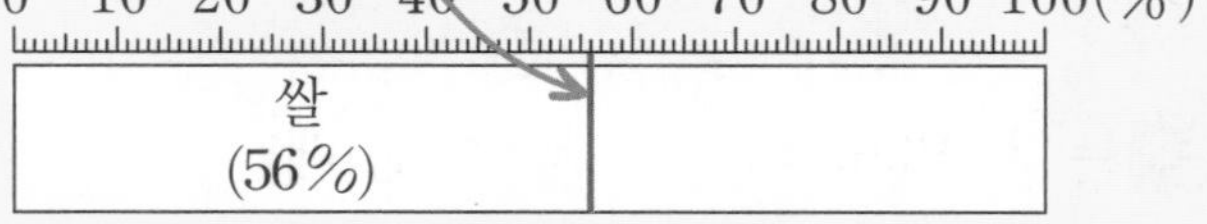

1 슬기네 학교 학생은 모두 몇 명입니까?

배우고 싶은 악기별 학생 수

악기	피아노	바이올린	첼로	기타	드럼	합계
학생 수(명)	90	75	60	30	45	
백분율(%)	30	25				

2 배우고 싶은 악기별 학생 수의 백분율을 구하여 표를 완성하세요.

배우고 싶은 악기별 학생 수

악기	피아노	바이올린	첼로	기타	드럼	합계
학생 수(명)	90	75	60	30	45	
백분율(%)	30	25				

3 표를 보고 띠그래프를 완성하세요.

배우고 싶은 악기별 학생 수

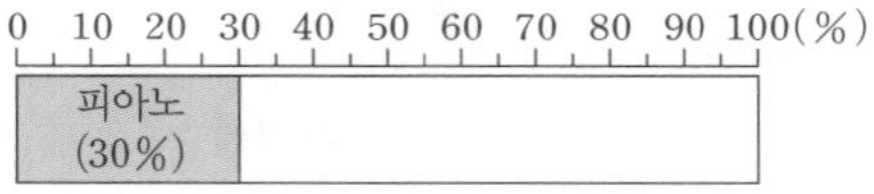

5 표를 보고 띠그래프를 완성하세요.

곡물별 수확량

곡물	쌀	메밀	콩	팥	합계
수확량(kg)	280	120	60	40	500
백분율(%)					

곡물별 수확량

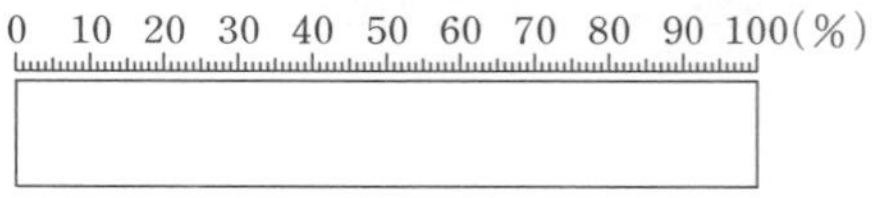

7 〈보기〉를 읽고 표를 완성하세요.

〈보기〉
현수네 학교 학생 200명을 대상으로 좋아하는 반려동물을 조사했습니다. 개는 □명, 고양이는 60명, 햄스터는 20명, 기타는 30명입니다.

좋아하는 반려동물별 학생 수

반려동물	개	고양이	햄스터	기타	합계
학생 수(명)		60	20	30	200
백분율(%)					

개를 좋아하는 학생 수를 먼저 구해.

반려동물	개	고양이	햄스터	기타	합계
학생 수(명)	□ +	60 +	20 +	30 →	200
백분율(%)					

8 7번 표를 보고 띠그래프로 나타내세요.

좋아하는 반려동물별 학생 수

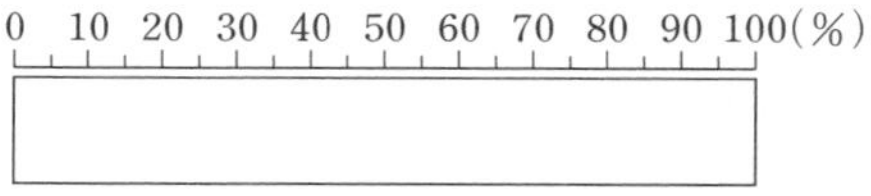

반려동물	개	고양이	햄스터	기타	합계
학생 수(명)	90	60	20	30	200
백분율(%)	45				

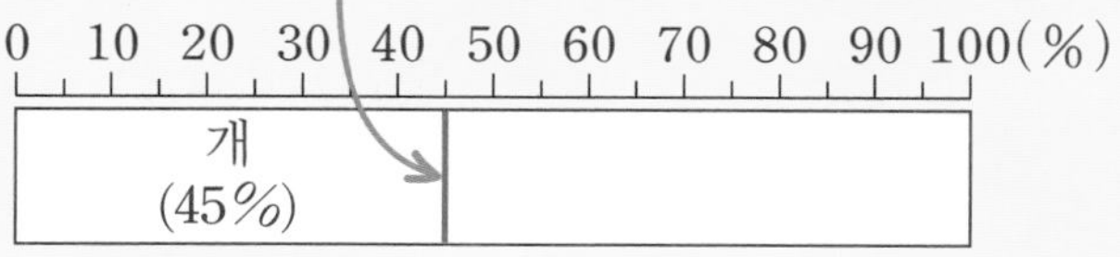

각 항목이 차지하는 백분율의 크기만큼 선을 그어 띠를 나눠.

수학적 독해력

+9 서연이네 학교 학생들이 받고 싶은 선물을 조사하여 나타낸 표입니다. 스마트폰을 받고 싶은 학생 수가 책을 받고 싶은 학생 수의 2배일 때 표를 완성하고 띠그래프로 나타내세요.

받고 싶은 선물별 학생 수

선물	노트북	학용품	스마트폰	책	기타	합계
백분율(%)	30	25			15	100

받고 싶은 선물별 학생 수

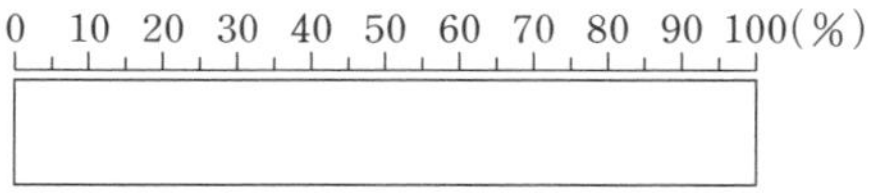

각 항목의 백분율의 합계는 100 %야.

선물	노트북	학용품	스마트폰	책	기타	합계
백분율(%)	30 +	25 +	□ +	□ +	15 →	100

2배

수학적 표현력

+10 민호네 학교 학생 300명을 대상으로 혈액형을 조사하여 나타낸 띠그래프입니다. 띠그래프를 보고 잘못 말한 사람은 누구인지 찾고, 그 이유를 쓰세요.

혈액형별 학생 수

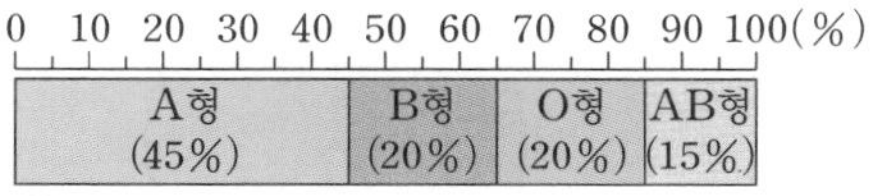

민호: 눈금 한 칸은 5 %를 나타내.

수현: A형인 학생이 가장 많아.

종욱: O형인 학생은 20명이야.

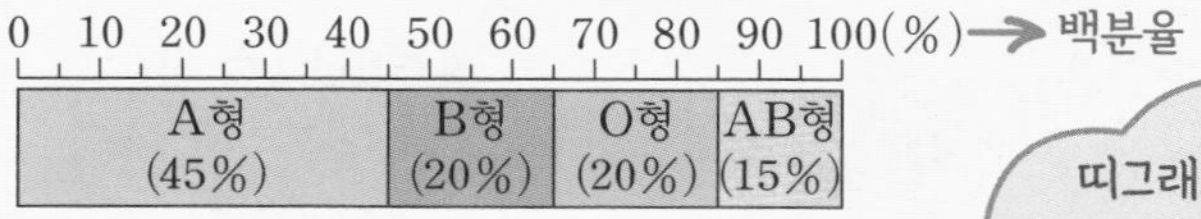

띠그래프에서 눈금은 수량이 아니라 백분율을 나타내.

28일 원그래프 알아보기

장소	해수 욕장	놀이 공원	박물관	기타	합계
학생 수(명)	60	50	40	50	200
백분율(%)	30	25			100

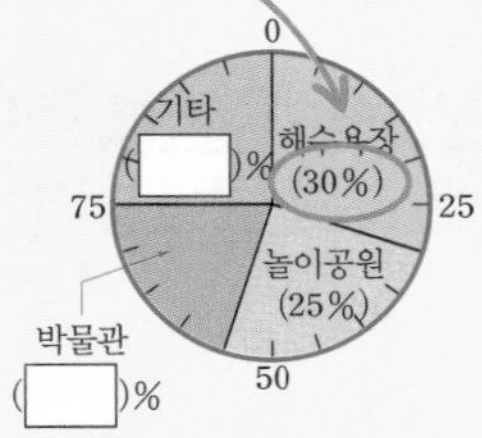

2 표를 보고 원그래프의 □ 안에 알맞은 수를 써넣으세요.

여름 방학 때 가고 싶은 장소별 학생 수

장소	해수 욕장	놀이 공원	박물관	기타	합계
학생 수(명)	60	50	40	50	200
백분율(%)	30	25			100

여름 방학 때 가고 싶은 장소별 학생 수

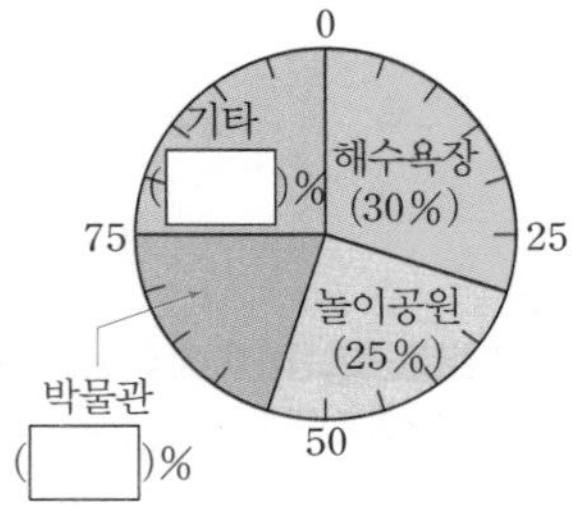

넓이가 같은 항목을 찾아봐.

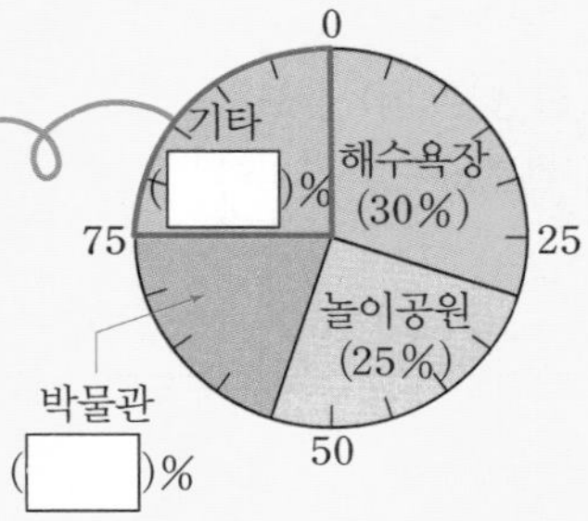

3 전체 학생 수에 대한 가고 싶은 장소별 학생 수의 비율이 기타 항목과 같은 장소는 어디입니까?

각 항목의 배출량을 모두 합하면 전체 배출량을 알 수 있어.

종류	종이류	플라 스틱류	유리류	기타	합계
배출량(kg)	180 +	120 +	90 +	110 →	
백분율(%)	36	24	18	22	100

4 세희네 아파트에서 일주일 동안 배출한 재활용품은 모두 몇 kg입니까?

재활용품 종류별 배출량

종류	종이류	플라 스틱류	유리류	기타	합계
배출량(kg)	180	120	90	110	
백분율(%)	36	24	18	22	100

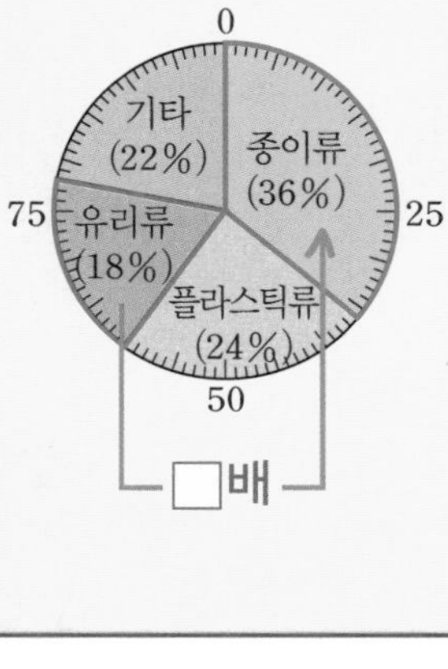

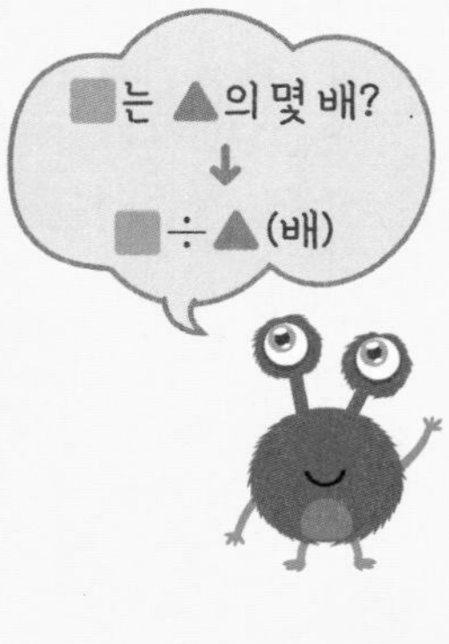

6 종이류의 배출량은 유리류의 배출량의 몇 배입니까?

재활용품 종류별 배출량

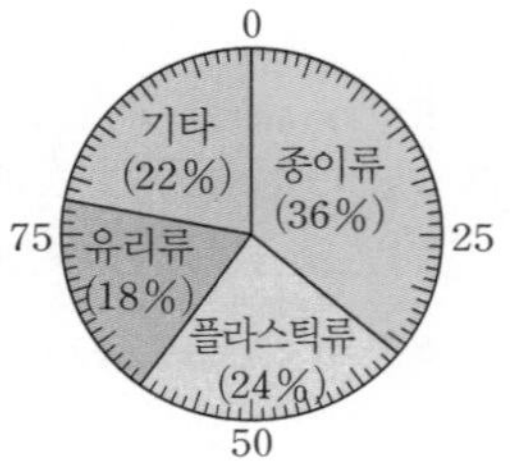

7 역사책은 전체의 몇 %입니까?

종류별 책의 수

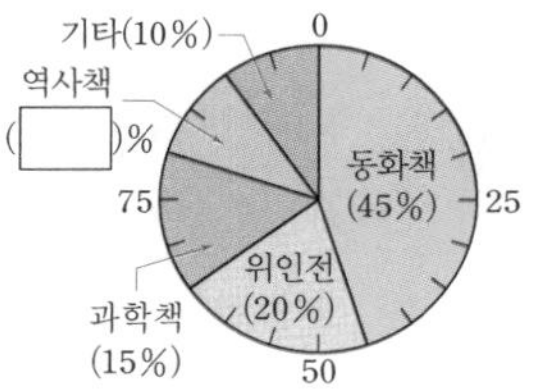

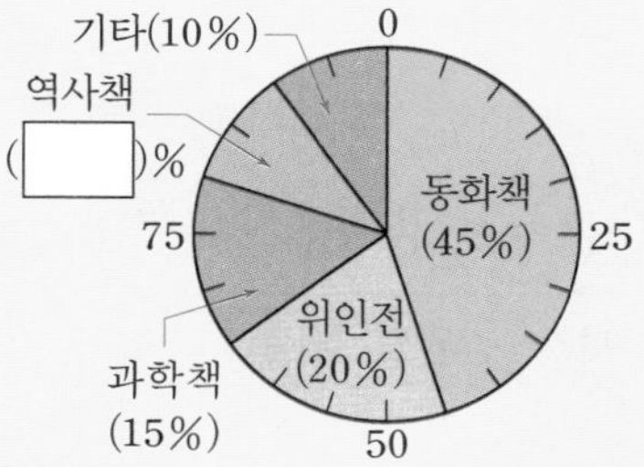

8 과학책의 3배만큼 가지고 있는 책의 종류는 무엇입니까?

종류별 책의 수

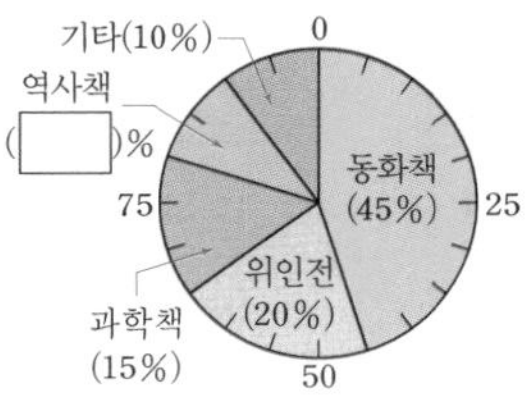

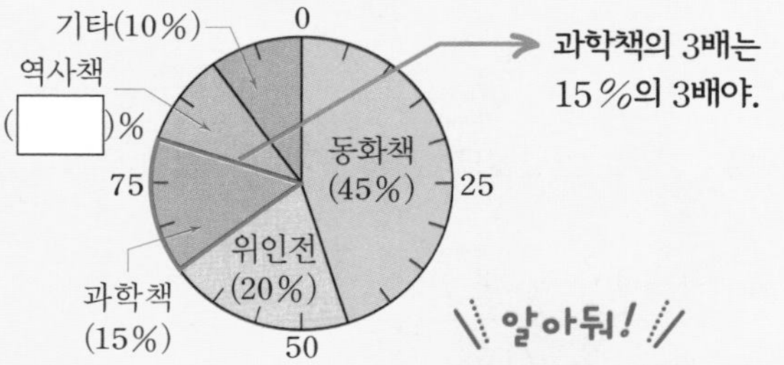

알아둬!

과학책의 3배이면 과학책의 넓이보다 3배 넓어.

수학적 독해력

+9 어느 주스 가게에서 일주일 동안 팔린 주스의 종류별 판매량을 조사하여 나타낸 원그래프입니다. 원그래프를 보고 잘못 말한 사람은 누구입니까?

주스 종류별 판매량

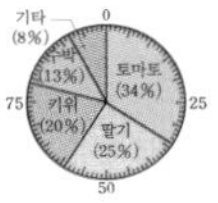

지혜: 각 항목의 백분율의 합계는 100 %야.
민호: 딸기 주스의 판매량은 수박 주스의 판매량의 약 2배야.
서연: 항목의 넓이가 가장 좁은 수박 주스의 판매량이 가장 적어.

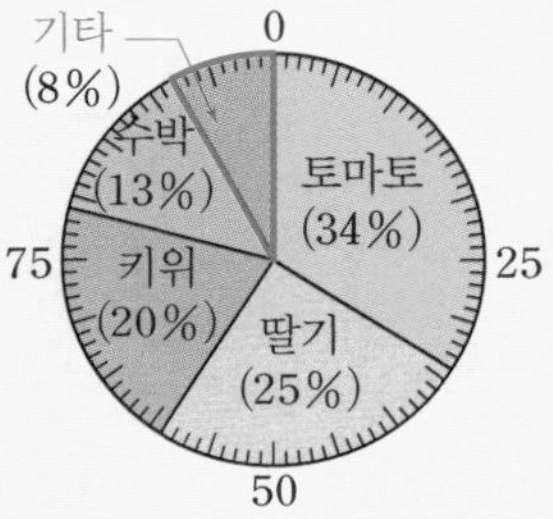

수학적 표현력

+10 슬기네 반 학생들이 좋아하는 과일을 나타낸 그래프입니다. 원그래프와 띠그래프의 공통점을 쓰세요.

좋아하는 과일별 학생 수

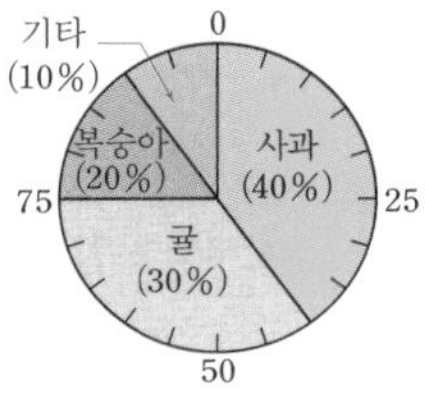

좋아하는 과일별 학생 수

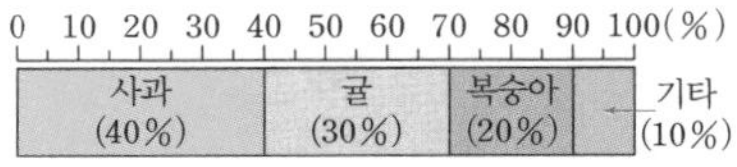

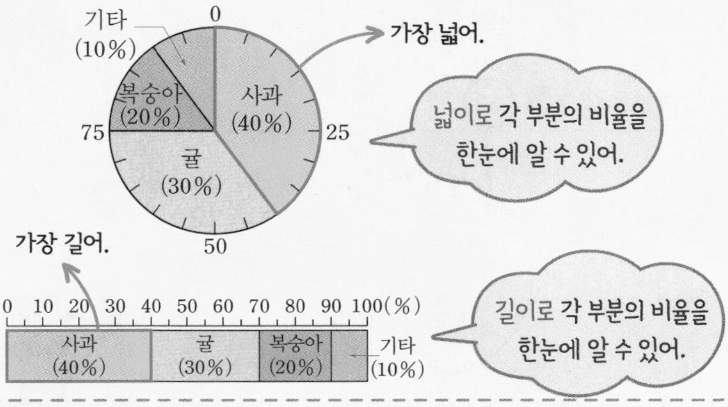

29일 원그래프로 나타내기

각 항목의 학생 수를 모두 합하면 전체 학생 수를 알 수 있어.

지역	제주	강원도	서울	기타	합계
학생 수(명)	81 +	45 +	18 +	36 →	
백분율(%)	45	25			

$(\text{백분율}) = \frac{(\text{비교하는 양})}{(\text{기준량})} \times 100$

지역	제주	강원도	서울	기타	합계
학생 수(명)	81	45	18	36	180
백분율(%)	45	25			

$45 \rightarrow \frac{81}{180} \times 100$

지역	제주	강원도	서울	기타	합계
학생 수(명)	81	45	18	36	
백분율(%)	45	25			

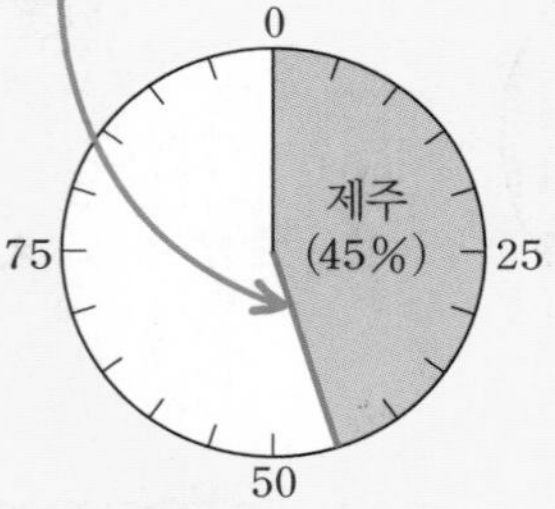

백분율의 크기만큼 선을 그어 원을 나눠.

쓰임새	식품비	공과금	저축	교육비	기타	합계
금액 (만 원)	96	78	48	42	36	
백분율 (%)	32	26				

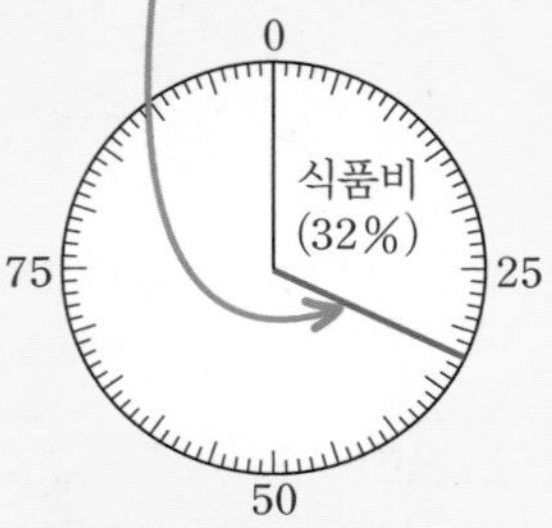

백분율의 크기만큼 선을 그어 원을 나눠.

1 은수네 학교 6학년 학생은 모두 몇 명입니까?

수학여행 지역별 학생 수

지역	제주	강원도	서울	기타	합계
학생 수(명)	81	45	18	36	
백분율(%)	45	25			

2 수학여행 지역별 학생 수의 백분율을 구하여 표를 완성하세요.

수학여행 지역별 학생 수

지역	제주	강원도	서울	기타	합계
학생 수(명)	81	45	18	36	
백분율(%)	45	25			

3 표를 보고 원그래프를 완성하세요.

수학여행 지역별 학생 수

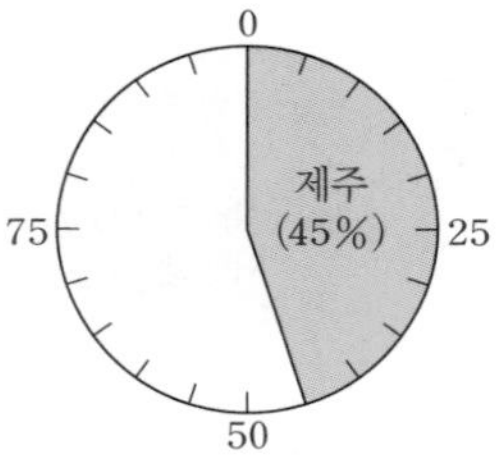

6 표를 보고 원그래프를 완성하세요.

생활비의 쓰임새별 금액

쓰임새	식품비	공과금	저축	교육비	기타	합계
금액(만 원)	96	78	48	42	36	
백분율(%)	32	26				

생활비의 쓰임새별 금액

7 표를 완성하세요.

민수네 학교 학생 300명을 대상으로 좋아하는 계절을 조사하였습니다. 봄은 120명, 여름은 60명이고, 가을은 겨울보다 60명 더 많습니다.

좋아하는 계절별 학생 수

계절	봄	여름	가을	겨울	합계
학생 수(명)	120	60			300
백분율(%)	40				

+60

계절	봄	여름	가을	겨울	합계
학생 수(명)	120 +	60 +	□ +	□	→ 300
백분율(%)	40				

8 7번의 표를 보고 원그래프로 나타내세요.

좋아하는 계절별 학생 수

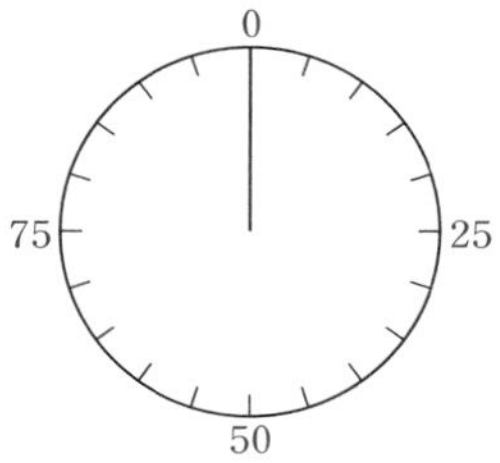

계절	봄	여름	가을	겨울	합계
학생 수(명)	120	60			300
백분율(%)	40				

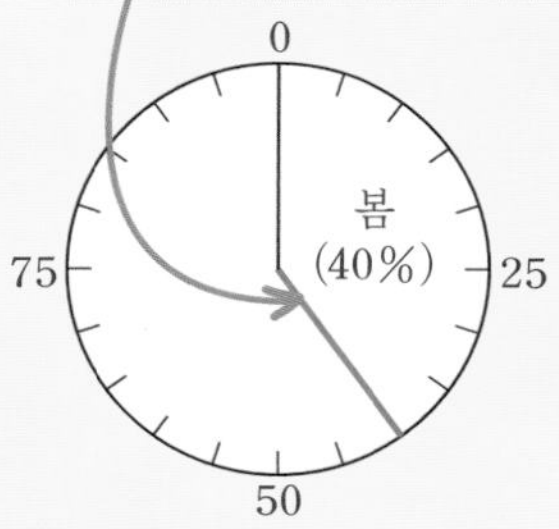

수학적 독해력

+9 슬기네 학교 학생들이 여가 시간에 하는 활동을 조사하여 나타낸 원그래프입니다. 독서 또는 게임을 하는 학생이 150명이라면 조사한 전체 학생 수는 몇 명입니까?

여가 시간 활동별 학생 수

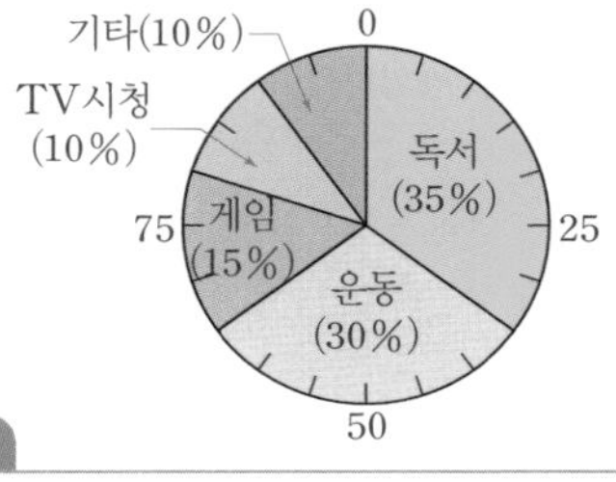

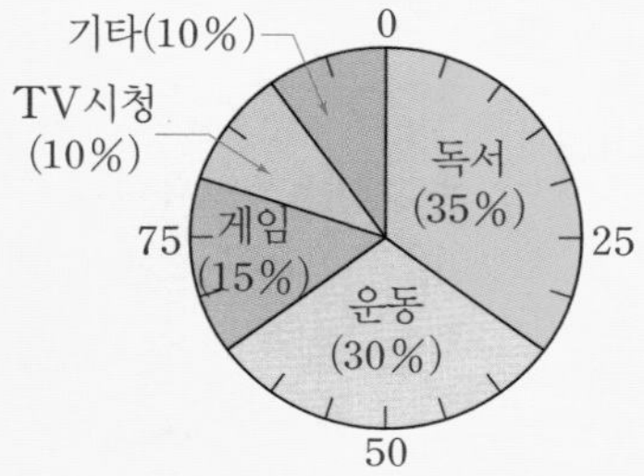

독서+게임	전체
(35+15) %	100 %
↓ 150명	↓ □명

수학적 표현력

+10 띠그래프를 보고 원그래프로 나타내세요.

장래 희망별 학생 수

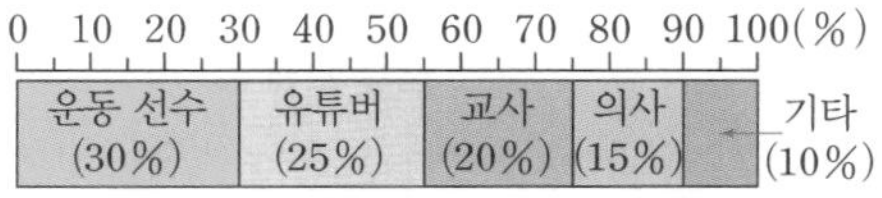

장래 희망별 학생 수

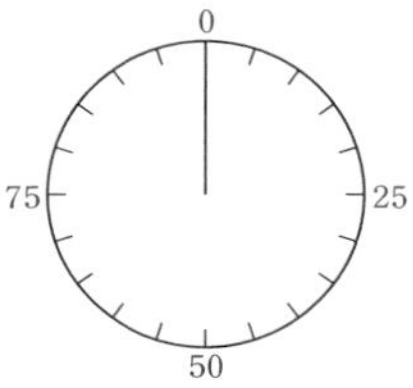

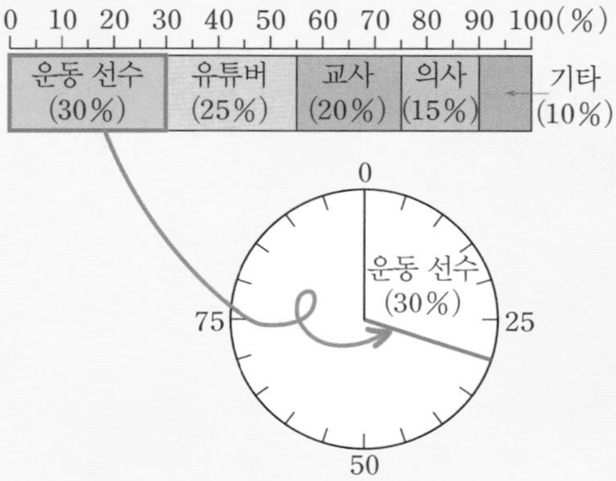

띠그래프는 길이로, 원그래프는 넓이로 비율을 나타내.

5 단원

30일 그래프 해석하기

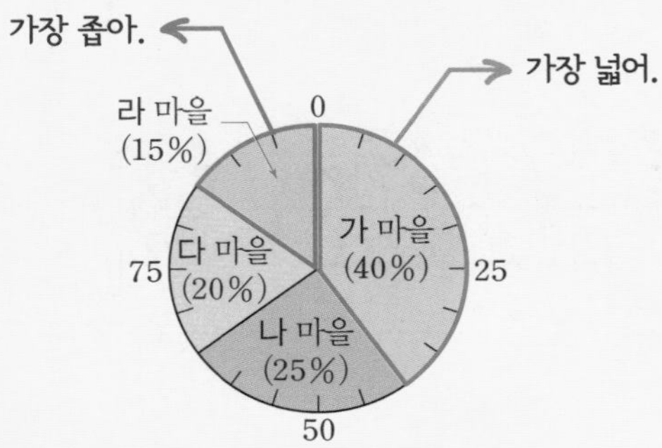

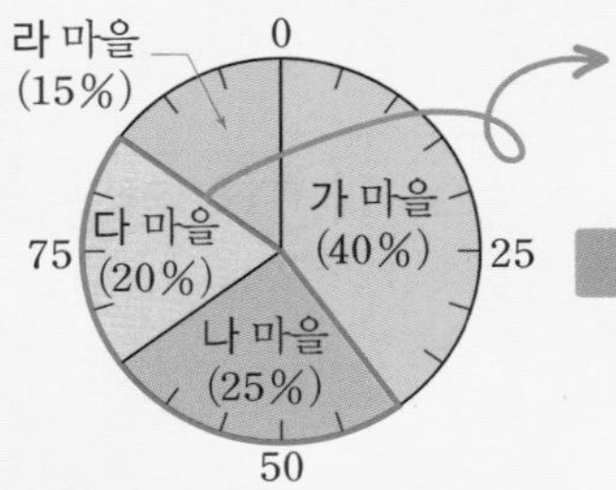

■ 또는 ▲의 백분율

↓

■의 백분율 + ▲의 백분율

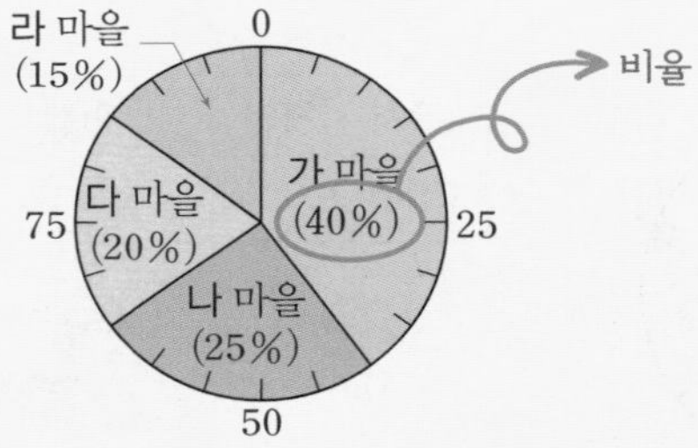

알아둬!

비율을 나타내는 그래프로는 정확한 수량을 알 수 없어.

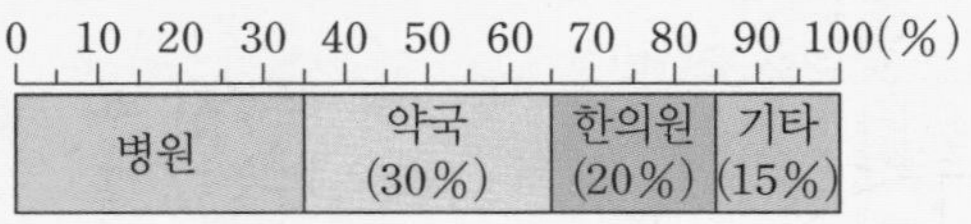

한의원	전체
20 %	100 %

8개 □개

1 가장 많은 학생이 살고 있는 마을은 어디입니까?

거주지별 학생 수

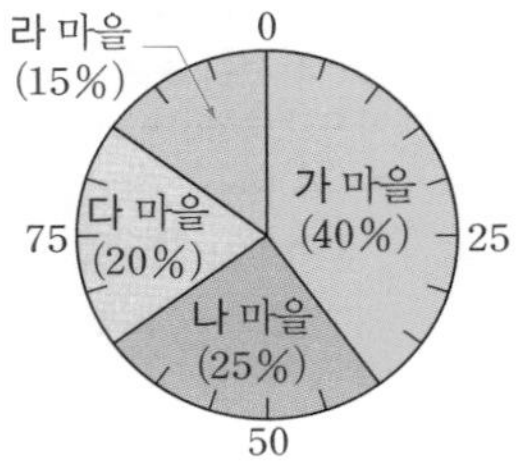

2 나 마을 또는 다 마을에 사는 학생 수는 전체의 몇 %입니까?

거주지별 학생 수

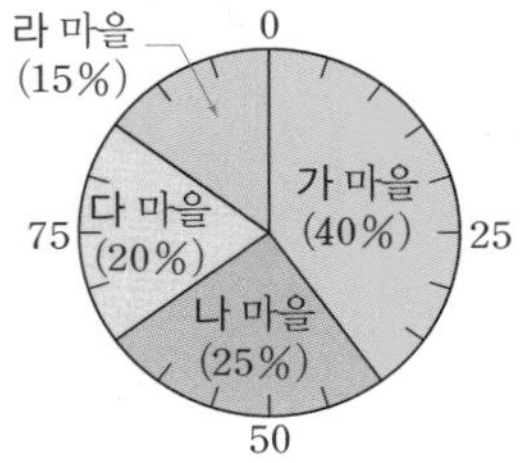

3 그래프를 보고 알 수 있는 내용이 아닌 것을 찾아 기호를 쓰세요.

㉠ 나 마을에 사는 학생 수는 전체의 25 %입니다.
㉡ 라 마을에 사는 학생은 15명입니다.
㉢ 가 마을에 사는 학생 수는 다 마을에 사는 학생 수의 2배입니다.

6 한의원의 수가 8개일 때 전체 의료 시설 수는 몇 개입니까?

의료 시설 수

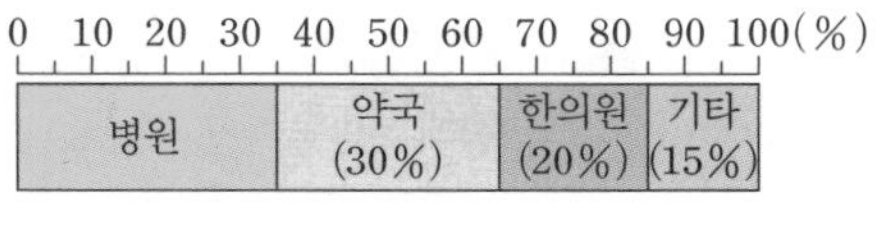

7 액션 영화를 좋아하는 학생은 몇 명입니까?

좋아하는 영화 장르별 학생 수

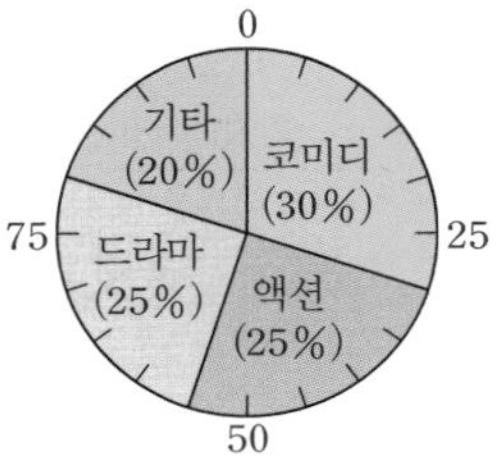

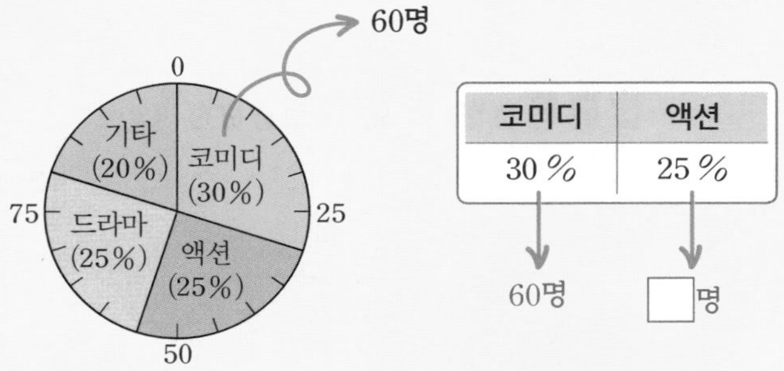

8 기타 항목에서 80 %가 공포 영화를 좋아할 때, 공포 영화를 좋아하는 학생은 몇 명입니까?

좋아하는 영화 장르별 학생 수

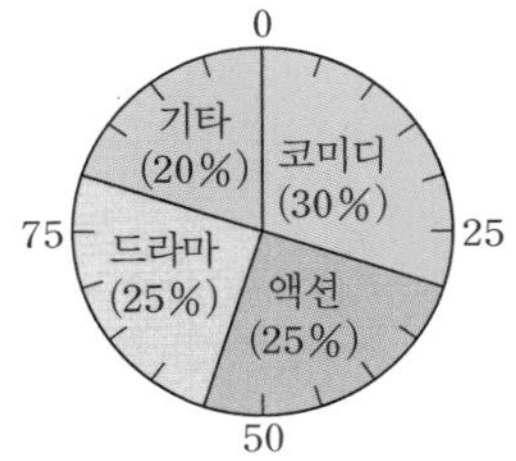

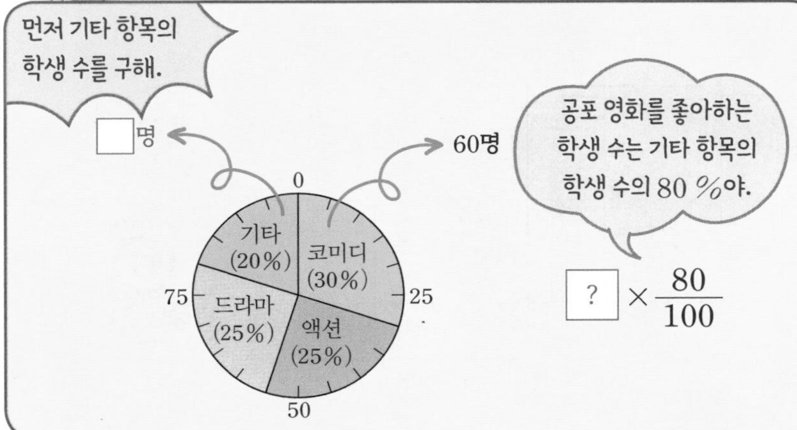

수학적 독해력

9 윤호네 과수원의 과일별 수확량을 조사하여 나타낸 띠그래프입니다. 사과 생산량은 복숭아 생산량의 3배일 때 복숭아 생산량은 전체의 몇 %입니까?

과일별 수확량

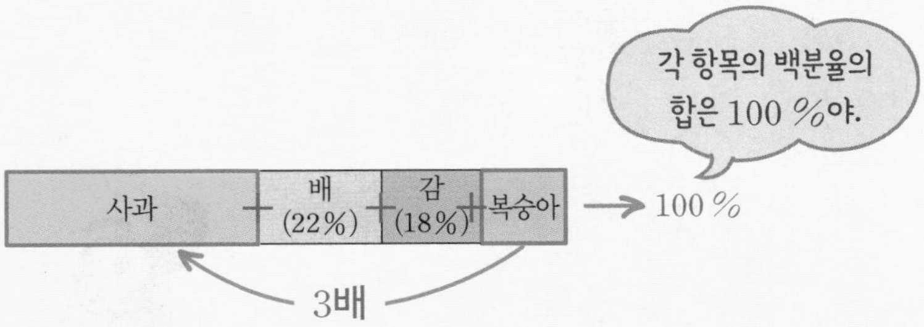

수학적 표현력

10 지후네 반 학급문고의 책 종류를 조사하여 나타낸 띠그래프입니다. 학급문고가 모두 200권일 때 과학책은 몇 권인지 풀이 과정을 쓰고, 답을 구해 보세요.

종류별 책 수

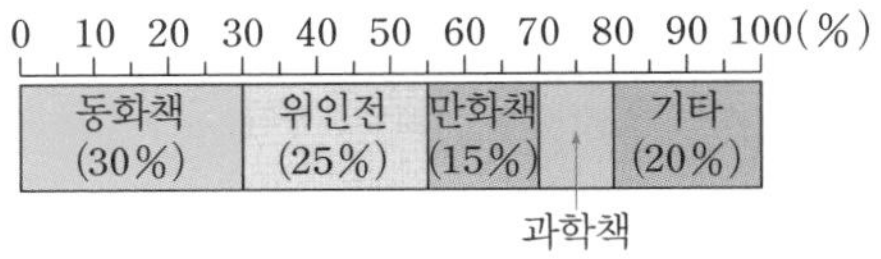

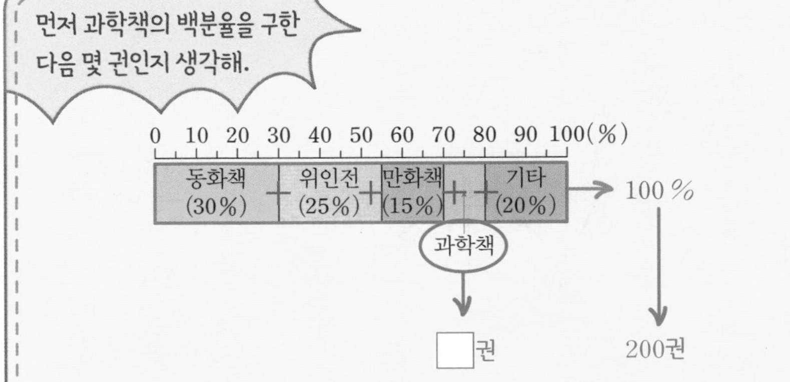

31일 여러 가지 그래프 비교하기

표의 수량을 큰 그림과 작은 그림을 이용하여 **나타내.**

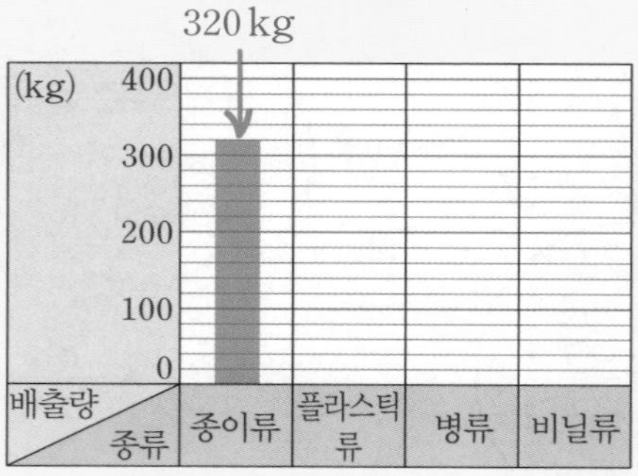

표의 수량을 막대의 길이로 나타내.

종류	종이류	플라스틱류	병류	비닐류	합계
배출량(kg)	320	240	160		800
백분율(%)	40				100

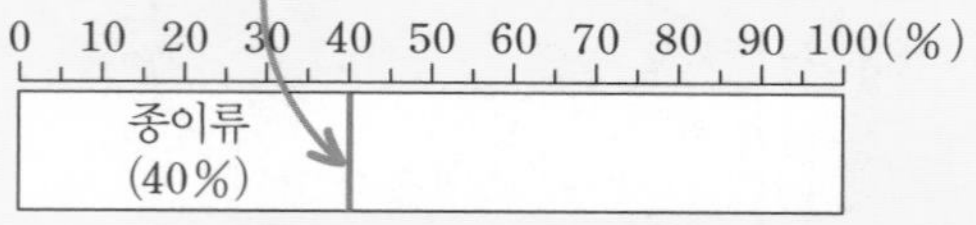

각 항목이 차지하는 백분율의 크기만큼 선을 그어 띠를 나눠.

종류	종이류	플라스틱류	병류	비닐류	합계
배출량(kg)	320	240	160	80	800
백분율(%)	40	30	20	10	100

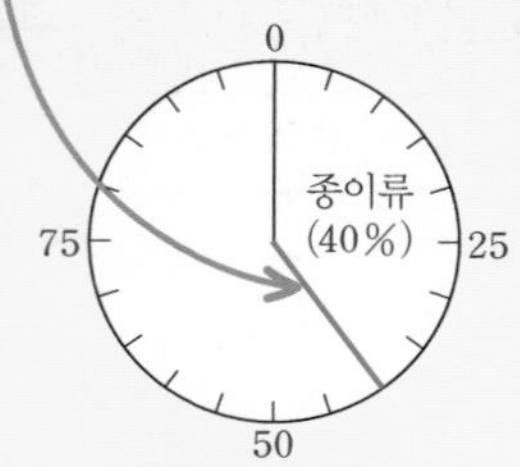

각 항목이 차지하는 백분율의 크기만큼 선을 그어 원을 나눠.

2 그림그래프를 완성하세요.

재활용품 종류별 배출량

종류	종이류	플라스틱류	병류	비닐류	합계
배출량(kg)	320	240	160		800
백분율(%)					100

재활용품 종류별 배출량

3 막대그래프로 나타내세요.

재활용품 종류별 배출량

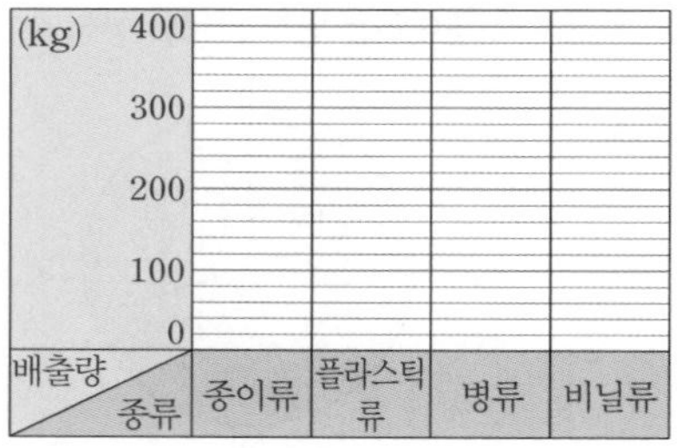

4 띠그래프로 나타내세요.

재활용품 종류별 배출량

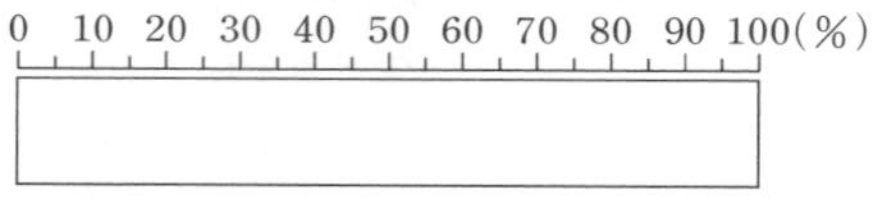

5 원그래프로 나타내세요.

재활용품 종류별 배출량

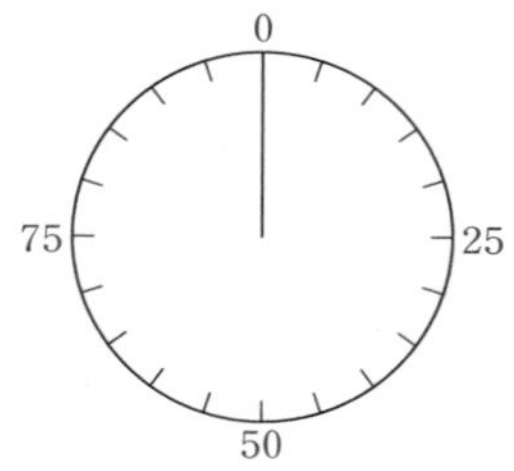

7 표를 완성하세요.

봉사활동에 참가한 학년별 학생 수

학년	3학년	4학년	5학년	6학년	합계
학생 수(명)	24				
백분율(%)	15				

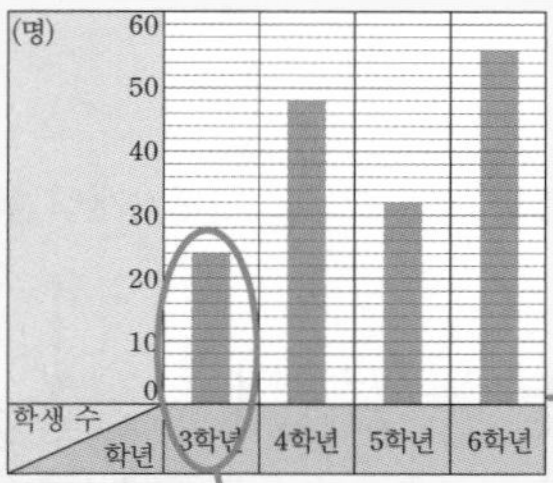

한 칸은 2명

막대의 길이가 나타내는 수량을 수로 나타내.

학년	3학년	4학년	5학년	6학년	합계
학생 수(명)	24				
백분율(%)	15				

8 띠그래프로 나타내세요.

봉사활동에 참가한 학년별 학생 수

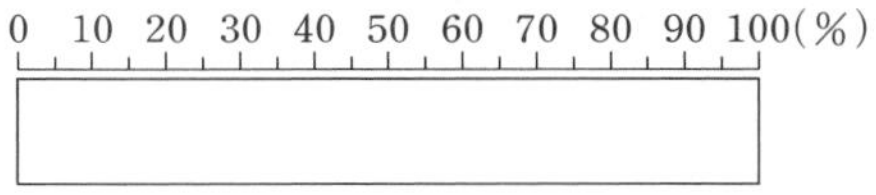

학년	3학년	4학년	5학년	6학년	합계
학생 수(명)	24				
백분율(%)	15				

각 항목이 차지하는 백분율의 크기만큼 선을 그어 띠를 나눠.

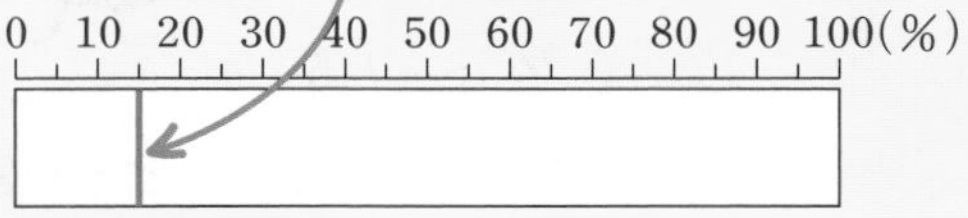

수학적 독해력

+9 슬기와 로운이가 말한 것을 읽고 그래프로 나타내려고 합니다. 알맞은 그래프를 〈보기〉에서 찾아 기호를 쓰세요.

〈보기〉
㉠ 그림그래프 ㉡ 띠그래프
㉢ 꺾은선그래프 ㉣ 원그래프

감자 싹의 키의 변화를 알아보려고 매일 싹의 키를 잴어.

슬기

아파트별 하루 쓰레기 배출량의 많고 적음을 그림의 크기로 비교하려고 해.

로운

연속적으로 변하는 양을 나타내는 데 편리한 그래프를 찾아.

그림의 크기로 많고 적음을 쉽게 알 수 있는 그래프를 찾아.

감자 싹의 키의 변화를 알아보려고 매일 싹의 키를 잴어.

아파트별 하루 쓰레기 배출량의 많고 적음을 그림의 크기로 비교하려고 해.

슬기

로운

수학적 표현력

+10 우리나라의 월별 자동차 수출량의 변화를 쉽게 알 수 있는 그래프를 〈보기〉에서 고르고, 그 이유를 쓰세요.

〈보기〉
그림그래프 띠그래프
꺾은선그래프 원그래프

"우리나라의 월별 자동차 수출량의 변화를 쉽게 알 수 있는 그래프"

연속적으로 변하는 양을 나타내는 데 편리한 그래프를 찾아.

32일 직육면체의 부피 비교

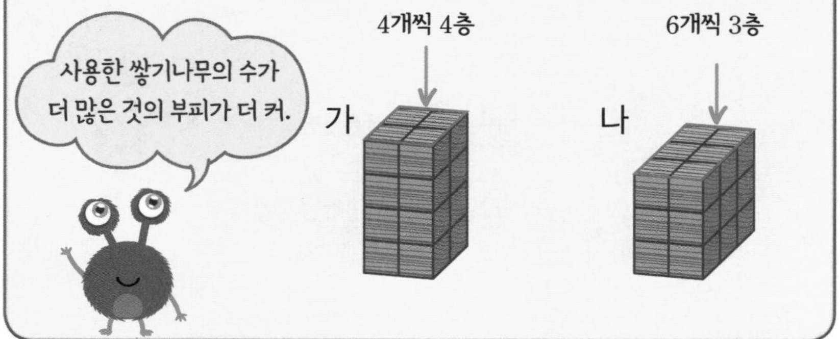

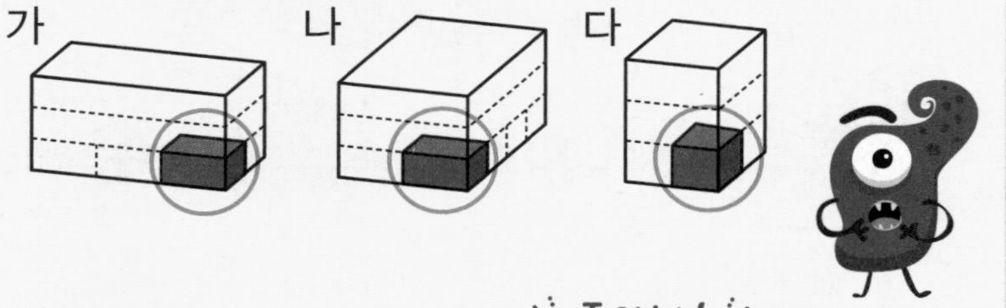

\\ 주의해! //

모양과 크기가 같은 물건을 사용해야 부피를 비교할 수 있어.

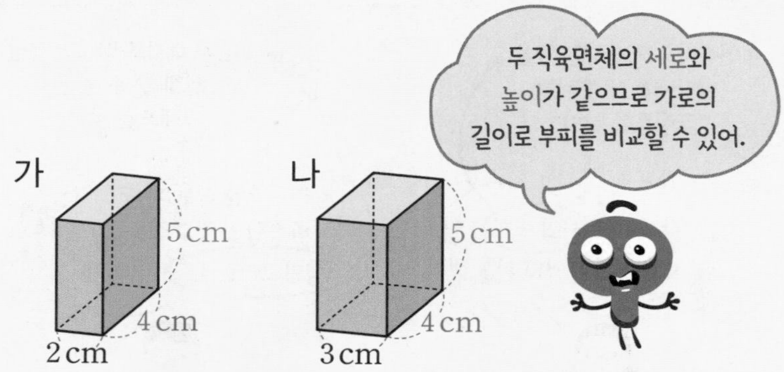

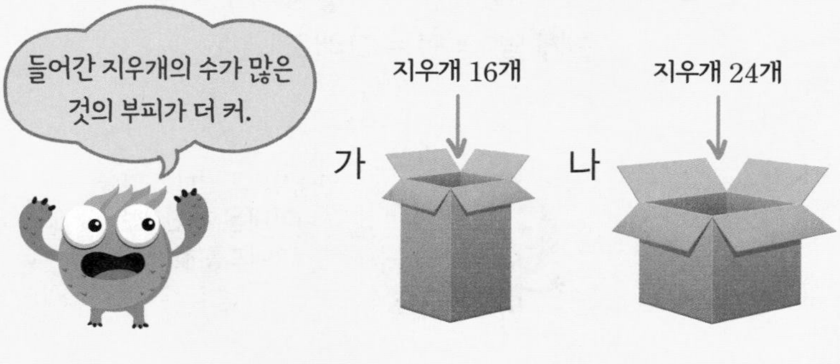

2 크기가 같은 쌓기나무를 사용하여 직육면체를 만들었습니다. 쌓기나무의 수를 세어 □ 안에 써넣고, 부피가 더 큰 직육면체의 기호를 쓰세요.

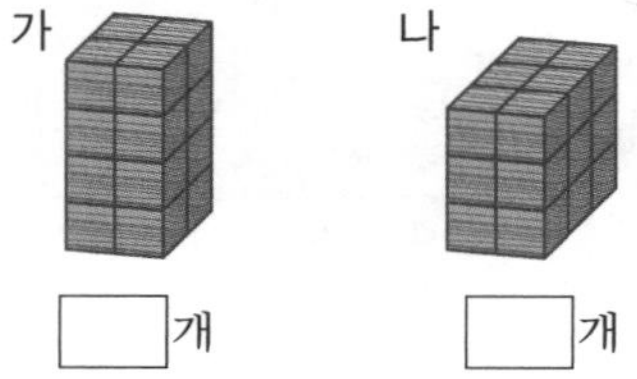

3 상자에 들어 있는 벽돌의 수를 세어 상자의 부피를 비교하려고 합니다. 세 상자 중 부피를 비교할 수 있는 상자의 기호를 쓰세요.

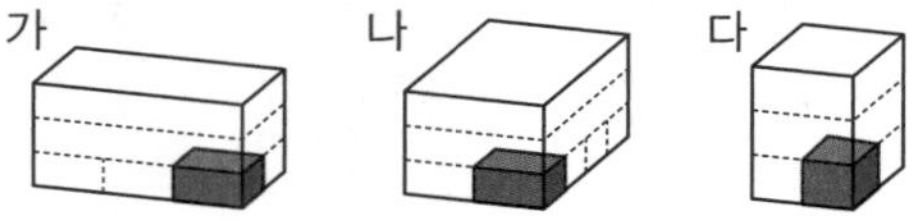

4 면끼리 직접 맞대어 두 직육면체의 부피를 비교하려고 합니다. 부피가 더 큰 것의 기호를 쓰세요.

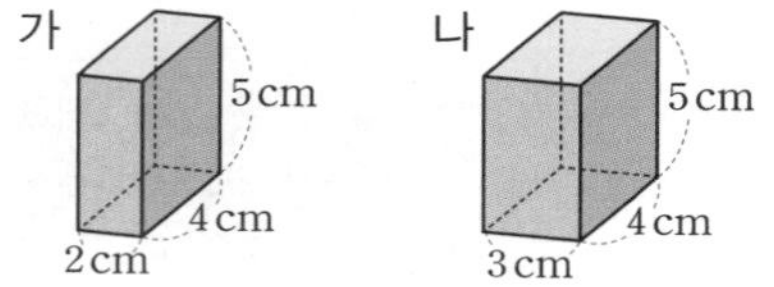

6 두 상자에 크기가 같은 지우개를 빈틈없이 넣었을 때 가 상자에는 16개, 나 상자에는 24개가 들어갔습니다. 부피가 더 큰 것의 기호를 쓰세요.

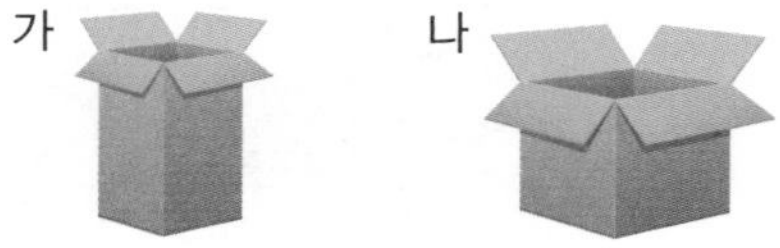

7 크기가 같은 쌓기나무를 사용하여 직육면체를 만들었습니다. 부피가 큰 직육면체부터 차례로 기호를 쓰세요.

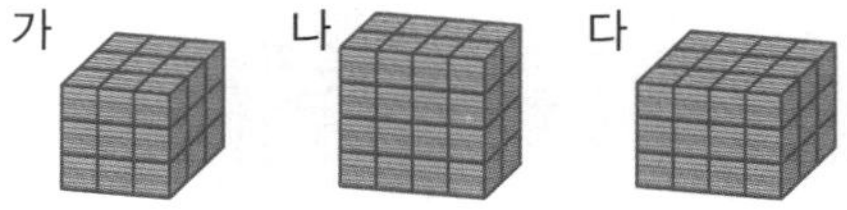

사용한 쌓기나무의 수가 많을수록 부피가 더 커.

8 부피가 가장 큰 직육면체의 기호를 쓰세요.

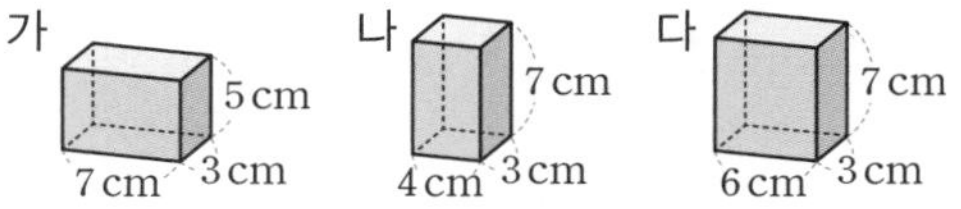

알아둬!

직육면체의 가로, 세로, 높이 중에서 두 종류 이상의 길이가 같으면 직접 맞대어 부피를 비교할 수 있어.

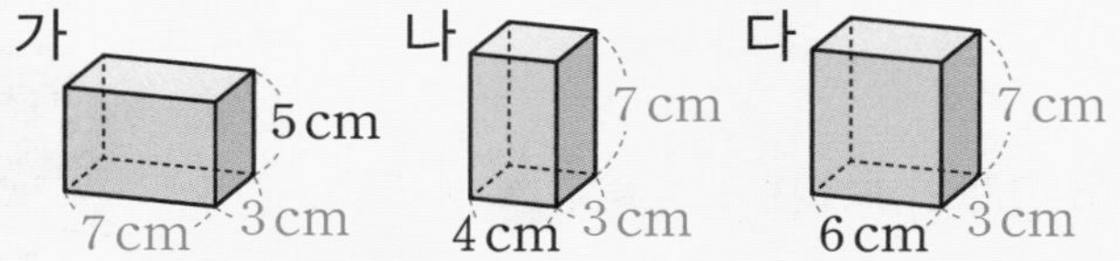

수학적 독해력

+9 상자 안에 크기가 같은 쌓기나무를 담아 상자의 부피를 비교한 것입니다. 잘못 말한 사람은 누구일까요?

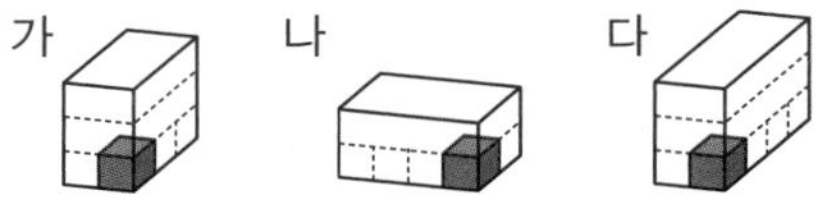

쌓기나무를 가장 많이 담을 수 있는 다의 부피가 가장 커.

가와 나는 담을 수 있는 쌓기나무 수가 같으니까 부피가 같아.

담을 수 있는 쌓기나무의 수가 많을수록 부피가 더 커.

몇 개씩 몇 층인지 세어 봐.

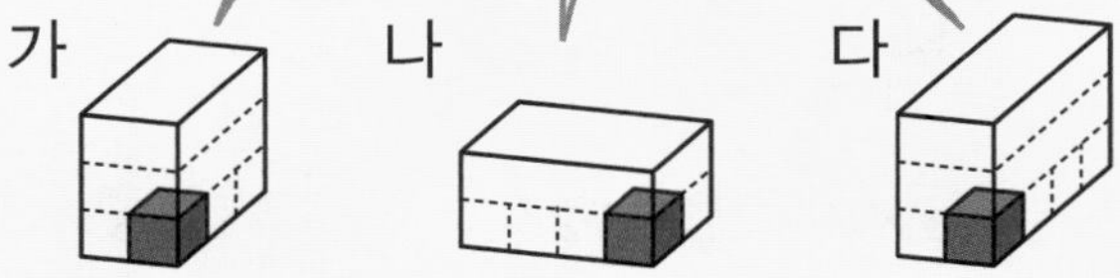

수학적 표현력

+10 직접 맞대어 부피를 비교할 수 있는 상자끼리 모두 짝지어 보고, 그 이유를 써 보세요.

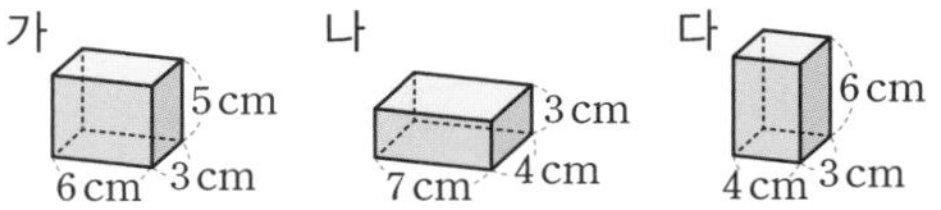

직육면체를 직접 맞대어 비교하려면 가로, 세로, 높이 중에서 두 종류 이상의 길이가 같아야 해.

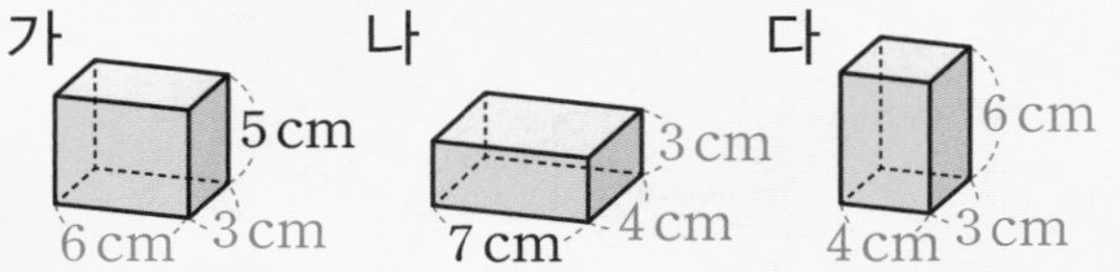

33일 직육면체의 부피 구하는 방법

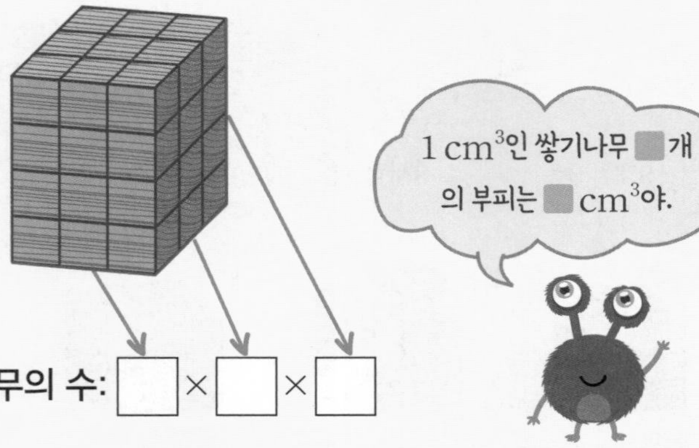

쌓기나무의 수: □ × □ × □

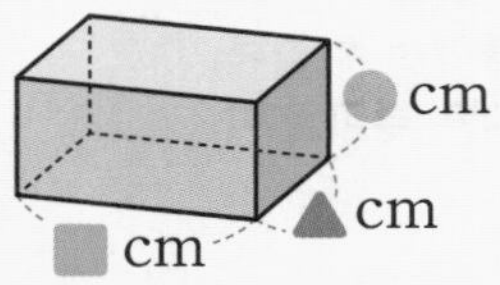

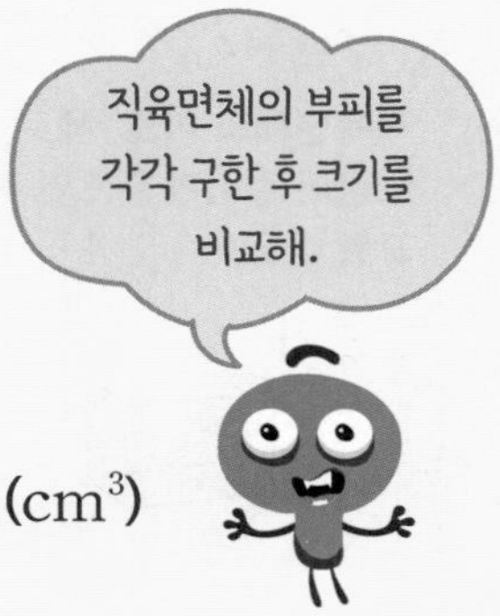

(직육면체의 부피) = ■ × ▲ × ● (cm^3)

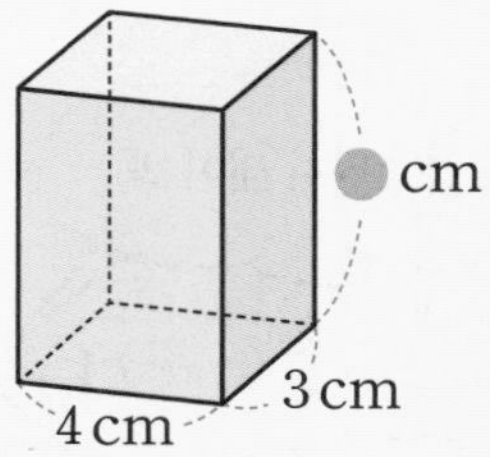

→ $4 \times 3 \times$ ● $= 72$ (cm^3)

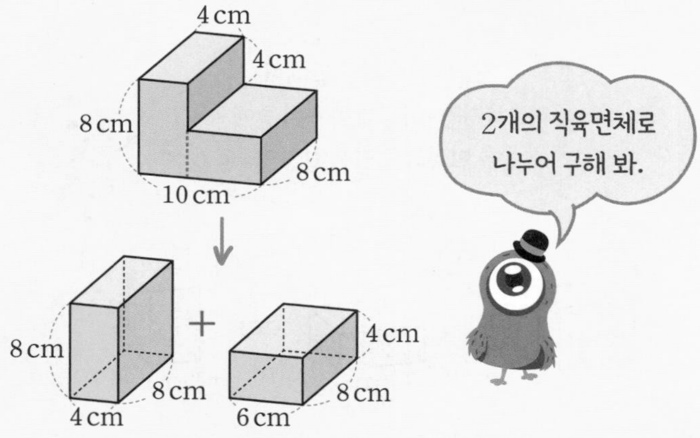

1 부피가 1 cm^3인 쌓기나무를 다음과 같이 쌓았습니다. 쌓기나무의 수를 곱셈식으로 나타내고 직육면체의 부피를 구하세요.

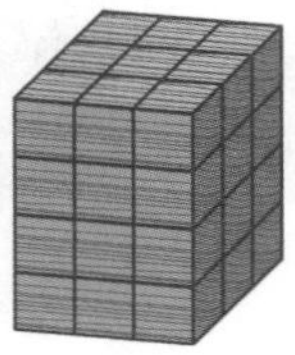

쌓기나무의 수: □ × □ × □

부피: □ cm^3

4 두 직육면체 중 부피가 더 큰 것의 기호를 쓰세요.

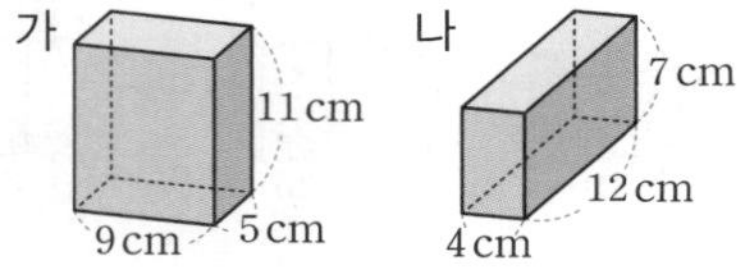

5 직육면체의 부피는 72 cm^3입니다. 이 직육면체의 높이를 구하세요.

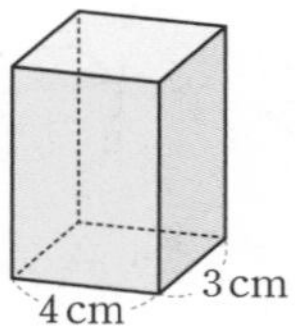

6 입체도형의 부피는 몇 cm^3일까요?

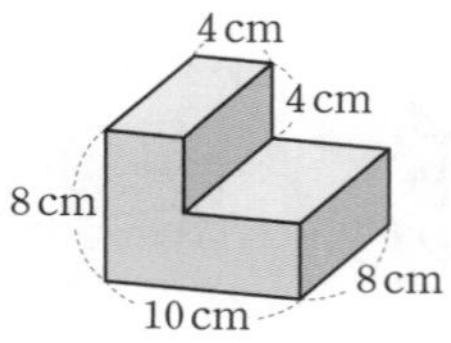

7 두 직육면체의 부피가 같을 때 □ 안에 알맞은 수를 구하세요.

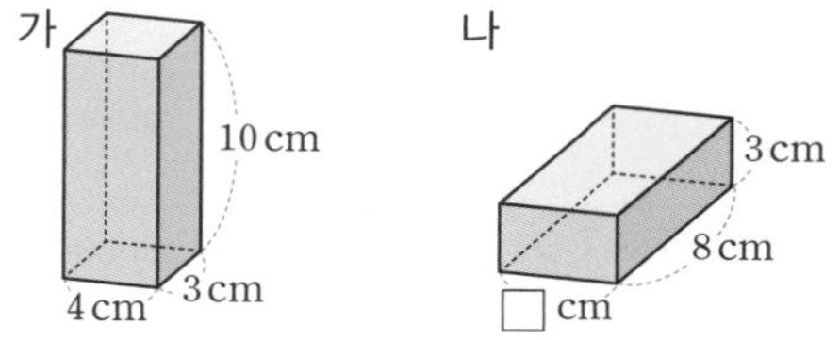

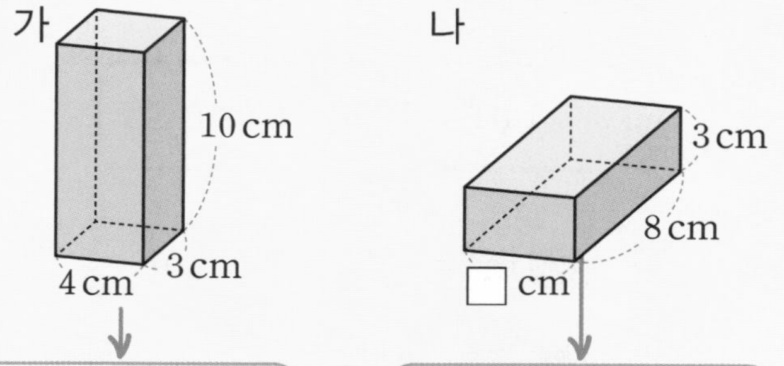

$4 \times 3 \times 10\ (\mathrm{cm}^3)$ = $\square \times 8 \times 3\ (\mathrm{cm}^3)$

8 작은 정육면체 여러 개를 다음과 같이 쌓았습니다. 쌓은 정육면체의 부피가 $216\ \mathrm{cm}^3$일 때 작은 정육면체의 한 모서리의 길이는 몇 cm일까요?

"쌓은 정육면체의 부피가 $216\ \mathrm{cm}^3$"

수학적 독해력

+9 다음은 찰흙으로 만든 직육면체입니다. 이 직육면체를 잘라서 만들 수 있는 가장 큰 정육면체 모양의 부피는 몇 cm^3일까요?

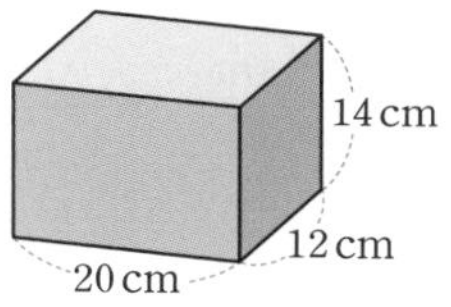

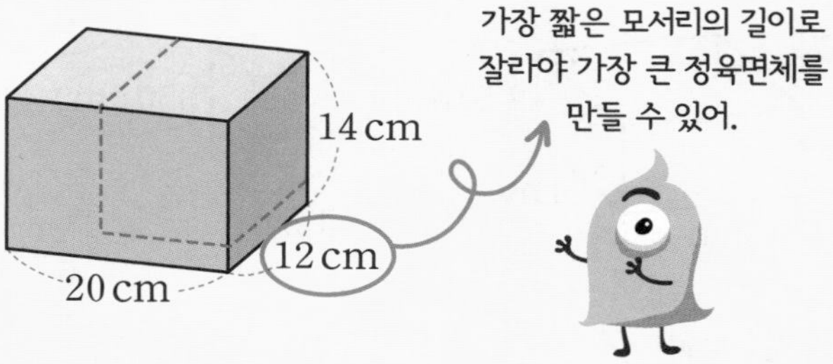

수학적 표현력

+10 다음 전개도를 접어서 만들 수 있는 직육면체와 부피가 같은 정육면체의 한 모서리의 길이는 몇 cm인지 풀이 과정을 쓰고, 답을 구하세요.

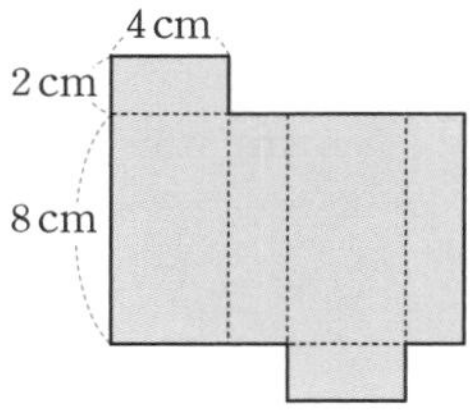

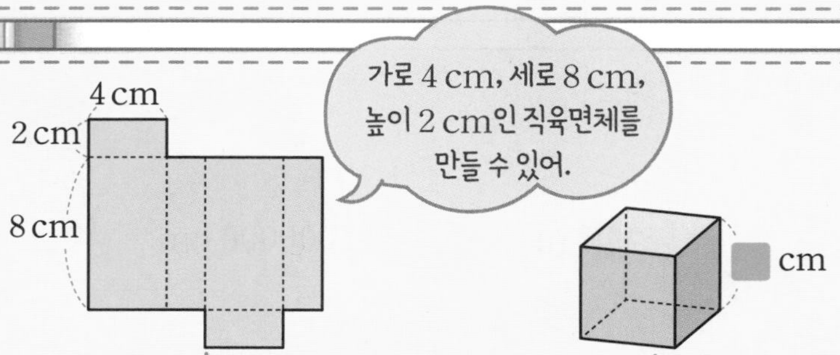

$4 \times 8 \times 2\ (\mathrm{cm}^3)$ = ▢ × ▢ × ▢ (cm^3)

6 단원

34일 m^3 알아보기

$1\ m^3 = 1000000\ cm^3$

■ m^3 = ■000000 cm^3

0.■ m^3 = ■00000 cm^3

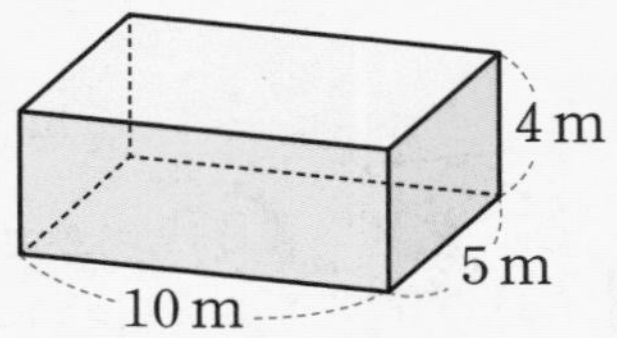

■ m^3 → ■000000 cm^3

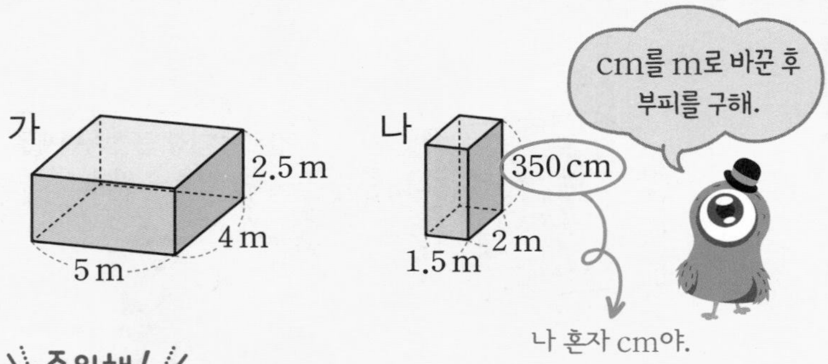

\\ 주의해! //

계산하기 전에 단위가 같은지 먼저 확인해.

■ m^3 ⇄ ■000000 cm^3

■.▲ m^3 ⇄ ■▲00000 cm^3

3 관계있는 것끼리 선으로 이어 보세요.

$0.3\ m^3$ •	• $30000000\ cm^3$
$3\ m^3$ •	• $3000000\ cm^3$
$30\ m^3$ •	• $300000\ cm^3$

4 직육면체의 부피를 m^3와 cm^3로 각각 나타내어 보세요.

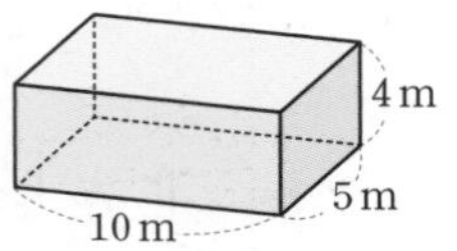

( ) m^3

( ) cm^3

5 두 직육면체의 부피의 차는 몇 m^3일까요?

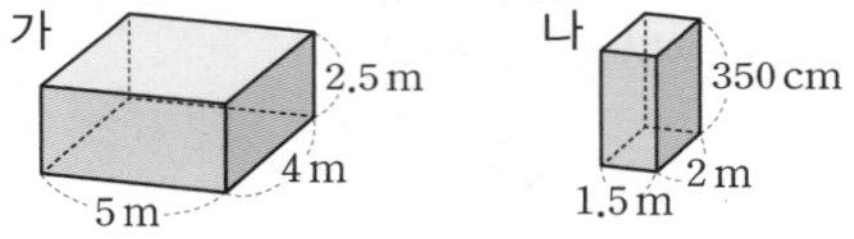

6 다음 중 틀린 것을 찾아 기호를 쓰세요.

㉠ $1900000\ cm^3 = 1.9\ m^3$

㉡ $0.6\ m^3 = 600000\ cm^3$

㉢ $740000\ cm^3 = 7.4\ m^3$

㉣ $5.8\ m^3 = 5800000\ cm^3$

7 부피가 큰 것부터 차례로 기호를 쓰세요.

㉠ $2300000\ cm^3$
㉡ $4\ m^3$
㉢ 한 모서리의 길이가 200 cm인 정육면체의 부피

부피의 단위를 모두 m^3나 cm^3로 통일한 다음 비교해.

㉠ $2300000\ cm^3$ → □ m^3
㉡ $4\ m^3$
㉢ 한 모서리의 길이가 200 cm인 정육면체의 부피 → □ m^3

8 직육면체의 부피가 $9\ m^3$일 때 □ 안에 알맞은 수를 구하세요.

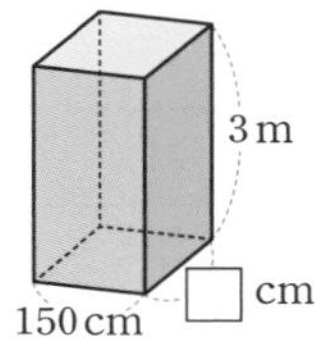

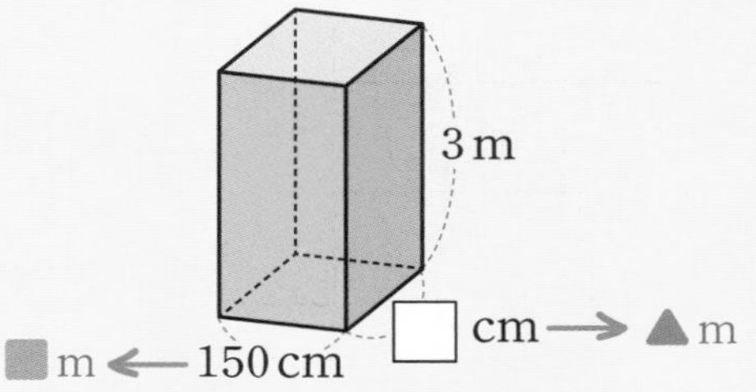

(직육면체의 부피)=■×▲×3(m^3)

수학적 독해력

+9 가로가 3 m, 세로가 4 m, 높이가 5 m인 직육면체 모양의 창고가 있습니다. 이 창고에 한 모서리의 길이가 50 cm인 정육면체 모양의 상자를 빈틈없이 쌓으려고 합니다. 정육면체 모양의 상자를 모두 몇 개 쌓을 수 있을까요?

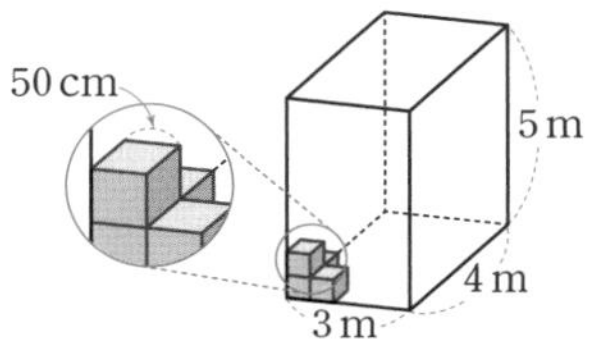

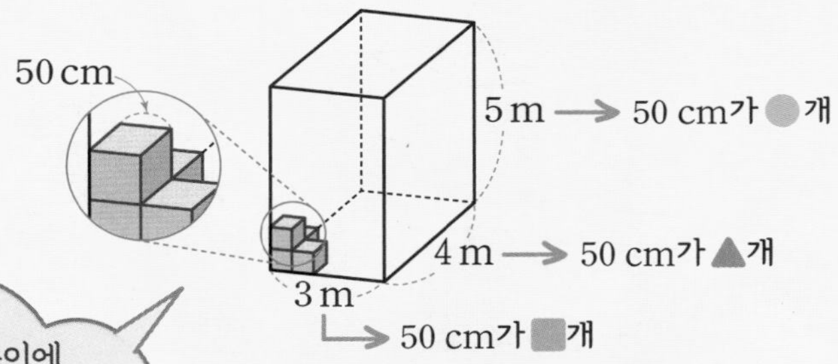

가로, 세로, 높이에 50 cm가 각각 몇 개씩 들어가는지 생각해 봐.

수학적 표현력

+10 가로가 1.1 m, 세로가 90 cm, 높이가 200 cm인 냉장고의 부피는 몇 m^3인지 풀이 과정을 쓰고, 답을 구하세요.

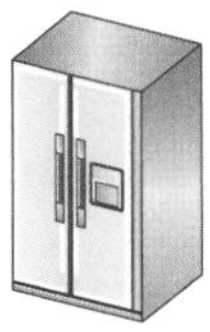

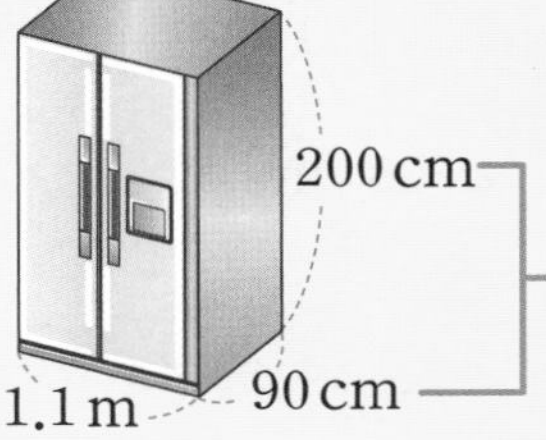

cm를 m로 바꾼 후 냉장고의 부피를 구해.

35일 직육면체의 겉넓이 구하는 방법

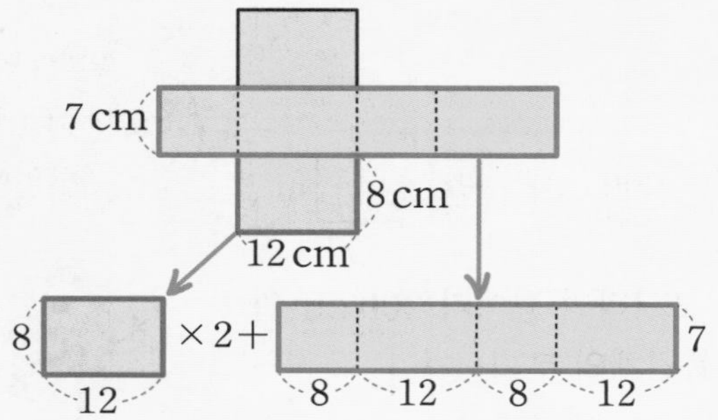

(직육면체의 겉넓이)=(한 밑면의 넓이)×2+(옆면의 넓이)

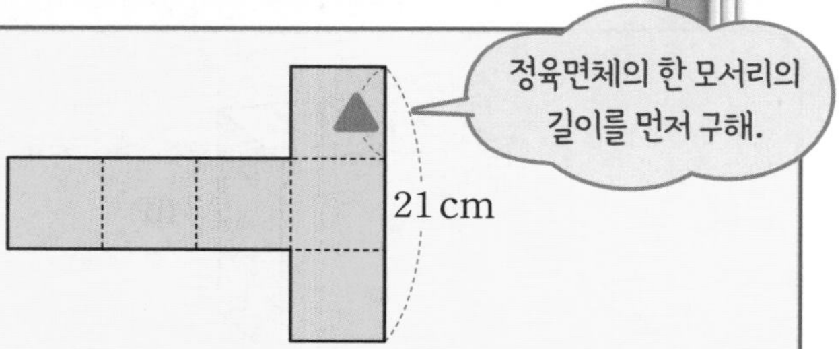

(정육면체의 겉넓이)=▲×▲×6 (cm^2)

한 면의 넓이

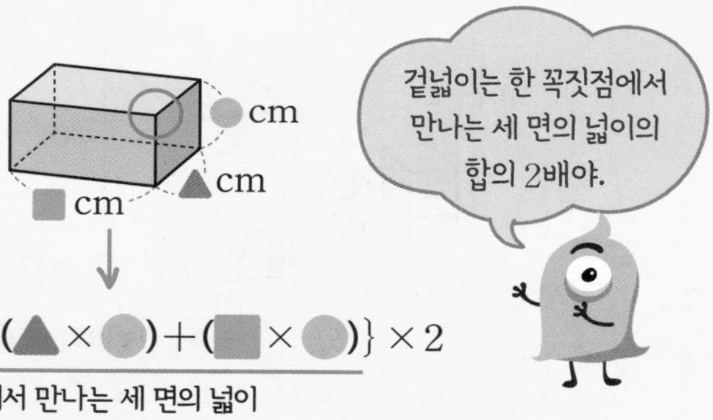

{(■×▲)+(▲×●)+(■×●)}×2

한 꼭짓점에서 만나는 세 면의 넓이

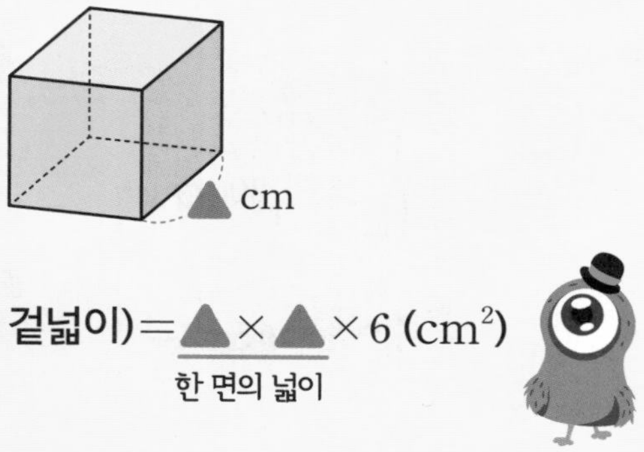

(정육면체의 겉넓이)=▲×▲×6 (cm^2)

한 면의 넓이

3 전개도를 접어서 만들 수 있는 직육면체의 겉넓이는 몇 cm^{2}일까요?

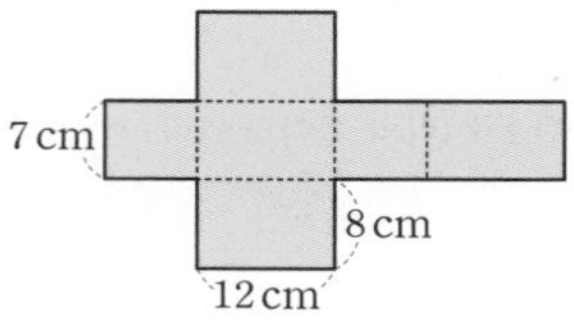

4 전개도를 접에서 만들 수 있는 정육면체의 겉넓이는 몇 cm^{2}일까요?

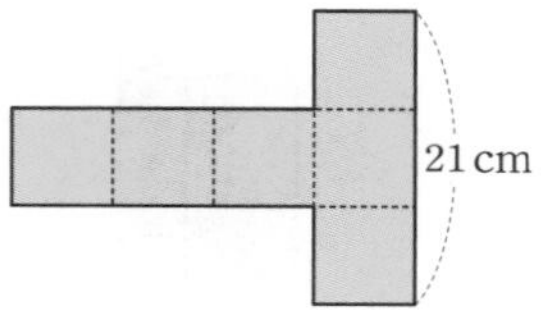

5 직육면체 가와 나 중에서 겉넓이가 더 넓은 것의 기호를 쓰세요.

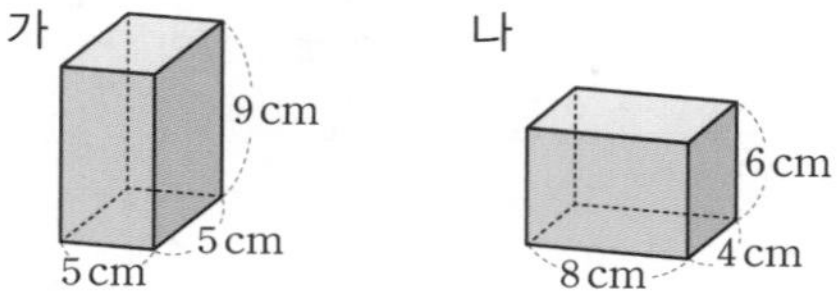

6 정육면체의 한 모서리의 길이는 몇 cm인지 □ 안에 알맞은 수를 구하세요.

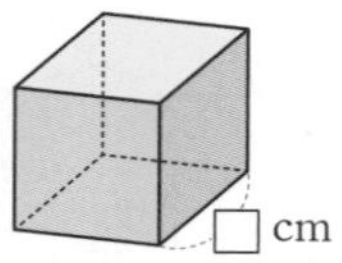

겉넓이: 150 cm^2

7 직육면체의 겉넓이가 $280\ \text{cm}^2$일 때, 높이는 몇 cm일까요?

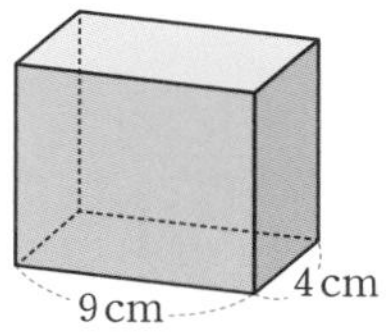

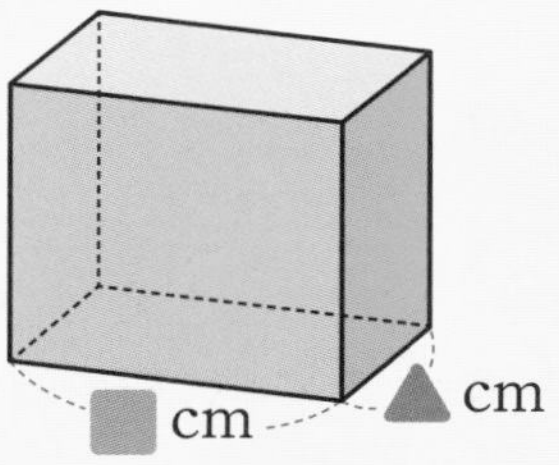

겉넓이를 구하는 식을 이용하여 높이를 구해.

(■×▲)×2+(■+▲+■+▲)×(높이)=280 cm²

한 밑면의 넓이 / 옆면의 넓이

8 직육면체의 부피가 $180\ \text{cm}^3$일 때 직육면체의 겉넓이는 몇 cm^2일까요?

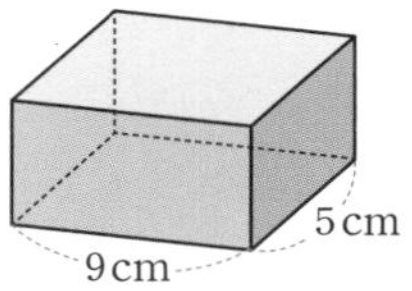

부피가 $180\ \text{cm}^3$임을 이용하여 높이를 먼저 구해.

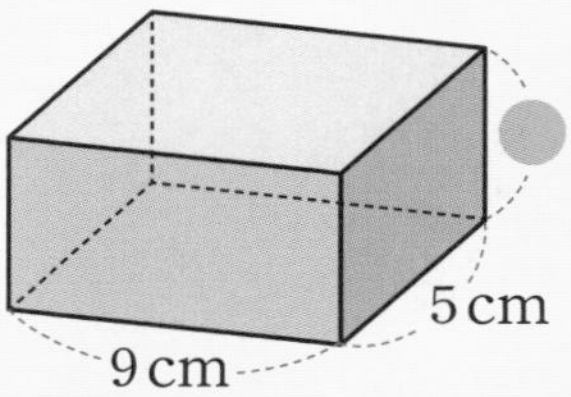

● cm → 9×5×●=180 cm³

수학적 독해력

+9 직육면체 모양의 두부를 다음과 같이 똑같은 직육면체 모양 4조각으로 잘랐습니다. 두부 4조각의 겉넓이의 합은 처음 두부의 겉넓이보다 몇 cm^2 더 늘어났을까요?

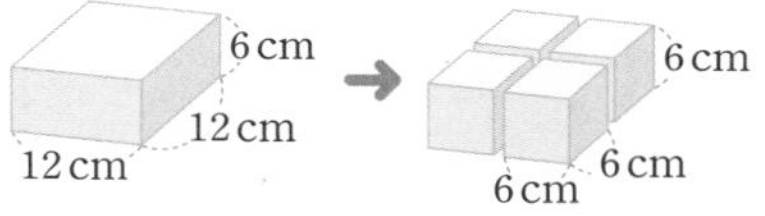

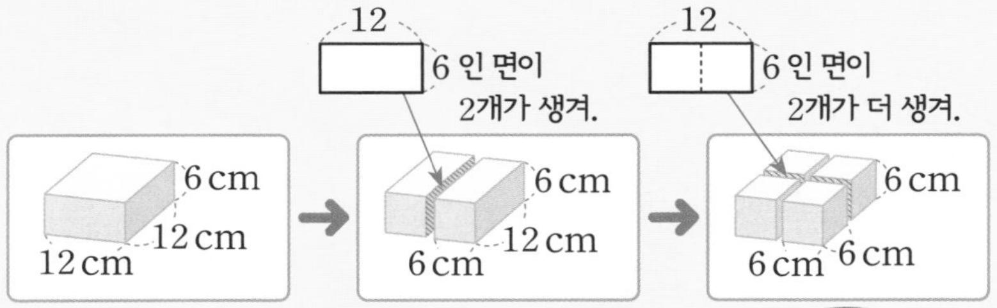

잘랐을 때 생긴 면만큼 겉넓이가 늘어나.

수학적 표현력

+10 정육면체 가의 겉넓이는 직육면체 나의 겉넓이와 같습니다. 정육면체 가의 한 모서리의 길이는 몇 cm인지 풀이 과정을 쓰고, 답을 구하세요.

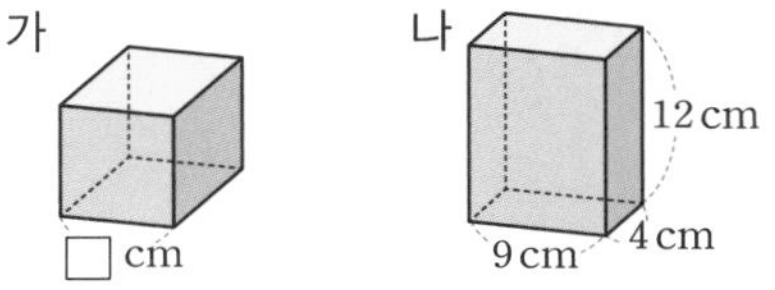

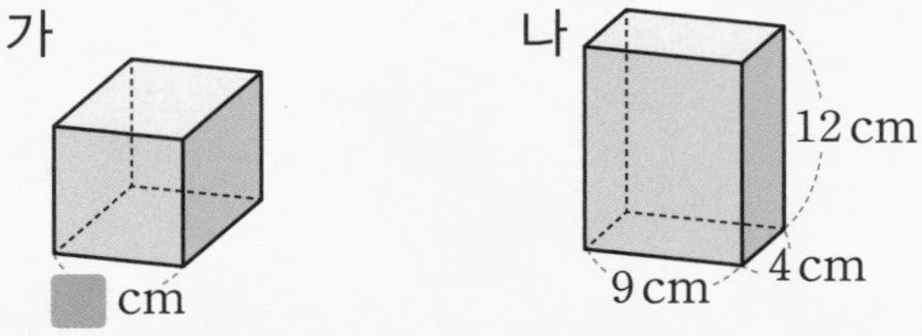

■×■×6 = 나의 겉넓이

6 단원

memo

자신감 뿜뿜

수학이 만만해지는 힌트의 힘!

막힐 때 찾아보는

힌트북

풀이집은 개념의 빈틈을 채우는
두 번째 학습서입니다.

막힐 땐

힌트북

초등수학 6-1

정답・풀이

슬기로운공부

막힐 땐

힌트북

초등수학 6-1

정답 · 풀이

본책 008~011 쪽

01일 (자연수)÷(자연수) (1)

확인 008쪽

1 (1) 예 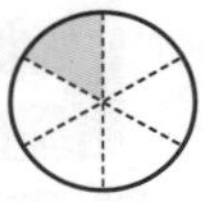 (2) 6, 1, 6

2 (1) 예 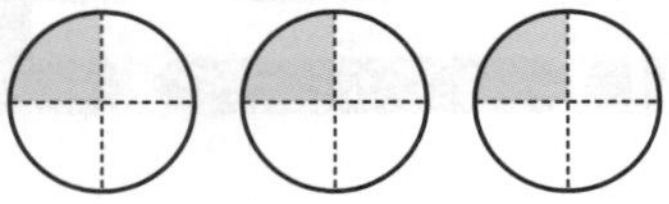 (2) 3, 3, 4

기본기 다지는 교과서 문제 009쪽

1 예 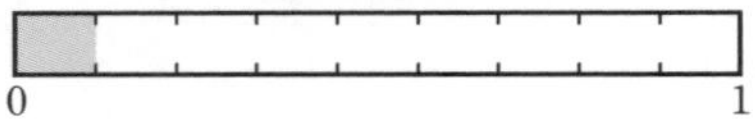 / $\frac{1}{9}$

2 예 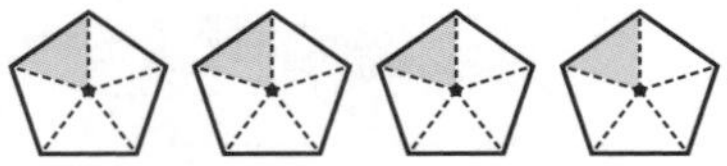 / $\frac{4}{5}$

3 1, 8, 3, 3, 8

1 1÷9는 1을 똑같이 9로 나눈 것 중의 하나입니다.

2 4÷5는 $\frac{1}{5}$이 4개이므로 $\frac{4}{5}$입니다.

3 1÷8은 1을 똑같이 8로 나눈 것 중의 하나이므로 $\frac{1}{8}$입니다. 3÷8은 $\frac{1}{8}$이 3개이므로 $\frac{3}{8}$입니다.

따라서 $3 \div 8 = \frac{3}{8}$입니다.

스스로 풀어내는 도전 10 문제 010~011쪽

1 (1) 4, 1 (2) 1, 4

2 (1) $\frac{1}{5}$ (2) $\frac{1}{10}$ (3) $\frac{8}{9}$ (4) $\frac{7}{13}$

3 슬기

4 

5 (위에서부터) $\frac{4}{11}$, $\frac{4}{9}$

6 =

7 21

8 $\frac{4}{7}$

+9 컵 나

+10 예 정오각형은 변의 길이가 모두 같습니다. 따라서 한 변의 길이는 (둘레)÷(변의 개수)$=3 \div 5=\frac{3}{5}$(m)입니다.

/ $\frac{3}{5}$ m

1 1÷4는 1을 똑같이 4로 나눈 것 중의 하나입니다.

→ $1 \div 4 = \frac{1}{4}$

2 (1) $1 \div 5 = \frac{1}{5}$ (2) $1 \div 10 = \frac{1}{10}$

(3) $8 \div 9 = \frac{8}{9}$ (4) $7 \div 13 = \frac{7}{13}$

3 $5 \div 6 = \frac{5}{6}$이므로 5÷6의 몫을 분수로 바르게 나타낸 학생은 슬기입니다.

4 $7 \div 8 = \frac{7}{8}$, $3 \div 7 = \frac{3}{7}$, $3 \div 8 = \frac{3}{8}$

5 $4 \div 11 = \frac{4}{11}$, $4 \div 9 = \frac{4}{9}$

6 $3 \div 4 = \frac{3}{4}$, $6 \div 8 = \frac{6}{8}$

$\frac{3}{4} = \frac{6}{8}$이므로 3÷4=6÷8입니다.

7 1÷◆$=\frac{1}{◆}=\frac{1}{7}$이므로 ◆에 알맞은 자연수는 7입니다. ♥÷15$=\frac{♥}{15}=\frac{14}{15}$이므로 ♥에 알맞은 자연수는 14입니다. 따라서 ◆+♥=7+14=21입니다.

8 어떤 수를 □라고 하면 잘못 계산한 식 □×7=28에서 □=28÷7=4입니다.

따라서 바르게 계산한 값은 $4 \div 7 = \frac{4}{7}$입니다.

+9 우유 1 L와 우유 2 L를 각각 나누어 담았으므로 2개의 나눗셈식을 만들 수 있습니다.

(컵 가에 담을 수 있는 우유의 양)$=1 \div 3 = \frac{1}{3}$ (L)

(컵 나에 담을 수 있는 우유의 양)$=2 \div 5 = \frac{2}{5}$ (L)

$\frac{1}{3} < \frac{2}{5}$이므로 컵 나에 담을 우유가 더 많습니다.

본책 012~015쪽

02일 (자연수)÷(자연수) (2)

확인 012쪽

1 (1) 예 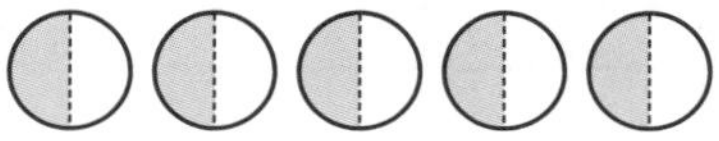

(2) 5, 5, 2, 2, 1, 2

기본기 다지는 교과서 문제 013쪽

1 1, 5, 6, 6, 5

2 예 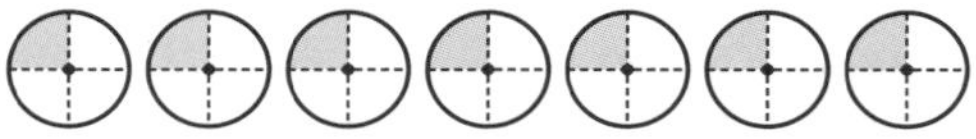

/ 7, 4, 1, 3, 4

3 1, 1, 2, 3, 2

1 $1\div5$는 1을 똑같이 5로 나눈 것 중의 하나이므로 $\frac{1}{5}$입니다. $6\div5$는 $\frac{1}{5}$이 6개이므로 $\frac{6}{5}$입니다.
따라서 $6\div5=\frac{6}{5}$입니다.

2 7개를 각각 4로 나누면 $\frac{1}{4}$이 7개입니다.

3 $3\div2=1\cdots1$이므로 1개씩 나누고 나머지 1개를 다시 2로 나누면 한 묶음에 $1\frac{1}{2}$개입니다.

스스로 풀어내는 도전 10 문제 014~015쪽

1 (1) $\frac{8}{3}\left(=2\frac{2}{3}\right)$ (2) $\frac{13}{6}\left(=2\frac{1}{6}\right)$ (3) $\frac{34}{5}\left(=6\frac{4}{5}\right)$
(4) $\frac{46}{7}\left(=6\frac{4}{7}\right)$

2 3, 3, 3, 3, 11

3 (×) (○)

4 $\frac{17}{8}\left(=2\frac{1}{8}\right)$

5 $\frac{13}{4}\left(=3\frac{1}{4}\right)$ cm

6 $\frac{29}{6}\left(=4\frac{5}{6}\right)$

7 ㉠, ㉣

8 $\frac{8}{7}\left(=1\frac{1}{7}\right)$ L

+9 영민이네 가족

+10 예 한 봉지에 담을 수 있는 쌀의 무게는 전체 쌀의 무게를 봉지 수로 나누어야 합니다. 따라서
$14\div9=\frac{14}{9}\left(=1\frac{5}{9}\right)$(kg)입니다.
/ $\frac{14}{9}\left(=1\frac{5}{9}\right)$ kg

1 (1) $8\div3=\frac{8}{3}\left(=2\frac{2}{3}\right)$ (2) $13\div6=\frac{13}{6}\left(=2\frac{1}{6}\right)$

(3) $34\div5=\frac{34}{5}\left(=6\frac{4}{5}\right)$ (4) $46\div7=\frac{46}{7}\left(=6\frac{4}{7}\right)$

2 $11\div4=2\cdots3$이므로 2씩 나누고 나머지 3을 다시 4로 나누면 $\frac{3}{4}$입니다.
→ $11\div4=2\frac{3}{4}=\frac{11}{4}$

힌트북 04쪽

3 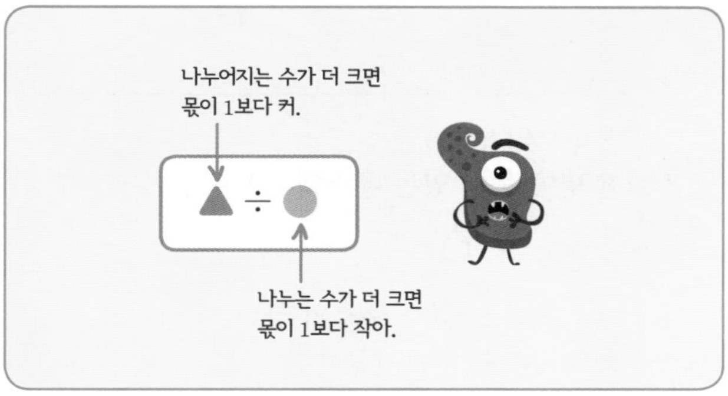

$4\div5=\frac{4}{5}<1$, $5\div4=\frac{5}{4}>1$

4 $17\div8=\frac{17}{8}\left(=2\frac{1}{8}\right)$

5 정사각형은 변의 길이가 모두 같으므로
(한 변의 길이)=(둘레)÷4=13÷4
$=\frac{13}{4}\left(=3\frac{1}{4}\right)$(cm)입니다.

6 29>17>9>6이므로 가장 큰 수는 29, 가장 작은 수는 6입니다.
→ $29\div6=\frac{29}{6}\left(=4\frac{5}{6}\right)$

7 ㉠ $9\div2=\frac{9}{2}\left(=4\frac{1}{2}\right)>1$

㉡ $5\div22=\frac{5}{22}<1$

㉢ $13 \div 18 = \frac{13}{18} < 1$

㉣ $27 \div 5 = \frac{27}{5}\left(=5\frac{2}{5}\right) > 1$

따라서 나눗셈의 몫이 1보다 큰 것은 ㉠, ㉣입니다.

다른 풀이 (자연수)÷(자연수)의 몫이 1보다 크려면 나누어지는 수가 나누는 수보다 커야 합니다.

㉠ $9 > 2$이므로 $9 \div 2 > 1$입니다.

㉡ $5 < 22$이므로 $5 \div 22 < 1$입니다.

㉢ $13 < 18$이므로 $13 \div 18 < 1$입니다.

㉣ $27 > 5$이므로 $27 \div 5 > 1$입니다.

따라서 나눗셈의 몫이 1보다 큰 것은 ㉠, ㉣입니다.

힌트북 05쪽

8 한 병에 $\frac{8}{5}$ L씩 들어 있는 주스가 5병 있습니다. 이 주스를 일주일 동안 똑같이 나누어 마신다면 하루에 몇 L씩 마실 수 있을까요?

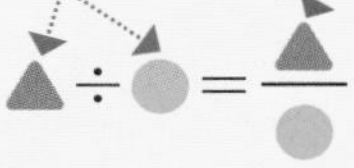

(전체 주스의 양)

=(한 병에 들어 있는 주스의 양)×(병 수)

$=\frac{8}{5} \times 5 = 8$ (L)

(하루에 마실 수 있는 주스의 양)

=(전체 주스의 양)÷(날 수)

$=8 \div 7 = \frac{8}{7}\left(=1\frac{1}{7}\right)$(L)

+9 수현이네 가족이 4종류의 채소를 심으므로

(수현이네 가족이 고구마를 심을 텃밭의 넓이)

$=13 \div 4 = \frac{13}{4}\left(=3\frac{1}{4}\right)$($m^2$)입니다.

영민이네 가족이 3종류의 채소를 심으므로

(영민이네 가족이 고구마를 심을 텃밭의 넓이)

$=10 \div 3 = \frac{10}{3}\left(=3\frac{1}{3}\right)$($m^2$)입니다.

$3\frac{1}{4} < 3\frac{1}{3}$이므로 고구마를 심기로 한 텃밭이 더 넓은 가족은 영민이네 가족입니다.

+10 (한 봉지에 담을 수 있는 쌀의 무게)

=(전체 쌀의 무게)÷(봉지 수)

본책 016~019쪽

03일 (분수)÷(자연수) (1)

확인 016쪽

❶ (1) 예 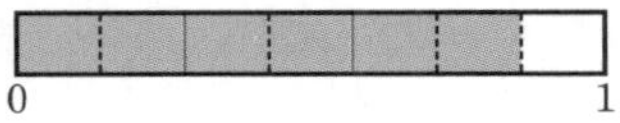 (2) 3, 7, 2, 7

❷ 6, 6, 2, 9

기본기 다지는 교과서 문제 017쪽

1 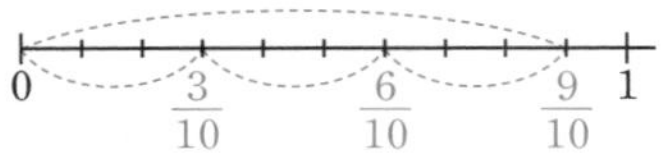 / 3, 10

2 예 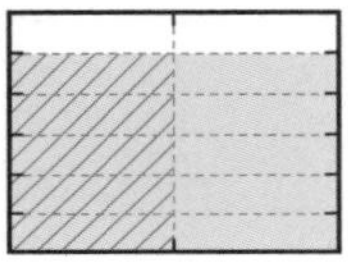 / $\frac{5}{12}$

3 (1) 15, 3 (2) 12, 12, 3

1 수직선에 $\frac{9}{10}$만큼 표시하고 이를 세 부분으로 나누면 $\frac{3}{10}$, $\frac{6}{10}$, $\frac{9}{10}$가 됩니다.

2 $\frac{5}{6}$를 2로 나누려면 $\frac{5}{6}$를 $\frac{10}{12}$으로 나타냅니다. 이를 두 부분으로 나누면 $\frac{5}{12}$가 됩니다.

3 (1) 분자가 자연수의 배수일 때에는 분수의 분자를 자연수로 나눕니다.

$\frac{15}{16} \div 5 = \frac{15 \div 5}{16} = \frac{3}{16}$

(2) 분자가 자연수의 배수가 아닐 때에는 크기가 같은 분수 중에서 분자가 자연수의 배수인 수로 바꾸어 계산합니다.

$\frac{3}{8} \div 4 = \frac{12}{32} \div 4 = \frac{12 \div 4}{32} = \frac{3}{32}$

스스로 풀어내는 도전 10 문제 018~019쪽

1 $\frac{4\div2}{7}=\frac{2}{7}$

2 (1) $\frac{2}{5}$ (2) $\frac{3}{13}$ (3) $\frac{5}{72}$ (4) $\frac{7}{27}$

3 $\frac{3}{17}$

4 예 $\frac{7}{10}\div5=\frac{35}{50}\div5=\frac{35\div5}{50}=\frac{7}{50}$

5 ㉠, ㉢, ㉡

6 $\frac{5}{20}\left(=\frac{1}{4}\right)$

7 1, 2, 3, 4, 5

8 $\frac{5}{36}$

+9 $\frac{2}{19}$ kg

+10 예 색칠된 부분의 넓이는 정육각형의 전체 넓이를 6등분한 것 중의 1개이므로
(색칠한 부분의 넓이)=(정육각형의 넓이)÷6
$=\frac{7}{8}\div6=\frac{42}{48}\div6=\frac{42\div6}{48}=\frac{7}{48}(\mathrm{m}^2)$입니다.
/ $\frac{7}{48}$ m^2

1 분자가 자연수의 배수일 때에는 분수의 분자를 자연수로 나눕니다.

2 (1) $\frac{4}{5}\div2=\frac{4\div2}{5}=\frac{2}{5}$

(2) $\frac{12}{13}\div4=\frac{12\div4}{13}=\frac{3}{13}$

(3) $\frac{5}{8}\div9=\frac{45}{72}\div9=\frac{45\div9}{72}=\frac{5}{72}$

(4) $\frac{7}{9}\div3=\frac{21}{27}\div3=\frac{21\div3}{27}=\frac{7}{27}$

3 $\frac{9}{17}\div3=\frac{9\div3}{17}=\frac{3}{17}$

4 (분수)÷(자연수)는 분수의 분자를 자연수로 나누어야 하는데 분자가 자연수의 배수가 아니므로 크기가 같은 분수 중에서 분자가 자연수의 배수인 수로 바꾸어 계산해야 합니다.

→ $\frac{7}{10}\div5=\frac{35}{50}\div5=\frac{35\div5}{50}=\frac{7}{50}$

5 ㉠ $\frac{2}{3}\div6=\frac{12}{18}\div6=\frac{12\div6}{18}=\frac{2}{18}=\frac{1}{9}$

㉡ $\frac{5}{6}\div3=\frac{15}{18}\div3=\frac{15\div3}{18}=\frac{5}{18}$

㉢ $\frac{5}{9}\div4=\frac{20}{36}\div4=\frac{20\div4}{36}=\frac{5}{36}$

$\frac{1}{9}=\frac{4}{36}$, $\frac{5}{18}=\frac{10}{36}$이므로 나눗셈의 몫이 가장 작은 것부터 차례로 쓰면 ㉠, ㉢, ㉡입니다.

힌트북 06쪽

6

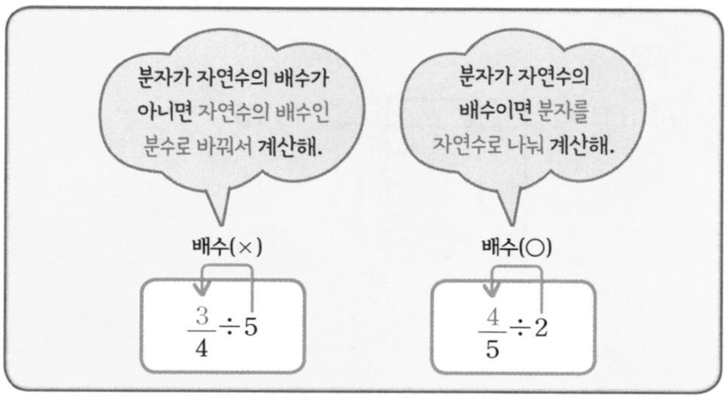

$\frac{3}{4}\div5=\frac{15}{20}\div5=\frac{15\div5}{20}=\frac{3}{20}$

$\frac{4}{5}\div2=\frac{4\div2}{5}=\frac{2}{5}$

$\frac{2}{5}=\frac{8}{20}$이므로 $\frac{3}{20}<\frac{2}{5}$입니다. 따라서 차는

$\frac{2}{5}-\frac{3}{20}=\frac{8}{20}-\frac{3}{20}=\frac{5}{20}\left(=\frac{1}{4}\right)$입니다.

7 $\frac{3}{7}\div2=\frac{6}{14}\div2=\frac{6\div2}{14}=\frac{3}{14}$입니다.

$\frac{3}{14}=\frac{6}{28}$이고 $\frac{6}{28}>\frac{\square}{28}$이므로 □ 안에 들어갈 수 있는 자연수는 1, 2, 3, 4, 5입니다.

8 나누어지는 수가 클수록, 나누는 수가 작을수록 계산 결과가 커집니다.
5>3이므로 계산 결과가 더 큰 나눗셈식을 만들었을 때의 몫은 $\frac{5}{12}\div3=\frac{15}{36}\div3=\frac{15\div3}{36}=\frac{5}{36}$입니다.

+9 (남은 설탕의 무게)
=(전체 설탕의 무게)−(사용한 설탕의 무게)
$=1-\frac{3}{19}=\frac{16}{19}$(kg)
(한 봉지에 담은 설탕의 무게)
=(남은 설탕의 무게)÷(봉지 수)
$=\frac{16}{19}\div8=\frac{16\div8}{19}=\frac{2}{19}$(kg)

+10 색칠된 부분의 넓이는 정육각형의 전체 넓이를 6등분한 것 중의 1개입니다.
(색칠된 부분의 넓이)=(정육각형의 넓이)÷6

본책 020~023쪽

04일 (분수)÷(자연수) (2)

확인 ······ 020쪽

❶ 1 (1) 예 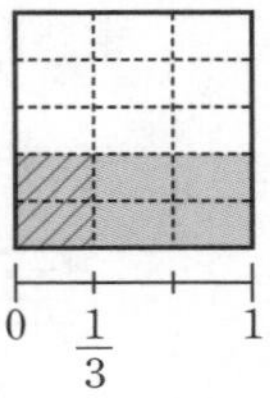 (2) 3, 2, 15

기본기 다지는 교과서 문제 021쪽

1 4, 4, 4, 5, 24

2 5, 3, 10

1 $\div 4$와 $\times \frac{1}{4}$은 4등분한 것 중의 하나라는 의미로, 같은 뜻입니다. 따라서 $\frac{5}{6} \div 4$는 $\frac{5}{6} \times \frac{1}{4}$로 나타내어 계산할 수 있습니다.

2 $\frac{3}{2} \div 5$의 몫은 $\frac{3}{2}$을 5등분한 것 중의 하나입니다. 이것은 $\frac{3}{2}$의 $\frac{1}{5}$이므로 $\frac{3}{2} \times \frac{1}{5}$입니다.

따라서 $\frac{3}{2} \div 5 = \frac{3}{2} \times \frac{1}{5} = \frac{3}{10}$입니다.

스스로 풀어내는 도전 10 문제 022~023쪽

1 (1) 1, 3, 2, 15 (2) 1, 2, 3, 14

2 (1) $\frac{7}{40}$ (2) $\frac{3}{45}\left(=\frac{1}{15}\right)$ (3) $\frac{15}{28}$ (4) $\frac{9}{24}\left(=\frac{3}{8}\right)$

3 ㉢

4 $\frac{33}{72}\left(=\frac{11}{24}\right)$

5 3, 2, 1

6 $\frac{16}{42}\left(=\frac{8}{21}\right)$ m

7 $\frac{13}{55}$

8 $\frac{24}{25}$ m

+9 $\frac{2}{35}$

+10 예 한 병에 담은 주스의 양을 구하려면 전체 주스의 양을 병 수로 나누어야 합니다.

$\frac{11}{6} \div 3 = \frac{11}{6} \times \frac{1}{3} = \frac{11}{18}$(L)입니다. / $\frac{11}{18}$ L

1 (분수)÷(자연수)를 계산할 때, ÷(자연수)를 $\times \frac{1}{(\text{자연수})}$로 나타내어 계산합니다.

힌트북 08쪽

2

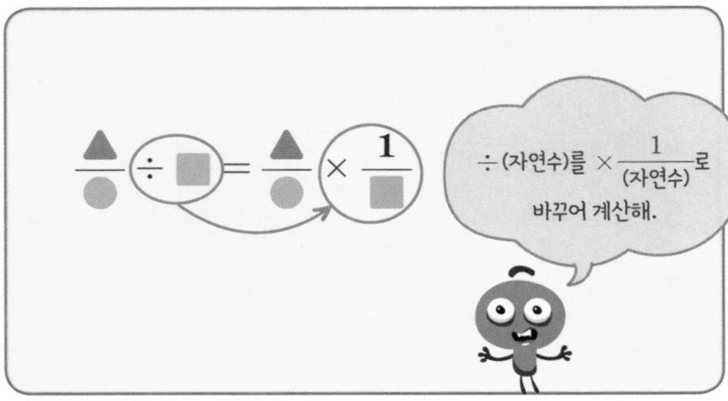

(1) $\frac{7}{8} \div 5 = \frac{7}{8} \times \frac{1}{5} = \frac{7}{40}$

(2) $\frac{3}{5} \div 9 = \frac{3}{5} \times \frac{1}{9} = \frac{3}{45}\left(=\frac{1}{15}\right)$

(3) $\frac{15}{7} \div 4 = \frac{15}{7} \times \frac{1}{4} = \frac{15}{28}$

(4) $\frac{9}{4} \div 6 = \frac{9}{4} \times \frac{1}{6} = \frac{9}{24}\left(=\frac{3}{8}\right)$

3 (분수)÷(자연수)를 계산할 때, ÷(자연수)를 $\times \frac{1}{(\text{자연수})}$로 나타내어 계산합니다.

㉠ $\frac{4}{7} \div 8 = \frac{4}{7} \times \frac{1}{8} = \frac{4}{56}\left(=\frac{1}{14}\right)$

㉡ $\frac{5}{9} \div 3 = \frac{5}{9} \times \frac{1}{3} = \frac{5}{27}$

㉢ $\frac{8}{3} \div 7 = \frac{8}{3} \times \frac{1}{7} = \frac{8}{21}$

바르게 계산한 것은 ㉢입니다.

4 $\frac{33}{8} = 4\frac{1}{8}$이므로 $\frac{33}{8} < 9$입니다.

➜ $\frac{33}{8} \div 9 = \frac{33}{8} \times \frac{1}{9} = \frac{33}{72}\left(=\frac{11}{24}\right)$

5 $\frac{2}{3} \div 5 = \frac{2}{3} \times \frac{1}{5} = \frac{2}{15}$

$\frac{8}{15} \div 3 = \frac{8}{15} \times \frac{1}{3} = \frac{8}{45}$

$\frac{5}{3} \div 3 = \frac{5}{3} \times \frac{1}{3} = \frac{5}{9}$

$\frac{2}{15} = \frac{6}{45}$, $\frac{5}{9} = \frac{25}{45}$이므로 $\frac{5}{9} > \frac{8}{45} > \frac{2}{15}$입니다.

6 철사를 모두 사용하여 정육각형 모양을 만들었으므로 정육각형의 둘레는 전체 철사의 길이와 같습니다.
정육각형은 변 6개의 길이가 모두 같으므로
(정육각형 한 변의 길이)
=(전체 철사의 길이)÷(변의 수)
$=\frac{16}{7}\div6=\frac{16}{7}\times\frac{1}{6}=\frac{16}{42}\left(=\frac{8}{21}\right)$(m)입니다.

7 $\square\times11=\frac{13}{5}$에서 $\square=\frac{13}{5}\div11=\frac{13}{5}\times\frac{1}{11}=\frac{13}{55}$ 입니다.

8 (평행사변형의 넓이)=(밑변의 길이)×(높이)
→ (평행사변형의 높이)=(넓이)÷(밑변의 길이)
$=\frac{24}{5}\div5=\frac{24}{5}\times\frac{1}{5}=\frac{24}{25}$(m)

힌트북 09쪽

+9

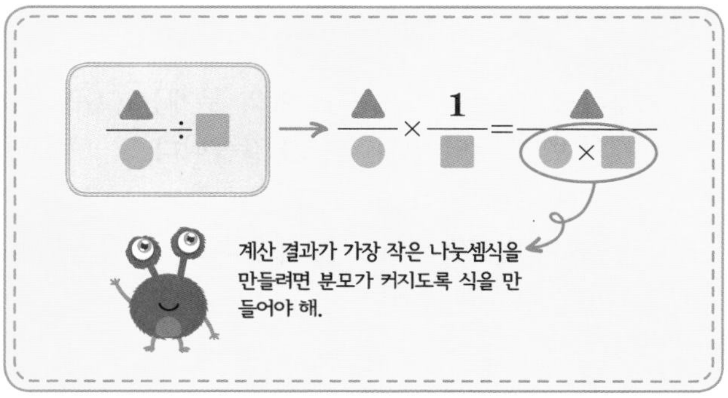

계산 결과가 가장 작으려면 분모가 커지도록 식을 만들어야 합니다. 나누는 수가 자연수인 경우 나누어지는 수의 분모와 곱해지기 때문에 $\frac{2}{5}\div7$나 $\frac{2}{7}\div5$을 만들 수 있습니다.
$\frac{2}{5}\div7=\frac{2}{5}\times\frac{1}{7}=\frac{2}{35}$
$\frac{2}{7}\div5=\frac{2}{7}\times\frac{1}{5}=\frac{2}{35}$
따라서 계산 결과가 가장 작을 때의 몫은 $\frac{2}{35}$입니다.

+10 (한 병에 담은 주스의 양)
=(전체 주스의 양)÷(병 수)

본책 024~027쪽

05일 (대분수)÷(자연수)

확인 024쪽
❶ 9, 9, 3
❷ 7, 7, 6, 7

기본기 다지는 교과서 문제 025쪽
1 12, 12, 3, 5
2 7, 63, 63, 7, 18 / 7, 7, 9, 7, 18
3 (1) 15, 15, 3 (2) 11, 11, 8, 11, 24

1 대분수를 가분수로 바꾼 다음, 분자가 자연수의 배수이므로 분자를 자연수로 나누어 계산합니다.

2 방법 1 은 대분수를 가분수로 바꾼 다음 가분수를 크기가 같은 분수 중 분자가 자연수의 배수인 분수로 바꾸어 계산합니다.
방법 2 는 대분수를 가분수로 바꾼 다음 분수의 곱셈으로 나타내어 계산합니다.

3 먼저 대분수를 가분수로 바꾼 다음 가분수의 분자를 자연수로 나누어 계산하거나 분수의 곱셈으로 나타내어 계산합니다.
(1) $2\frac{1}{7}\div5=\frac{15}{7}\div5=\frac{15\div5}{7}=\frac{3}{7}$
(2) $3\frac{2}{3}\div8=\frac{11}{3}\div8=\frac{11}{3}\times\frac{1}{8}=\frac{11}{24}$

스스로 풀어내는 도전 10 문제 026~027쪽

1 $\frac{13}{8}\div6=\frac{13}{8}\times\frac{1}{6}=\frac{13}{48}$

2 (1) $\frac{3}{5}$ (2) $\frac{17}{21}$

3 예 $1\frac{6}{7}\div2=\frac{13}{7}\div2=\frac{13}{7}\times\frac{1}{2}=\frac{13}{14}$

4 $\frac{27}{16}$, $\frac{9}{16}$

5 종욱

6 $1\frac{2}{3}$

7 $\frac{9}{5}\left(=1\frac{4}{5}\right)(cm^2)$

8 $\frac{21}{40}$

+9 $\frac{2}{9}$ kg

+10 예 화단의 넓이는 (가로)×(세로)이므로 화단의 세로는 $=9\frac{3}{5}\div4=\frac{48}{5}\div4=\frac{48\div4}{5}=\frac{12}{5}\left(=2\frac{2}{5}\right)(m)$ 입니다. / $\frac{12}{5}\left(=2\frac{2}{5}\right)$ m

1 대분수를 가분수로 바꾼 다음 ÷(자연수)를 $\times\frac{1}{(자연수)}$로 나타내어 계산합니다.

2 (1) $4\frac{1}{5}\div7=\frac{21}{5}\div7=\frac{21\div7}{5}=\frac{3}{5}$

(2) $2\frac{3}{7}\div3=\frac{17}{7}\div3=\frac{17}{7}\times\frac{1}{3}=\frac{17}{21}$

3 (대분수)÷(자연수)는 먼저 대분수를 가분수로 바꾼 다음 (가분수)÷(자연수)와 같은 방법으로 계산해야 합니다.

4 $3\frac{3}{8}\div2=\frac{27}{8}\div2=\frac{27}{8}\times\frac{1}{2}=\frac{27}{16}$

$\frac{27}{16}\div3=\frac{27\div3}{16}=\frac{9}{16}$

5 종욱: $4\frac{2}{5}\div3=\frac{22}{5}\div3=\frac{22}{5}\times\frac{1}{3}=\frac{22}{15}=1\frac{7}{15}$

윤하: $5\frac{3}{4}\div5=\frac{23}{4}\div5=\frac{23}{4}\times\frac{1}{5}=\frac{23}{20}=1\frac{3}{20}$

$1\frac{7}{15}=1\frac{28}{60}$, $1\frac{3}{20}=1\frac{9}{60}$이므로 계산 결과가 더 큰 사람은 종욱입니다.

6 나눗셈을 계산한 후 검산할 때에는 곱셈과 나눗셈의 관계를 이용합니다.

$6\frac{2}{3}\div4=\frac{20}{3}\div4=\frac{20\div4}{3}=\frac{5}{3}=1\frac{2}{3}$

➜ [검산] $1\frac{2}{3}\times4=\frac{5}{3}\times4=\frac{20}{3}=6\frac{2}{3}$

7 (색칠한 부분의 넓이)=(직사각형의 넓이)÷4

$=7\frac{1}{5}\div4=\frac{36}{5}\div4=\frac{36\div4}{5}=\frac{9}{5}\left(=1\frac{4}{5}\right)(cm^2)$

힌트북 11쪽

8

★×5×3=$7\frac{7}{8}$이므로 $7\frac{7}{8}\div3\div5=$★입니다.

$7\frac{7}{8}\div3=\frac{63}{8}\div3=\frac{63\div3}{8}=\frac{21}{8}$

$\frac{21}{8}\div5=\frac{21}{8}\times\frac{1}{5}=\frac{21}{40}$입니다.

+9 고구마 8개가 놓여 있는 쟁반의 무게는 고구마 8개의 무게와 빈 쟁반의 무게의 합과 같습니다.

(고구마 8개의 무게)

=(고구마 8개가 놓여 있는 쟁반의 전체 무게)

−(빈 쟁반의 무게)

$=2\frac{2}{9}-\frac{4}{9}=\frac{20}{9}-\frac{4}{9}=\frac{16}{9}(kg)$

(고구마 한 개의 무게)

$=\frac{16}{9}\div8=\frac{16\div8}{9}=\frac{2}{9}(kg)$

+10 (직사각형의 넓이)=(가로)×(세로)

➜ (직사각형의 세로)=(넓이)÷(가로)

01~05일 단원평가 028~029쪽

01 1, 9, 2, 2, 9 **02** 지혜 **03** ⑤

04 $\frac{3}{7}$ **05** 예 $\frac{7}{15}\div2=\frac{7}{15}\times\frac{1}{2}=\frac{7}{30}$

06 $\frac{11}{48}$ **07** $\frac{21}{11}\left(=1\frac{10}{11}\right)(\text{cm}^2)$

08 7개 **09** $\frac{8}{5}\left(=1\frac{3}{5}\right)$

10 풀이 참조 / $\frac{51}{40}\left(=1\frac{11}{40}\right)\text{m}^2$

01 $2\div9$는 $\frac{1}{9}$이 2개이므로 $2\div9=\frac{2}{9}$입니다.

02 슬기: $9\div7=\frac{9}{7}\left(=1\frac{2}{7}\right)$

영민: $23\div18=\frac{23}{18}\left(=1\frac{5}{18}\right)$

따라서 나눗셈의 몫을 바르게 나타낸 학생은 지혜입니다.

03 ① $7\div8=\frac{7}{8}<1$

② $4\div27=\frac{4}{27}<1$

③ $24\div25=\frac{24}{25}<1$

④ $8\div15=\frac{8}{15}<1$

⑤ $11\div9=\frac{11}{9}\left(=1\frac{2}{9}\right)>1$

따라서 나눗셈의 몫이 1보다 큰 것은 ⑤입니다.

다른 풀이 (자연수)÷(자연수)의 몫이 1보다 크려면 나누어지는 수가 나누는 수보다 커야 합니다.

⑤ $11>9$이므로 $11\div9>1$입니다.

04 빈칸에 알맞은 기약분수를 □라고 하면 $\square\times2=\frac{6}{7}$에서 $\square=\frac{6}{7}\div2=\frac{6\div2}{7}=\frac{3}{7}$입니다.

05 (분수)÷(자연수)를 곱셈으로 나타내어 계산할 때에는 ÷(자연수)를 $\times\frac{1}{(\text{자연수})}$로 나타내어 계산해야 합니다.

06 $\frac{11}{12}<\frac{23}{24}<2<4$이므로 가장 작은 수는 $\frac{11}{12}$, 가장 큰 수는 4입니다.

→ $\frac{11}{12}\div4=\frac{11}{12}\times\frac{1}{4}=\frac{11}{48}$

07 (정팔각형을 8등분한 것 중의 한 칸의 넓이)

$=\frac{56}{11}\div8=\frac{56\div8}{11}=\frac{7}{11}(\text{cm}^2)$

(색칠한 부분의 넓이)

=(정팔각형을 8등분한 것 중의 한 칸의 넓이)×3

$=\frac{7}{11}\times3=\frac{21}{11}\left(=1\frac{10}{11}\right)(\text{cm}^2)$

08 $3\frac{5}{9}\div12=\frac{32}{9}\div12=\frac{32}{9}\times\frac{1}{12}=\frac{32}{108}=\frac{8}{27}$

$\frac{\square}{27}<\frac{8}{27}$에서 □ 안에 들어갈 수 있는 자연수는 1, 2, 3, 4, 5, 6, 7로 모두 7개입니다.

09 나누는 수가 6이므로 나누어지는 수가 클수록 몫이 커집니다.

→ $9\frac{3}{5}\div6=\frac{48}{5}\div6=\frac{48\div6}{5}=\frac{8}{5}\left(=1\frac{3}{5}\right)$

10 예시 답안 전체 벽면의 넓이를 사용한 페인트 통 수로 나누면 페인트 한 통으로 칠한 벽면의 넓이를 구할 수 있습니다. 따라서 페인트 한 통으로 칠한 벽면의 넓이는 $6\frac{3}{8}\div5=\frac{51}{8}\div5=\frac{51}{8}\times\frac{1}{5}=\frac{51}{40}\left(=1\frac{11}{40}\right)(\text{m}^2)$입니다.

채점 기준	
	❶ 나눗셈식으로 나타내야 함.
	❷ 나눗셈식을 정확하게 계산해야 함.

본책 030~033쪽

06일 각기둥 알아보기 (1)

확인 030쪽

❶ (1) 가, 다 (2) 각기둥

기본기 다지는 교과서 문제 031쪽

1 (1) 다, 라 / 가, 나, 마, 바 (2) 나, 바

2 (1) 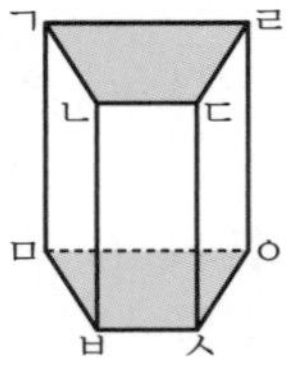

(2) 4개

3 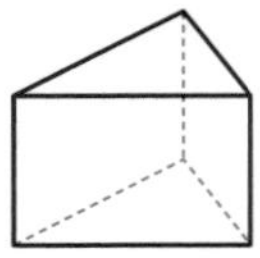

1 (2) 각기둥은 위와 아래에 있는 면이 서로 평행하고 합동인 다각형으로 이루어진 입체도형이므로 나, 바입니다.

2 (1) 각기둥에서 서로 평행하고 합동인 두 면을 찾아 색칠합니다.
(2) 옆면은 밑면과 수직으로 만납니다.

3 보이지 않는 모서리를 점선으로 나타내어 겨냥도를 완성합니다.

스스로 풀어내는 도전 10 문제 032~033쪽

1 ( )( )(○)

2 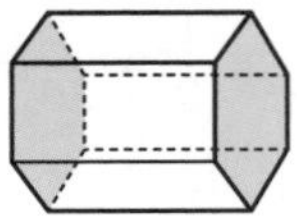

3 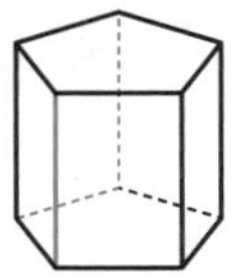

4 예  / 직사각형

5 7개

6 면 ㄱㄴㄷ, 면 ㄹㅁㅂ / 면 ㄱㄹㅁㄴ, 면 ㄴㅁㅂㄷ, 면 ㄱㄹㅂㄷ

7 ③

8 ㉡

+9 ㉢

+10 예 각기둥의 밑면은 서로 평행하고 합동인 다각형입니다. 주어진 도형은 밑면이 합동이 아니므로 각기둥이 아닙니다.

1 각기둥은 두 밑면이 서로 평행하고 합동인 다각형으로 이루어진 입체도형입니다.

2 각기둥에서 두 밑면은 서로 평행하므로 평행한 두 면을 찾아 색칠합니다.

3 보이지 않는 모서리는 점선으로, 보이는 모서리는 실선으로 나타냅니다.

4 옆면은 밑면과 만나는 면으로 직사각형입니다.

5 옆면은 밑면과 수직으로 만나는 면입니다. 옆면의 수는 한 밑면의 변의 수와 같으므로 7개입니다.

6 각기둥에서 밑면은 평행하고 합동인 다각형이므로 면 ㄱㄴㄷ, 면 ㄹㅁㅂ입니다.
옆면은 밑면과 만나는 면이므로 면 ㄱㄹㅁㄴ, 면 ㄴㅁㅂㄷ, 면 ㄱㄹㅂㄷ입니다.

7 색칠한 면과 수직으로 만나는 면이 옆면입니다.

8 각기둥의 옆면의 수는 밑면의 변의 수와 같으므로 밑면은 사각형입니다. 따라서 민호가 설명하고 있는 입체도형은 사각기둥입니다.
각기둥 모양의 사물은 ㉡입니다.

+9 각기둥의 밑면은 항상 2개입니다.

+10 밑면이 합동이 아닙니다, 옆면이 직사각형이 아닙니다, 밑면과 옆면이 수직으로 만나지 않습니다 등 타당한 이유를 설명하면 정답으로 인정합니다.

본책 034~037 쪽

07일 각기둥 알아보기 (2)

확인 ·· 034쪽

❶ (1) 육각형 (2) 육각기둥

❷ 모서리, 꼭짓점

기본기 다지는 교과서 문제 035쪽

1 (위에서부터) 삼각형, 사각형(또는 직사각형), 오각형 / 삼각기둥, 사각기둥, 오각기둥

2

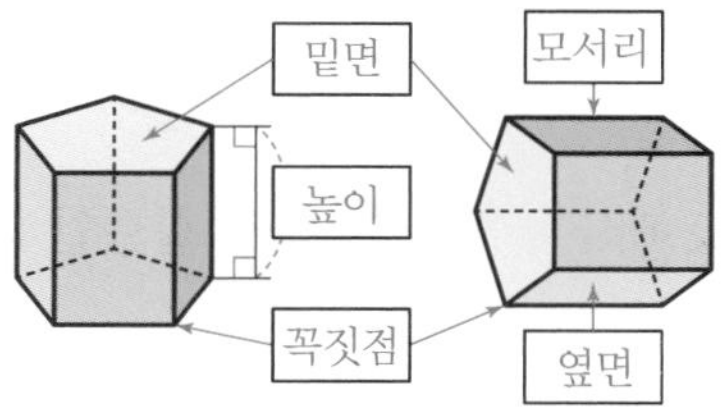

3 3 (1) 3, 6 (2) 3, 5 (3) 3, 9

1 밑면의 모양이 ■각형인 각기둥의 이름은 ■각기둥입니다.

2 모서리는 면과 면이 만나는 선분이고, 꼭짓점은 모서리와 모서리가 만나는 점이며, 높이는 두 밑면 사이의 거리입니다. 밑면은 서로 평행하고 합동인 두 면이고, 옆면은 두 밑면과 만나는 면입니다.

3 밑면의 모양이 삼각형이므로 한 밑면의 변의 수는 3개입니다. 따라서 꼭짓점은 $3\times2=6$(개), 면은 $3+2=5$(개), 모서리는 $3\times3=9$(개)입니다.

스스로 풀어내는 도전 10 문제 036~037쪽

1 팔각기둥 **2** 오각기둥

3

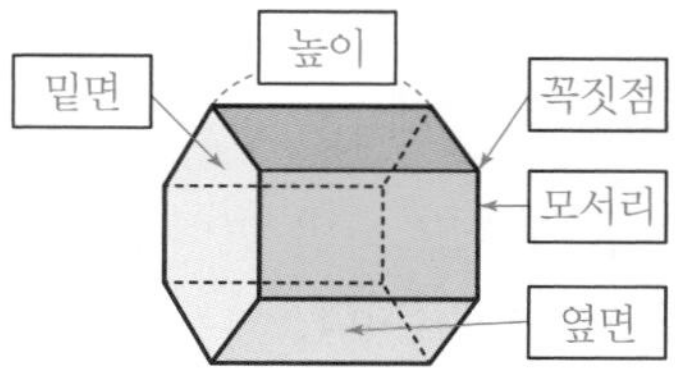

4 4개

5

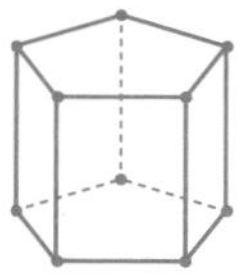

/ 15개, 10개

6 (위에서부터) 3, 6 / 6, 12 / 5, 8 / 9, 18

7 구각기둥 **8** 40개

+9 ㉠, ㉣

+10 예 한 밑면의 변의 수가 3개이므로 모서리는 9개 있습니다. 따라서 모든 모서리의 길이의 합은 $5\times9=45$(cm)입니다. / 45 cm

1 각기둥의 밑면의 모양이 팔각형이므로 각기둥의 이름은 팔각기둥입니다.

2 밑면의 모양이 오각형인 각기둥의 이름은 오각기둥입니다.

3 밑면은 서로 평행하고 합동인 두 면이고, 옆면은 두 밑면과 만나는 면입니다. 모서리는 면과 면이 만나는 선분이고, 꼭짓점은 모서리와 모서리가 만나는 점이며, 높이는 두 밑면 사이의 거리입니다.

4 각기둥의 높이는 옆면끼리 만나서 생긴 모서리의 길이와 같습니다. 주어진 각기둥에 높이와 길이가 같은 모서리를 빨간색으로 표시하면 다음과 같습니다.

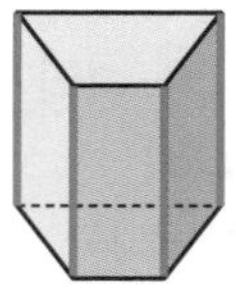

따라서 각기둥에서 높이와 길이가 같은 모서리는 4개입니다.

5 면과 면이 만나는 선분을 파란색으로 표시합니다.
모서리와 모서리가 만나는 점을 빨간색으로 표시합니다.

6 • 삼각기둥의 한 밑면의 모양은 삼각형이므로 한 밑면의 변의 수는 3개입니다.
(꼭짓점의 수)$=3\times2=6$(개)
(면의 수)$=3+2=5$(개)
(모서리의 수)$=3\times3=9$(개)

• 육각기둥의 한 밑면의 모양은 육각형이므로 한 밑면의 변의 수는 6개입니다.
(꼭짓점의 수)$=6\times2=12$(개)
(면의 수)$=6+2=8$(개)
(모서리의 수)$=6\times3=18$(개)

7 한 밑면의 변의 수를 □개라고 하면 면이 11개이므로 $□+2=11$, $□=11-2=9$입니다.
한 밑면의 변의 수가 9개이므로 밑면의 모양은 구각형입니다. 따라서 면이 11개인 각기둥은 구각기둥입니다.

8 밑면의 모양은 팔각형이므로 한 밑면의 변의 수는 8개입니다.
(꼭짓점의 수)$=8\times2=16$(개)
(모서리의 수)$=8\times3=24$(개)
➜ (꼭짓점의 수)+(모서리의 수)$=16+24=40$(개)

힌트북 13쪽

+9

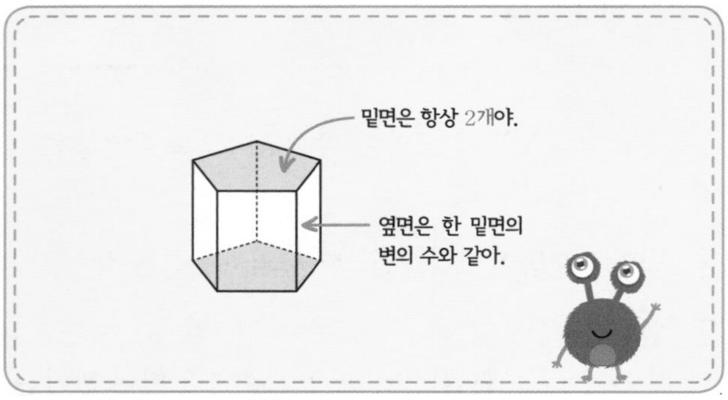

㉠ 육각기둥의 면은 8개, 삼각기둥의 면은 5개이므로 육각기둥의 면의 수는 삼각기둥의 면의 수의 2배가 아닙니다.
㉡ 옆면이 6개인 각기둥은 밑면의 모양이 육각형인 육각기둥입니다.
㉢ 칠각기둥의 밑면의 모양은 칠각형이므로 한 밑면의 변의 수는 7개입니다. 따라서 꼭짓점은 $7\times2=14$(개)입니다.
㉣ 각기둥의 모서리의 수는 한 밑면의 변의 수의 3배이고, 꼭짓점의 수는 한 밑면의 변의 수의 2배입니다.

본책 038~041쪽

08일 각기둥의 전개도 알아보기

확인 038쪽

1 (1) 사각형에 ○표 (2) 직사각형에 ○표
(3) 사각기둥에 ○표

기본기 다지는 교과서 문제 039쪽

1 (1) 오각형 (2) 직사각형 (3) 오각기둥
2 (1) ㅈㅇ, ㅅㅂ, ㅍㅌ
(2) 면 ㅎㅍㅌㅋ

1 (1) 각기둥의 전개도에서 두 밑면은 서로 합동인 다각형입니다.
(2) 각기둥의 전개도에서 옆면은 모두 직사각형입니다.
(3) 밑면의 모양이 오각형이므로 전개도를 접으면 오각기둥이 됩니다.

2 (2) 전개도를 접으면 사각기둥이 만들어집니다. 사각기둥의 두 밑면은 서로 평행하므로 면 ㄷㄹㅁㅂ와 평행한 면은 면 ㅎㅍㅌㅋ입니다.

스스로 풀어내는 도전 10 문제 040~041쪽

1 ( )(○) **2** 칠각기둥 **3** 나
4 점 ㅅ, 점 ㅈ **5** 면 ㅌㅋㅊㅍ
6 3 / 5, 9 **7** 6개
8 48 cm
+9 5 cm
+10 예 전개도를 접었을 때 만들어지는 각기둥은 육각기둥입니다. 육각기둥의 모서리의 수는 (한 밑면의 변의 수)$\times3$ $=6\times3=18$(개)입니다. / 18개

1 왼쪽 전개도는 사각기둥의 전개도이고, 오른쪽 전개도는 삼각기둥의 전개도입니다.

2 옆면의 모양이 직사각형이고 밑면의 모양이 칠각형이므로 칠각기둥의 전개도입니다.

3 오각기둥의 전개도는 옆면이 5개이어야 하는데 나는 옆면이 6개이므로 오각기둥을 만들 수 없습니다.

4 전개도를 접으면 다음과 같습니다.

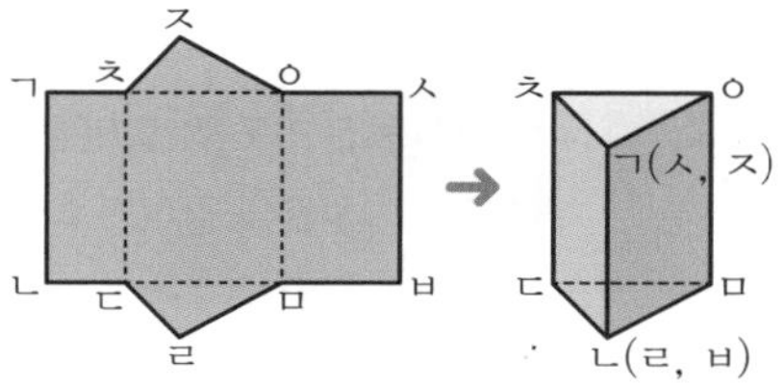

따라서 점 ㄱ과 만나는 점은 점 ㅅ, 점 ㅈ입니다.

힌트북 16쪽

5

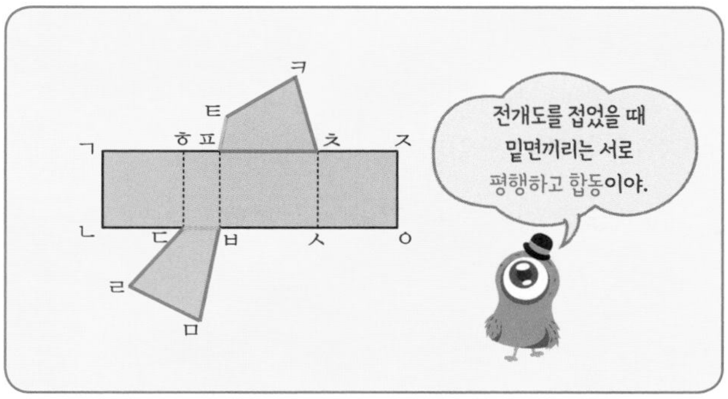

전개도를 접었을 때 두 밑면은 서로 평행하므로 면 ㄷㄹㅁㅂ과 평행한 면은 면 ㅌㅋㅊㅍ입니다.

6 전개도를 접었을 때 맞닿는 선분의 길이는 같습니다.

7 면 ㉮는 밑면이므로 접었을 때 면 ㉮와 수직으로 만나는 면은 옆면입니다. 전개도에서 직사각형이 6개이므로 접었을 때 면 ㉮와 수직으로 만나는 면은 모두 6개입니다.

8 밑면의 모양이 팔각형이므로 전개도를 접었을 때 만들어지는 각기둥은 팔각기둥입니다.
옆면이 모두 합동이므로 밑면의 모양은 한 변의 길이가 6 cm인 정팔각형입니다.
따라서 한 밑면의 둘레는 $6 \times 8 = 48$ (cm)입니다.

+9 두 밑면의 모서리의 길이의 합이 $85 - 7 \times 5 = 50$(cm)입니다. 따라서 한 밑면의 모서리의 길이의 합이 $50 \div 2 = 25$ (cm)이므로 밑면의 한 변의 길이는 $25 \div 5 = 5$ (cm)입니다.

+10 전개도를 접었을 때 만들어지는 각기둥은 육각기둥입니다.

본책 042~045 쪽

09일 각기둥의 전개도 그리기

확인 042쪽

1 (1) 실선, 점선 (2) 2 (3) 3

(4)

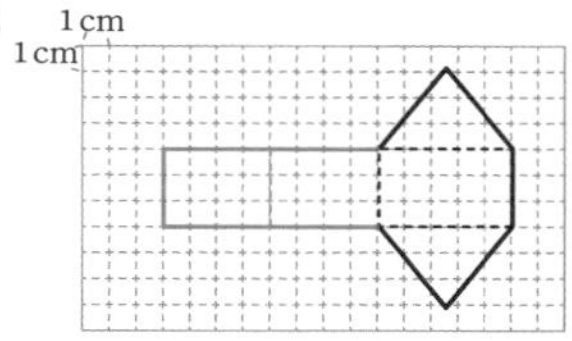

기본기 다지는 교과서 문제 043쪽

1 (1) 2개, 4개

(2)

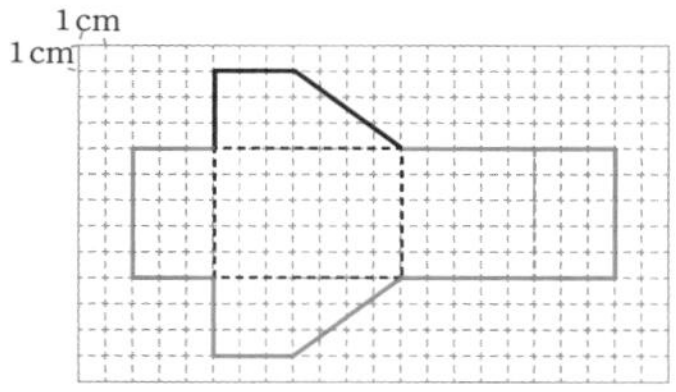

2 예

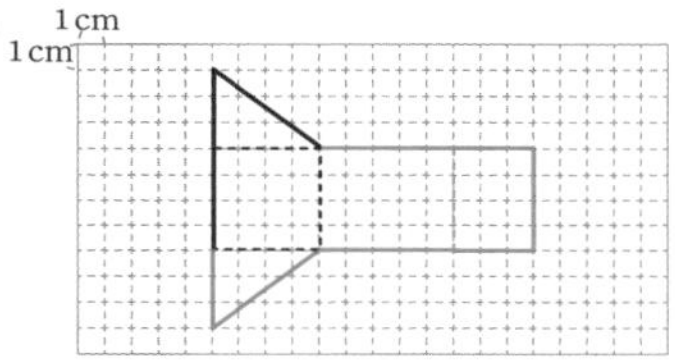

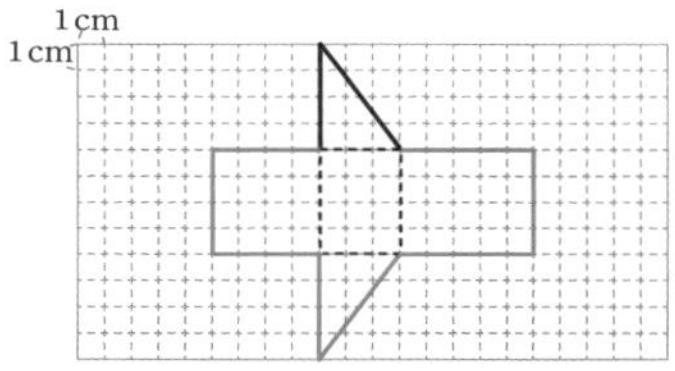

1 (1) 전개도에서 밑면의 모양은 사각형이고 2개가 되게 그려야 합니다.
옆면의 모양은 직사각형이고 4개가 되게 그려야 합니다.
(2) 두 밑면이 서로 합동이 되게 그립니다.

2 어느 모서리를 자르는가에 따라 다양한 전개도를 그릴 수 있습니다.

스스로 풀어내는 도전 10 문제 044~045쪽

1 (○)( )

2 (○)( )

3 예
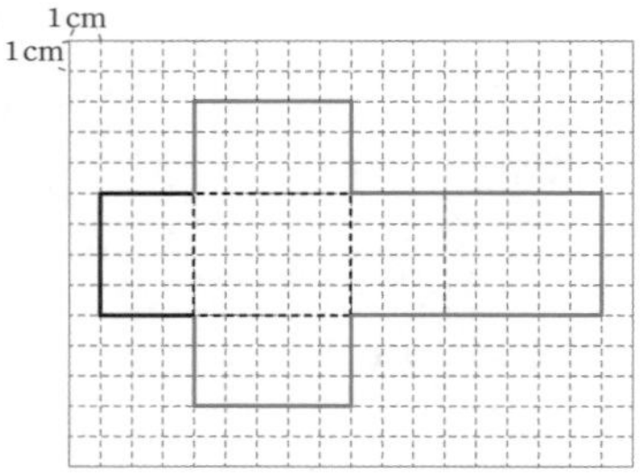

4 예
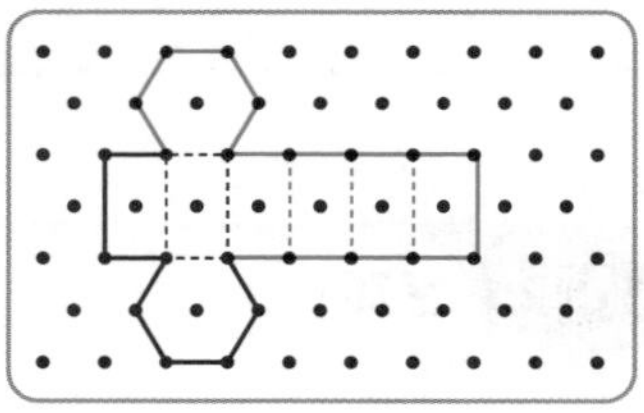

5 예
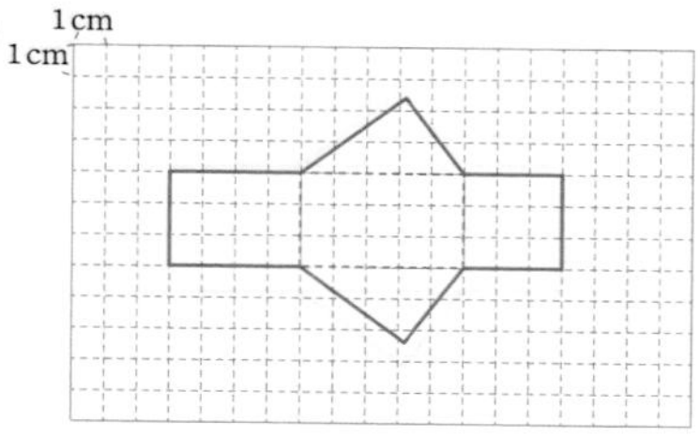

6 예
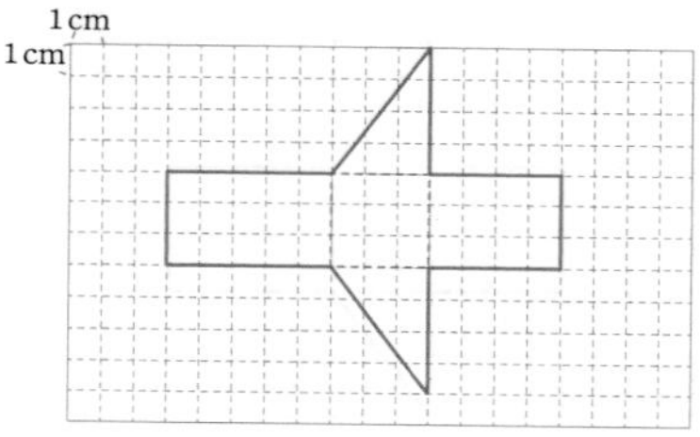

7 예
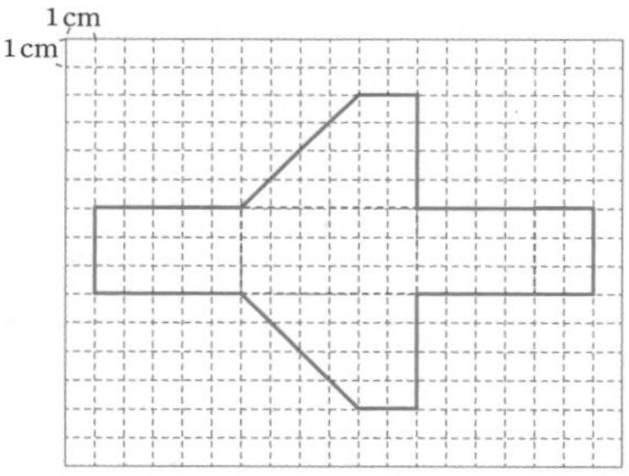

8 예
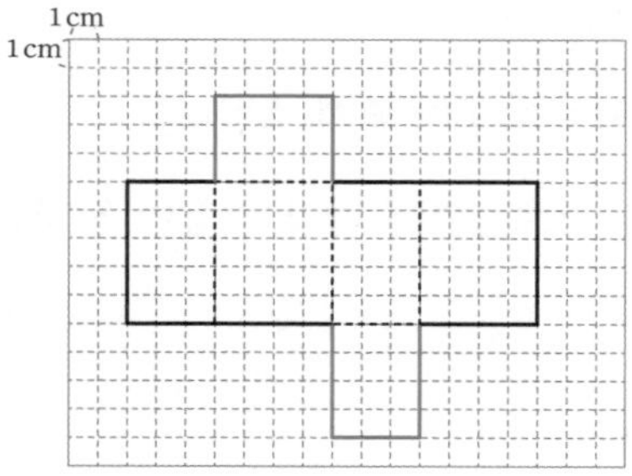

+9 예
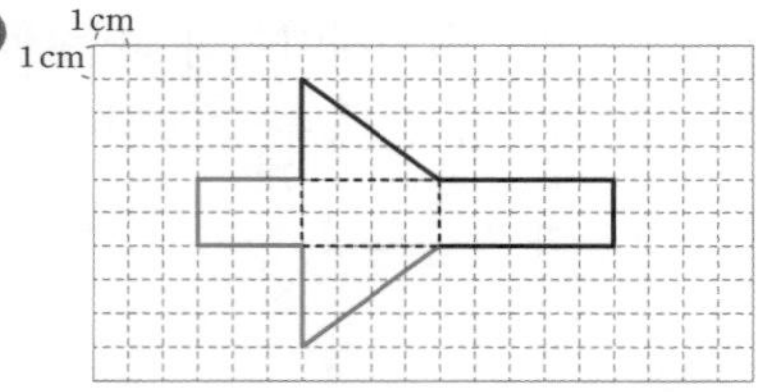
/ 30 cm

+10 예
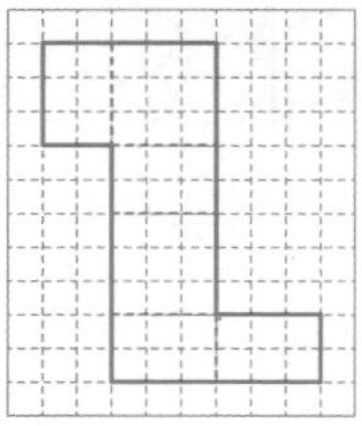
/ 예 전개도를 접었을 때 맞닿는 선분의 길이가 다르므로 잘못 그렸습니다.

1 왼쪽 전개도에서 밑면의 모양이 삼각형이므로 옆면을 3개 그려야 하는데 4개 그렸습니다. 따라서 잘못 그린 것은 왼쪽 전개도입니다.

2 전개도를 접었을 때 맞닿는 선분의 길이가 같게 그린 것은 왼쪽 전개도입니다.

3 잘리지 않은 모서리는 점선으로, 잘린 모서리는 실선으로 그립니다.

4 육각기둥의 밑면의 모양은 육각형이므로 전개도의 밑면을 육각형으로 그리고 옆면이 6개가 되게 그립니다.

5 밑면의 5 cm인 변과 옆면이 연결되게 그립니다.

6 밑면의 3 cm인 변과 옆면이 연결되게 그립니다.

7 밑면의 모양이 사다리꼴이므로 밑면이 사다리꼴, 옆면이 직사각형이 되게 사각기둥의 전개도를 그립니다.

8 옆면이 4개이므로 사각기둥의 전개도를 그립니다. 밑면을 그릴 때에는 전개도를 접었을 때 맞닿는 선분의 길이가 같게 그립니다.

+9 밑면의 모양이 삼각형인 각기둥은 삼각기둥입니다. 완성한 전개도를 접으면 다음과 같은 삼각기둥이 만들어집니다.

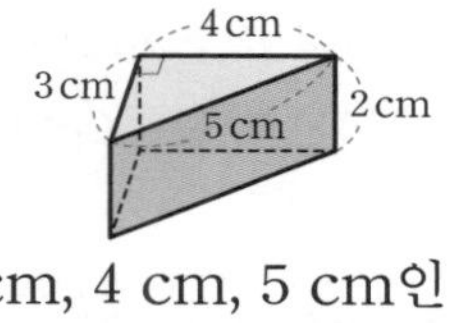

삼각기둥은 3 cm, 4 cm, 5 cm인 모서리가 각각 2개씩 있고 2 cm인 모서리가 3개 있습니다.
따라서 삼각기둥의 모든 모서리의 길이의 합은
$3\times2+5\times2+4\times2+2\times3=30$ (cm)입니다.

+10 전개도를 접었을 때 맞닿는 선분의 길이가 같은지, 서로 겹쳐지는 면이 있는지 살펴봅니다.

10일 각뿔 알아보기 (1)

본책 046~049쪽

확인 046쪽

❶ (1) 나, 다 (2) 가, 라 (3) 가, 라 (4) 각뿔

기본기 다지는 교과서 문제 047쪽

1 (1) 가, 다, 라, 마, 바 (2) 다, 마

2 (1) 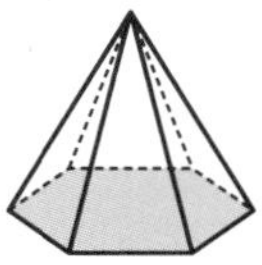 (2) 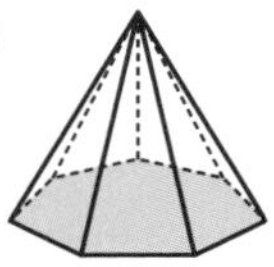

3 (1) 면 ㄴㄷㄹㅁㅂ (2) 5개

1 (2) 각뿔은 밑면이 다각형이고 옆면이 삼각형인 입체도형이므로 다, 마입니다.

2 각뿔에서 밑에 놓인 다각형을 찾아 색칠합니다.

3 (2) 각뿔의 밑면과 만나는 면은 옆면입니다.

스스로 풀어내는 도전 10 문제 048~049쪽

1 ( )(○)( )

2 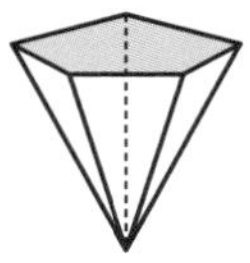

3 예 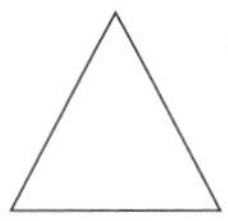 / 삼각형

4 1개 / 6개

5 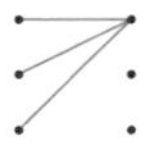

6 면 ㄴㄷㄹㅁ / 면 ㄱㄴㄷ, 면 ㄱㄷㄹ, 면 ㄱㄹㅁ, 면 ㄱㅁㄴ

7 (위에서부터) 오각형, 오각형 / 삼각형 / 1 / 5, 5

8 3개

+9 ㉢, ㉣

+10 예 각뿔의 옆면은 모두 삼각형입니다. 주어진 도형은 옆면이 삼각형이 아니므로 각뿔이 아닙니다.

1 각뿔은 밑에 놓인 면이 다각형이고 옆으로 둘러싼 면이 모두 삼각형인 입체도형입니다.

2 각뿔에서 옆으로 둘러싼 삼각형 모양의 면은 옆면이고, 오각형 모양의 면이 밑면입니다.

3 각뿔에서 옆면은 밑면과 만나는 면으로 삼각형입니다.

힌트북 20쪽

4 

옆면은 밑면과 만나는 면입니다. 밑면은 1개이고, 옆면의 수는 밑면의 변의 수와 같으므로 6개입니다.

5 모든 각뿔의 옆면의 모양은 삼각형입니다.

6 각뿔에서 밑면은 밑에 놓인 면이므로 면 ㄴㄷㄹㅁ입니다. 옆면은 밑면과 만나는 면이므로 면 ㄱㄴㄷ, 면 ㄱㄷㄹ, 면 ㄱㄹㅁ, 면 ㄱㅁㄴ입니다.

7 오각기둥과 오각뿔은 밑면의 모양은 같지만 옆면의 모양과 밑면의 수가 다릅니다.

8 옆면이 모두 삼각형인 입체도형은 각뿔인데, 밑면이 삼각형이므로 삼각뿔입니다. 삼각뿔의 옆면은 3개입니다.

+9 ㉢ 각뿔에서 옆면과 밑면은 수직으로 만나지 않습니다.
㉣ 각뿔의 옆면의 모양은 모두 삼각형입니다.

+10 밑면이 1개가 아닙니다, 뿔 모양이 아닙니다 등 타당한 이유를 설명하면 정답으로 인정합니다.

본책 050~053쪽

11일 각뿔 알아보기 (2)

확인 050쪽

1. (1) 사각형 (2) 사각뿔
2. 꼭짓점, 각뿔의 꼭짓점

기본기 다지는 교과서 문제 051쪽

1 (위에서부터) 오각형, 육각형, 칠각형 / 오각뿔, 육각뿔, 칠각뿔

2

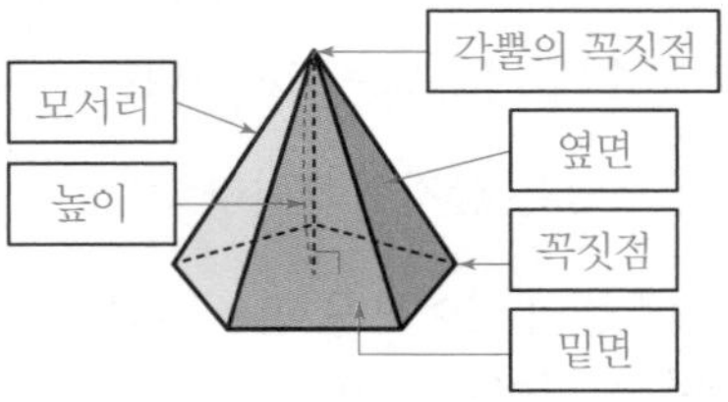

3 3 (1) 3, 4 (2) 3, 4 (3) 3, 6

1 밑면의 모양이 ▲각형인 각뿔의 이름은 ▲각뿔입니다.

2 각뿔에서 면과 면이 만나는 선분을 모서리라 하고, 모서리와 모서리가 만나는 점을 꼭짓점이라고 합니다. 꼭짓점 중에서도 옆면이 모두 만나는 점을 각뿔의 꼭짓점이라 하고, 각뿔의 꼭짓점에서 밑면에 수직인 선분의 길이를 높이라고 합니다.

3 밑면의 모양이 삼각형이므로 밑면의 변의 수는 3개입니다. 따라서 꼭짓점은 $3+1=4$(개), 면은 $3+1=4$(개), 모서리는 $3\times2=6$(개)입니다.

스스로 풀어내는 도전 10 문제 052~053쪽

1 삼각뿔 **2** 팔각뿔 **3** ㉡

4 12 cm **5**

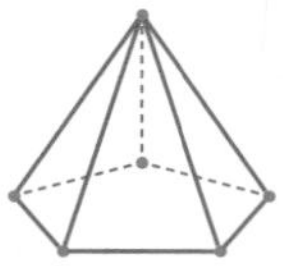

/ 10개, 6개

6 (위에서부터) 3, 6 / 4, 7 / 4, 7 / 6, 12

7 십이각뿔 **8** 65 cm

+9 ㉡

+10 예 밑면의 변의 수가 8개이므로 모서리의 수는 $8\times2=16$(개), 꼭짓점의 수는 $8+1=9$(개)입니다. 따라서 모서리의 수와 꼭짓점의 수의 합은 $16+9=25$(개)입니다. / 25개

1 각뿔의 밑면의 모양이 삼각형이므로 각뿔의 이름은 삼각뿔입니다.

2 밑면의 모양이 팔각형인 각뿔의 이름은 팔각뿔입니다.

3 자와 삼각자의 직각을 이용하여 각뿔의 꼭짓점에서 밑면에 수직인 선분의 길이를 잽니다.

4 각뿔의 높이는 각뿔의 꼭짓점에서 밑면에 수직인 선분의 길이이므로 12 cm입니다.

5 면과 면이 만나는 선분을 파란색으로 표시하고 모서리와 모서리가 만나는 점을 빨간색으로 표시합니다.

6 • 삼각뿔의 밑면의 모양은 삼각형이므로 밑면의 변의 수가 3개입니다.
(꼭짓점의 수)$=3+1=4$(개)
(면의 수)$=3+1=4$(개)
(모서리의 수)$=3\times2=6$(개)
• 육각뿔의 밑면의 모양은 육각형이므로 밑면의 변의 수가 6개입니다.
(꼭짓점의 수)$=6+1=7$(개)
(면의 수)$=6+1=7$(개)
(모서리의 수)$=6\times2=12$(개)

7 밑면의 변의 수를 □개라고 하면 꼭짓점이 13개이므로 □$+1=13$, □$=13-1=12$입니다.
밑면의 변의 수가 12개이므로 밑면의 모양은 십이각형입니다. 따라서 면이 12개인 각뿔은 십이각뿔입니다.

8 각뿔에서 길이가 4 cm인 모서리가 5개, 9 cm인 모서리가 5개 있습니다. 따라서 각뿔의 모든 모서리의 길이의 합은 $4\times5+9\times5=20+45=65$ (cm)입니다.

+9 각뿔의 높이는 각뿔의 꼭짓점에서 밑면에 수직인 선분의 길이이므로 옆면끼리 만나서 생긴 모서리의 길이와 같지 않습니다.

+10 밑면의 모양이 팔각형이므로 밑면의 변의 수가 8개입니다.
(모서리의 수)$=8\times2=16$(개)
(꼭짓점의 수))$=8+1=9$(개)
➔ (모서리의 수)+(꼭짓점의 수)$=16+9=25$(개)

06~11일 **단원평가** 054~055쪽

01 나, 다 **02** 2개, 8개 **03** 칠각기둥
04 132 cm **05** 사각기둥 **06** 오각형
07 예

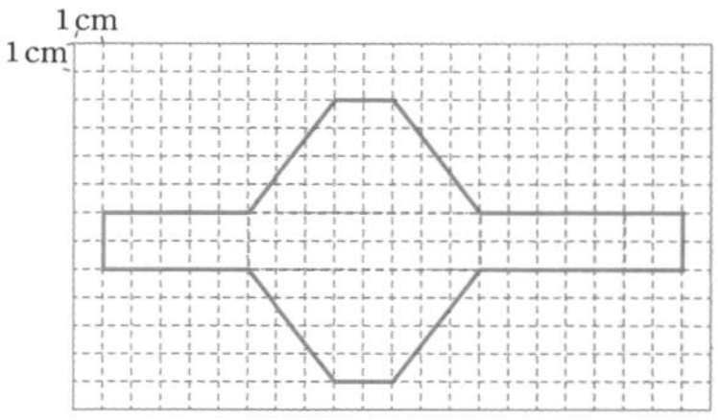

08 (위에서부터) 오각형, 구각형 / 6, 10 / 6, 10 / 10, 18
09 ㉠ / 각기둥의 옆면은 직사각형이고 각뿔의 옆면은 삼각형입니다.
10 풀이 참조 / 12개

01 각기둥은 두 밑면이 서로 평행하고 합동인 다각형으로 이루어진 입체도형이므로 각기둥을 모두 찾으면 나, 다입니다.

02 각기둥의 밑면은 항상 2개이고 옆면의 수는 한 밑면의 변의 수와 같으므로 8개입니다.

03 밑면의 모양이 칠각형인 각기둥의 이름은 칠각기둥입니다.

04 각기둥의 밑면이 정육각형이므로 7 cm인 모서리가 12개, 8 cm인 모서리가 6개 있습니다.
따라서 각기둥의 모든 모서리의 길이의 합은
$7\times12+8\times6=132$ (cm)입니다.

05 전개도에서 옆면의 모양이 직사각형이고 밑면의 모양이 사각형이므로 전개도를 접었을 때 만들어지는 입체도형의 이름은 사각기둥입니다.

06 각기둥의 옆면의 수는 한 밑면의 변의 수와 같습니다. 따라서 각기둥의 밑면의 모양은 변의 수가 5개인 오각형입니다.

07 각기둥을 어느 모서리를 자르는가에 따라 여러 가지 전개도를 그릴 수 있습니다.

08 • 오각뿔의 밑면의 모양은 오각형이므로 밑면의 변의 수가 5개입니다.
(꼭짓점의 수)$=5+1=6$(개)
(면의 수)$=5+1=6$(개)
(모서리의 수)$=5\times2=10$(개)
• 구각뿔의 밑면의 모양은 구각형이므로 밑면의 변의 수가 9개입니다.
(꼭짓점의 수)$=9+1=10$(개)
(면의 수)$=9+1=10$(개)
(모서리의 수)$=9\times2=18$(개)

09 각기둥의 옆면은 직사각형, 각뿔의 옆면은 삼각형입니다.

10 예시 답안 밑면의 모양이 육각형이므로 각뿔의 밑면의 변의 수는 6개입니다. 따라서 각뿔의 모서리의 수는 $6\times2=12$(개)입니다.

채점 기준	
	❶ 각뿔의 밑면의 변의 수를 구해야 함.
	❷ 각뿔의 모서리의 수를 구해야 함.

본책 056~059쪽

12일 (소수)÷(자연수) (1)

확인 056쪽

1 (1) 31.2 (2) 3.12

기본기 다지는 교과서 문제 057쪽

1 (위에서부터) $\frac{1}{10}$, 14.2, $\frac{1}{100}$, 1.42

2 (1) 122, 122, 12.2 / 122, 12.2
(2) 312, 312, 3.12 / 312, 3.12

스스로 풀어내는 도전 10 문제 058~059쪽

1 (1) 21.4 (2) 2.14

2 1□0⊡1, 1⊡0□1

3 

4 서연

5 10.2, 1.02

6 68.4, 6.84

7 (위에서부터) 413, $\frac{1}{100}$, 8.26, 4.13

8 21.2 cm

+9 1.23 m

+10 예 한 명에게 줄 수 있는 색 테이프의 길이를 구하는 식은 5.05÷5입니다. 505÷5=101이고 5.05는 505의 $\frac{1}{100}$배이므로 한 명에게 줄 수 있는 색 테이프의 길이는 101의 $\frac{1}{100}$배인 1.01 m입니다. / 1.01 m

1 (1) 42.8은 428의 $\frac{1}{10}$배이므로 몫 또한 428÷2의 몫인 214의 $\frac{1}{10}$배인 21.4가 됩니다.
(2) 4.28은 428의 $\frac{1}{100}$배이므로 몫 또한 428÷2의 몫인 214의 $\frac{1}{100}$배인 2.14가 됩니다.

2 나누는 수가 같을 때 나누어지는 수가 $\frac{1}{10}$배, $\frac{1}{100}$배가 되면 몫도 $\frac{1}{10}$배, $\frac{1}{100}$배가 되므로 소수점은 왼쪽으로 한 칸, 두 칸 이동합니다.
909÷9=101 ➔ 90.9÷9=10.1
909÷9=101 ➔ 9.09÷9=1.01

3 나누는 수가 같을 때 나누어지는 수가 $\frac{1}{10}$배, $\frac{1}{100}$배가 되면 몫도 $\frac{1}{10}$배, $\frac{1}{100}$배가 되므로 소수점은 왼쪽으로 한 칸, 두 칸 이동합니다.

4 96.6은 966의 $\frac{1}{10}$배이므로 몫 또한 966÷3의 몫인 322의 $\frac{1}{10}$배인 32.2가 되어야 합니다. 따라서 잘못 계산한 사람은 서연입니다.

5 나누는 수가 같고 나누어지는 수가 408에서 40.8, 4.08로 $\frac{1}{10}$배, $\frac{1}{100}$배가 되면 몫도 102의 $\frac{1}{10}$배, $\frac{1}{100}$배인 10.2, 1.02가 됩니다.

6 나누는 수가 같을 때 몫이 342에서 34.2, 3.42로 $\frac{1}{10}$배, $\frac{1}{100}$배가 되었으므로 나누어지는 수도 684의 $\frac{1}{10}$배, $\frac{1}{100}$배인 68.4, 6.84가 됩니다.

7 826÷2=413이고 나누는 수가 같을 때 몫이 $\frac{1}{100}$배가 되면 나누는 수도 $\frac{1}{100}$배가 되므로 8.26÷2=4.13입니다.

8 정삼각형은 세 변의 길이가 모두 같으므로
(정삼각형의 한 변의 길이)=(정삼각형의 둘레)÷3
=63.6÷3
636÷3=212이고 63.6은 636의 $\frac{1}{10}$배이므로 정삼각형의 한 변의 길이는 212의 $\frac{1}{10}$배인 21.2 cm입니다.

+9 지우가 가지고 있는 리본을 4개로 똑같이 나누면 492÷4=123(cm)입니다. 은서가 가지고 있는 리본을 4개로 똑같이 나누는 식은 4.92÷4입니다.
4.92는 492의 $\frac{1}{100}$배이므로 은서가 상자 한 개를 묶는 데 필요한 리본은 123의 $\frac{1}{100}$배인 1.23 m입니다.

본책 060~063 쪽

13일 (소수)÷(자연수) (2)

확인 060쪽

① 232, 2.32

② 8□1□4

기본기 다지는 교과서 문제 061쪽

1 455, 455, 91, 9.1

2 729, 7.29

3 (위에서부터) (1) 2, 4, 3, 12, 24, 18 (2) 1, 2, 1, 8, 16, 8

2 29.16은 2916의 $\frac{1}{100}$배이므로 몫도 $\frac{1}{100}$배입니다.
$2916 \div 4 = 729$이므로 $29.16 \div 4$의 몫은 729의 $\frac{1}{100}$배인 7.29입니다.

3 세로로 계산하고 몫의 소수점은 나누어지는 수의 소수점을 올려 찍습니다.

스스로 풀어내는 도전 10 문제 062~063쪽

1 $\frac{725}{10} \div 5 = \frac{725 \div 5}{10} = \frac{145}{10} = 14.5$

2 (1) 358, 3.58 (2) 236, 23.6

3 (1) 4.35 (2) 2.4

4 7.53, 2.51 **5** 5.13 **6** 46.98

7 (위에서부터) 523, $\frac{1}{100}$, $\frac{1}{100}$, 5.23

8 2.31 cm^2

+9 1.92배

+10
$$\begin{array}{r} 6.83 \\ 4\overline{)27.32} \\ \underline{24} \\ 3\,3 \\ \underline{3\,2} \\ 12 \\ \underline{12} \\ 0 \end{array}$$
/ 예 몫의 소수점은 나누어지는 수의 소수점을 올려 찍어야 하는데 잘못 찍었습니다.

2 (1) 21.48은 2148의 $\frac{1}{100}$배이므로 몫도 $\frac{1}{100}$배입니다.
$2148 \div 6 = 358$이므로 $21.48 \div 6$의 몫은 358의 $\frac{1}{100}$배인 3.58입니다.
(2) 94.4는 944의 $\frac{1}{10}$배이므로 몫도 $\frac{1}{10}$배입니다.
$944 \div 4 = 236$이므로 $94.4 \div 4$의 몫은 236의 $\frac{1}{10}$배인 23.6입니다.

3 (1)
$$\begin{array}{r} 4.35 \\ 3\overline{)13.05} \\ \underline{12} \\ 1\,0 \\ \underline{9} \\ 15 \\ \underline{15} \\ 0 \end{array}$$
(2)
$$\begin{array}{r} 2.4 \\ 6\overline{)14.4} \\ \underline{12} \\ 2\,4 \\ \underline{2\,4} \\ 0 \end{array}$$

4 $30.12 \div 4 = 7.53$ → $7.53 \div 3 = 2.51$

5 $41.04 > 37.36 > 32.88 > 28.32$이므로 가장 큰 수를 8로 나눈 몫은 $41.04 \div 8 = 5.13$입니다.

6 나누는 수가 같을 때 몫이 522에서 5.22로 $\frac{1}{100}$배가 되었으므로 나누어지는 수도 4698의 $\frac{1}{100}$배인 46.98이 됩니다.

7 36.61은 3661의 $\frac{1}{100}$배이므로 몫도 $\frac{1}{100}$배입니다.
$3661 \div 7 = 523$이므로 $36.61 \div 7$의 몫은 523의 $\frac{1}{100}$배인 5.23입니다.

8 색칠한 부분은 정오각형을 5칸으로 똑같이 나눈 것 중 하나이므로 색칠한 부분의 넓이는 $11.55 \div 5 = 2.31$ (cm^2)입니다.

+9 (서연이가 그린 삼각형의 넓이)$= 2 \times 3 \div 2 = 3$ (cm^2)
(민호가 그린 삼각형의 넓이)$= 2 \times 5.76 \div 2$
$= 5.76$ (cm^2)
따라서 민호가 그린 삼각형의 넓이는 서연이가 그린 삼각형의 넓이의 $5.76 \div 3 = 1.92$(배)입니다.

+10 세로로 계산하고 몫의 소수점은 나누어지는 수의 소수점을 올려 찍습니다.

본책 064~067쪽

14일 (소수)÷(자연수) (3)

확인 064쪽

1 67, 0.67
2 0□9□5

기본기 다지는 교과서 문제 065쪽

1 238, 238, 34, 0.34
2 75, 0.75
3 (위에서부터) (1) 0, 8, 4, 56, 28 (2) 0, 1, 6, 6, 36

2 2.25는 225의 $\frac{1}{100}$배이므로 몫도 $\frac{1}{100}$배입니다.
225÷3=75이므로 2.25÷3의 몫은 75의 $\frac{1}{100}$배인 0.75입니다.

3 (소수)÷(자연수)에서 몫의 자연수 부분이 비어 있을 경우 일의 자리에 0을 쓰고, 소수점은 나누어지는 수의 소수점을 올려 찍습니다.

스스로 풀어내는 도전 10 문제 066~067쪽

1 356, 89, 0.89
2 0.93
3 (1) 0.54 (2) 0.16
4
```
   0.54
6)3.24
  3 0
    24
    24
     0
```
5 ㉠, ㉣
6 영민
7 7, 8, 9
8 0.52
+9 0.76 L
+10 예 양초가 5분 동안 탄 길이가 1.85 cm이므로 양초가 1분 동안 탄 길이는 1.85÷5=0.37 (cm)입니다. / 0.37 cm

1 $3.56 \div 4 = \frac{356}{100} \div 4 = \frac{356 \div 4}{100} = \frac{89}{100} = 0.89$

2 8.37은 837의 $\frac{1}{100}$배이므로 몫도 $\frac{1}{100}$배입니다.
837÷9=93이므로 8.37÷9의 몫은 93의 $\frac{1}{100}$배인 0.93입니다. 따라서 □ 안에 알맞은 수는 0.93입니다.

3 (1)
```
   0.54
8)4.32
  4 0
    32
    32
     0
```
(2)
```
   0.16
3)0.48
    3
    18
    18
     0
```

4 나누어지는 수 3.24의 자연수 부분 3은 나누는 수 6보다 작으므로 몫의 자연수 부분에 0을 쓰고 계산해야 합니다.

5 (나누어지는 수)<(나누는 수)이면 몫이 1보다 작습니다.
㉠ 3.42<9이므로 몫이 1보다 작습니다.
㉡ 10.98>6이므로 몫이 1보다 큽니다.
㉢ 9.35>5이므로 몫이 1보다 큽니다.
㉣ 4.96<8이므로 몫이 1보다 작습니다.
따라서 나눗셈의 몫이 1보다 작은 것을 모두 고르면 ㉠, ㉣입니다.

6 지혜: 5.04÷6=0.84
영민: 5.95÷7=0.85
서연: 6.72÷8=0.84
따라서 나눗셈의 몫이 다른 사람은 영민입니다.

7 5.52÷8=0.69이므로
0.69<0.□4에서 □ 안에 들어갈 수 있는 수는 7, 8, 9입니다.

8 9>8>6>4이므로 만들 수 있는 가장 작은 소수 두 자리 수는 4.68입니다. 남은 수 카드의 수는 9이므로 4.68÷9=0.52입니다.

+9 (벽의 넓이)=(가로)×(세로)=3×2=6 (m^2)
(1 m^2의 벽을 칠하는 데 사용한 페인트의 양)
=(사용한 전체 페인트의 양)÷(벽의 넓이)
=4.56÷6=0.76 (L)

+10 (양초가 1분 동안 탄 길이)
=(양초가 5분 동안 탄 길이)÷5
=1.85÷5=0.37 (cm)

본책 068~071 쪽

15일 (소수) ÷ (자연수) (4)

확인 068쪽

① 430, 430, 215, 2.15

② 4□3□5

기본기 다지는 교과서 문제 069쪽

1 73, 730, 730, 146, 1.46

2 (1) 1.55 (2) 1.36

3 (위에서부터) (1) 1, 7, 2, 5, 35, 10 (2) 2, 2, 5, 12, 12, 30

2 (1) 9.3은 930의 $\frac{1}{100}$배이므로 몫도 $\frac{1}{100}$배입니다.

930 ÷ 6 = 155이므로 9.3 ÷ 6의 몫은 155의 $\frac{1}{100}$배인 1.55입니다.

(1) 6.8은 680의 $\frac{1}{100}$배이므로 몫도 $\frac{1}{100}$배입니다.

680 ÷ 5 = 136이므로 6.8 ÷ 5의 몫은 136의 $\frac{1}{100}$배인 1.36입니다.

3 (소수) ÷ (자연수)의 계산이 나누어떨어지지 않으면 0을 내려 계산합니다.

스스로 풀어내는 도전 10 문제 070~071쪽

1 4.35에 ○표

2 (1) 1.68 (2) 0.85

3 ( )(○)

4 2.35, 1.26

5 <

6 ㉢

7 1.15

8 민지네 가게의 토마토 한 개

+9 6.35 m

+10 예 이 시계는 5일에 9.2분씩 늦게 가므로 하루에 9.2 ÷ 5 = 1.84(분)씩 늦게 갑니다. / 1.84 분

1 8.7은 870의 $\frac{1}{100}$배이므로 몫도 $\frac{1}{100}$배입니다.

870 ÷ 2 = 435이므로 8.7 ÷ 2의 몫은 435의 $\frac{1}{100}$배인 4.35입니다.

2 (1)
```
   1.68
5)8.40
  5
  34
  30
   40
   40
    0
```
(2)
```
   0.85
8)6.80
  64
   40
   40
    0
```

3 7.8 ÷ 4 = 1.95, 3.7 ÷ 2 = 1.85

4 9.4 ÷ 4 = 2.35, 6.3 ÷ 5 = 1.26

5 10.8 ÷ 8 = 1.35, 8.2 ÷ 5 = 1.64

1.35 < 1.64이므로 10.8 ÷ 8 < 8.2 ÷ 5

6 ㉠
```
   1.76
5)8.80
  5
  38
  35
   30
   30
    0
```
㉡
```
   2.15
2)4.30
  4
   3
   2
   10
   10
    0
```
㉢
```
   1.2
6)7.2
  6
  12
  12
   0
```
㉣
```
   1.85
4)7.40
  4
  34
  32
   20
   20
    0
```

따라서 세로로 나누어떨어질 때까지 계산할 때 소수점 아래 0을 내려 계산하지 않는 것은 ㉢입니다.

7 ★ × 8 = 9.2 ➔ ★ = 9.2 ÷ 8 = 1.15

8 (민지네 가게의 토마토 한 개의 무게)
= 1.8 ÷ 5 = 0.36 (kg)
(정우네 가게의 토마토 한 개의 무게)
= 1.4 ÷ 4 = 0.35 (kg)
0.36 > 0.35이므로 민지네 가게의 토마토 한 개가 더 무겁습니다.

+9 (나무 사이 간격의 수) = 7 − 1 = 6(군데)
(나무 사이의 간격) = 38.1 ÷ 6 = 6.35 (m)

본책 072~075 쪽

16일 (소수)÷(자연수) (5)

확인 072쪽

❶ 420, 420, 105, 1.05
❷ 0

기본기 다지는 교과서 문제 073쪽

1 510, 510, 102, 1.02
2 (1) 1.09 (2) 2.05
3 (1) 2, 0, 5, 4, 10 (2) 3, 0, 5, 12, 20

2 (1) 6.54는 654의 $\frac{1}{100}$배이므로 몫도 $\frac{1}{100}$배입니다.
654÷6=109이므로 6.54÷6의 몫은 109의 $\frac{1}{100}$배인 1.09입니다.

(2) 8.2는 820의 $\frac{1}{100}$배이므로 몫도 $\frac{1}{100}$배입니다.
820÷4=205이므로 8.2÷4의 몫은 205의 $\frac{1}{100}$배인 2.05입니다.

스스로 풀어내는 도전 10 문제 074~075쪽

1 $\frac{621}{100}\div 3=\frac{621\div 3}{100}=\frac{207}{100}=2.07$
2 (1) 4.03 (2) 1.06
3 (위에서부터) 1.04, 2.08
4
```
    1.03
 9)9.27
   9
     27
     27
      0
```
5 ㉢
6 7.06
7 1
8 12.05
+9 1.09 m
+10 예 넓이가 9.24 cm^2인 직사각형 모양 종이의 세로는 9.24÷3=3.08 (cm)입니다. / 3.08 cm

2 (1)
```
    4.03
 5)20.15
   20
     15
     15
      0
```
(2)
```
   1.06
 7)7.42
   7
    42
    42
     0
```

3 6.24÷6=1.04, 6.24÷3=2.08

4 소수 첫째 자리 계산에서 9>2이므로 몫의 소수 첫째 자리에 0을 쓰고 수를 하나 더 내려 계산해야 합니다.

5 ㉠ 10.65÷5=2.13
㉡ 32.56÷4=8.14
㉢ 28.56÷7=4.08
따라서 나눗셈의 몫의 소수 첫째 자리 숫자가 0인 것을 찾아 기호를 쓰면 ㉢입니다.

6 56.48>40.32>16>8이므로 가장 큰 수는 56.48이고, 가장 작은 수는 8입니다.
따라서 가장 큰 수를 가장 작은 수로 나눈 몫은 56.48÷8=7.06입니다.

7
```
   2.0㉠
 3)6.★8
   6
     ㉡8
     ㉢8
      0
```
몫의 소수 첫째 자리의 수가 0이므로 ㉡은 3보다 작습니다.
㉢=㉡이고 ㉢은 3의 배수이므로 ㉢=1입니다. 따라서 ★에 알맞은 수는 1입니다.

8 어떤 수를 □라고 하면 잘못 계산한 식 □×2=48.2에서 □=48.2÷2=24.1입니다.
따라서 바르게 계산한 값은 24.1÷2=12.05입니다.

+9 사각뿔의 모서리는 모두 8개이므로
(한 모서리의 길이)
=(모든 모서리의 길이의 합)÷(모서리의 수)
=8.72÷8=1.09 (m)

+10 (직사각형의 넓이)=(가로)×(세로)
→ (직사각형의 세로)=(넓이)÷(가로)

본책 076~079 쪽

17일 (자연수)÷(자연수)의 몫을 소수로 나타내기

확인 076 쪽

❶ 5, 25, 2.5

❷ 3□7□5

기본기 다지는 교과서 문제 077 쪽

1 7, 14, 1.4

2 (1) 4.5 (2) 0.64

3 (1) 2, 5, 12, 30 (2) 4, 7, 5, 16, 28, 20

2 (1) 9는 90의 $\frac{1}{10}$배이므로 몫도 $\frac{1}{10}$배입니다.

90÷2=45이므로 9÷2의 몫은 45의 $\frac{1}{10}$배인 4.5입니다.

(2) 1600은 16의 $\frac{1}{100}$배이므로 몫도 $\frac{1}{100}$배입니다.

1600÷25=64이므로 16÷25의 몫은 64의 $\frac{1}{100}$배인 0.64입니다.

스스로 풀어내는 도전 10 문제 078~079 쪽

1 $\frac{9}{4}=\frac{225}{100}=2.25$

2 (1) 19.2 (2) 2.75

3 (위에서부터) 3.75, 0.4, 7.5, 0.8

4 슬기

5 6.09

6 3.5

7 6, 7

8 9, 6, 1.5

+9 0.35 kg

+10 예 둘레가 17 m인 정사각형 모양의 잔디밭의 한 변의 길이는 17÷4=4.25 (m)입니다. / 4.25 m

2 (1)
$$\begin{array}{r} 19.2 \\ 5\overline{)96.0} \\ 5 \\ \hline 46 \\ 45 \\ \hline 1\ 0 \\ 1\ 0 \\ \hline 0 \end{array}$$

(2)
$$\begin{array}{r} 2.75 \\ 12\overline{)33.00} \\ 24 \\ \hline 9\ 0 \\ 8\ 4 \\ \hline 60 \\ 60 \\ \hline 0 \end{array}$$

3 15÷4=3.75, 2÷5=0.4

15÷2=7.5, 4÷5=0.8

4 슬기: 39÷15=2.6

로운: 54÷24=2.25

2.6>2.25이므로 나눗셈의 몫이 더 큰 사람은 슬기입니다.

5 25÷4=6.25, 4÷25=0.16

➜ 두 나눗셈의 몫의 차: 6.25−0.16=6.09

6 ㉠×6=21, ㉠=21÷6=3.5

7 9÷2=4.5, 19÷4=4.75이므로 4.5<4.★<4.75입니다. 따라서 ★ 안에 들어갈 수 있는 수는 6, 7입니다.

8 나눗셈의 몫이 가장 크려면 나누어지는 수를 가장 크게, 나누는 수를 가장 작게 해야 합니다.

6<7<8<9에서 가장 큰 수는 9, 가장 작은 수는 6이므로 ➜ 9÷6=1.5

+9 (전체 고구마 수)

=(한 봉지에 들어 있는 고구마 수)×(봉지 수)

=4×5=20(개)

(고구마 한 개의 무게)

=(고구마 5봉지의 무게)÷(전체 고구마 수)

=7÷20=0.35 (kg)

+10 정사각형은 네 변의 길이가 모두 같습니다.

(잔디밭의 한 변의 길이)

=(둘레)÷4=17÷4=4.25 (m)

본책 080~083쪽

18일 몫의 소수점 위치 확인하기

확인 080쪽

❶ (1) 12 (2) 43

❷ (1) 1□6□3 (2) 2□2□6

기본기 다지는 교과서 문제 081쪽

1 ( )(○)
2 (○)( )
3 (1) 예 85, 4, 21 / 2□1□3 (2) 예 32, 5, 6 / 6□3□8

1 반올림할 때에는 반올림하는 자리의 수가 0, 1, 2, 3, 4이면 버리고 5, 6, 7, 8, 9이면 올립니다. 29.7은 소수 첫째 자리 수 7을 올림하여 30이 됩니다.
➜ 30÷3

2 28.4÷4를 어림하여 계산하면 28÷4=7이므로 28.4÷4의 몫은 7에 가까운 7.1입니다.

스스로 풀어내는 도전 10 문제 082~083쪽

1 (1) 9÷3 (2) 72÷4
2 ㉢
3 예 87, 8, 11, 1□0□9
4 ( )(○)
5 영민
6 ㉢
7 ㉠, ㉣
8 0.04
+9 민호
+10 6□9□5 / 예 27.8을 반올림하여 일의 자리까지 나타내면 28입니다. 28÷4=7이므로 27.8÷4의 몫은 7보다 작은 수입니다. 따라서 6과 9 사이에 소수점을 찍습니다.

1 반올림할 때에는 반올림하는 자리의 수가 0, 1, 2, 3, 4이면 버리고 5, 6, 7, 8, 9이면 올립니다.
(1) 8.73은 소수 첫째 자리 수 7을 올림하여 9가 됩니다.
➜ 9÷3
(2) 72.4는 소수 첫째 자리 수 4를 버림하여 72가 됩니다. ➜ 72÷4

2 10.35÷5를 10÷5로 어림하면 10÷5의 몫은 2이므로 10.35÷5의 몫은 2에 가까운 1.97입니다.

3 87.2를 반올림하여 일의 자리까지 나타내면 87입니다. 87.2÷8을 87÷8로 어림하면 약 11이므로 몫의 소수점의 위치는 0과 9 사이입니다.

4 36.2를 반올림하여 일의 자리까지 나타내면 36입니다. 36÷4=9이므로 36.2÷4의 몫은 9와 더 가까운 9.05입니다.

5 73.02를 반올림하여 일의 자리까지 나타내면 73입니다. 73.02÷6을 73÷6으로 어림하면 약 12이므로 73.02÷6의 몫은 12와 더 가까운 12.17입니다. 따라서 몫의 소수점의 위치가 올바른 식을 가지고 있는 학생은 영민입니다.

6 30.73을 반올림하여 일의 자리까지 나타내면 31입니다. 30.73÷7을 31÷7로 어림하면 약 4이므로 몫의 소수점의 위치는 4와 3 사이입니다.
따라서 몫의 소수점 위치가 올바른 식을 찾아 기호를 쓰면 ㉢입니다.

7 (나누어지는 수)>(나누는 수)이면 몫이 1보다 큽니다.
㉠ 5.15>5이므로 몫이 1보다 큽니다.
㉡ 2.88<3이므로 몫이 1보다 작습니다.
㉢ 4.95<5이므로 몫이 1보다 작습니다.
㉣ 11.13>3이므로 몫이 1보다 큽니다.
따라서 몫이 1보다 큰 나눗셈을 모두 찾아 기호를 쓰면 ㉠, ㉣입니다.

8 45.36을 반올림하여 일의 자리까지 나타내면 45입니다. 45÷9=5이므로 45.36÷9를 어림셈한 몫은 5입니다.
실제 계산한 몫: 45.36÷9=5.04
(어림셈한 몫과 실제 계산한 몫의 차)=5.04−5=0.04

+9 윤하: 세 나눗셈 모두 나누는 수가 16으로 같으므로 나누어지는 수가 가장 큰 나눗셈의 몫이 가장 큽니다.
➜ 몫이 가장 큰 나눗셈은 19.2÷16입니다.
민호: 나누어지는 수가 나누는 수보다 작으면 몫이 1보다 작으므로 몫이 1보다 작은 나눗셈은 14.4÷16뿐입니다.
수현: 나누어지는 수와 나누는 수의 크기를 비교하면 몫이 1보다 큰지 작은지 어림할 수 있으므로 어림으로 나눗셈의 몫이 1보다 큰지 작은지 알 수 있습니다.
따라서 바르게 말한 사람은 민호입니다.

12~18일 단원평가 084~085쪽

01 408, 102, 102, 1.02

02 $\frac{4368}{100} \div 7 = \frac{4368 \div 7}{100} = \frac{624}{100} = 6.24$

03 (1) 7.15 (2) 0.34 (3) 6.55 (4) 1.08

04 ㉢, ㉠, ㉡, ㉣

05

$$\begin{array}{r} 3.08 \\ 8\overline{)24.64} \\ \underline{24} \\ 64 \\ \underline{64} \\ 0 \end{array}$$

06 1, 2, 3, 4 **07** 6.75 **08** 5□2□6

09 3개

10 방법 ❶ 풀이 참조 / 7.05 m^2

방법 ❷ 풀이 참조 / 7.05 m^2

02 43.86은 소수 두 자리 수이므로 분모가 100인 분수로 나타냅니다.

03 (1)

$$\begin{array}{r} 7.15 \\ 5\overline{)35.75} \\ \underline{35} \\ 7 \\ \underline{5} \\ 25 \\ \underline{25} \\ 0 \end{array}$$

(2)

$$\begin{array}{r} 0.34 \\ 8\overline{)2.72} \\ \underline{2\,4} \\ 32 \\ \underline{32} \\ 0 \end{array}$$

(3)

$$\begin{array}{r} 6.55 \\ 6\overline{)39.30} \\ \underline{36} \\ 3\,3 \\ \underline{3\,0} \\ 30 \\ \underline{30} \\ 0 \end{array}$$

(4)

$$\begin{array}{r} 1.08 \\ 7\overline{)7.56} \\ \underline{7} \\ 56 \\ \underline{56} \\ 0 \end{array}$$

04 ㉠ 18.6÷4=4.65 ㉡ 36.4÷8=4.55

㉢ 9.5÷2=4.75 ㉣ 22.6÷5=4.52

따라서 4.75>4.65>4.55>4.52이므로 나눗셈의 몫이 큰 것부터 차례로 기호를 쓰면 ㉢, ㉠, ㉡, ㉣입니다.

05 소수 첫째 자리 계산에서 8>6이므로 몫의 소수 첫째 자리에 0을 쓰고 4를 하나 더 내려 계산해야 합니다.

06 45.27÷9=5.03

5.03>□.1에서 □ 안에 들어갈 수 있는 수는 1, 2, 3, 4입니다.

07 어떤 수를 □라고 하면 □×8=54에서 □=54÷8=6.75입니다.

08 84.16을 반올림하여 일의 자리까지 나타내면 84입니다. 84.16÷16을 84÷16으로 어림하면 약 5이므로 몫의 소수점의 위치는 5와 2 사이입니다.

09 (나누어지는 수)<(나누는 수)이면 몫이 1보다 작습니다.

- 6.48<12이므로 몫이 1보다 작습니다.
- 15.18>12이므로 몫이 1보다 큽니다.
- 35.4>12이므로 몫이 1보다 큽니다.
- 49.5>25이므로 몫이 1보다 큽니다.
- 23.2<25이므로 몫이 1보다 작습니다.
- 12<25이므로 몫이 1보다 작습니다.

따라서 몫이 1보다 작은 나눗셈은 6.48÷12, 23.2÷25, 12÷25로 3개입니다.

10 예시 답안

방법 ❶ 분수의 나눗셈으로 바꾸어 계산하기

예 $28.2 \div 4 = \frac{2820}{100} \div 4 = \frac{2820 \div 4}{100} = \frac{705}{100} = 7.05$

따라서 색칠된 부분의 넓이는 7.05 m^2입니다.

방법 ❷ 세로로 계산하기

예

$$\begin{array}{r} 7.05 \\ 4\overline{)28.20} \\ \underline{28} \\ 20 \\ \underline{20} \\ 0 \end{array}$$

따라서 색칠된 부분의 넓이는 7.05 m^2입니다.

채점 기준	
	❶ 분수의 나눗셈으로 바꾸어 계산하기, 자연수의 나눗셈을 이용하여 계산하기, 세로로 계산하기 등의 방법 중 두 가지로 계산하기
	❷ 계산이 정확해야 함.

본책 086~089쪽

19일 두 수 비교하기

확인 086쪽

❶ (1) 6, 6 (2) 3, 3

기본기 다지는 교과서 문제 087쪽

1 30, 40, 50
2 15, 20, 25 / 변합니다에 ○표
3 2 / 변하지 않습니다에 ○표

1 사과 수는 모둠원 수의 2배이므로 모둠원 수가 15, 20, 25일 때, 사과 수는 각각 30, 40, 50입니다.

2 뺄셈으로 비교한 경우에는 모둠 수에 따라 $10-5=5$, $20-10=10$, $30-15=15$, $40-20=20$, $50-25=25$와 같이 모둠원 수와 사과 수의 관계가 변합니다.

3 나눗셈으로 비교한 경우에는 $10\div5=2$, $20\div10=2$, $30\div15=2$, $40\div20=2$, $50\div25=2$와 같이 사과 수는 항상 모둠원 수의 2배로 두 수의 관계가 변하지 않습니다.

스스로 풀어내는 도전 10 문제 088~089쪽

1 (1) 8개 (2) 3배
2 (위에서부터)16, 20 / 3, 4, 5
3 (1) 9, 12, 15 (2) 4
4 서준 5 5, 5 6 지혜
7 2.5배
8 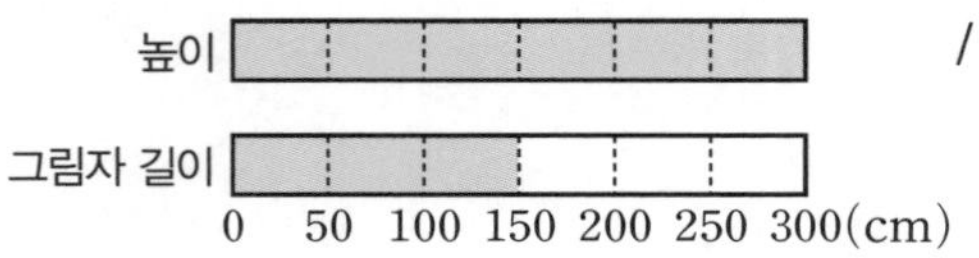

/ 2, $\frac{1}{2}$

+9 42자루
+10 예 민호: 두 수를 뺄셈으로 비교했습니다.
지혜: 두 수를 나눗셈으로 비교했습니다.

1 (1) 숟가락은 포크보다 $12-4=8$(개) 더 많습니다.
(2) 숟가락 수는 포크 수의 $12\div4=3$(배)입니다.

2 사탕 수가 4, 8, 12, 16, 20일 때, 과자 수는 각각 1, 2, 3, 4, 5입니다.

3 (1) 사탕은 과자보다 $4-1=3$(개), $8-2=6$(개), $12-3=9$(개), $16-4=12$(개), $20-5=15$(개) 더 많습니다.
(2) $4\div1=4$, $8\div2=4$, $12\div3=4$, $16\div4=4$, $20\div5=4$이므로 사탕 수는 과자 수의 4배입니다.

4 나눗셈으로 비교하면 $8\div2=4$이므로 당근 수는 오이 수의 4배입니다.

5 $9-4=5$이므로 가위는 풀보다 5개 더 적고, 풀은 가위보다 5개 더 많습니다.

6 $14-7=7$이므로 남학생이 여학생보다 7명 더 적고, 여학생이 남학생보다 7명 더 많습니다.
$14\div7=2$이므로 여학생 수가 남학생 수의 2배입니다.

7 직사각형 가로의 칸 수: 5
직사각형 세로의 칸 수: 2
$5\div2=2.5$이므로 가로는 세로의 2.5배입니다.

8 나무의 높이: 300 cm
나무의 그림자 길이: 150 cm
$300\div150=2$이므로 나무의 높이는 그림자 길이의 2배입니다.
$150\div300=\frac{1}{2}$이므로 나무의 그림자 길이는 높이의 $\frac{1}{2}$배입니다.

+9 지우개 수가 2, 4, 6, 8, 10, 12, 14일 때, 연필 수는 각각 6, 12, 18, 24, 30, 36, 42입니다. 따라서 필통에 들어 있는 지우개가 14개일 때, 필통에 들어 있는 연필은 모두 42자루입니다.

+10 참고 $17-13=4$, $18-14=4$, $19-15=4$, $20-26=4$이므로 민호는 뺄셈으로 비교한 것입니다.
$7\div1=7$, $14\div2=7$, $21\div3=7$, $28\div4=7$이므로 지혜는 나눗셈으로 비교한 것입니다.

본책 090~093쪽

20일 비 알아보기

확인 090쪽

❶ : / 8 : 2, 8, 2

❷ (1) 7, 4 (2) 4, 7

기본기 다지는 교과서 문제 091쪽

1 (1) 7, 5 (2) 7, 5 (3) 5, 7

2 (위에서부터) 4, 9, 9, 4, 4, 9

3 3 : 8

1 (1) 우유 수와 빵 수의 비는 빵 수 5를 기준으로 하여 비교한 비이므로 7 : 5입니다.

(2) 우유 수의 빵 수에 대한 비는 빵 수 5를 기준으로 하여 비교한 비이므로 7 : 5입니다.

(3) 우유 수에 대한 빵 수의 비는 우유 수 7을 기준으로 하여 비교한 비이므로 5 : 7입니다.

2 ■ : ▲ →
- ■ 대 ▲
- ■와 ▲의 비
- ■의 ▲에 대한 비
- ▲에 대한 ■의 비

3 전체: 8칸, 색칠한 부분: 3칸

전체에 대한 색칠한 부분의 비는 전체 8칸을 기준으로 하여 비교한 비이므로 3 : 8입니다.

스스로 풀어내는 도전 10 문제 092~093쪽

1 ( )(○)	**2** 11, 8 / 11, 8
3 9 : 14	**4** 2 : 5
5 6 : 9	**6** ㉣
7 12 : 25	**8** 1 : 35000
+9 10 : 40	

+10 예 (여학생 수)=9−5=4

따라서 여학생 수의 전체 학생 수에 대한 비는 전체 학생 수 9명을 기준으로 하여 비교한 비이므로 4 : 9입니다. / 4 : 9

1 칫솔 수와 치약 수의 비는 치약 수 4를 기준으로 하여 비교한 비이므로 5 : 4입니다.

3 세로: 9 cm, 가로: 14 cm

세로와 가로의 비는 가로를 기준으로 하여 비교한 비이므로 9 : 14입니다.

4 오렌지 원액의 양과 물의 양의 비는 물의 양 5를 기준으로 하여 비교한 비이므로 2 : 5입니다.

5 전체: 9칸, 색칠한 부분: 6칸

전체에 대한 색칠한 부분의 비는 전체 9칸을 기준으로 하여 비교한 비이므로 6 : 9입니다.

6 ㉣ 3에 대한 5의 비는 5 : 3입니다.

7 정사각형의 넓이: $5 \times 5 = 25$ (cm^2)

삼각형의 넓이: $6 \times 4 \div 2 = 12$ (cm^2)

정사각형의 넓이에 대한 삼각형의 넓이의 비는 정사각형의 넓이를 기준으로 하여 비교한 비이므로 12 : 25입니다.

힌트북 41쪽

8

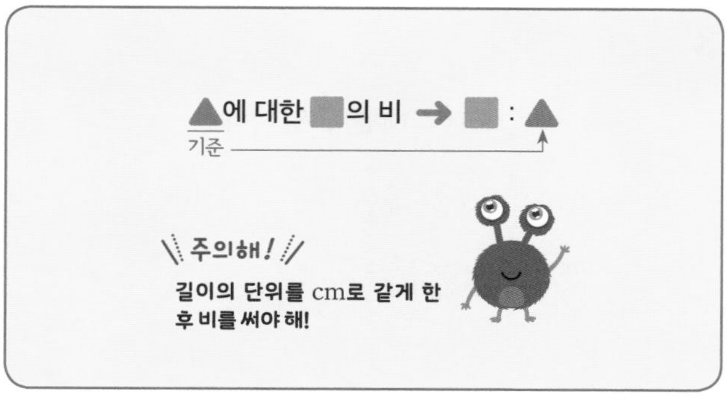

350 m=35000 cm

실제 거리에 대한 이 지도에서의 거리의 비는 실제 거리를 기준으로 하여 비교한 비이므로 1 : 35000입니다.

+9 출발점에서부터 장애물까지의 거리: 40 m

장애물에서부터 도착점까지의 거리: 10 m

출발점에서부터 장애물까지 거리에 대한 장애물에서부터 도착점까지 거리의 비는 출발점에서부터 장애물까지 거리를 기준으로 하여 비교한 비이므로 10 : 40입니다.

본책 094~097쪽

21일 비율 알아보기

확인 094쪽

❶ 4, 5

❷ $\frac{9}{10}$, 0.9

기본기 다지는 교과서 문제 095쪽

1 비교하는 양, 기준량, 비율

2 (1) 7, 20 (2) 7, 20, 0.35

3 

2 (2) 7 : 20 ➔ (비율) $=\frac{7}{20}=\frac{35}{100}=0.35$

3 3 : 4를 비율로 나타내면 $\frac{3}{4}$입니다.

4 : 5를 비율로 나타내면 $\frac{4}{5}$입니다.

5 : 8을 비율로 나타내면 $\frac{5}{8}$입니다.

스스로 풀어내는 도전 10 문제 096~097쪽

1 (위에서부터) 5, 13, $\frac{5}{13}$ / 7, 9, $\frac{7}{9}$

2 ( )(○)

3 ㉣

4 $\frac{6}{15}\left(=\frac{2}{5}\right)$, 0.4

5 ㉡

6 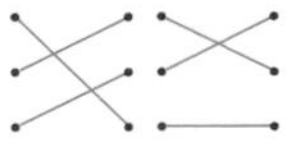

7 ㉠, ㉣, ㉡, ㉢

8 0.6

+9 $\frac{14}{3}$

+10 삼각형 가의 밑변의 길이에 대한 높이의 비율은 $\frac{4}{6}\left(=\frac{2}{3}\right)$입니다.

삼각형 나의 밑변의 길이에 대한 높이의 비율은 $\frac{6}{9}\left(=\frac{2}{3}\right)$입니다.

따라서 삼각형 가와 나의 밑변의 길이에 대한 높이의 비율은 같습니다.

3 기준량을 각각 찾아보면

㉠ 5와 9의 비 → 9

㉡ 3의 9에 대한 비 → 9

㉢ 4 대 9 → 9

㉣ 7에 대한 9의 비 → 7

따라서 기준량을 나타내는 수가 다른 하나는 ㉣입니다.

4 전체: 15칸, 색칠한 부분: 6칸

➔ (전체에 대한 색칠한 부분의 비율)

$=\frac{(\text{색칠한 칸 수})}{(\text{전체 칸 수})}=\frac{6}{15}=\frac{2}{5}=0.4$

5 ㉠ 비교하는 양 9, 기준량 4

㉡ 비교하는 양 8, 기준량 11

㉢ 비교하는 양 10, 기준량 5

㉣ 비교하는 양 11, 기준량 6

따라서 기준량이 비교하는 양보다 큰 것을 찾아 기호를 쓰면 ㉡입니다.

6 12 : 50에서 12는 비교하는 양, 50은 기준량이므로 비율을 구하면 $\frac{12}{50}=\frac{6}{25}=0.24$입니다.

6의 30에 대한 비에서 6은 비교하는 양, 30은 기준량이므로 비율을 구하면 $\frac{6}{30}=\frac{1}{5}=0.2$입니다.

20에 대한 7의 비에서 7은 비교하는 양, 20은 기준량이므로 비율을 구하면 $\frac{7}{20}=0.35$입니다.

7 ㉠ 3 대 18 ➔ (비율) $=\frac{3}{18}=\frac{1}{6}$

㉡ 5의 20에 대한 비 ➔ (비율) $=\frac{5}{20}=\frac{1}{4}$

㉢ 8과 24의 비 ➔ (비율) $=\frac{8}{24}=\frac{1}{3}$

㉣ 5에 대한 1의 비 ➔ (비율) $=\frac{1}{5}$

$\frac{1}{6}<\frac{1}{5}<\frac{1}{4}<\frac{1}{3}$이므로

비율이 낮은 것부터 차례로 기호를 쓰면 ㉠, ㉣, ㉡, ㉢입니다.

참고 분자가 같을 때에는 분모가 작을수록 더 큰 분수입니다.

8 전체 던진 횟수는 10회이고 그림면이 나온 횟수는 6회이므로 동전을 던진 횟수에 대한 그림면이 나온 횟수의 비율을 소수로 나타내면 $\frac{6}{10}=0.6$입니다.

+9

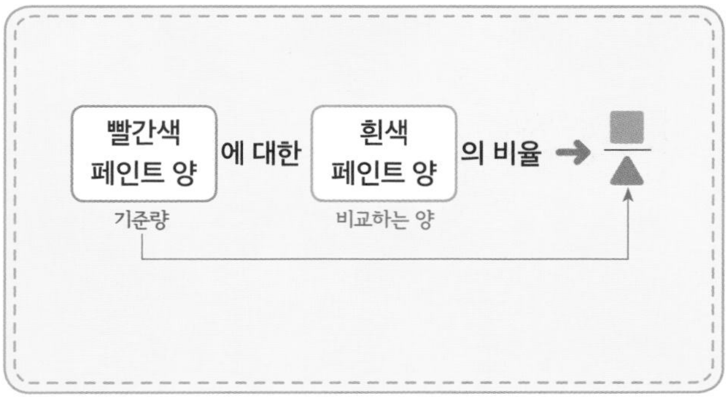

빨간색 페인트와 흰색 페인트를 3 : 14로 섞었으므로 빨간색 페인트의 양이 3이면 흰색 페인트의 양은 14임을 알 수 있습니다.

빨간색 페인트 양에 대한 흰색 페인트 양의 비는 빨간 페인트의 양 3을 기준으로 비교한 비이므로 14 : 3입니다.

따라서 비율을 분수로 나타내면 $\frac{14}{3}$입니다.

+10 삼각형 가의 밑변의 길이에 대한 높이의 비 ➔ 6 : 4

➔ (비율)$=\frac{4}{6}=\frac{2}{3}$

삼각형 나의 밑변의 길이에 대한 높이의 비 ➔ 6 : 9

➔ (비율)$=\frac{6}{9}=\frac{2}{3}$

따라서 삼각형 가와 나는 크기는 다르지만 밑변의 길이에 대한 높이의 비율은 같습니다.

본책 098~101쪽

22일 비율이 사용되는 경우

확인 098쪽

❶ (1) 3, 160 (2) 160, 3

기본기 다지는 교과서 문제 099쪽

1 (1) $\frac{100}{20}(=5)$ (2) $\frac{100}{25}(=4)$ (3) 슬기

2 (1) $\frac{9600}{8}(=1200)$ (2) $\frac{8400}{6}(=1400)$

(3) 별빛 마을

1 (1) (비율)$=\frac{(\text{달린 거리})}{(\text{걸린 시간})}=\frac{100}{20}(=5)$

(2) (비율)$=\frac{100}{25}(=4)$

(3) 걸린 시간에 대한 달린 거리의 비율이 높을수록 더 빠릅니다.

2 (1) (비율)$=\frac{(\text{인구})}{(\text{넓이})}=\frac{9600}{8}(=1200)$

(2) (비율)$=\frac{8400}{6}(=1400)$

(3) 넓이에 대한 인구의 비율이 높을수록 인구가 더 밀집한 곳입니다.

스스로 풀어내는 도전 10 문제 100~101쪽

1 $\frac{13}{20}$

2 0.15, 0.2

3 로운

4 $\frac{260}{3}$

5 $\frac{150}{2}(=75)$, $\frac{210}{3}(=70)$, 빨간 버스

6 준기

7 40

8 $\frac{4}{100000}\left(=\frac{1}{25000}\right)$

+9 수현

+10 ⓔ 타율은 전체 타수에 대한 안타 수의 비율이므로 민호의 타율은 $\frac{9}{25}(=0.36)$이고, 서준이의 타율은 $\frac{7}{20}(=0.35)$입니다. 따라서 민호의 타율이 더 높습니다. / 민호

1 $\frac{(\text{골대에 넣은 횟수})}{(\text{전체 찬 횟수})}=\frac{13}{20}$

2 소금물 양에 대한 소금 양의 비율을 각각 구하면

슬기: $\frac{9}{60}=0.15$

로운: $\frac{7}{35}=0.2$

3 $0.15<0.2$이므로 더 진한 소금물을 만든 사람은 로운입니다.

4 자동차가 260 km를 가는 데 걸린 시간은 $2+1=3$(시간)입니다.
따라서 자동차가 260 km를 가는 데 걸린 시간에 대한 간 거리의 비율은 $\frac{210}{3}$입니다.

5

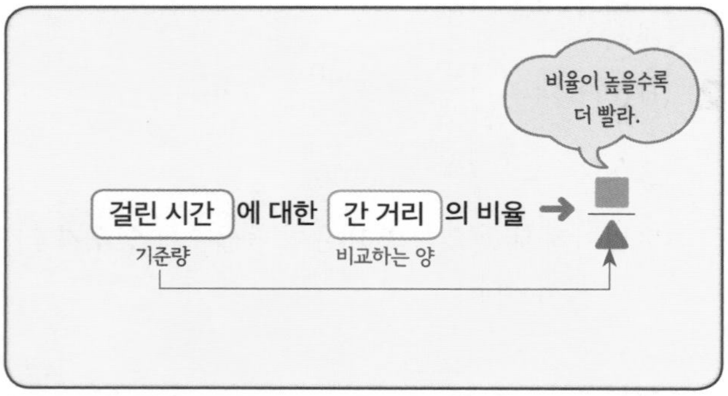

걸린 시간에 대한 간 거리의 비율을 각각 구하면

빨간 버스: $\frac{150}{2}=75$

파란 버스: $\frac{210}{3}=70$

$75>70$이므로 빨간 버스가 더 빠릅니다.

6 사과주스에서 사과주스 양에 대한 사과 원액 양의 비율을 구하면

서연: $\frac{15}{300}=0.05$

준기: $\frac{24}{400}=0.06$

$0.05<0.06$이므로 준기가 만든 사과주스가 더 진합니다.

7 넓이에 대한 인구의 비율을 각각 구하면

가 지역: $\frac{16500}{150}=110$

나 지역: $\frac{36000}{240}=150$

따라서 두 지역의 넓이에 대한 인구의 비율의 차는 $150-110=40$입니다.

8

1 km=100000 cm이므로 실제 거리에 대한 지도에서의 거리의 비율을 구하면

$\frac{4}{100000}\left(=\frac{1}{25000}\right)$입니다.

+9 소금물 양에 대한 소금 양의 비율을 각각 구하면

수현: $\frac{50}{300}\left(=\frac{1}{6}\right)$

종욱: $\frac{30}{240}\left(=\frac{1}{8}\right)$

윤하: $\frac{1}{7}$

$\frac{1}{6}>\frac{1}{7}>\frac{1}{8}$이므로 수현이가 만든 소금물이 가장 진합니다.

+10 전체 타수에 대한 안타 수의 비율이 클수록 타율이 높습니다.

본책 102~105쪽

23일 백분율 알아보기

확인 102쪽

❶ 100, %

❷ (1) 13 (2) 32, 32

기본기 다지는 교과서 문제 103쪽

1 (1) 16, 16 (2) 8, 40, 40

2 52, 52 / 52

3 (1) 30 (2) 54 (3) 35 (4) 6

3 기준량이 100인 비율로 나타낸 후 백분율로 나타내거나 비율에 100을 곱해서 나온 값에 기호 %를 붙여 백분율로 나타낼 수 있습니다.

스스로 풀어내는 도전 10 문제 104~105쪽

1 20 %

2 (1) 75 % (2) 30 %

3 (위에서부터) 0.8, 80 / $\frac{9}{100}$, 9 / 0.44, 44

4 <

5 

6 32 %

7 ㉠, ㉢

8 64 %

+9 윤하

+10 12 % / 예 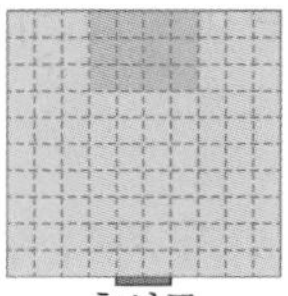

1 전체: 50칸, 색칠한 부분: 10칸

$\frac{10}{50}\times 100=20(\%)$

2 (1) $\frac{3}{4}\times 100=75\ (\%)$

(2) $0.3\times 100=30(\%)$

3 비율 $\frac{4}{5}$를 소수로 나타내면

$\frac{4}{5}=0.8$이고 백분율로 나타내면 $\frac{4}{5}\times 100=80(\%)$

비율 0.09를 분수로 나타내면

$0.09=\frac{9}{100}$이고 백분율로 나타내면

$0.09\times 100=9(\%)$

비율 $\frac{11}{25}$을 소수로 나타내면

$\frac{11}{25}=0.44$이고 백분율로 나타내면

$\frac{11}{25}\times 100=44(\%)$

4 $\frac{13}{20}$을 백분율로 나타내면 $\frac{13}{20}\times 100=65(\%)$

$65<68$이므로

$\frac{13}{20}<68\ \%$입니다.

5 $\frac{3}{5}\times 100=60(\%)$

$\frac{9}{20}\times 100=45(\%)$

$\frac{17}{25}\times 100=68(\%)$

6 (전체 학급문고 수) $=92+64+44=200$(권)

따라서 전체 학급문고 수에 대한 위인전 수의 비율은

$\frac{64}{200}\times 100=32\ \%$입니다.

7 기준량이 비교하는 양보다 작으면 비율이 1보다 높고, 백분율이 100 %보다 높습니다.

$1.01>1$, $106\ \%>100\ \%$이므로 기준량이 비교하는 양보다 작은 것은 ㉠, ㉢입니다.

8 (가로) = (직사각형의 넓이) ÷ (세로)

$=400\div 16=25(\text{cm})$

따라서 가로에 대한 세로의 비율은 $\frac{16}{25}\times 100=64(\%)$

입니다.

+9 비율 $\frac{2}{5}$를 소수로 나타내면 0.4이고, 이것을 백분율로 나타내면 $0.4\times 100=40\%$입니다.

+10 $\frac{60}{500}\times 100=12(\%)$이므로 전체 100칸 중에서 12칸을 색칠하면 정답으로 인정합니다.

본책 106~109쪽

24일 백분율이 사용되는 경우

확인 106쪽

❶ (1) 400원 (2) 10 / 400, 10, 10 (3) 10 %

기본기 다지는 교과서 문제 107쪽

1 (1) 12, 48, 48 (2) 9, 36, 36 (3) 4, 16, 16

2 (1) 30 % (2) 36 % (3) 서준

2 (1) $\frac{12}{40}\times100=30(\%)$

(2) $\frac{18}{50}\times100=36(\%)$

(3) 30 %＜36 %이므로 서준이의 골 성공률이 더 높습니다.

스스로 풀어내는 도전 10 문제 108~109쪽

1 25 %　**2** 30 %
3 3 %　**4** 25 %
5 25, 24 / 동화책　**6** 60 %
7 3반　**8** 가 영화
+9 세영
+10 예 슬기가 만든 소금물 양에 대한 소금 양의 백분율은 $\frac{50}{250}\times100=20(\%)$입니다.
로운이가 만든 소금물 양에 대한 소금 양의 백분율은 $\frac{88}{400}\times100=22(\%)$입니다.
20 %＜22 %이므로 로운이가 만든 소금물이 더 진합니다.
/ 로운

1 (지호가 할인 받은 금액)$=8000-6000=2000$(원)
$\frac{2000}{8000}\times100=25(\%)$이므로 25 % 할인권을 사용한 것입니다.

2 (로운이의 득표율)$=\frac{9}{30}\times100=30(\%)$

3 (전체 장난감 수에 대한 불량품 수의 비율)
$=\frac{15}{500}\times100=3(\%)$

4 (축소한 길이)$=24-18=6$(cm)
따라서 재희는 사진을 $\frac{6}{24}\times100=25(\%)$ 축소하였습니다.

5 (동화책 할인 금액)
$=16000-12000=4000$(원)
➜ (동화책 할인율)$=\frac{4000}{16000}\times100=25(\%)$
(위인전 할인 금액)
$=15000-11400=3600$(원)
➜ (위인전 할인율)$=\frac{3600}{15000}\times100=24(\%)$
25 %＞24 %이므로 동화책의 할인율이 더 높습니다.

6 (사용하고 남은 색 테이프의 길이)
$=70-28=42$(cm)
따라서 사용하고 남은 색 테이프의 길이는 처음 색 테이프의 길이의 $\frac{42}{70}\times100=60(\%)$입니다.

7 세 반의 찬성률을 각각 구하면
1반: $\frac{18}{24}\times100=75(\%)$
2반: $\frac{13}{20}\times100=65(\%)$
3반: $\frac{19}{25}\times100=76(\%)$
따라서 찬성률이 가장 높은 반은 3반입니다.

8 나 영화의 좌석 수에 대한 관객 수의 비율은
$\frac{126}{200}\times100=63(\%)$입니다.
65 %＞63 %이므로 가 영화가 좌석 수에 대한 관객 수의 비율이 더 높습니다.

+9 (세영이의 성공률)$=\frac{11}{20}\times100=55(\%)$
(준수의 성공률)$=\frac{8}{16}\times100=50(\%)$
55 %＞50 %이므로 따라서 세영이의 성공률이 더 높습니다.

19~24일 단원평가 110~111쪽

01 4 / 2, 2
02 ㉡
03 3 : 5
04 ②
05 $\frac{5}{12}$
06 ㉡
07 0.4, 0.45, 진아
08 0.43, 43 / $\frac{12}{100}\left(=\frac{3}{25}\right)$, 12
09 재호
10 풀이 참조 / 15 %

02 ㉡ 4에 대한 7의 비 ➔ 7 : 4

03 전체: 5칸, 색칠한 부분: 3칸
전체에 대한 색칠한 부분의 비는 전체 5칸을 기준으로 하여 비교한 비이므로 3 : 5입니다.

04 ① 비교하는 양: 3, 기준량: 8
② 비교하는 양: 9, 기준량: 4
③ 비교하는 양: 5, 기준량: 6
④ 비교하는 양: 7, 기준량: 12
⑤ 비교하는 양: 6, 기준량: 13
따라서 기준량이 비교하는 양보다 작은 것은 ②입니다.

05 (전체 색연필 수) $=5+4+3=12$(자루)
따라서 전체 색연필 수에 대한 빨간색 색연필의 수의 비율은 $\frac{5}{12}$입니다.

06 ㉠ 0.69
㉡ $\frac{3}{4}=\frac{75}{100}=0.75$
㉣ 72% ➔ 0.72
$0.75>0.72>0.69$이므로 비율이 가장 큰 것은 ㉡입니다.

07 두 사람의 포도주스 양에 대한 포도 원액의 양의 비율을 각각 구하면
현수: $\frac{120}{300}=0.4$
진아: $\frac{180}{400}=0.45$
$0.4<0.45$이므로 진아가 만든 포도주스가 더 진합니다.

08 비율 $\frac{43}{100}$를 소수로 나타내면 $\frac{43}{100}=0.43$이고 백분율로 나타내면 $\frac{43}{100}\times100=43(\%)$입니다.
비율 0.12를 분수로 나타내면 $0.12=\frac{12}{100}\left(=\frac{3}{25}\right)$이고, 백분율로 나타내면 $0.12\times100=12(\%)$입니다.

09 준영이와 재호의 골 성공률을 각각 구하면
준영: $\frac{21}{30}\times100=70$ (%)
재호: $\frac{18}{25}\times100=72$ (%)
70 %<72 %이므로 재호의 골 성공률이 더 높습니다.

10 예시 답안 (할인 금액) $=30000-25500$
$=4500$(원)
(가방의 할인율) $=\frac{4500}{30000}\times100=15(\%)$

채점 기준	
	❶ 할인 금액을 구해야 함.
	❷ 가방의 할인율을 구해야 함.

본책 112~115쪽

25일 그림그래프로 나타내기

확인 112쪽

1 (1) 1000, 100 (2) 3, 5, 3500 (3) 나

기본기 다지는 교과서 문제 113쪽

1 10만 t, 1만 t
2 광주 · 전라
3 40만 t

2 10만 t을 나타내는 그림이 가장 많은 광주·전라 권역의 쌀 생산량이 가장 많습니다.

3 서울·인천·경기 권역 쌀 생산량은 10만 t을 나타내는 큰 그림이 4개이므로 40만 t입니다.

스스로 풀어내는 도전 10 문제 114~115쪽

1 2500, 1600, 3300, 2700
2 과수원별 사과 생산량

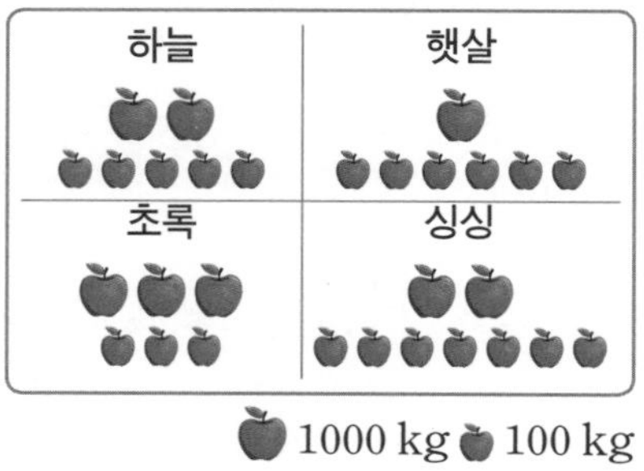

3 싱싱 과수원
4 100 kg, 10 kg
5 가 목장, 라 목장
6 다 목장
7 도서관별 동화책 수

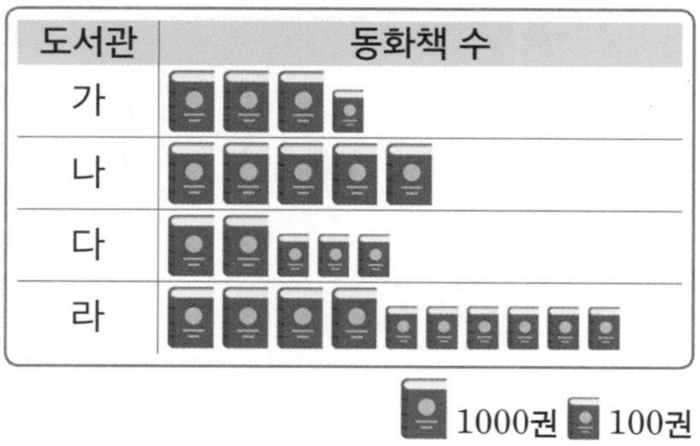

8 3900개
+9 250명
+10 예 가 마을의 초등학생 수는 큰 그림이 3개이므로 300명이고 다 마을의 초등학생 수는 큰 그림이 1개, 작은 그림이 5개이므로 150명입니다. 따라서 가 마을의 초등학생 수는 다 마을의 초등학생 수의 $300 \div 150 = 2$(배)입니다. / 2배

1 반올림하여 백의 자리까지 나타내려면 생산량의 십의 자리 숫자가 0, 1, 2, 3, 4이면 버리고, 5, 6, 7, 8, 9이면 올려서 나타냅니다.

2 천의 자리 숫자만큼 큰 그림을 그리고, 백의 자리 숫자만큼 작은 그림을 그립니다.

3 그림그래프에서 1000 kg을 나타내는 그림 수가 두 번째로 많은 과수원은 하늘 과수원과 싱싱 과수원이고, 이 중에서 100 kg을 나타내는 그림 수가 더 많은 과수원은 싱싱 과수원입니다.

5 100 kg을 나타내는 큰 그림의 수가 가장 많은 목장은 가와 다 목장이고 이 중에서 10 kg을 나타내는 작은 그림의 수가 더 많은 목장은 가 목장이므로 우유 생산량이 가장 많은 목장은 가 목장입니다. 100 kg을 나타내는 큰 그림의 수가 가장 적은 목장은 라 목장이므로 우유 생산량이 가장 적은 목장은 라 목장입니다.

6 나 목장의 우유 생산량은 210 kg이므로 2배는 $210 \times 2 = 420$(kg)입니다.
따라서 우유 생산량이 420 kg인 목장은 다 목장입니다.

7 다 도서관의 동화책 수는 2300권이므로 라 도서관의 동화책 수는 $2300 \times 2 = 4600$(권)입니다.
4600권은 1000권이 4개, 100권이 6개이므로 (큰 그림) 4개, (작은 그림) 6개를 그립니다.

8 편의점 수가 가장 많은 지역은 서울로 5100개이고, 가장 적은 지역은 광주로 1200개입니다.
→ $5100 - 1200 = 3900$(개)

+9 가 마을은 300명, 나 마을은 230명, 다 마을은 150명입니다.
(라 마을의 초등학생 수)
$=$(네 마을의 초등학생 수)$-$(가, 나, 다 마을의 초등학생 수)
$= 930 - (300 + 230 + 150) = 250$(명)

본책 116~119쪽

26일 띠그래프 알아보기

확인 116쪽

❶ (1) 딸기 (2) 30 (3) 100

기본기 다지는 교과서 문제 117쪽

1 띠그래프

2 (1) 35, 15 (2) 35, 15

2 (2) (1)에서 구한 백분율을 띠그래프의 □ 안에 써넣습니다.

스스로 풀어내는 도전 10 문제 118~119쪽

1 30, 35, 10
2 30, 35, 10
3 가을
4 400명
5 직업 체험관
6 3배
7 17 %
8 학용품
+9 60명
+10 예 예능을 좋아하는 학생은 전체의 40 %, 스포츠를 좋아하는 학생은 전체의 20 %입니다.
따라서 예능을 좋아하는 학생 수는 스포츠를 좋아하는 학생 수의 40÷20=2(배)입니다. / 2배

1 여름: $\frac{72}{240}\times 100=30(\%)$

가을: $\frac{84}{240}\times 100=35(\%)$

겨울: $\frac{24}{240}\times 100=10(\%)$

힌트북 52쪽

2

계절	봄	여름	가을	겨울	합계
학생 수(명)	60	72	84	24	240
백분율(%)	25				100

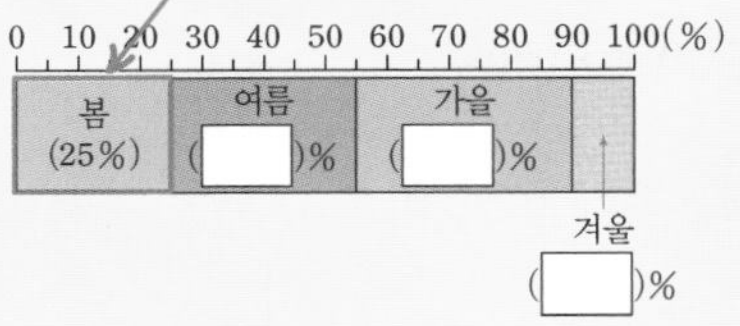

띠그래프에서 눈금 20칸이 100 %를 나타내므로 눈금 한 칸은 5 %를 나타냅니다.

3 띠의 길이가 길수록 태어난 학생 수가 많으므로 띠의 길이가 가장 긴 가을에 태어난 학생이 가장 많습니다.

4 (전체 학생 수)=144+120+64+40+32=400(명)
따라서 지혜네 학교 학생은 모두 400명입니다.

5 띠의 길이가 두 번째로 긴 장소는 직업 체험관입니다.
다른 풀이 각 체험 학습 장소의 백분율의 크기를 비교하면 36>30>16>10>8입니다. 따라서 두 번째로 많은 학생들이 가고 싶은 체험 학습 장소는 직업 체험관입니다.

6 직업 체험관: 30 %, 미술관: 10 %
→ 30÷10=3(배)

힌트북 53쪽

7

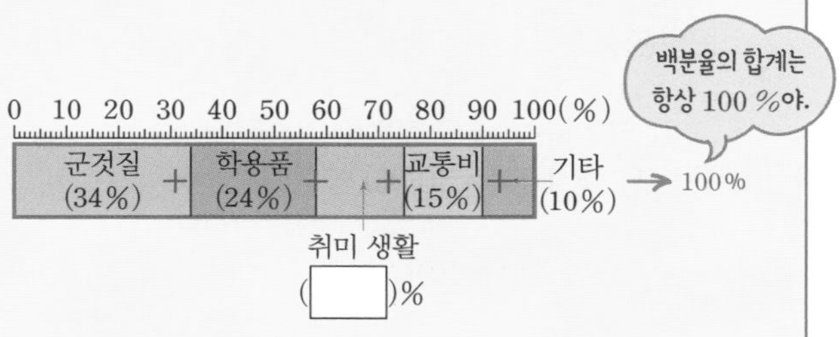

백분율의 합계는 100%이고
100−(34+24+15+10)=17입니다. 따라서 취미 생활에 쓴 금액은 전체 용돈의 17%입니다.

8 $\frac{6}{25}$을 백분율로 나타내면 $\frac{6}{25}\times 100=24(\%)$이므로,
전체 용돈의 $\frac{6}{25}$만큼 사용한 쓰임새는 학용품입니다.

+9 독서 시간이 5시간 미만인 학생은 전체의 30 %로 120명입니다. 독서 시간이 15시간 이상인 학생은 독서 시간이 5시간 미만인 학생의 $15\div 30=\frac{1}{2}$(배)입니다. 따라서 독서 시간이 15시간 이상인 학생 수는
$120\times\frac{1}{2}=60$(명)입니다.

본책 120~123쪽

27일 띠그래프로 나타내기

확인 — 120쪽

1 (1) 100

(2) 좋아하는 간식별 학생 수

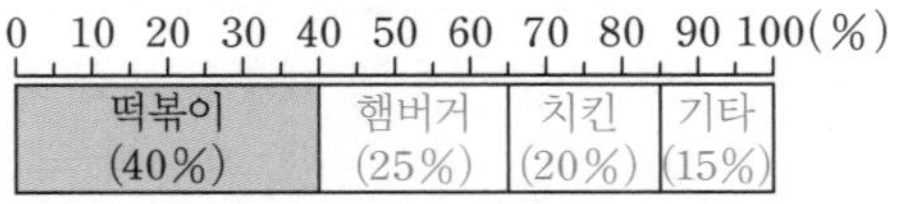

기본기 다지는 교과서 문제 — 121쪽

1 30, 20

2 100 %

3 취미별 학생 수

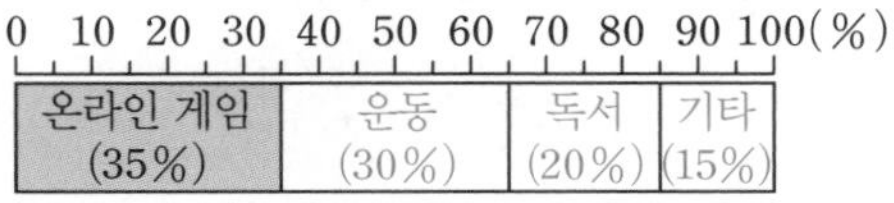

1 운동: $\frac{24}{80}\times100=30(\%)$

독서: $\frac{16}{80}\times100=20(\%)$

2 (합계)$=35+30+20+15=100(\%)$

3 눈금 한 칸이 5 %를 나타내므로 운동은 눈금 6칸, 독서는 눈금 4칸, 기타는 눈금 3칸을 차지하게 띠를 나누어 띠그래프를 완성합니다.

스스로 풀어내는 도전 10 문제 — 122~123쪽

1 300명

2 300 / 20, 10, 15, 100

3 배우고 싶은 악기별 학생 수

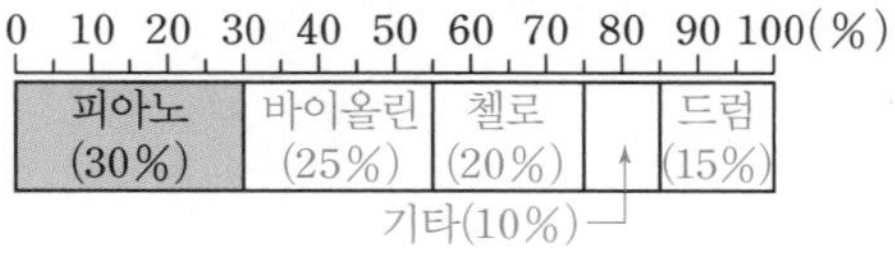

4 56, 24, 12, 8, 100

5 곡물별 수확량

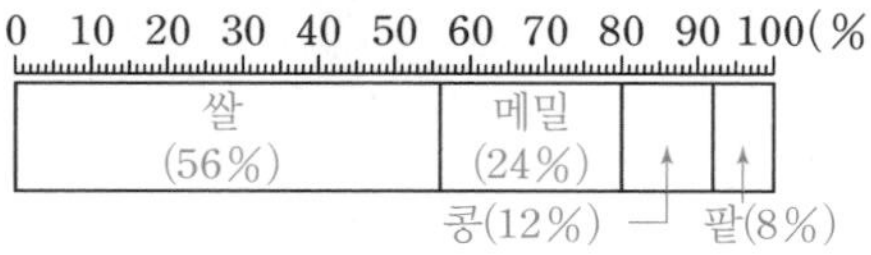

6 ㉢, ㉡, ㉤, ㉣

7 90 / 45, 30, 10, 15, 100

8 좋아하는 반려동물별 학생 수

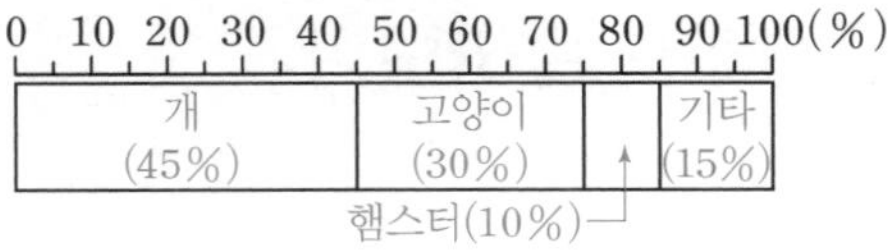

+9 20, 10 /

받고 싶은 선물별 학생 수

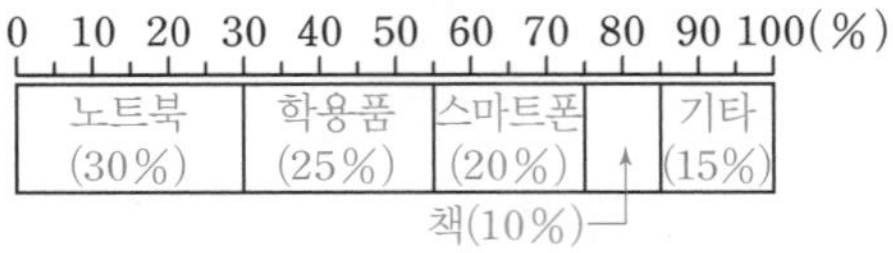

+10 종욱 / O형인 학생은 전체의 20 %이므로,

$300\times\frac{20}{100}=60$(명)입니다.

1 (전체 학생 수)$=90+75+60+30+45=300$(명)
따라서 슬기네 학교 학생은 모두 300명입니다.

2 첼로: $\frac{60}{300}\times100=20(\%)$

기타: $\frac{30}{300}\times100=10(\%)$

드럼: $\frac{45}{300}\times100=15(\%)$

힌트북 54쪽

3

악기	피아노	바이올린	첼로	기타	드럼	합계
학생 수(명)	90	75	60	30	45	
백분율(%)	30	25				

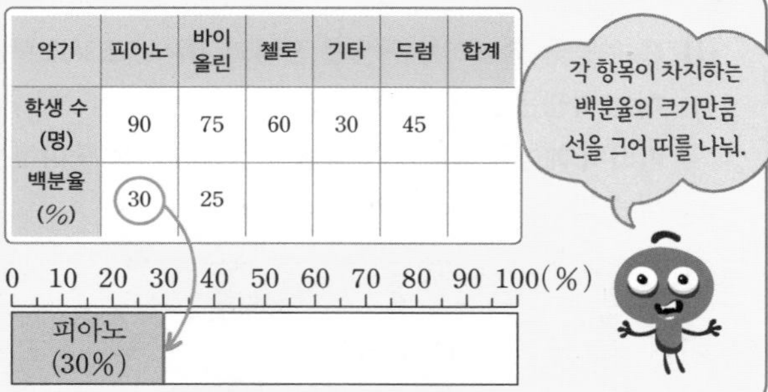

각 항목별 백분율에 맞게 띠를 나누어 그래프로 나타냅니다.

4 쌀: $\frac{280}{500}\times100=56(\%)$

메밀: $\frac{120}{500}\times100=24(\%)$

콩: $\frac{60}{500}\times100=12(\%)$

팥: $\frac{40}{500}\times100=8(\%)$

5 각 항목별 백분율에 맞게 띠를 나누어 그래프로 나타냅니다.

7 개를 좋아하는 학생 수를 구한 후 각 항목별 백분율을 구합니다.
(개를 좋아하는 학생 수)
$=200-(60+20+30)=90$(명)
좋아하는 반려동물별 학생 수의 백분율을 각각 구하면
개: $\frac{90}{200}\times100=45(\%)$
고양이: $\frac{60}{200}\times100=30(\%)$
햄스터: $\frac{20}{200}\times100=10(\%)$
기타: $\frac{30}{200}\times100=15(\%)$

힌트북 55쪽

8

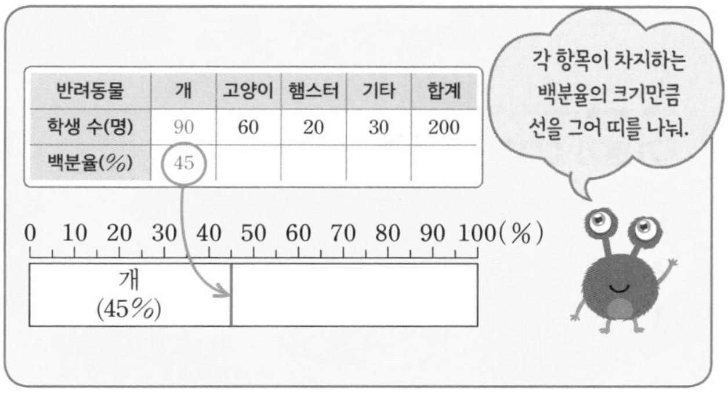

각 항목별 백분율에 맞게 띠를 나누어 그래프로 나타냅니다.

+9 스마트폰과 책을 받고 싶은 학생 수의 백분율은 $100-(30+25+15)=30(\%)$입니다.
스마트폰을 받고 싶은 학생 수가 책을 받고 싶은 학생 수의 2배이므로 스마트폰을 받고 싶은 학생 수는 전체의 20 %, 책을 받고 싶은 학생 수는 전체의 10 %입니다.

힌트북 55쪽

+10

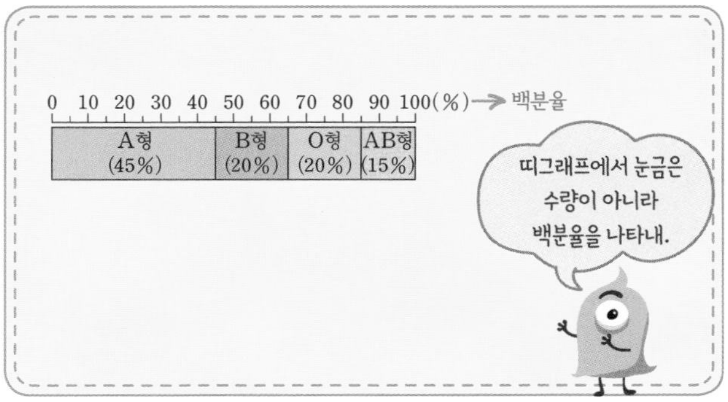

본책 124~127쪽

28일 원그래프 알아보기

확인 124쪽

1 (1) 배추 (2) 15 (3) 100

기본기 다지는 교과서 문제 125쪽

1 원그래프
2 (1) 35, 20 (2) (시계 방향으로) 35, 20

2 1시간 이상 2시간 미만: $\frac{49}{140}\times100=35(\%)$
30분 이상 1시간 미만: $\frac{28}{140}\times100=20(\%)$

스스로 풀어내는 도전 10 문제 126~127쪽

1 20, 25
2 (시계 방향으로) 20, 25
3 놀이공원
4 500 kg
5 종이류
6 2배
7 10 %
8 동화책
+9 서연
+10 예 전체에 대한 각 부분의 비율을 알기 쉽습니다.

1 박물관: $\frac{40}{200}\times100=20(\%)$
기타: $\frac{50}{200}\times100=25(\%)$

힌트북 56쪽

3

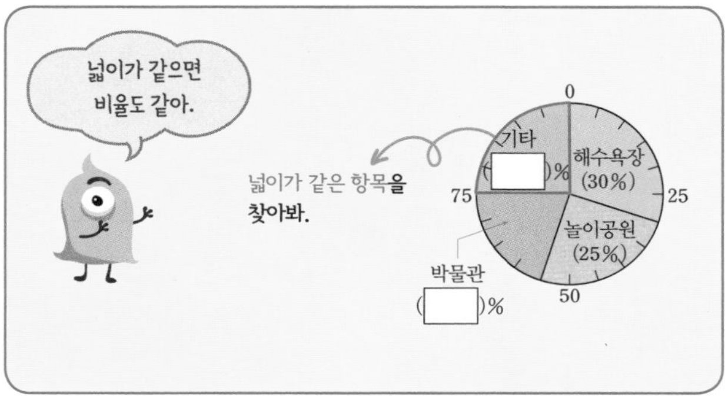

기타 항목은 25 %이므로 백분율이 25 %인 장소를 찾아보면 놀이공원입니다.

4 (전체 배출량)$=180+120+90+110=500$(kg)
따라서 세희네 아파트에서 일주일 동안 배출한 재활용품은 모두 500 kg입니다.

5 차지하는 부분이 가장 넓은 항목은 종이류이므로 가장 많이 배출한 재활용품은 종이류입니다.

6 종이류: 36 %
유리류: 18 %
➜ $36 \div 18=2$(배)

7 백분율의 합계는 100 %이고
$100-(45+20+15+10)=10$입니다.
따라서 역사책은 전체의 10 %입니다.

8 과학책은 15 %이고 15 %의 3배는 $15 \times 3=45$(%)입니다. 따라서 과학책의 3배만큼 가지고 있는 책은 동화책입니다.

힌트북 57쪽

+9

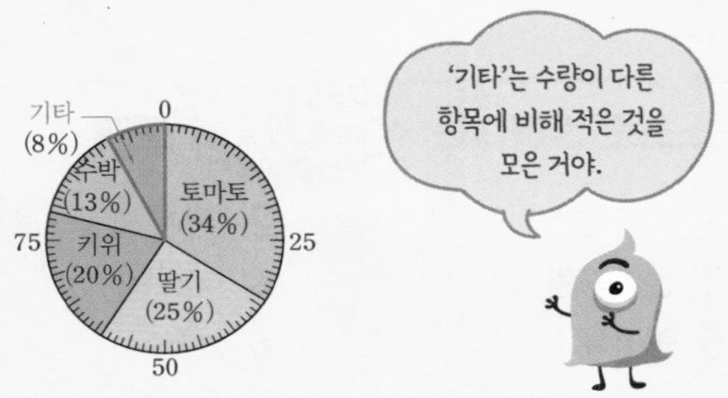

원그래프에서 차지하는 부분이 넓을수록 판매량이 많고, 차지하는 부분이 좁을수록 판매량이 적습니다. 차지하는 부분이 가장 좁은 것은 기타이므로 가장 적게 판매된 주스는 수박이 아닙니다.

다른 풀이 수박은 13 %이고 기타는 8 %이므로 가장 적게 판매된 주스는 수박이 아닙니다.

+10 원그래프와 띠그래프는 둘 다 비율그래프로 전체를 100 %로 하여 전체에 대한 각 부분의 비율을 알기 쉽습니다.

본책 128~131 쪽

29일 원그래프로 나타내기

확인 128쪽

1 (1) 100

(2) 종류별 책 수

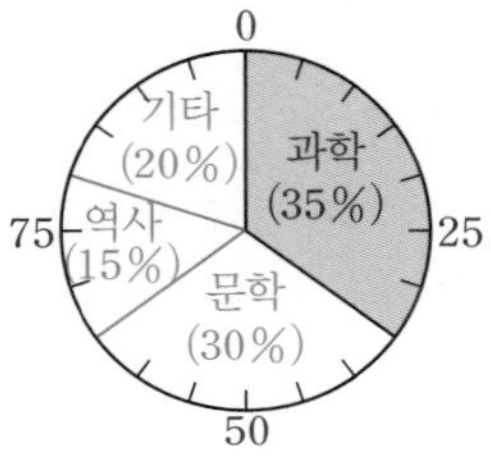

기본기 다지는 교과서 문제 129쪽

1 20, 15
2 100 %
3 색깔별 구슬 수

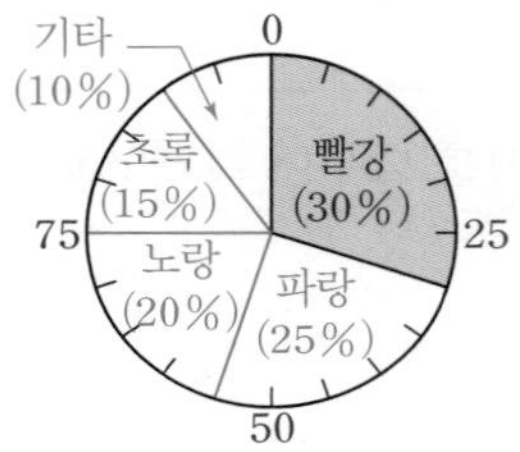

1 노랑: $\frac{16}{80} \times 100=20(\%)$

초록: $\frac{12}{80} \times 100=15(\%)$

3 백분율을 구한 표를 보고 비율에 맞게 원그래프로 나타냅니다.

스스로 풀어내는 도전 10 문제 130~131쪽

1 180명

2 180 / 10, 20, 100

3 수학여행 지역별 학생 수

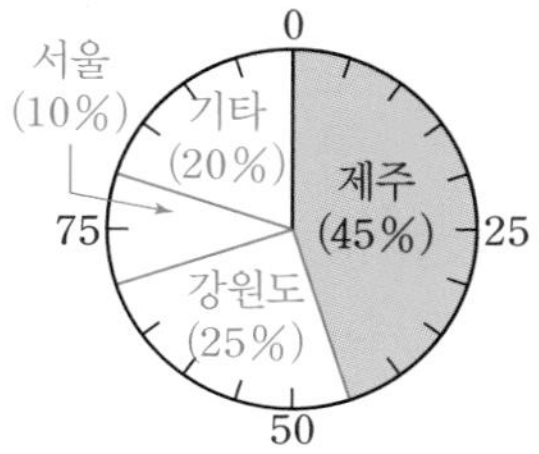

4 300만 원

5 300 / 16, 14, 12, 100

6 생활비의 쓰임새별 금액

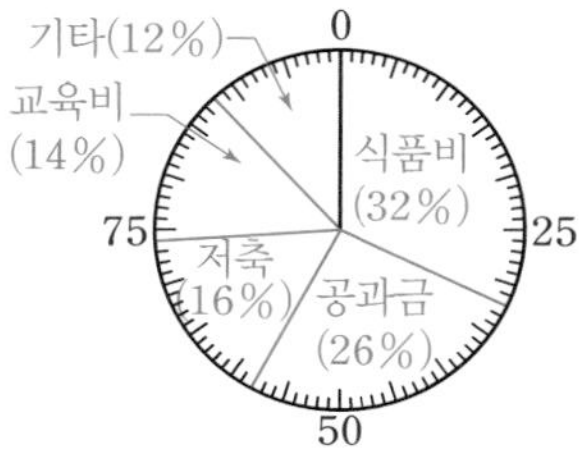

7 90, 30 / 20, 30, 10, 100

8 좋아하는 계절별 학생 수

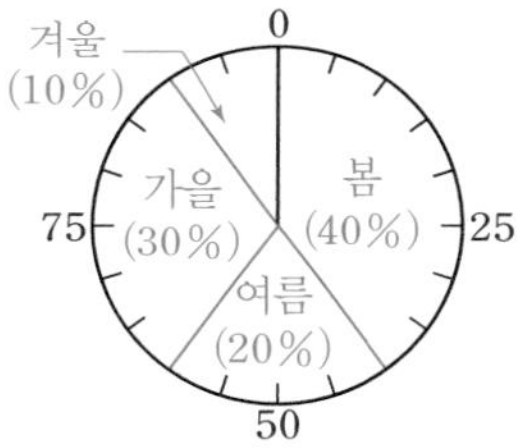

+9 300명

+10 장래 희망별 학생 수

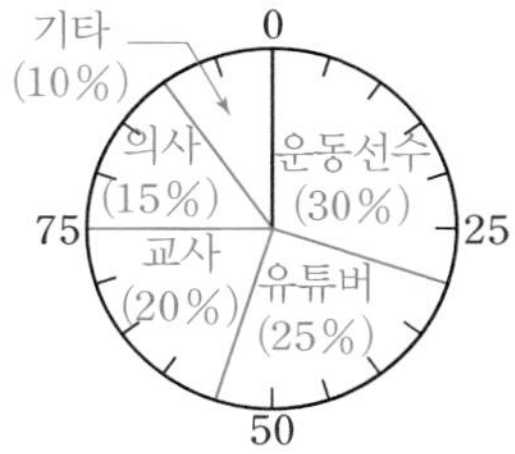

1 (전체 학생 수)$=81+45+18+36=180$(명)
따라서 은수네 학교 6학년 학생은 모두 180명입니다.

2 서울: $\frac{18}{180}\times100=10(\%)$

기타: $\frac{36}{180}\times100=20(\%)$

3 백분율을 구한 표를 보고 비율에 맞게 원그래프로 나타냅니다.

4 (전체 생활비)$=96+78+48+42+36=300$(만 원)
따라서 지유네 가족의 한 달 생활비는 300만 원입니다.

5 저축: $\frac{48}{300}\times100=16(\%)$

교육비: $\frac{42}{300}\times100=14(\%)$

기타: $\frac{36}{300}\times100=12(\%)$

힌트북 58쪽

6

쓰임새	식품비	공과금	저축	교육비	기타	합계
금액 (만 원)	96	78	48	42	36	
백분율 (%)	32	26				

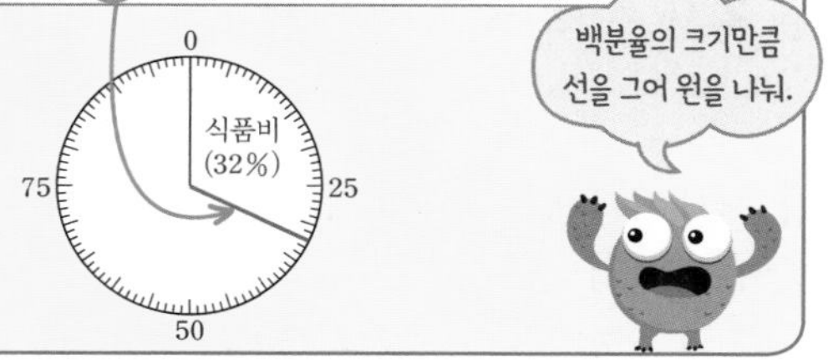

생활비의 쓰임새별 금액의 백분율을 구한 표를 보고 비율에 맞게 원그래프로 나타냅니다.

7 (가을 또는 겨울을 좋아하는 학생 수)
$=300-(120+60)=120$(명)
겨울을 좋아하는 학생이 □명이라면 가을을 좋아하는 학생은 (□$+60$)명이므로 □$+60+$□$=120$,
□$+$□$=60$, □$=30$(명)입니다.
따라서 겨울을 좋아하는 학생은 30명이고, 가을을 좋아하는 학생은 $30+60=90$(명)입니다.

여름: $\frac{60}{300}\times100=20(\%)$

가을: $\frac{90}{300}\times100=30(\%)$

겨울: $\frac{30}{300}\times100=10(\%)$

8 좋아하는 계절별 학생 수의 백분율을 구한 표를 보고 비율에 맞게 원그래프로 나타냅니다.

+9 독서 또는 게임을 하는 학생은 $35+15=50(\%)$이므로, 전체의 50 %가 150명입니다. 전체 학생은 독서 또는 게임을 하는 학생의 $100\div50=2$(배)입니다. 따라서 전체 학생 수는 $150\times2=300$(명)입니다.

+10 띠그래프의 항목별 백분율을 보고 비율에 맞게 원그래프로 나타냅니다.

본책 132~135쪽

30일 그래프 해석하기

확인 132쪽

❶ (1) 축구 (2) 배구
❷ (1) 닭 (2) 15, 25, 40

기본기 다지는 교과서 문제 133쪽

1 (1) 도보 (2) 85 % (3) 3배
2 (1) 프랑스 (2) 중국 (3) 2배

1 (1) 띠그래프에서 차지하는 띠의 길이가 가장 긴 것은 도보입니다.
(2) 도보: 55 %, 자전거 30 %
➜ $55+30=85(\%)$
(3) 자전거: 30 %, 버스: 10 %
➜ $30\div10=3$(배)

2 (1) 원그래프에서 차지하는 부분이 가장 넓은 것은 프랑스입니다.
(2) 미국과 중국에 가고 싶은 학생 수가 전체의 15%로 각각 같습니다.
(3) 프랑스: 40 %, 독일: 20 %
➜ $40\div20=2$(배)

스스로 풀어내는 도전 10 문제 134~135쪽

1 가 마을	2 45 %
3 ㉡	4 35 %
5 1.5배	6 40개
7 50명	8 32명
+9 15 %	

+10 과학책은 전체 학급문고의 10%입니다. 200권이 100 %이므로 2권이 1 %를 나타냅니다. 따라서 과학책은 $2\times10=20$(권)입니다. / 20권

1 원그래프에서 차지하는 부분이 가장 넓은 것은 가 마을입니다.

2 나 마을: 25 %, 다 마을: 20 %
➜ $25+20=45(\%)$

3 원그래프는 비율그래프이므로 라 마을에 사는 학생 수를 알 수 없습니다.

4 병원의 백분율은 $100-(30+20+15)=35(\%)$입니다.

5 약국: 30 %, 한의원: 20 %
➜ $30\div20=1.5$(배)

6 20 %가 8개이므로 10 %는 $8\div2=4$(개)입니다.
전체 의료 시설 수는 100 %이므로 $4\times10=40$(개)입니다.

힌트북 61쪽

7

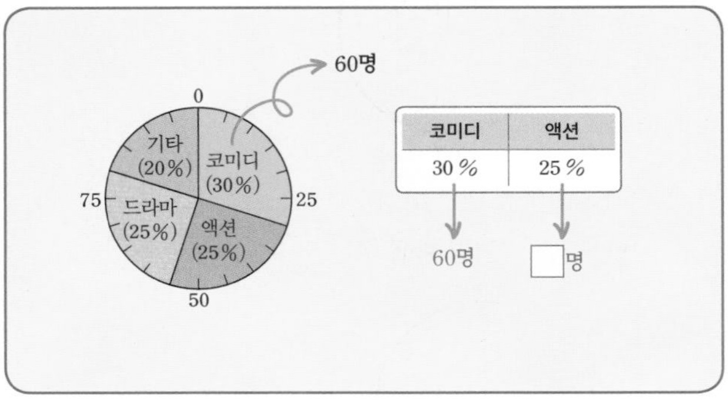

30 %가 60명이므로 1 %는 $60\div30=2$(명)입니다.
액션 영화를 좋아하는 학생 수는 전체의 25 %이므로 $2\times25=50$(명)입니다.

8 기타는 전체의 20 %이므로 $2\times20=40$(명)입니다.
기타의 80 %가 공포 영화를 좋아하는 학생이므로 $40\times0.8=32$(명)입니다.

+9 복숭아 생산량을 $\square$ %라 하면 사과 생산량은 $(\square\times3)$ %$=(\square+\square+\square)$ %입니다. 백분율의 합계는 100 %이고, $100-(22+18)=60$이므로 사과 또는 복숭아 생산량은 전체의 60 %입니다.
$\square+\square+\square+\square=60$, $\square\times4=60$, $\square=60\div4=15$
따라서 복숭아 생산량은 전체의 15 %입니다.

+10 과학책의 백분율은 $100-(30+25+15+20)=10(\%)$입니다.

본책 136~139 쪽

31일 여러 가지 그래프 비교하기

확인 …… 136 쪽

❶ (1) 그림, 원 (2) (가) (3) (나)

기본기 다지는 교과서 문제 137 쪽

1 30, 35, 15, 20, 100

2 과수원별 복숭아 생산량

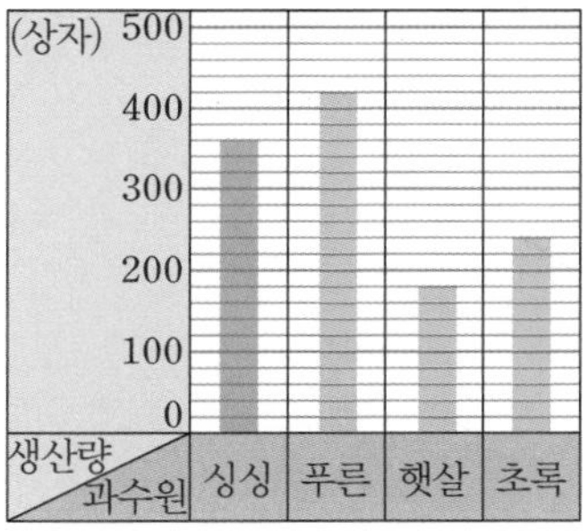

3 과수원별 복숭아 생산량

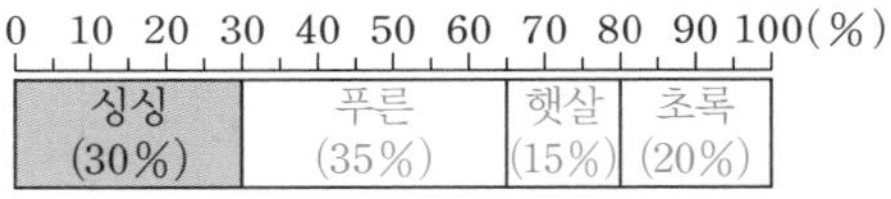

1 싱싱 과수원: $\frac{360}{1200}\times100=30(\%)$

푸른 과수원: $\frac{420}{1200}\times100=35(\%)$

햇살 과수원: $\frac{180}{1200}\times100=15(\%)$

초록 과수원: $\frac{240}{1200}\times100=20(\%)$

2 세로 눈금 5칸이 100상자를 나타내므로 세로 눈금 한 칸은 20상자를 나타냅니다.

3 눈금 한 칸이 5 %를 나타내므로 푸른은 눈금 7칸, 햇살은 눈금 3칸, 초록은 눈금 4칸을 차지하게 띠를 나누어 띠그래프를 완성합니다.

스스로 풀어내는 도전 10 문제 138~139 쪽

1 80 / 40, 30, 20, 10

2 재활용품 종류별 배출량

3 재활용품 종류별 배출량

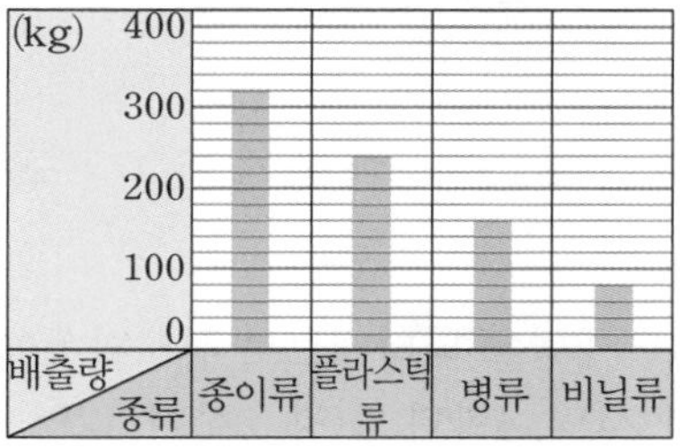

4 재활용품 종류별 배출량

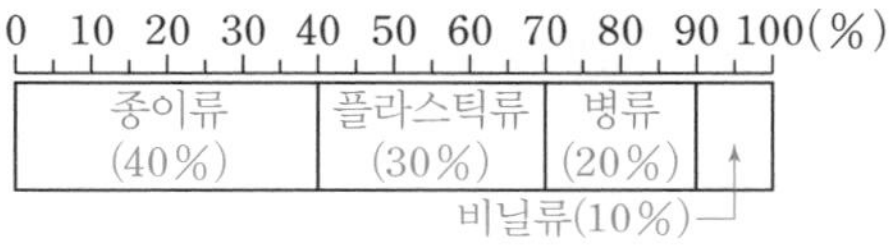

5 재활용품 종류별 배출량

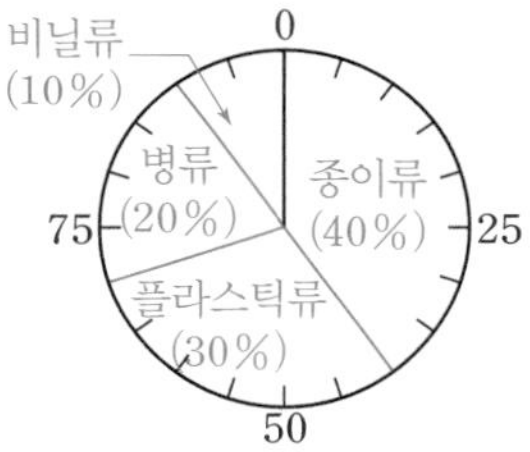

6

7 48, 32, 56, 160 / 30, 20, 35, 100

8 봉사활동에 참가한 학년별 학생 수

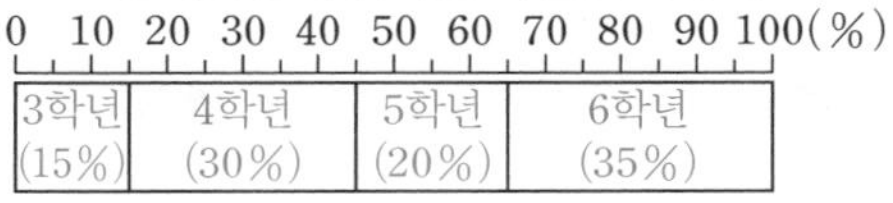

⁺9 슬기(㉢), 로운(㉠)

⁺10 꺾은선그래프 / 예 시간에 따른 자동차 수출량의 변화를 쉽게 알 수 있기 때문입니다.

1 비닐류는 800－(320＋240＋160)＝80(kg)입니다.

종이류: $\frac{320}{800}\times100=40(\%)$

플라스틱류: $\frac{240}{800}\times100=30(\%)$

병류: $\frac{160}{800}\times100=20(\%)$

비닐류: $\frac{80}{800}\times100=10(\%)$

3 세로 눈금 5칸이 100 kg을 나타내므로 한 칸은 20 kg을 나타냅니다.

4 백분율을 구한 표를 보고 비율에 맞게 띠그래프로 나타냅니다.

5 백분율을 구한 표를 보고 비율에 맞게 원그래프로 나타냅니다.

7 세로 눈금 한 칸은 2명을 나타내므로 봉사활동에 참가한 학생은 3학년 24명, 4학년 48명, 5학년 32명, 6학년 56명이고, 합계는 24＋48＋32＋56＝160(명)입니다.

4학년: $\frac{48}{160}\times100=30(\%)$

5학년: $\frac{32}{160}\times100=20(\%)$

6학년: $\frac{56}{160}\times100=35(\%)$

8 백분율을 구한 표를 보고 비율에 맞게 띠그래프로 나타냅니다.

힌트북 63쪽

+9

시간에 따른 변화를 쉽게 알 수 있는 그래프는 꺾은선그래프입니다. 그림의 크기로 수량의 많고 적음을 알 수 있는 그래프는 그림그래프입니다.

+10 시간에 따른 수량의 변화를 쉽게 알 수 있는 그래프는 꺾은선그래프입니다.

25~31일 단원평가

140~141쪽

01 3900 kg **02** 다 과수원

03 야구 **04** 2배

05 30, 25, 20, 15, 10, 100

장래 희망별 학생 수

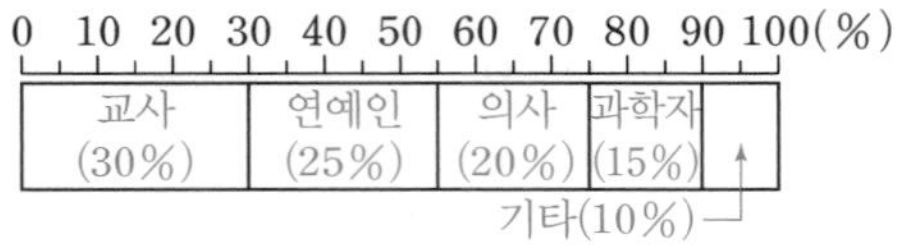

06 15 % **07** 25명

08 35, 30, 20, 10, 5, 100

토지의 용도별 넓이

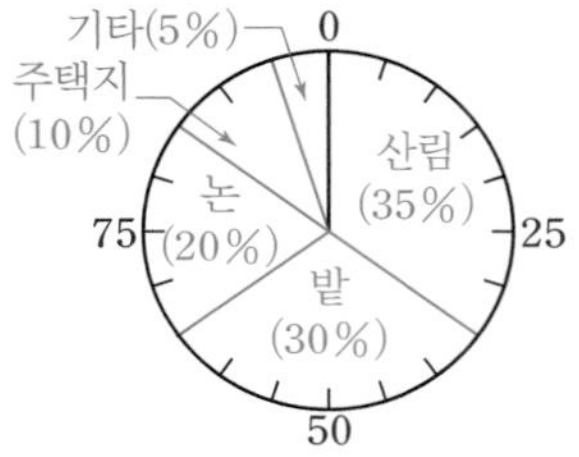

09 350만 원

10 풀이 참조 / 10명

01 사과 생산량은 가 과수원이 2300 kg, 나 과수원이 3400 kg, 다 과수원이 4100 kg입니다.
(라 과수원의 사과 생산량)
＝13700－(2300＋3400＋4100)＝3900(kg)

02 가 과수원이 2300 kg, 나 과수원이 3400 kg, 다 과수원이 4100 kg, 라 과수원이 3900 kg
각 과수원의 사과 생산량을 비교하면 4100＞3900＞3400＞2300이므로 사과 생산량이 가장 많은 과수원은 다 과수원입니다.

03 띠의 길이가 두 번째로 긴 운동은 야구이므로 두 번째로 많은 학생이 좋아하는 운동은 야구입니다.

04 농구: 20 %, 배구: 10 %
➔ 20÷10＝2(배)

05 교사: $\frac{24}{80}\times100=30(\%)$

연예인: $\frac{20}{80}\times100=25(\%)$

의사: $\frac{16}{80}\times100=20(\%)$

과학자: $\frac{12}{80}\times100=15(\%)$

기타: $\frac{8}{80} \times 100 = 10(\%)$

06 작은 눈금 한 칸이 5 %를 나타내므로 재영이의 득표율은 15 %입니다.

07 재영이의 득표율은 정은이의 득표율의 $15 \div 30 = \frac{1}{2}$(배)이므로 재영이를 뽑은 학생은 $50 \times \frac{1}{2} = 25$(명)입니다.

08 산림: $\frac{105}{300} \times 100 = 35(\%)$

밭: $\frac{90}{300} \times 100 = 30(\%)$

논: $\frac{60}{300} \times 100 = 20(\%)$

주택지: $\frac{30}{300} \times 100 = 10(\%)$

기타: $\frac{15}{300} \times 100 = 5(\%)$

09 저축은 20 %이고, 한 달 동안 쓴 전체 생활비는 100 %이므로 한 달 동안 쓴 생활비는 저축의 $100 \div 20 = 5$(배)입니다. 따라서 한 달 동안 쓴 생활비는 70만 $\times 5 = 350$만 (원)입니다.

10 예시 답안 피아노를 배우고 싶은 학생 수는 30 %이고 단소를 배우고 싶은 학생 수는 15 %이므로 피아노를 배우고 싶은 학생 수는 단소를 배우고 싶은 학생 수의 $30 \div 15 = 2$(배)입니다.
단소를 배우고 싶은 학생이 5명이므로 피아노를 배우고 싶은 학생은 $5 \times 2 = 10$(명)입니다.

채점 기준	
	❶ 피아노를 배우고 싶은 학생 수는 단소를 배우고 싶은 학생 수의 몇 배인지 구해야 함.
	❷ 피아노를 배우고 싶은 학생 수를 구해야 함.

본책 142~145 쪽

32일 직육면체의 부피 비교

확인 142쪽

❶ 높이에 ○표 / 나

기본기 다지는 교과서 문제 143쪽

1 =, <, <
2 24, 18 / >
3 36, 24 / >

1 가와 나는 밑면의 넓이가 같으므로 높이가 더 높은 나의 부피가 더 큽니다.

2 가: $4 \times 2 \times 3 = 24$(개)
나: $3 \times 3 \times 2 = 18$(개)
→ 사용한 쌓기나무 수가 더 많은 가의 부피가 더 큽니다.

3 가: $3 \times 4 \times 3 = 36$(개)
나: $2 \times 4 \times 3 = 24$(개)
→ 들어갈 수 있는 벽돌의 수가 더 많은 가의 부피가 더 큽니다.

스스로 풀어내는 도전 10 문제 144~145쪽

1 다, 가, 나
2 16, 18 / 나
3 가와 나
4 나
5 <
6 나
7 다, 나, 가
8 다
+9 서준
+10 가와 다, 나와 다 / 예 직접 맞대어 부피를 비교하려면 가로, 세로, 높이 중에서 두 종류 이상의 길이가 같아야 합니다. 가와 다는 3 cm와 6 cm인 변의 길이가 같고, 나와 다는 3 cm와 4 cm인 변의 길이가 같으므로 부피를 비교할 수 있습니다.

1 직육면체의 가로와 세로가 각각 같으므로 높이를 비교합니다.

2 가의 쌓기나무의 수: $2\times2\times4=16$(개)
나의 쌓기나무의 수: $2\times3\times3=18$(개)
$16<18$이므로 쌓기나무의 수가 더 많은 직육면체 나의 부피가 더 큽니다.

3 가와 나는 모양과 크기가 같은 벽돌이 들어 있지만, 다는 모양과 크기가 다른 벽돌이 들어 있으므로 부피를 비교할 수 있는 상자는 가와 나입니다.

4 두 직육면체의 세로와 높이가 각각 같으므로 가로의 길이가 더 긴 직육면체 나의 부피가 더 큽니다.

5 가의 쌓기나무의 수: $4\times3\times2=24$(개)
나의 쌓기나무의 수: $4\times2\times4=32$(개)
$24<32$이므로 쌓기나무의 수가 더 많은 직육면체 나의 부피가 더 큽니다.

6 크기가 같은 지우개가 가에는 16개, 나에는 24개가 들어가므로 나 상자의 부피가 더 큽니다.

7 가의 쌓기나무의 수: $3\times3\times3=27$(개)
나의 쌓기나무의 수: $4\times2\times4=32$(개)
다의 쌓기나무의 수: $4\times3\times3=36$(개)
$36>32>27$이므로 부피가 큰 것부터 차례로 기호를 쓰면 다, 나, 가입니다.

8 세 직육면체 모두 7 cm, 3 cm인 모서리가 있으므로 나머지 한 모서리의 길이를 비교하면 $6>5>4$이므로 다의 부피가 가장 큽니다.

+9 가의 쌓기나무의 수$=2\times3\times3=18$(개)
나의 쌓기나무의 수$=4\times2\times2=16$(개)
다의 쌓기나무의 수$=2\times4\times3=24$(개)
→ 부피가 가장 큰 상자는 다이고, 가와 나는 부피가 서로 다릅니다.

+10 직육면체의 부피를 면끼리 직접 맞대어 비교하려면 가로, 세로, 높이 중에서 두 종류 이상의 길이가 같아야 합니다.

본책 146~149쪽

33일 직육면체의 부피 구하는 방법

확인 146쪽

① 3, 2 / 18
② 8, 4 / 160

기본기 다지는 교과서 문제 147쪽

1 1 cm^3, 1 세제곱센티미터
2 (1) 4, 3, 3 / 36 (2) 5, 3, 4 / 60
3 (1) 7, 6, 5 / 210 (2) 6, 6, 6 / 216

2 (직육면체의 부피)
=(가로)×(세로)×(높이)

3 (1) (직육면체의 부피)
=(가로)×(세로)×(높이)
(2) (정육면체의 부피)
=(한 모서리의 길이)×(한 모서리의 길이)×(한 모서리의 길이)

스스로 풀어내는 도전 10 문제 148~149쪽

1 3, 3, 4 / 36
2 75 cm^3
3 216 cm^3
4 가
5 6 cm
6 448 cm^3
7 5
8 3 cm
+9 1728 cm^3
+10 예 전개도를 접으면 가로가 4 cm, 세로가 8 cm, 높이가 2 cm인 직육면체가 만들어지고, 이 직육면체의 부피는 $4\times8\times2=64(\text{cm}^3)$입니다. 부피가 64 cm^3인 정육면체의 한 모서리의 길이는 4 cm입니다. / 4 cm

1 부피가 1 cm³인 쌓기나무가 $3 \times 3 \times 4 = 36$(개)이므로 부피는 36 cm³입니다.

2 (직육면체의 부피)$= 3 \times 5 \times 5 = 75$(cm³)

3 (상자의 부피)$= 4 \times 6 \times 9 = 216$(cm³)

4 (가의 부피)$= 9 \times 5 \times 11 = 495$(cm³)
(나의 부피)$= 4 \times 12 \times 7 = 336$(cm³)

5 $4 \times 3 \times$ (높이)$= 72$, $12 \times$ (높이)$= 72$,
(높이)$= 72 \div 12 = 6$(cm)

힌트북 66쪽

6
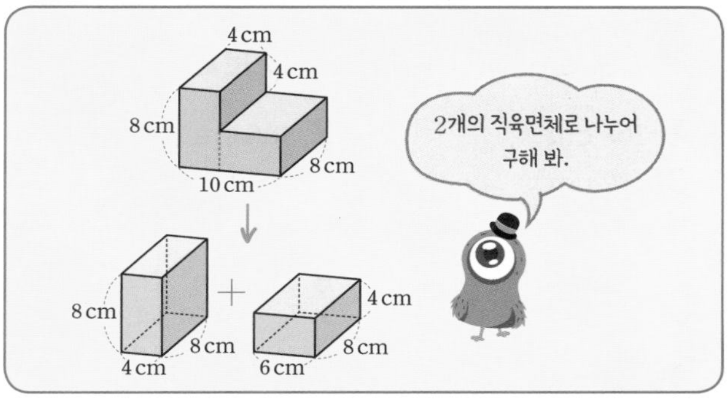

주어진 입체도형을 2개의 직육면체로 나누어 각각의 부피를 구한 후 더합니다.
(왼쪽 직육면체의 부피)$= 4 \times 8 \times 8 = 256$(cm³)
(오른쪽 직육면체의 부피)$= 6 \times 8 \times 4 = 192$(cm³)
➜ (입체도형의 부피)$= 256 + 192 = 448$(cm³)
다른 풀이 입체도형의 부피는 가로가 10 cm, 세로가 8 cm, 높이가 8 cm인 직육면체의 부피에서 가로가 6 cm, 세로가 8 cm, 높이가 4 cm인 직육면체의 부피를 빼서 구합니다.
➜ $10 \times 8 \times 8 - 6 \times 8 \times 4 = 640 - 192 = 448$(cm³)

7 (가 직육면체의 부피)$= 4 \times 3 \times 10 = 120$(cm³)
직육면체 가와 나의 부피가 같으므로
$120 = \square \times 8 \times 3$, $\square = 120 \div 24 = 5$(cm)입니다.

8 작은 정육면체는 모두 $2 \times 2 \times 2 = 8$(개)이므로 작은 정육면체 한 개의 부피는 $216 \div 8 = 27$(cm³)입니다.
$3 \times 3 \times 3 = 27$이므로 작은 정육면체의 한 모서리의 길이는 3 cm입니다.

+9 직육면체를 잘라서 만들 수 있는 가장 큰 정육면체의 한 모서리의 길이는 12 cm입니다. 따라서 정육면체의 부피는 $12 \times 12 \times 12 = 1728$(cm³)입니다.

+10 (주어진 전개도로 만들 수 있는 직육면체의 부피)
$= 4 \times 8 \times 2 = 64$(cm³)

본책 150~153 쪽

34일 m³ 알아보기

확인 150쪽

❶ (1) 5, 2 (2) 3, 5, 2 / 30
❷ (1) 2, 4 (2) 3, 2, 4 / 24

기본기 다지는 교과서 문제 151쪽

1 1 m³, 1 세제곱미터
2 (1) 400, 100, 18000000
(2) 4, 1, 18
3 (1) 6000000 (2) 9

2 (2) 1 m$=$100 cm이므로 450 cm$=$4.5 m,
400 cm$=$4 m, 100 cm$=$1 m입니다.

3 1 m³$=$1000000 cm³

스스로 풀어내는 도전 10 문제 152~153쪽

1 84 m³
2 125 m³
3

4 200 / 200000000
5 39.5 m³
6 ©
7 ©, ©, ㉠
8 200
+9 480개
+10 예 90 cm는 0.9 m이고, 200 cm는 2 m이므로 냉장고의 부피는 $1.1 \times 0.9 \times 2 = 1.98$(m³)입니다.
/ 1.98 m³

1 (직육면체의 부피)$= 7 \times 4 \times 3 = 84$(m³)

2 (정육면체의 부피)$= 5 \times 5 \times 5 = 125$(m³)

3 1 m³$=$1000000 cm³

4 (직육면체의 부피)$= 10 \times 5 \times 4 = 200$(m³)
➜ 200000000 cm³

5 (가의 부피)$= 5 \times 4 \times 2.5 = 50$(m³)
(나의 부피)$= 1.5 \times 2 \times 3.5 = 10.5$(m³)

➔ (가의 부피) − (나의 부피) $= 50 - 10.5 = 39.5(\text{m}^3)$

힌트북 68쪽

6

■ m³ ⇄ ■000000 cm³

■.▲ m³ ⇄ ■▲00000 cm³

㉢ $740000\ \text{cm}^3 = 0.74\ \text{m}^3$

7 ㉠ $2300000\ \text{cm}^3 = 2.3\ \text{m}^3$
㉢ 200 cm = 2 m이므로
(정육면체의 부피) $= 2 \times 2 \times 2 = 8(\text{m}^3)$
$8 > 4 > 2.3$이므로 부피가 큰 것부터 차례로 쓰면 ㉢, ㉡, ㉠입니다.

8 150 cm = 1.5 m이므로
$1.5 \times \square \times 3 = 9$, $4.5 \times \square = 9$, $\square = 2$
2 m를 cm로 바꾸면 200 cm입니다.

힌트북 69쪽

+9

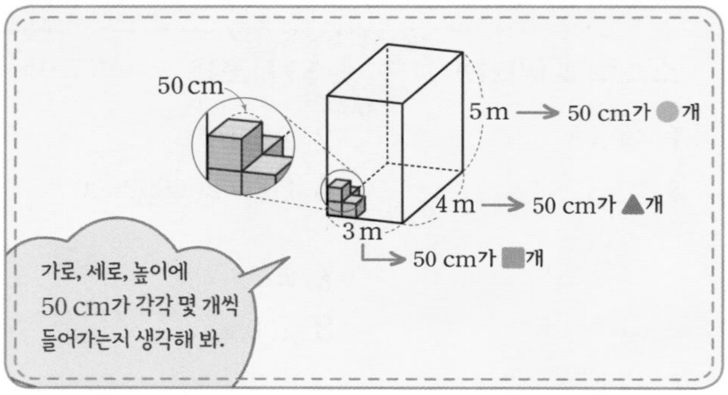

창고의 가로, 세로, 높이를 각각 cm로 바꾸면 300 cm, 400 cm, 500 cm입니다. 50 cm가 300 cm에는 6개, 400 cm에는 8개, 500 cm에는 10개가 들어갑니다.
➔ 창고에 쌓을 수 있는 정육면체 모양의 상자는 모두 $6 \times 8 \times 10 = 480$(개)입니다.

+10 세로를 0.9 m, 높이를 2 m로 바꾸어 계산합니다.
➔ (냉장고의 부피) $= 1.1 \times 0.9 \times 2 = 1.98(\text{m}^3)$

본책 154~157 쪽

35일 직육면체의 겉넓이 구하는 방법

기본기 다지는 교과서 문제 155쪽

1 (1) 24, 24, 18, 18, 12, 12 / 108 (2) 24, 18, 12, 108
(3) 12, 14, 6, 108
2 5, 5, 150

스스로 풀어내는 도전 10 문제 156~157쪽

1 $208\ \text{cm}^2$
2 $486\ \text{cm}^2$
3 $472\ \text{cm}^2$
4 $294\ \text{cm}^2$
5 가
6 5
7 8 cm
8 $202\ \text{cm}^2$
+9 $288\ \text{cm}^2$
+10 예 나의 겉넓이는 $384\ \text{cm}^2$입니다. 가의 겉넓이도 $384\ \text{cm}^2$이므로 $\square \times \square \times 6 = 384$, $\square \times \square = 64$, $\square = 8$입니다. 따라서 가의 한 모서리의 길이는 8 cm입니다.
/ 8 cm

1 (직육면체의 겉넓이)
= (한 꼭짓점에서 만나는 세 면의 넓이의 합) × 2이므로
$(6 \times 4 + 4 \times 8 + 6 \times 8) \times 2 = 104 \times 2 = 208(\text{cm}^2)$입니다.
다른 풀이 (직육면체의 겉넓이)
= (한 밑면의 넓이) × 2 + (옆면의 넓이)
$= (6 \times 4) \times 2 + (6 + 4 + 6 + 4) \times 8 = 48 + 160$
$= 208(\text{cm}^2)$

2 (정육면체의 겉넓이) = (한 면의 넓이) × 6이므로
$(9 \times 9) \times 6 = 81 \times 6 = 486(\text{cm}^2)$입니다.

힌트북 70쪽

3

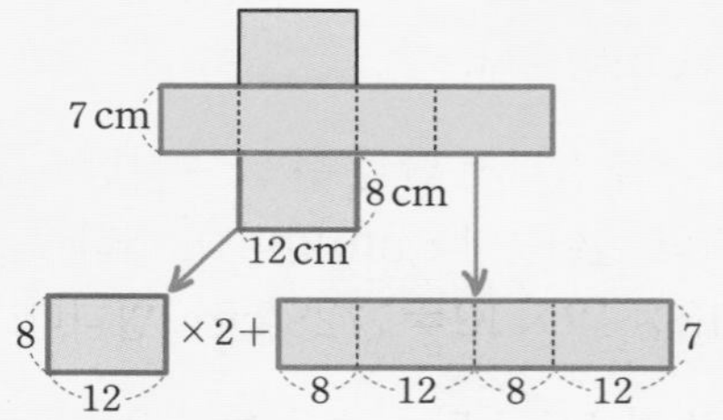

(직육면체의 겉넓이) = (한 밑면의 넓이) × 2 + (옆면의 넓이)

전개도를 접으면 가로 12 cm, 세로 7 cm, 높이 8 cm 인 직육면체를 만들 수 있습니다.
→ (직육면체의 겉넓이)
$=(12\times8)\times2+(8+12+8+12)\times7$
$=96\times2+40\times7$
$=192+280=472(cm^2)$

힌트북 70쪽

4

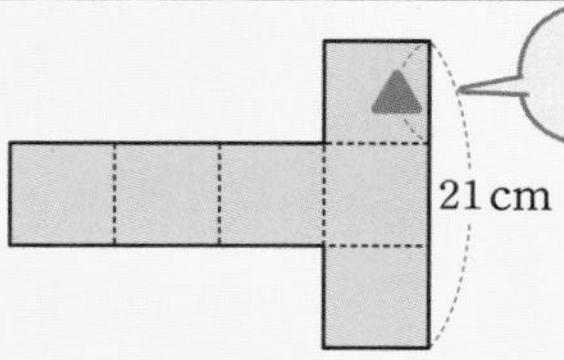

정육면체의 한 모서리의 길이를 먼저 구해.

(정육면체의 겉넓이)=▲×▲×6 (cm²)
한 면의 넓이

정육면체의 세 모서리의 합이 21 cm이므로 한 모서리의 길이는 7 cm입니다.
→ (정육면체의 겉넓이)=(한 면의 넓이)×6
$=(7\times7)\times6=294(cm^2)$입니다.

5 (가의 겉넓이)$=(5\times5+5\times9+5\times9)\times2$
$=230(cm^2)$
(나의 겉넓이)$=(8\times4+4\times6+8\times6)\times2$
$=208(cm^2)$
$230>208$이므로 직육면체 가의 겉넓이가 더 넓습니다.

6 (정육면체의 겉넓이)=(한 면의 넓이)×6이므로
(한 면의 넓이)=(겉넓이)÷6$=150\div6=25(cm^2)$ 입니다.
$5\times5=25$이므로 한 모서리의 길이는 5 cm입니다.

7 직육면체의 높이를 □ cm라 하면
(직육면체의 겉넓이)=(한 밑면의 넓이)×2+(옆면의 넓이)이므로
$(9\times4)\times2+(9+4+9+4)\times\square=280$,
$72+26\times\square=280$, $26\times\square=208$, $\square=8$입니다.
따라서 직육면체의 높이는 8 cm입니다.

8 직육면체의 높이를 □ cm라 하면
(직육면체의 부피)=(가로)×(세로)×(높이)이므로
$9\times5\times\square=180$, $\square=180\div45=4$입니다.
(직육면체의 겉넓이)
$=(9\times5+5\times4+9\times4)\times2=202(cm^2)$

힌트북 71쪽

+9

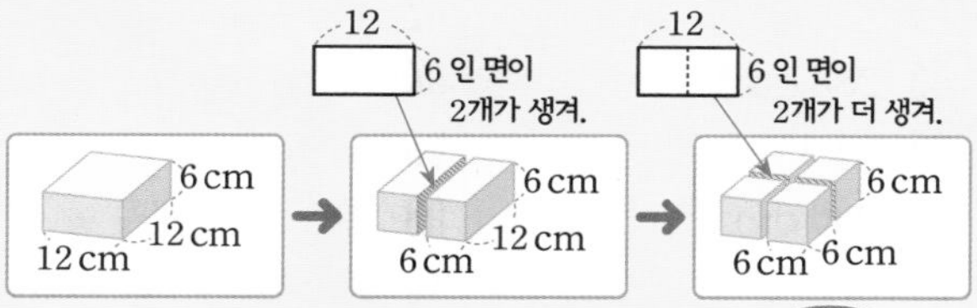

잘랐을 때 생긴 면만큼 겉넓이가 늘어나.

두부를 한 번 잘라 똑같은 2조각으로 자르면 가로 12 cm, 세로 6 cm인 면이 2개 더 생깁니다. 두부를 한 번 더 잘라 4조각으로 만들면 가로 12 cm, 세로 6 cm인 면이 2개 더 생깁니다. 즉, 2번 잘라 4조각으로 만들면 가로 12 cm, 세로 6 cm인 면이 4개가 생기고, 생긴 면만큼 겉넓이가 늘어납니다.
(늘어난 겉넓이)$=12\times6\times4=288(cm^2)$
다른 풀이 (처음 두부의 겉넓이)
$=(12\times12+12\times6+6\times12)\times2=288\times2$
$=576(cm^2)$
4조각으로 자른 두부 1개는 한 모서리의 길이가 6 cm 인 정육면체이므로
(두부 4조각의 겉넓이의 합)
$=(6\times6\times6)\times4=216\times4=864(cm^2)$
→ 두부 4조각의 겉넓이의 합은 처음 두부의 겉넓이보다 $864-576=288(cm^2)$ 늘었습니다.

+10 (나의 겉넓이)
$=(9\times4+9\times12+4\times12)\times2=192\times2$
$=384(cm^2)$
가와 나의 겉넓이가 같으므로
(가의 겉넓이)$=\square\times\square\times6=384(cm^2)$
$\square\times\square=64$, $\square=8$

32~35일 단원평가

158~159쪽

01	$<$	02	440 cm^3
03	288 cm^3	04	(1) 2700000 (2) 0.8
05	24.3 m^3	06	136 cm^2
07	206 cm^2	08	216 cm^3
09	8	10	풀이 참조 / 1176 cm^2

01 가의 쌓기나무의 수: $6\times2\times3=36$(개)
나의 쌓기나무의 수: $5\times3\times3=45$(개)
$36<45$이므로 쌓기나무의 수가 더 많은 직육면체 나의 부피가 더 큽니다.

02 (직육면체의 부피)$=8\times5\times11=440(cm^3)$

03 전개도를 접으면 가로가 9 cm, 세로가 4 cm, 높이가 8 cm인 직육면체가 됩니다.
(직육면체의 부피)$=9\times4\times8=288(cm^3)$

04 $1\ m^3=1000000\ cm^3$

05 4 m 50 cm=4.5 m, 180 cm=1.8 m이므로
(직육면체의 부피)$=4.5\times3\times1.8=24.3(m^3)$

06 $(8\times3+3\times4+8\times4)\times2=68\times2=136(cm^2)$

07 (가의 겉넓이)
$=(5\times10+10\times6+5\times6)\times2=140\times2$
$=280(cm^2)$
(나의 겉넓이)
$=(9\times9)\times6=81\times6=486(cm^2)$
(나의 겉넓이)$-$(가의 겉넓이)
$=486-280=206(cm^2)$

08 (정육면체의 겉넓이)$=$(한 면의 넓이)$\times6$이므로
(한 면의 넓이)$=$(겉넓이)$\div6=216\div6=36(cm^2)$입니다.
정육면체의 한 면은 정사각형이므로 $6\times6=36$에서 한 모서리의 길이는 6 cm입니다.
따라서 정육면체의 부피는 $6\times6\times6=216(cm^3)$입니다.

09 (직육면체의 겉넓이)
$=$(한 밑면의 넓이)$\times2+$(옆면의 넓이)
➜ $(7\times4)\times2+(7+4+7+4)\times\square=232$,
$56+22\times\square=232$, $22\times\square=176$, $\square=8$

10 예시 답안 정육면체의 한 면은 정사각형이므로 한 모서리의 길이는 $56\div4=14$(cm)입니다.
(정육면체의 겉넓이)
$=14\times14\times6=1176(cm^2)$입니다.

채점 기준	
	❶ 한 모서리의 길이를 구해야 함.
	❷ 정육면체의 겉넓이를 구해야 함.

수학이 만만해지는 힌트의 힘!

정답 · 풀이